高等职业教育创新规划教材

电气控制与PLC

温玉春　王荣华　主　编
王景学　阮娟娟　周丽娜　副主编

DIANQI KONGZHI YU
PLC

化学工业出版社
·北京·

内 容 简 介

本书以二十大精神为指引，根据高职院校毕业生从事典型工作岗位所需的知识和技能，以 S7-200 系列的小型 PLC 为主要对象，详细介绍了电气控制技术、PLC 技术及变频器技术的应用，全书共分七个项目，主要内容包括三相异步电动机基本控制电路的安装调试、典型机床电路分析与故障排除、PLC 实现交流电动机的基本控制、PLC 实现多种液体混合控制、PLC 实现过程及定位控制、构建 PLC 通信网络、PLC 与变频调速控制等。全书配有大量二维码资源。

本书可作为职业院校机电、电气自动化、工业机器人、无人机、物联网等相关专业的教材，也可供从事机电、电气电子等行业的工程技术人员参考使用。

图书在版编目（CIP）数据

电气控制与 PLC/温玉春，王荣华主编．—北京：化学工业出版社，2021.7（2024.8 重印）
高等职业教育创新规划教材
ISBN 978-7-122-39391-3

Ⅰ.①电… Ⅱ.①温… ②王… Ⅲ.①电气控制-高等职业教育-教材②PLC 技术-高等职业教育-教材 Ⅳ.①TM571.2②TM571.6

中国版本图书馆 CIP 数据核字（2021）第 120571 号

责任编辑：潘新文　　装帧设计：王晓宇
责任校对：王　静

出版发行：化学工业出版社（北京市东城区青年湖南街 13 号　邮政编码 100011）
印　　刷：三河市航远印刷有限公司
装　　订：三河市宇新装订厂
787mm×1092mm　1/16　印张 19¼　字数 493 千字　2024 年 8 月北京第 1 版第 4 次印刷

购书咨询：010-64518888　　售后服务：010-64518899
网　　址：http://www.cip.com.cn
凡购买本书，如有缺损质量问题，本社销售中心负责调换。

定　　价：49.50 元

前言

PREFACE

PLC 控制技术是企业数字化、智能化升级转型必需的技术，掌握 PLC 控制技术必定会助力祖国的制造业高端化、智能化、绿色化发展。目前，以 PLC、变频器为主的新型电气控制系统已广泛应用于各个生产领域。会使用可编程控制器（PLC）和变频器是从事智能控制及机电一体化专业工作的技术人员不可缺少的重要技能，本书通过分析学生毕业后所从事的职业的实际需要，确定出学生应具备的知识和能力结构，将理论知识和应用技能整合在一起，从而形成“理实一体化”的项目化教材。

本教材的特色有:

在教材的编写思想上，结合二十大精神，以落实“立德树人”根本任务为中心，全方位融入思政元素，将家国情怀、职业素养的提升、创新意识的培养等思政元素与理论教学、实践操作训练融为一体；以培养学生职业能力为主线，素质目标与知识目标、技能目标并举，更好地服务于中国特色职业教育人才培养。

在结构体系上，校企共同研讨，根据岗位典型工作任务共同开发工业现场常见的工程项目，教材由大项目小任务组成，遵循一体化教学模式，体现“做中学”和“学中做”的教学理念。

在内容安排上，将电气控制技术、可编程控制器技术及变频器三部分内容编在一起，既体现了它们之间的内在联系，又具有科学性和先进性。

在内容的阐述上，力求简明扼要，图文并茂，通俗易懂，每一任务都以典型的生产线为载体，对职业岗位所需的知识和能力进行恰当的设计，包括任务要求、相关知识、任务实施、任务拓展及任务评价，把学生职业能力的培养融汇于教材之中。

在信息化手段上，借助现代信息技术，对于文字内容过于抽象、无法直观理解的知识点，用动画、视频、微课等资源进行完善，方便师生线上线下互动。

全书共分七个项目：三相异步电动机典型控制电路的安装调试、典型机床电路分析与故障排除、PLC 实现交流电动机的基本控制、 PLC 实现多种液体混合控制、PLC 实现过程及定位控制、构建 PLC 通信网络、PLC 与变频调速控制。由浅入深，讲述了电气控制系统的设计方法和技能。

本书建议总课时为 90 学时，学时安排可参考下面的学时分配表:

项目及内容	总学时	理论	操作
项目一　三相异步电动机典型控制电路的安装调试	18	6	12
项目二　典型机床电路分析与故障排除	12	4	8
项目三　PLC 实现交流电动机的基本控制	20	10	10
项目四　PLC 实现多种液体混合控制	12	6	6
项目五　PLC 实现过程及定位控制	12	6	6
项目六　构建 PLC 通信网络	8	4	4
项目七　PLC 与变频调速控制	8	2	4
总学时	90	38	52

本书由内蒙古机电职业技术学院温玉春、王荣华任主编；王景学、阮娟娟、周丽娜任副主编，内蒙古机电职业技术学院刘玲、武艳慧任主审。参与本书编写的还有呼和浩特市众环工贸股份有限公司的梁小利和王岩松。具体编写分工如下：项目一及项目三由温玉春编写，项目二由阮娟娟编写，项目四由王景学编写，项目五和项目六由王荣华编写，项目七由周丽娜和温玉春共同编写。内蒙古机电职业技术学院的张松宇、刘刚及西安航天自动化股份有限公司的张华参与本书的二维码资源制作。

由于编者水平有限，书中难免有不足之处，敬请广大读者批评指正。

编者

目录
CONTENTS

项目五　PLC 实现过程及定位控制　/ 162

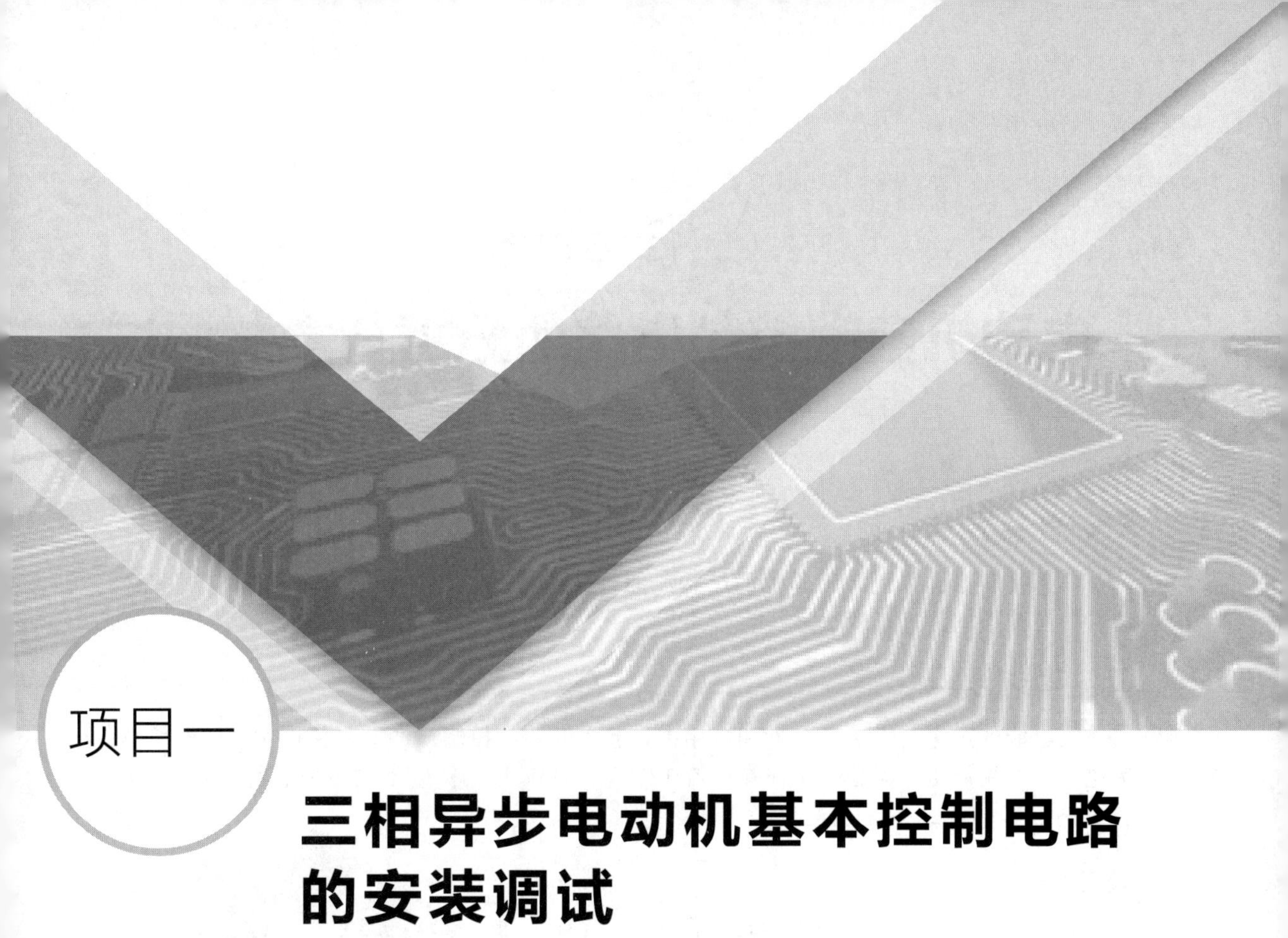

项目一

三相异步电动机基本控制电路的安装调试

工业生产中的大多数机械设备都是以电动机为动力进行拖动的，要使电动机按照生产工艺要求正常地运转，就要组成具备相应控制功能的电路，这些电路无论简单或复杂，一般都是由点动控制、自锁控制、正反转控制、星-三角降压启动控制等基本控制电路组合而成。本项目主要介绍电动机基本控制电路相关知识。

学习目标

- 了解常用低压电气元件的结构，理解其工作原理；
- 能够识别和选用常用低压电气元件；
- 能够利用电工工具对常用低压电气元件进行检测；
- 掌握电动机基本控制电路的控制原理；
- 能根据控制原理图绘制元件布置图和安装接线图；
- 能够调试所安装的电路，并进行试运行；
- 牢固树立工程意识、产品意识、精品意识。

心有精诚，手有精艺，必出精品

任务一

电动机自锁控制电路的分析与安装调试

一、任务要求

熟悉接触器、按钮等元器件的结构、原理、选择和使用方法，完成自锁控制电路的安装，并对装接电路进行调试运行。

二、相关知识

在电能的产生、输送、分配和应用中，起着开关、控制、调节和保护作用的电气设备称为电器。常用低压电器是指工作在交流1200V、直流1500V以下的各种电器。

(一)刀开关和自动空气开关

1. 刀开关

刀开关是手动电气元件中结构最简单的一种，一般用于不频繁地接通和分断交直流电路。

(1) 刀开关的结构与型号

刀开关的结构如图1-1所示。导电部分都固定在瓷底板上，且用胶盖盖着，所以当闸刀合上时，操作人员不会触及带电部分。

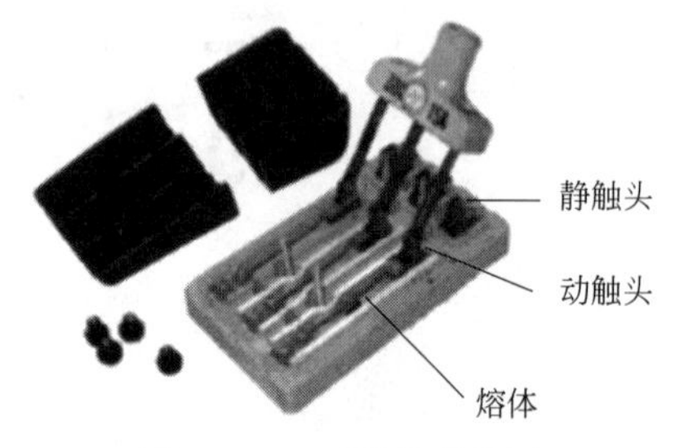

图1-1　刀开关的结构图

常用的刀开关有HD型单掷刀开关、HS型双掷刀开关（刀形转换开关）、HR型熔断器式刀开关、HZ型组合开关、HK型闸刀开关、HY型倒顺开关和HH型铁壳开关等。刀开关的型号含义与电气符号如图1-2所示。

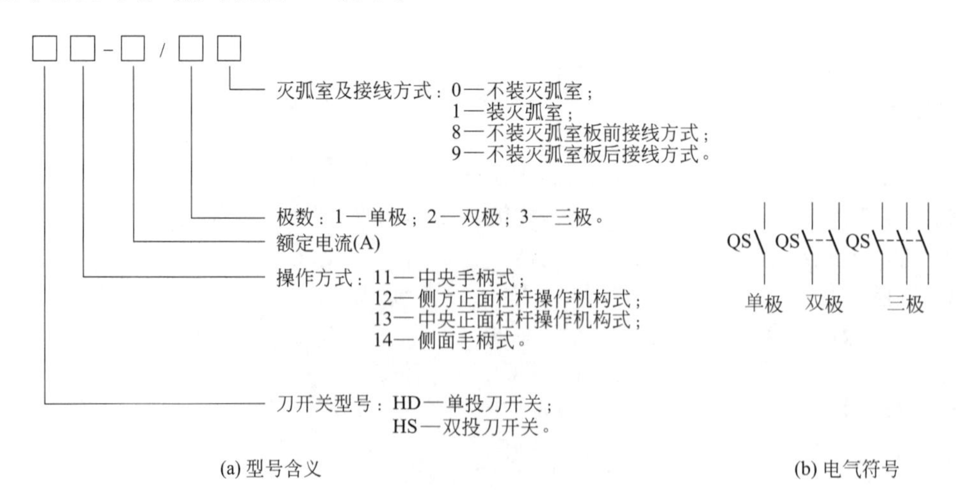

图1-2　刀开关的型号含义及电气符号

（2）刀开关的主要技术参数与选择

刀开关的主要技术参数有额定电压和额定电流。

① 用于照明电路时，可选用额定电压220V或250V，额定电流等于或大于电路最大工作电流的两极开关。

② 用于电动机的直接启动时，可选用额定电压为380V或500V，额定电流等于或大于电动机额定电流3倍的三极开关。

（3）刀开关的安装与使用

① 电源进线应装在静插座上，而负荷应接在动触头一边的出线端。这样当开关断开时，闸刀和熔丝上不带电。

② 刀开关必须垂直安装在控制屏或控制板上，不能倒装，即接通状态时手柄朝上，否则有可能在分断状态时闸刀开关松动落下，造成误接通。

③ 负荷较大时，防止出现闸刀开关本体相间短路，可与熔断器配合使用。刀闸本体不再装熔丝，在装熔丝的接点上应安装与线路导线截面相同的铜线。

2. 自动空气开关

自动空气开关又称低压断路器，外形如图1-3所示。在电气线路中起接通、断开和承载额定工作电流的作用，并能在线路和电动机发生过载、短路、欠电压的状态下进行可靠的保护。可以手动操作、电动操作，还可以远程遥控操作。

DZ47系列断路器

DZ108系列断路器

DW15系列断路器

DW17系列断路器

图1-3　低压断路器外形图

（1）结构及工作原理

自动空气开关主要由触头系统、灭弧装置、机械传动机构和保护装置组成。自动空气开关的保护装置由各种脱扣器组成，脱扣器的形式有过电流脱扣器、热脱扣器、欠电压脱扣器等。图1-4所示为自动空气开关的结构示意图。

过电流脱扣器12的线圈与被保护电路串联。线路中通过正常电流时，衔铁11释放，电路正常运行。当线路中出现短路故障时，衔铁被电磁铁吸合，通过传动机构推动自由脱扣机构释放主触头。主触头在分闸弹簧的作用下分开，切断电路起到短路保护作用。

热脱扣器9与被保护电路串联。线路中通过正常电流时，发热元件发热使双金属片弯曲至一定程度（刚好接触到传动机构）并达到动态平衡状态，双金属片不再继续弯曲。若出现过载现象时，电路中电流增大，双金属片将继续弯曲，通过传动机构推动自由脱扣机构释放主触头，主触头在分闸弹簧的作用下分开，切断电路起到过载保护的作用。

欠电压脱扣器8并联在断路器的电源测，可起到欠压及零压保护的作用。电源电压正常时，电磁铁得电，衔铁被电磁铁吸住，自由脱扣机构将主触头锁定在合闸位置，断路器投入运行。当电源侧停电或电源电压过低时，衔铁释放，通过传动机构推动自由脱扣机构使断路

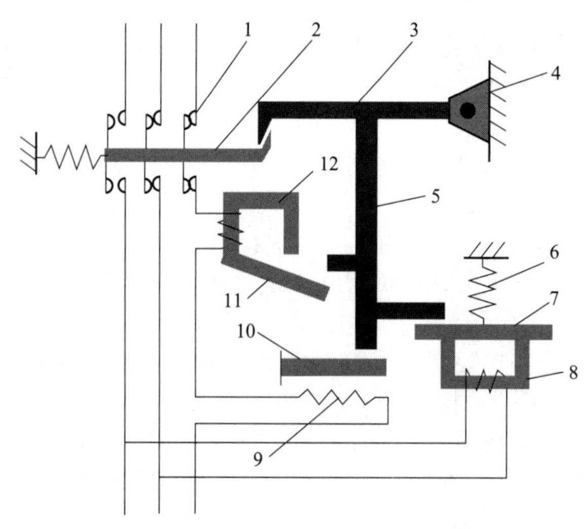

图 1-4　自动空气开关的结构示意图

1—主触头；2，3—自由脱扣结构；4—轴；5—杠杆；6—弹簧；7，11—衔铁；8—欠电压脱扣器；9—热脱扣器；10—双金属片；12—过电流脱扣器

器掉闸。起到欠压及零压保护的作用。

（2）型号和电气符号

自动空气开关按结构分为装置式和万能式两种。装置式自动空气开关具有由模压绝缘材料制成的封闭型外壳，将所有的构件组装在一起；万能式断路器有一个钢制或塑压的低压框架，所有部件都装在框架内，导电部分加以绝缘。自动空气开关型号含义及电气符号如图 1-5 所示。

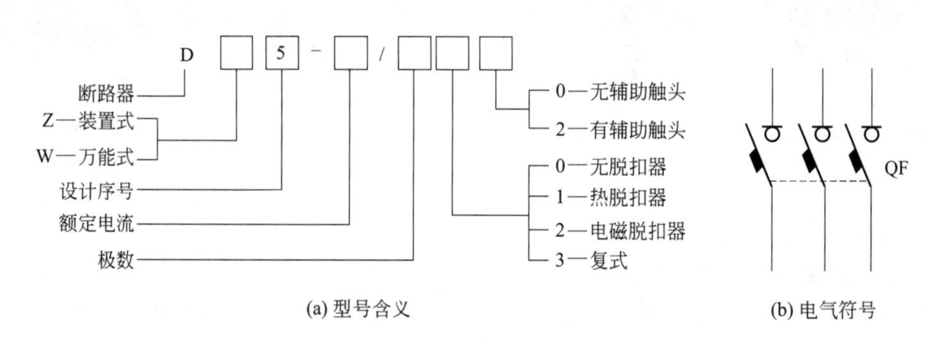

图 1-5　自动空气开关型号含义和电气符号

（3）主要技术参数

① 额定电压　指与通断能力及使用类别相关的电压值。

② 额定电流　指在规定条件下自动空气开关可长期通过的电流，又称为脱扣器额定电流。对带可调式脱扣器的空气开关而言，是可长期通过的最大电流。

③ 额定短路分断能力　是指在额定频率和功率因数等规定条件下，能够分断的最大短路电流值。

（4）自动空气开关的选用

①自动空气开关额定电压和额定电流应大于或等于被保护线路的正常工作电压和负载电流。

② 热脱扣器的整定电流应等于所控制负载的额定电流。

③ 过电流脱扣器的瞬时脱扣整定电流应大于负载正常工作时可能出现的峰值电流。用于控制电动机的自动空气开关的瞬时脱扣整定电流应为电动机的启动电流的 1.5～1.7 倍。

④ 欠压脱扣器额定电压应等于被保护线路的额定电压。

⑤ 自动空气开关的极限分断能力应大于线路的最大短路电流的有效值。

空气开关的识别与检测

3. 组合开关

组合开关又称转换开关，由多节触头组合而成，是一种手动控制电器，常用做电源的引入开关，也用来控制小型鼠笼式异步电动机的启动、停止及正反转。

(1) 组合开关的结构及工作原理

图 1-6 所示为组合开关的外形图及结构示意图。它的内部有三对静触头，分别用三层绝缘板相隔，各自附有连接线路的接线柱。三个动触头相互绝缘，与各自的静触头相对应，套在共同的绝缘杆上。绝缘杆的一端装有操作手柄。转动手柄可变换三组触头的通断位置。组合开关内装有速断弹簧，以提高触头的分断速度。

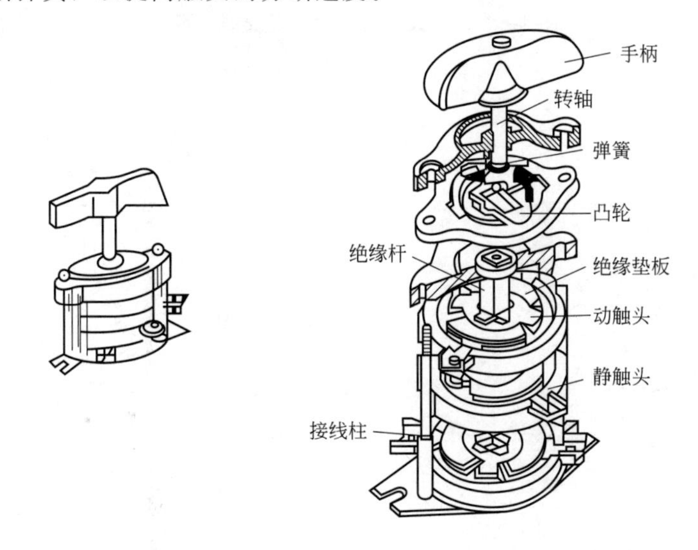

(a) 组合开关的外形图　　(b) 组合开关的结构示意图

图 1-6　组合开关的外形图及结构示意图

(2) 组合开关的型号和电气符号

组合开关的种类很多，不同规格型号的组合开关，各对触头的通断时间不同，可以是同时通断，也可以是交替通断，应根据具体情况选用。组合开关的型号含义和电气符号如图 1-7 所示。

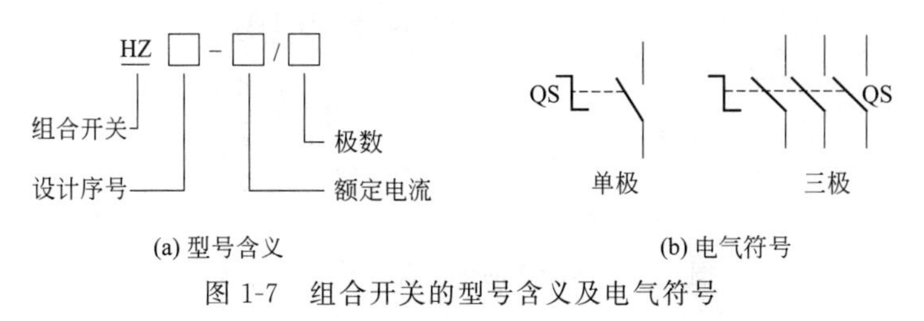

(a) 型号含义　　(b) 电气符号

图 1-7　组合开关的型号含义及电气符号

(二) 熔断器

熔断器串接于被保护电路中，在发生短路或严重过电流时快速自动熔断，从而切断电路电源，起到保护作用。

1. 结构与分类

熔断器按结构形式可分为插入式、螺旋式、无填料封闭管式、有填料封闭管式等类别。图 1-8 及图 1-9 所示为部分类型熔断器的外形和结构。

(a) 插入式熔断器外形图

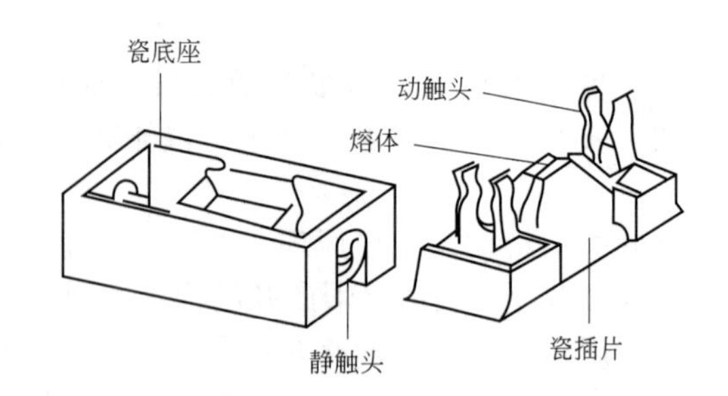

(b) 插入式熔断器结构示意图

图 1-8　插入式熔断器的外形及结构示意图

(a) 螺旋式熔断器外形图

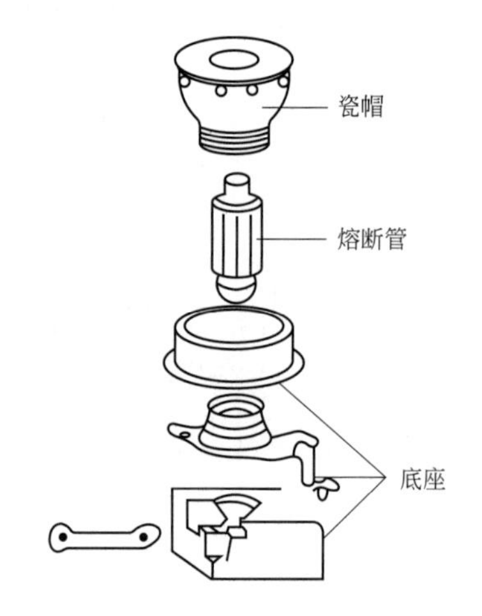

(b) 螺旋式熔断器结构示意图

图 1-9　螺旋式熔断器的外形及结构示意图

熔断器的型号含义和电气符号如图 1-10 所示。

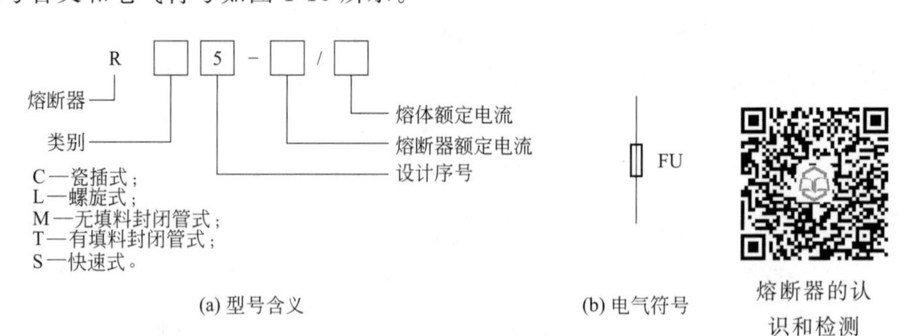

(a) 型号含义　　(b) 电气符号

熔断器的认识和检测

图 1-10　熔断器的型号含义及电气符号

2. 主要技术参数

① 熔断器额定电流。指保证熔断器能长期安全工作的额定电流。

② 熔体额定电流。在正常工作时熔体不熔断的工作电流。

3. 熔断器的选择

① 电阻性负载或照明电路。一般按负载额定电流的 1～1.1 倍选用熔体的额定电流。

② 电动机控制电路。对于单台电动机，一般选择熔体的额定电流为电动机额定电流的 1.5～2.5 倍；对于多台电动机，熔体的额定电流应大于或等于其中最大容量电动机的额定电流的 1.5～2.5 倍与其余电动机的额定电流之和。

③ 为防止发生越级熔断，上、下级（供电干线、支线）熔断器间应有良好的协调配合，为此，应使上一级（供电干线）熔断器的熔体额定电流比下一级（供电支线）大 1～2 级。

(三) 按钮

按钮的结构和工作原理

按钮是一种短时接通或断开小电流电路的电器，它不直接控制主电路的通断，而是在控制电路中发出手动“指令”去控制接触器、继电器等电器，再去控制主电路，故称“主令电器”。

1. 按钮的结构和工作原理

按钮的外形如图 1-11 所示。当按下按钮帽时，常闭触头先断开，常开触头后闭合；当松开按钮帽时，触头在复位弹簧作用下恢复到原来位置，常开触头先断开，常闭触头后闭合。按用途和结构的不同，按钮可分为启动按钮、停止按钮和组合按钮等。

(a) 按钮的外形图

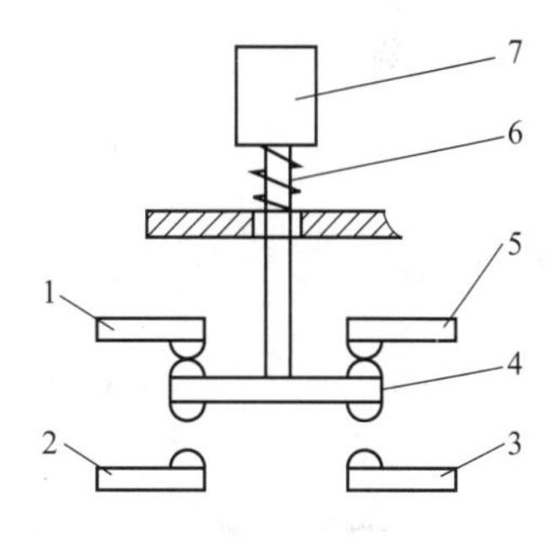

(b) 按钮的结构示意图

图 1-11　按钮的外形图及结构示意图

1，5—常闭触头；2，3—常开触头；4—桥式触头；6—复位弹簧；7—按钮帽

2. 按钮的型号和电气符号

常见的按钮有 LA 系列和 LAY 系列。LA 系列按钮的额定电压为交流 500V、直流 440V，额定电流 5A；LAY 系列按钮的额定电压为交流 380V，直流 220V，额定电流 5A。按钮帽有红、绿、黄等颜色，一般红色作停止按钮，绿色作启动按钮。按钮的型号含义及电气符号如图 1-12 所示。

(四) 接触器

接触器的结构和工作原理

接触器用于远距离频繁接通或断开交、直流电路，主要控制对象是电动机，也可以用于控制电热器、电照明设备、电焊机与电容器组等。在电力拖动和自动控制系统中，接触器是应用最广泛的控制电器之一。常见接触器的外形如图 1-13 所示。

1. 接触器的结构

接触器主要由电磁机构、触头系统及灭弧装置三部分组成。电磁机构包

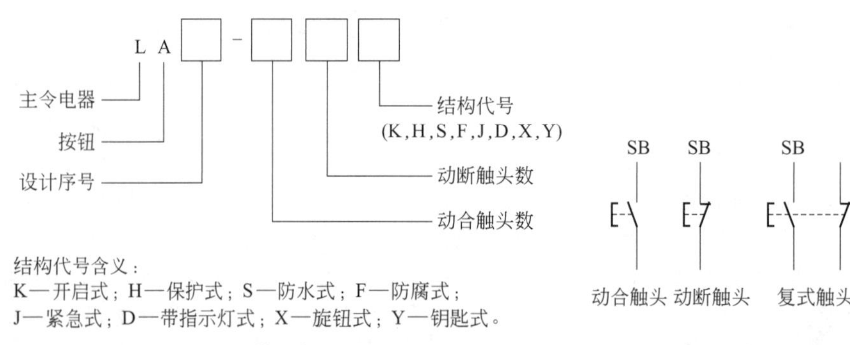

(a) 符号含义　　(b) 电气符号

图 1-12　按钮的型号含义和电气符号

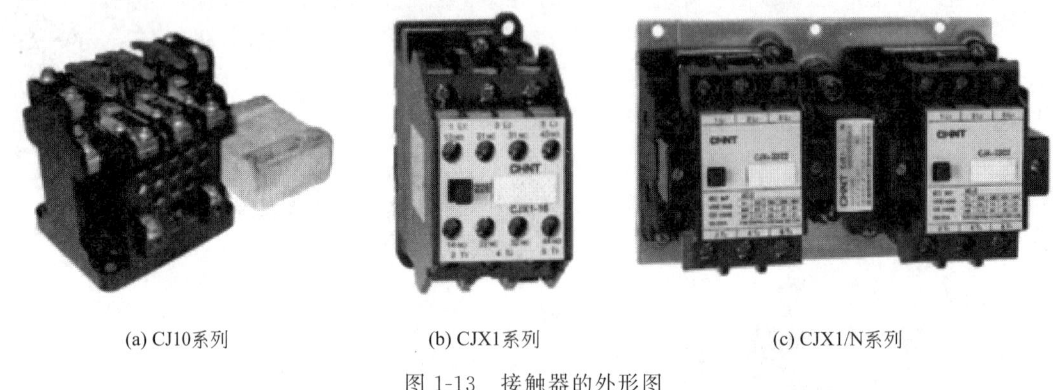

(a) CJ10系列　　(b) CJX1系列　　(c) CJX1/N系列

图 1-13　接触器的外形图

括线圈、铁芯和衔铁，是接触器的重要组成部分，依靠它带动触头实现闭合和断开。接触器通常有 3 对主触头，2 对辅助常开触头和 2 对辅助常闭触头。低压接触器的主、辅触头的额定电压均为 380V。图 1-14 所示为交流接触器。

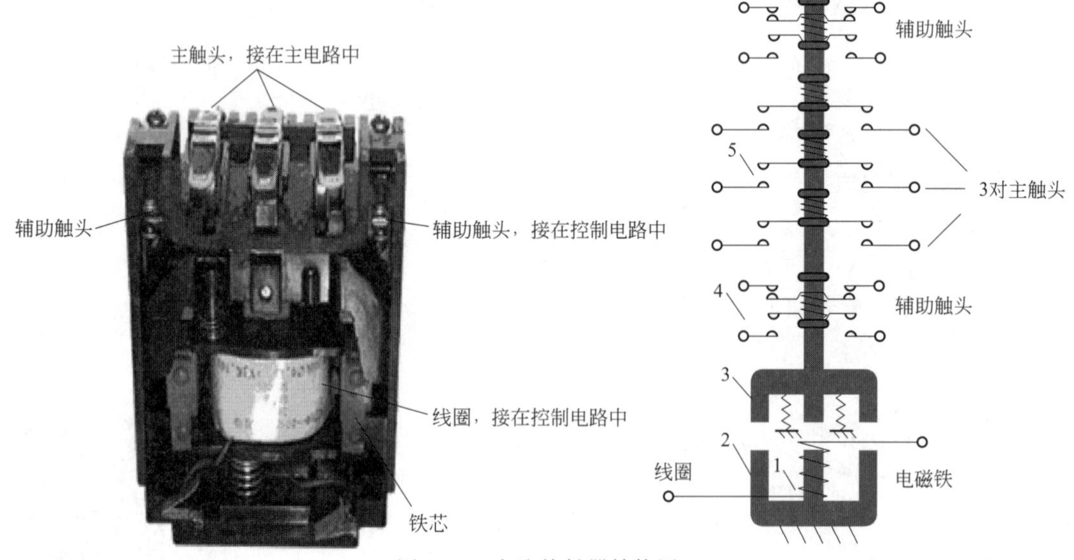

图 1-14　交流接触器结构图

2. 接触器的工作原理

接触器是根据电磁吸力的原理进行工作的。如图 1-14 所示，当接触器的线圈通电后，在铁芯中产生磁通和电磁吸力，电磁吸力克服弹簧反力使得衔铁吸合，带动触头机构动作，使常闭触头先断开，常开触头后闭合，从而分断或接通相关电路。反之线圈失电时，电磁吸力消失，衔铁在反作用弹簧的作用下释放，各触头复位。

3. 接触器的型号与符号

常用的交流接触器有 CJ20、CJX1、CJX2 等系列，直流接触器有 CZ18、CZ21、CZ10 等系列，接触器的型号含义和电气符号如图 1-15 所示。

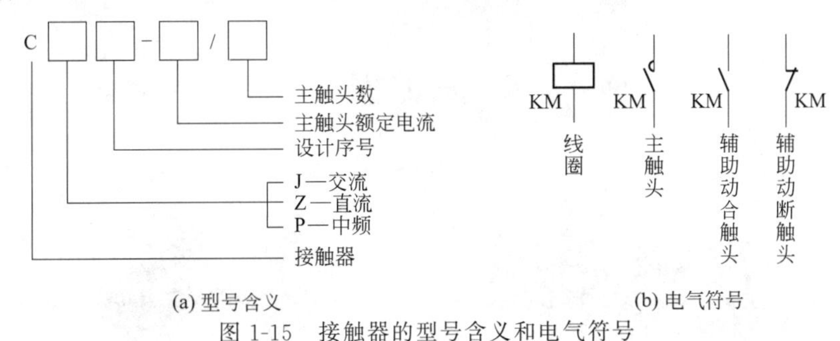

(a) 型号含义　　(b) 电气符号

图 1-15　接触器的型号含义和电气符号

4. 接触器的主要技术参数

（1）额定电压

额定电压是指接触器铭牌上的主触头的电压。交流接触器的额定电压一般为 220V、380V、660V 及 1140V；直流接触器的额定电压一般为 220V、440V 及 660V。

（2）额定电流

接触器的额定电流是指接触器铭牌上的主触头的电流。接触器电流等级：6A、10A、16A、25A、40A、60A、100A、160A、250A、400A、600A、1000A、1600A、2500A 及 4000A。

（3）线圈额定电压

即接触器吸引线圈的额定电压，交流接触器有 36V、110V、117V、220V、380V 等，直流接触器有 24V、48V、110V、220V、440V 等。

（4）额定操作频率

交流接触器的额定操作频率是指接触器在额定工作状态下每小时通、断电路的次数。交流接触器一般为 300～600，直流接触器的额定操作频率比交流接触器的高，可达到 1200。

5. 接触器的选用

① 选择接触器的类型。根据负载电流的种类来选择接触器的类型。交流负载选择交流接触器，直流负载选用直流接触器。

② 选择主触头的额定电压。接触器主触头的额定电压应大于或等于被控电路的额定电压。

③ 选择接触器主触头的额定电流。主触头的额定电流应大于或等于 1.3 倍的电动机的额定电流。

④ 选择接触器线圈额定电压。交流接触器一般直接选用 380/220V，直流接触器可选线圈的额定电压和直流控制回路的电压一致。

接触器的认识和使用

(五) 热继电器

热继电器是利用电流热效应原理来推动动作机构，使触头系统闭合或分断的保护电器。其主要用于电动机的过载保护、断相保护、电流不平衡运行的保护。热继电器的外形如图 1-16 所示。

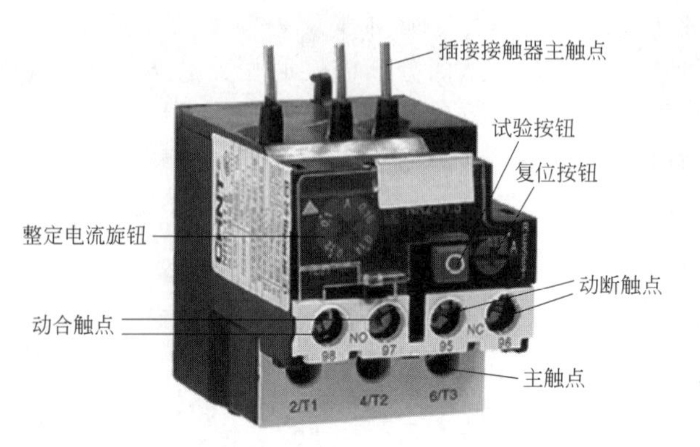

(a) JR36系列热继电器

热继电器的结构

(b) JR16系列热继电器

(c) JR20 系列热继电器

图 1-16　热继电器的外形图

1. 热继电器结构及工作原理

热继电器有两相和三相两种类型。图 1-17 所示为两相式热继电器的结构。热继电器主要由热元件、双金属片和触头组成。热元件由发热电阻丝做成；双金属片由两种膨胀系数不同的金属碾压而成，当双金属片受热时，会出现完全变形。

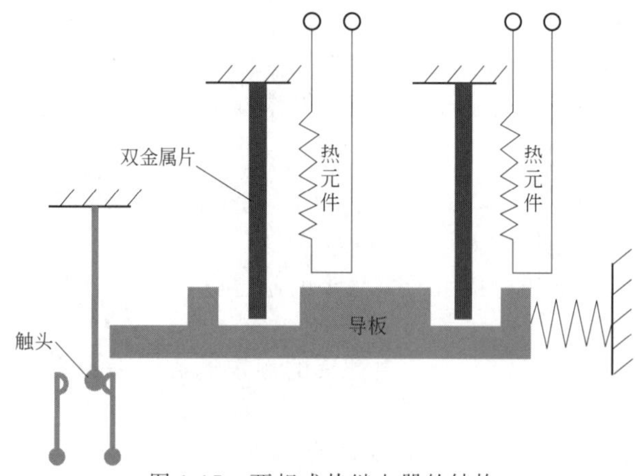

图 1-17　两相式热继电器的结构

使用时，热继电器的热元件应串接在主电路中，常闭触头应接在控制电路中。当电动机正常工作时，双金属片受热而膨胀弯曲的幅度不大，常闭触头闭合。当电动机过载后，通过热元件的电流增加，经过一定的时间，热元件温度升高，双金属片受热而弯曲的幅度增大，热继电器脱扣，常闭触头断开，切断电动机的电源而起到保护作用。

由于热惯性，热继电器不能立即动作使电路立即断开，因此不能起到短路保护作用。当电动机启动或短时过载时，热继电器也不会动作，这可避免电动机不必要的停车。

2. 热继电器的型号含义和电气符号

热继电器的型号含义和电气符号如图 1-18 所示。

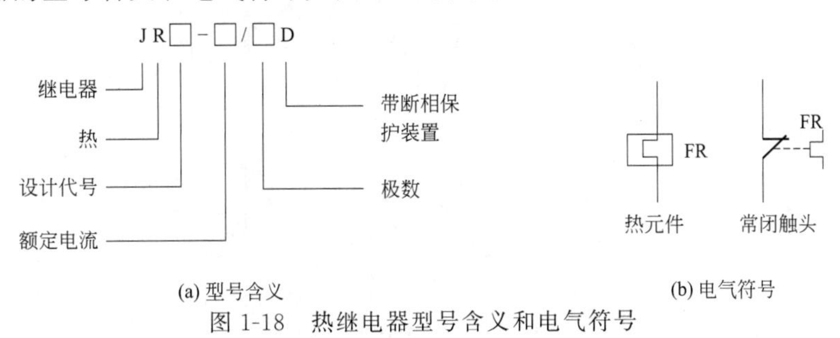

(a) 型号含义　　(b) 电气符号

图 1-18　热继电器型号含义和电气符号

3. 热继电器的主要技术参数及选用

热继电器的主要技术参数是整定电流，即热继电器长期不动作的最大电流，超过此值即动作。

热继电器的铭牌参数

热继电器的检测

一般轻载启动、长期工作的电动机或间断长期工作的电动机，都选择两相结构的热继电器；电源电压的均衡性和工作环境较差或较少有人照管的电动机，可选择三相结构的热继电器；而采用三角形连接的电动机，应选用带断相保护装置的热继电器。

热继电器的额定电流应略大于电动机的额定电流。

在进行热继电器的整定电流选择时，一般将热继电器的整定电流调整到电动机的额定电流；对过载能力差的电动机，可选择热继电器的整定电流为电动机额定电流的 0.6～0.8 倍；对启动时间较长、拖动冲击性负载或不允许停车的电动机，热继电器的整定电流应为电动机额定电流的 1.1～1.15 倍。

三、任务实施

(一) 设备工具

常用低压电器、三相异步电动机及电工工具等。

(二) 电动机点动控制电路分析

点动控制电路是用按钮和接触器控制电动机的最简单的控制线路，如图 1-19 所示，分为主电路和控制电路。主电路的电源引入采用了隔离开关 QS，电动机的电源由接触器 KM 主触头的通断来控制。

电路中，刀开关 QS 不能直接给电动机 M 供电，只起到引入电源的作用。熔断器 FU 起短路保护作用，若发生三相电路的任意两相短路，短路电流将使熔断器迅速熔断，从而切断主电路电源，实现对电动机的短路保护。

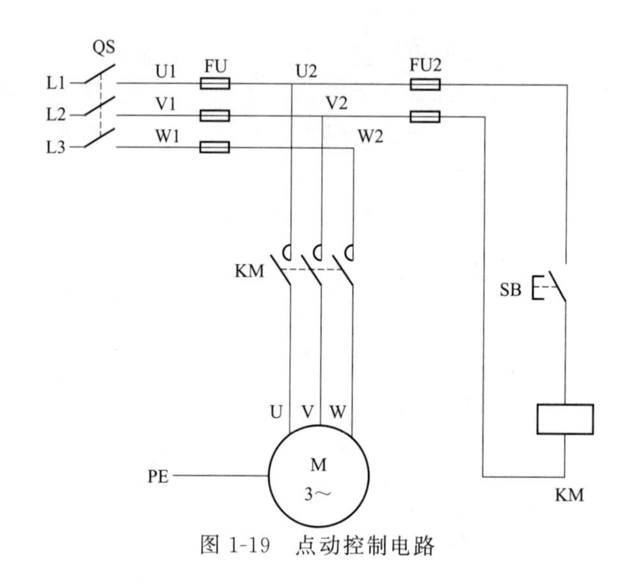

图 1-19 点动控制电路

工作原理如下。

闭合刀开关 QS，按下点动按钮 SB，接触器 KM 的线圈得电，其主电路中的主触头闭合，电动机得电运转。

松开按钮 SB，接触器 KM 的线圈失电，主电路中 KM 常开触头恢复断开状态，电动机断电，停止转动。

这种只有按下按钮电动机才会转动，松开按钮电动机便停转的控制方法，称为点动控制。点动控制常用来控制电动机的短时运行，如控制起重机中吊钩的精确定位操作、机械加工过程中的“对刀”操作等。

(三)电动机自锁控制电路分析与安装

1. 电路分析

自锁控制电路是一种广泛采用的连续运行控制线路，如图 1-20 所示。在点动控制线路的启动按钮两端并联一个接触器 KM 的辅助常开触头，再串联一个常闭（停止）按钮 SB1，除此之外还增设了热继电器 FR 作为电动机的过载保护。

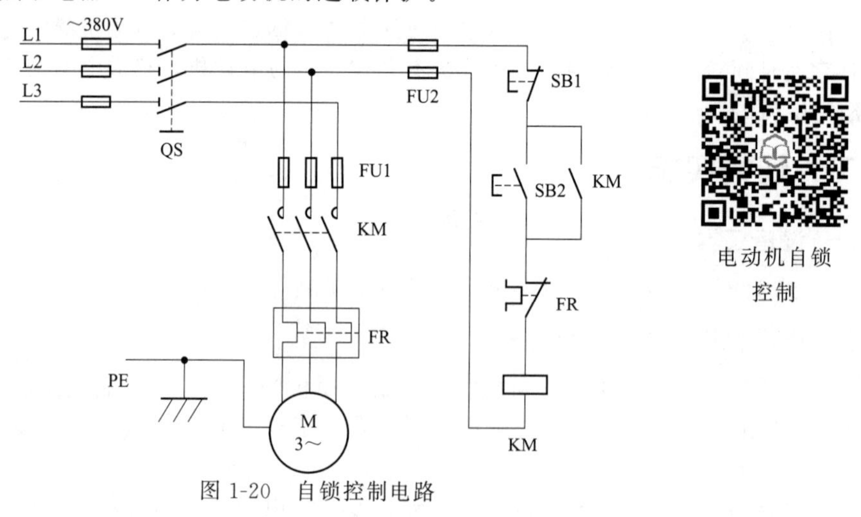

图 1-20 自锁控制电路

电路工作原理如下。

合上刀开关 QS。

启动：按下启动按钮SB2，接触器KM的线圈得电，其辅助常开触头闭合（进行自锁）、主触头闭合，电动机M运转。即便此时松开SB2，接触器KM的线圈也能通过与它并联的已处于闭合状态的自锁触头而继续通电，使电动机M保持连续运转。

停止：按下停止按钮SB1，接触器KM线圈断电，KM常开辅助触头断开，KM主触头断开，电动机M停转。

这种当启动按钮松开后，电动机仍能保持连续运转的电路，称为长动控制电路，也叫具有“自锁”的控制电路。所谓“自锁”，是指依靠接触器自身的辅助常开触头来保证线圈持续通电的控制作用。与启动按钮SB2并联的接触器的常开触头叫作自锁触头。

带有“自锁”功能的控制线路具有失压（零压）和欠压保护作用，即一旦发生断电或电源电压下降到一定值（一般降低到额定值85%以下），自锁触头就会断开，接触器KM线圈就会断电，不重新按下启动按钮SB2，电动机将无法自动启动，只有在操作人员有准备的情况下再次按下启动按钮SB2，电动机才能重新启动，从而保证了人身和设备的安全。

2. 电路保护环节

（1）短路保护

图1-20中由熔断器FU1、FU2分别对主电路和控制电路进行短路保护。为了扩大保护范围，在电路中熔断器应安装在靠近电源端，通常安装在电源开关下面。

（2）过载保护

图1-20中由热继电器FR对电动机进行过载保护。当电动机工作电流长时间超过额定值时，FR的动断触头会自动断开控制电路，使接触器线圈失电，从而使电动机停转，实现过载保护作用。

（3）欠压和失压保护

图1-20中，接触器本身的电磁机构还能实现欠压和失压保护。当电源电压过低或失去电压时，接触器的衔铁自行释放，电动机断电停转，而当电压恢复时，要重新操作启动按钮才能使电动机再次运转。这样可以防止重新通电后因电动机自行运转而发生意外故障。

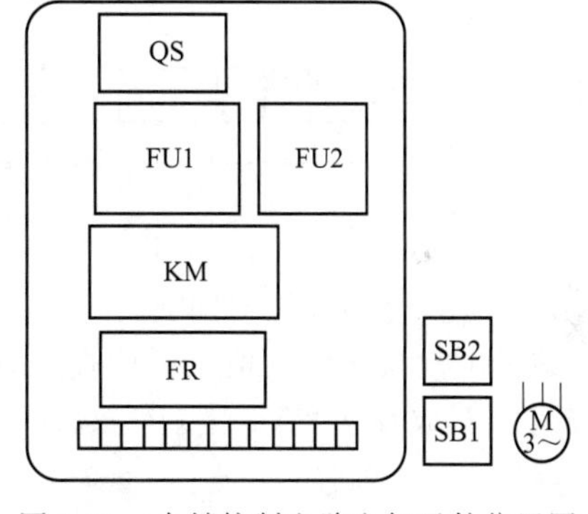

图1-21　自锁控制电路电气元件位置图

3. 安装和调试

① 按照图1-20所示准备所用电气元件，并进行质量检验。电气元件应完好无损，各项技术指标符合规定要求，否则应予以更换。

② 在控制板上按照图1-21所示的电气元件位置图布置电气元件，并给每个电气元件贴上醒目的文字符号。注意：各元器件的位置应布局合理、整齐、均匀。

③ 按照图1-22所示进行板前明线布线，做到布线整齐、横平竖直、分布均匀、走线合理；严禁损伤线芯和导线绝缘；接点要牢靠，不得松动，不得压绝缘层，不露线芯太长等。

④ 安装电动机，要求安装牢固平稳，以防止在换向时产生滚动而引起事故。

⑤ 连接电源、电动机等的导线。

⑥ 安装完毕，必须经过认真检查后方可通电。检查方法如下：对照原理图或接线图进行粗查。从原理图的电源端开始，逐段核对接线是否正确，检查导线接点是否牢固，否则带负载运行时会产生闪弧。

用万用表进行通断检查。先查主电路，此时断开控制电路，将万用表置于欧姆挡，将其表笔分别放在U1-U、V1-V、W1-W之间的线端上，读数应接近于∞；人为将接触器

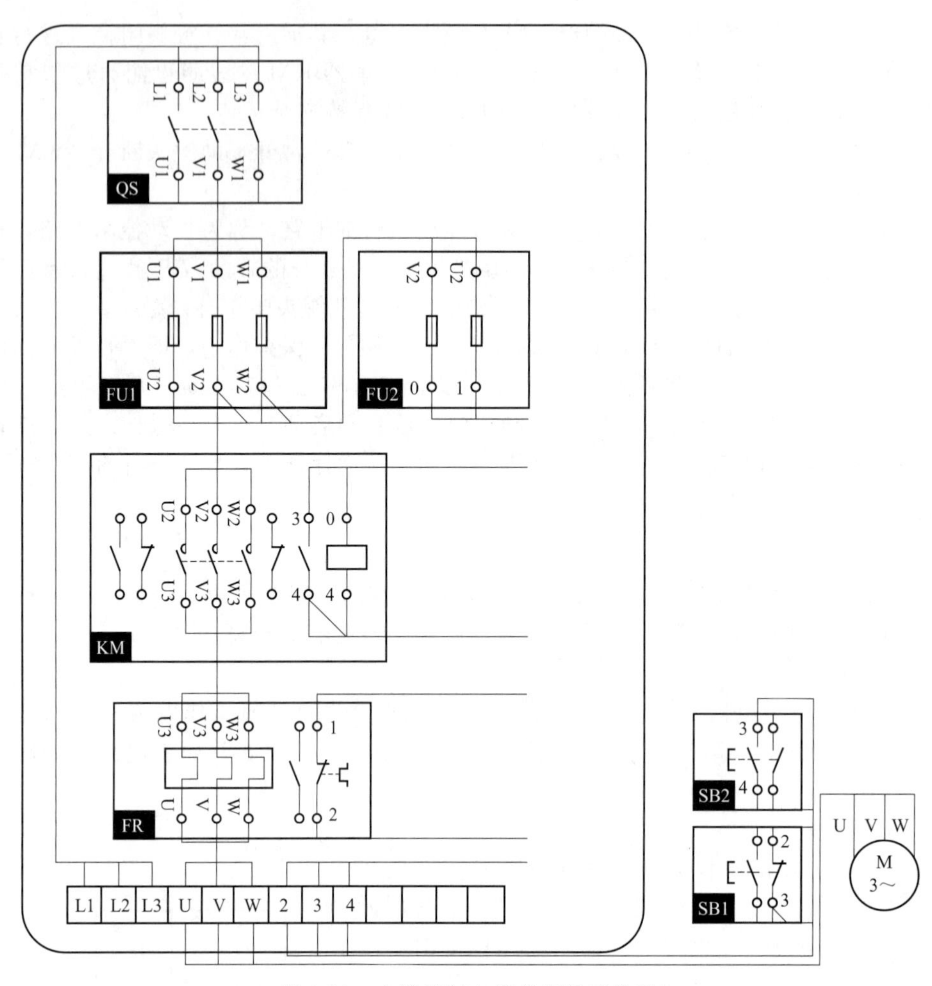

图 1-22 自锁控制电路的安装接线图

KM 吸合，再将表笔分别放在 U1-U、V1-V、W1-W 之间的接线端子上，此时万用表的读数应该为电动机绕组的值。再检查控制电路，此时应断开主电路，将万用表置于欧姆挡，将其表笔分别放在 U2-V2 上，读数应为“∞”；按下启动按钮时，读数应为接触器线圈的电阻值。

⑦ 在老师的监护下，通电试车。合上开关 QS，按下启动按钮 SB2，观察接触器是否吸合，电动机是否运转。在观察中，若遇到异常现象，应立即停车，检查故障。常见的故障一般分为主电路故障和控制电路故障两类。若接触器吸合，而电动机不转，则故障可能出现在主电路中；若接触器不吸合，则故障可能出现在控制电路中。

⑧ 通电试车完毕后，切断电源。

四、任务扩展

(一) 中间继电器

中间继电器的外形如图 1-23 所示，其基本结构及工作原理与交流接触器相似，不同的是中间继电器只有辅助触头，没有主触头，且触头数目较多，电流容量可增大，起到中间放大的作用。触头的额定电流是 5A，额定电压是 380V。当其他继电器的触头对数或触头容量不够时，可借助中间继电器来扩充它们，起到中间转换的作用。

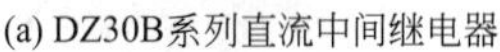
(a) DZ30B系列直流中间继电器

(b) JZC4系列交流中间继电器

中间继电器的结构和工作原理

图 1-23　中间继电器的外形

中间继电器的型号如下：

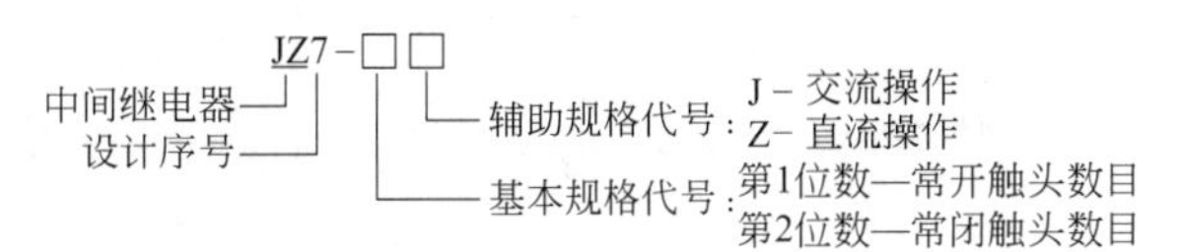

中间继电器的电气符号如图 1-24 所示。

图 1-24　中间继电器的电气符号

选用中间继电器时，主要是根据控制电路的电压和对触头数量的需要来选择线圈额定电压等级及触头数目。

(二) 点动与自锁混合控制电路

点动与自锁混合控制

在生产实践过程中，常常要求一些生产机械既能持续不断地连续运行（长动），又能在人工干预下实现手动控制的点动运行。下面分别介绍几种不同的既可长动又可点动的控制线路。

1. 利用复合按钮控制的长动及点动控制线路

利用复合按钮控制的长动及点动控制线路如图 1-25 所示，SB2 为长动按钮，SB3 为点动按钮，SB3 是一个复合按钮，使用了一个常开触头和一个常闭触头。

工作原理如下。

长动：按下按钮 SB2，接触器 KM 的线圈得电并自锁，KM 主触头闭合，电动机 M 运转。松开 SB2，电动机仍连续运转。只有按下 SB1，KM 线圈失电，电动机才停转。

点动：按下点动复合按钮 SB3，按钮常开触头闭合，常闭触头断开，接触器 KM 得电，KM 主触头闭合，电动机 M 运转。松开按钮 SB3，接触器 KM 的线圈失电，其主触头断开，电动机 M 停转。

2. 利用中间继电器控制的长动及点动控制线路

利用中间继电器控制的长动及点动控制线路如图 1-26 所示，KA 为中间继电器。

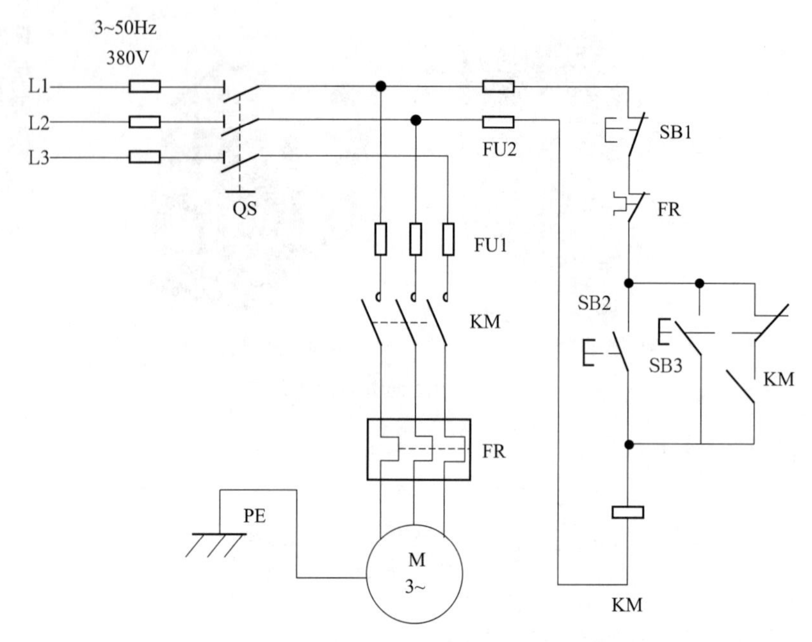

图 1-25　利用复合按钮控制的长动及点动控制线路

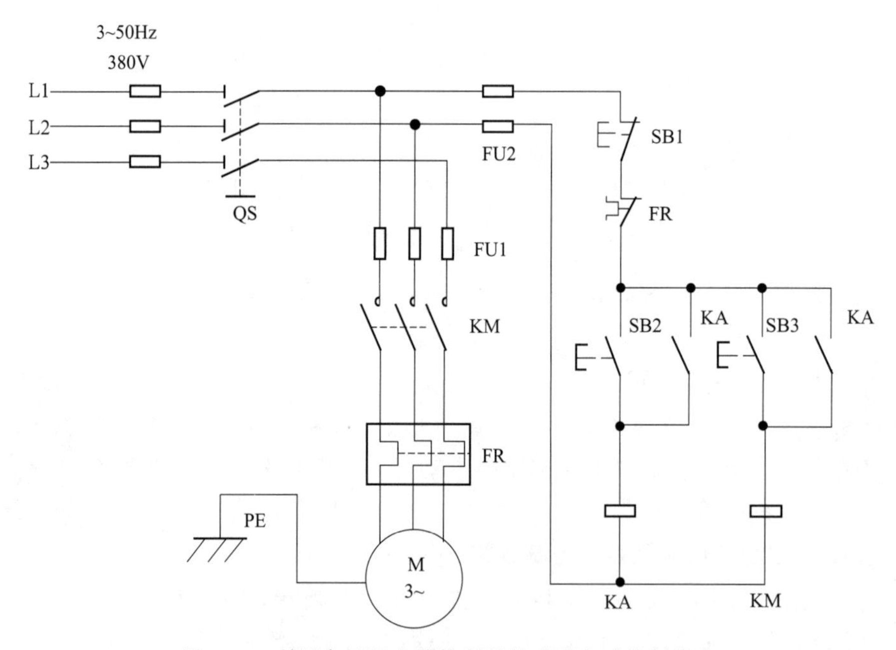

图 1-26　利用中间继电器控制的长动及点动控制线路

工作原理如下。

长动：按下按钮 SB2，中间继电器 KA 得电，KA 的常开触头闭合，接触器 KM 线圈得电，KM 主触头闭合，电动机 M 运转。松开 SB2，由于 KA 线圈一直得电自锁，所以 KM 线圈保持连续通电，电动机仍连续运转。只有按下 SB1，KA 失电使得 KM 线圈失电，电动机才停转。

点动：按下按钮 SB3，接触器 KM 线圈得电，KM 主触头闭合，电动机 M 运转。松开 SB3，KM 接触器失电，KM 主触头断开，电动机 M 停转。

五、任务评价

通过对本任务相关知识的学习和应用操作实施，对任务实施过程和任务完成情况进行评价。包括对知识、技能、素养、职业态度等多个方面，主要由小组对成员的评价和教师对小组整体的评价两部分组成。学生和教师评价的占比分别为40%和60%。教师评价标准见表1，小组评价标准见表2。

表1 教师评价表

子任务编号及名称			班级					
序号	评价项目	评价标准	评价等级					
			A组	B组	C组	D组	E组	F组
1	职业素养40% （成员参与度）	优：能进行合理分工，在实施过程中能相互协商、讨论，所有成员全部参与； 良：能进行分工，在实施过程中相互协商、帮助不够，多数成员参与； 中：分工不合理，相互协调差，成员参与度低； 差：相互间不协调、讨论，成员参与度低						
2	专业知识30% （电气线路安装情况）	优：元件安装正确规范，布线符合工艺标准； 良：元件安装与布线基本符合工艺标准，接线正确； 中：元件安装与布线工艺标准差，但接线正确； 差：元件安装不符合要求，接线工艺差，线路不正确						
3	专业技能30% （电路调试运行情况）	优：电路运行正常，能正确使用工具对线路故障进行诊断与排除，操作规范； 良：部分电路运行正常，通过故障排除后运行正常，操作 规范； 中：电路不能运行，经调试后可以正常运行，操作基本规范； 差：电路完全不能运行，操作不规范						
其他	扩展任务 完成情况	完成基本任务的情况下，完成扩展任务，小组成绩加5分，否则不加分						
教师评价合计（百分制）								

表2 小组评价表

子任务编号及名称			班级				组别	
序号	评价项目	评价标准	评价等级					
			组长	B同学	C同学	D同学	E同学	F同学
1	守时守约30%	优：能完全遵守实训室管理制度和作息制度； 良：能遵守实训室管理制度，无缺勤； 中：能遵守实训室管理制度，迟到、早退2次以内； 差：违反实训室管理制度，有1次旷课或迟到、早退3次	□ 优 □ 良 □ 中 □ 差	□ 优 □ 良 □ 中 □ 差	□ 优 □ 良 □ 中 □ 差	□ 优 □ 良 □ 中 □ 差	□ 优 □ 良 □ 中 □ 差	□ 优 □ 良 □ 中 □ 差

续表

子任务编号及名称			班级				组别	
序号	评价项目	评价标准	评价等级					
			组长	B同学	C同学	D同学	E同学	F同学
2	学习态度 30%	优:积极主动查阅资料,并解决老师布置的问题; 良:能积极查阅资料,寻求解决问题的方法,但效果不佳; 中:不能主动寻求解决问题的方法,效果差距较大; 差:碰到问题观望、等待、不能解决任何问题	□ 优 □ 良 □ 中 □ 差	□ 优 □ 良 □ 中 □ 差	□ 优 □ 良 □ 中 □ 差	□ 优 □ 良 □ 中 □ 差	□ 优 □ 良 □ 中 □ 差	□ 优 □ 良 □ 中 □ 差
3	团队协作 30%	优:积极配合组长安排,能完成安排的任务; 良:能配合组长安排,完成安排的任务; 中:能基本配合组长安排,基本完成任务; 差:不配合组长安排,也不完成任务	□ 优 □ 良 □ 中 □ 差	□ 优 □ 良 □ 中 □ 差	□ 优 □ 良 □ 中 □ 差	□ 优 □ 良 □ 中 □ 差	□ 优 □ 良 □ 中 □ 差	□ 优 □ 良 □ 中 □ 差
4	劳动态度 10%	优:主动积极完成实训室卫生清理和工具整理工作; 良:积极配合组长安排,完成实训设备清理和工具整理工作; 中:能基本配合组长安排,完成实训设备的清理工作; 差:不劳动,不配合	□ 优 □ 良 □ 中 □ 差	□ 优 □ 良 □ 中 □ 差	□ 优 □ 良 □ 中 □ 差	□ 优 □ 良 □ 中 □ 差	□ 优 □ 良 □ 中 □ 差	□ 优 □ 良 □ 中 □ 差
学生评价合计(百分制)								

注:各等级优=95,良=85,中=75,差=50,选择即可。

思考与练习

1. 写出空气开关、熔断器、按钮、接触器、热继电器及中间继电器的图文符号。
2. 熔断器与热继电器用于保护三相交流异步电动机时,能不能互相代替?为什么?
3. 交流接触器的主触头、辅助触头和线圈各接在什么电路中?应如何连接?
4. 什么是自锁?说明其作用。
5. 电动机的启动电流很大,启动时热继电器应不应该动作?为什么?
6. 为了确保电动机的正常而安全运行,电动机应具备哪些综合保护措施?

任务二
正反转控制电路的安装及调试

一、任务要求

根据电动机正反转控制的原理图绘制元件布置图及安装接线图，并按照绘制的电气图装接实际电路并进行电路的调试。

二、相关知识

(一)电气控制系统图的绘制原则

为了清晰地表达电气控制线路的组成和工作原理，便于系统的安装、调试、使用和维修，将电气控制系统中的各电气元件用一定的图形符号和文字符号表示，再将连接情况用一定的图形表达出来，这种图形就是电气控制系统图。

电气系统图

电气控制系统图一般有三种：电气原理图、电气元件布置图和安装接线图。

1. 电气原理图

电气原理图用图形符号和项目代号表示电路各个电气元件的连接关系和工作原理，它并不反映电气元件的大小及安装位置。电气原理图结构简单，层次分明，关系明确，适用于分析研究电路的工作原理，而且还可作为其他电气图的依据，在设计部门和生产现场得到了广泛应用。

现以图 1-27 所示的电动机正反转电气原理图为例来阐明绘制电气原理图的规则。

电气原理图一般分为主电路和辅助电路。主电路是从电源到电动机的电路，其中有刀开关、熔断器、接触器主触头、热继电器发热元件与电动机等；主电路用粗线绘制在电气原理图的左侧或上方。辅助电路包括控制电路、照明电路、信号电路及保护电路等，它们由继电器、接触器的线圈、接触器的辅助触头、控制按钮、其他控制元器件触头、熔断器、信号灯、控制变压器及控制开关组成，用细实线绘制在电气原理图的右侧或下方。

电气原理图中的所有电气元件一般不是实际的外形图，而采用国家标准规定的图形符号和文字符号表示，属于同一电器的各个部件和触头可以出现在不同的地方，但必须用相同的文字符号标注。电气原理图中各元器件触头状态均按没有外力作用时或未通电时触头的自然状态画出。

电气原理图中直流电源用水平线画出，一般正极画在上方，负极画在下方。三相交流电源线集中水平画在原理图的上部，相序自上而下按 L1、L2、L3 排列，中性线（N 线）和接地线（PE 线）排在相线之下。主电路垂直于电源线画出，控制电路与信号电路在两条水平电源线之间画出。

在电气原理图中，对于需要测试和拆接的外部引线的端子，采用空心圆表示；有直接电联系的导线连接点，用实心圆表示；无直接电联系的导线交叉点不画黑圆点，但在电气图中

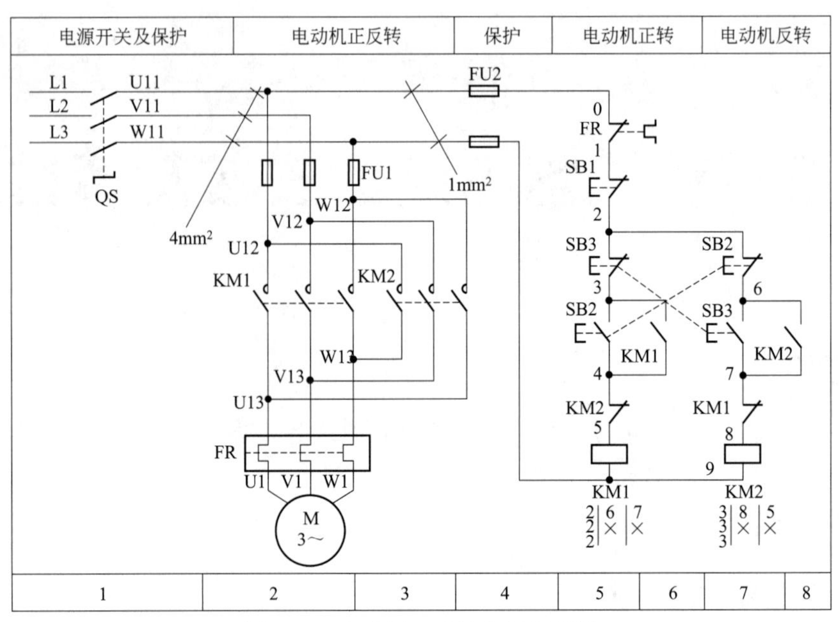

图 1-27　电动机正反转电气原理图

应尽量避免线条的交叉。

在电气原理图中，继电器、接触器线圈的下方注有其触头在图中位置的索引代号，索引代号用图面区域号表示，其含义如下：

KM			KM	
2	6	7		
2	×	×		
2				
主触头所在图区			辅助常开触头所在图区	辅助常闭触头所在图区

未使用的触头用“×”表示。

电气原理图中元器件的数据和型号（如热继电器动作电流和整定值、导线截面积等）可用小号字体标注在电气元件文字符号的下面。

此外，在绘制支路、元件和接点时，一般要加上标号。主电路标号由文字和数字组成。文字用以表明主电路中元件或线路的主要特征，数字用以区别电路的不同线段。各电器的接线端子用规定的字母数字符号标记。按国家标准规定：

① 三相交流电源的引入线用 L1、L2、L3 标记，中性线为 N，接地端为 PE；

② 电源开关之后的三相交流电源主电路分别按 U、V、W 顺序进行标记；

③ 对于数台电动机的三相绕组，在字母前加数字区别，如 M1 电动机，其三相绕组接线端标以 1U、1V、1W；M2 电动机，其三相绕组接线端标以 2U、2V、2W；

④ 电动机绕组首端分别用 U1、V1、W1 标记，尾端用 U2、V2、W2 标记；

⑤ 电动机分支电路各接点标记，采用三相文字代号后面加数字来表示，数字中的十位数表示电动机代号，个位数字表示该支路接点的代号，从上到下按数值大小顺序标记。如 U12 表示第 1 台电动机的第一相的第 2 个接点。

2. 电气元件布置图

电气元件布置图主要表明机械设备上和电气控制柜上所有电气设备和电气元件的实际位置，是电气控制设备制造、安装和维修必不可少的技术文件。自锁控制电路的电气元件布置图如图 1-28 所示。

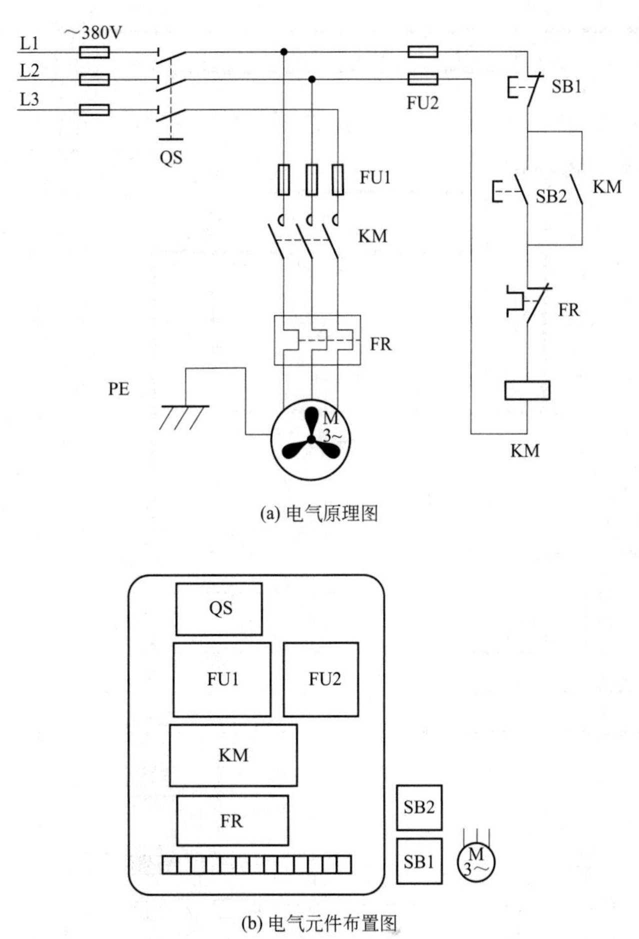

(a) 电气原理图

(b) 电气元件布置图

图 1-28　自锁控制电路的电气元件布置图

3. 安装接线图

安装接线图主要用于安装接线、线路检查、线路维修和故障处理，它可表示设备电控系统各单元和各元器件间的接线关系，并标出所需数据，如接线端子号、连接导线参数等，实际应用中通常与电气原理图、电气元件布置图一起使用。自锁控制电路的安装接线图如图 1-29 所示。

(二) 正反转控制电路

在生产实践中，有很多情况需要电动机能进行正反两方向的转动，如夹具的夹紧与松开、升降机的提升与下降等。对于三相异步电动机，只需改变相序，将三相异步电动机的任意两相绕组调换，即可实现反转。常利用接触器的主触头来改变相序。

1. 接触器互锁正反转控制线路

图 1-30 所示为接触器互锁正反转控制线路。图中采用了两个接触器，KM1 是正转接触器，KM2 是反转接触器。显然 KM1 和 KM2 两组主触头不能同时闭合，即 KM1 和 KM2 的线圈不能同时通电，否则会引起电源短路。

工作原理如下。

合上刀开关 QS。

正转：按下启动按钮 SB2，接触器 KM1 线圈得电并自锁，KM1 主触头闭合，接通主电

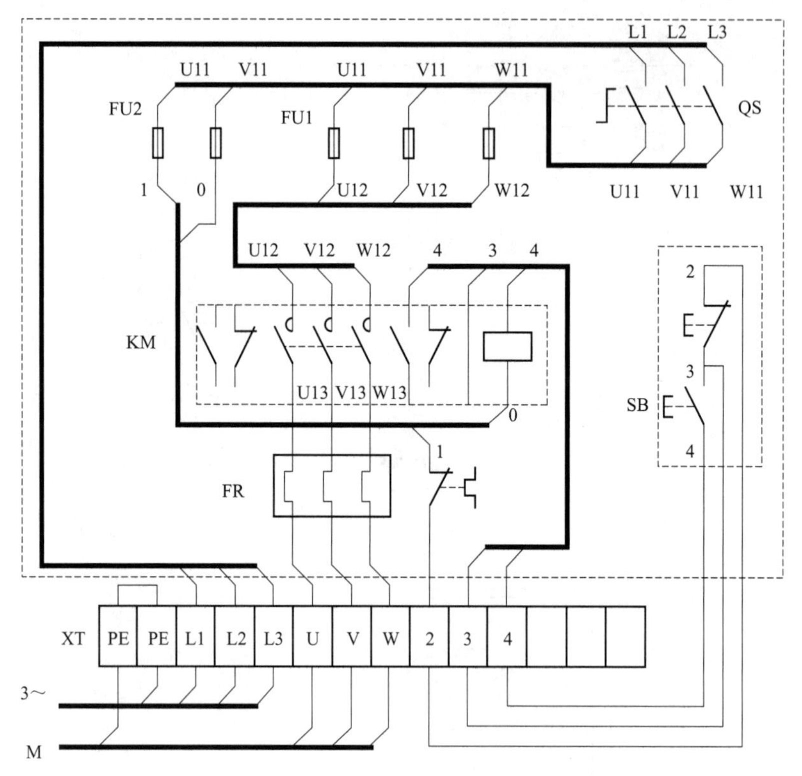

图 1-29 自锁控制电路的安装接线图

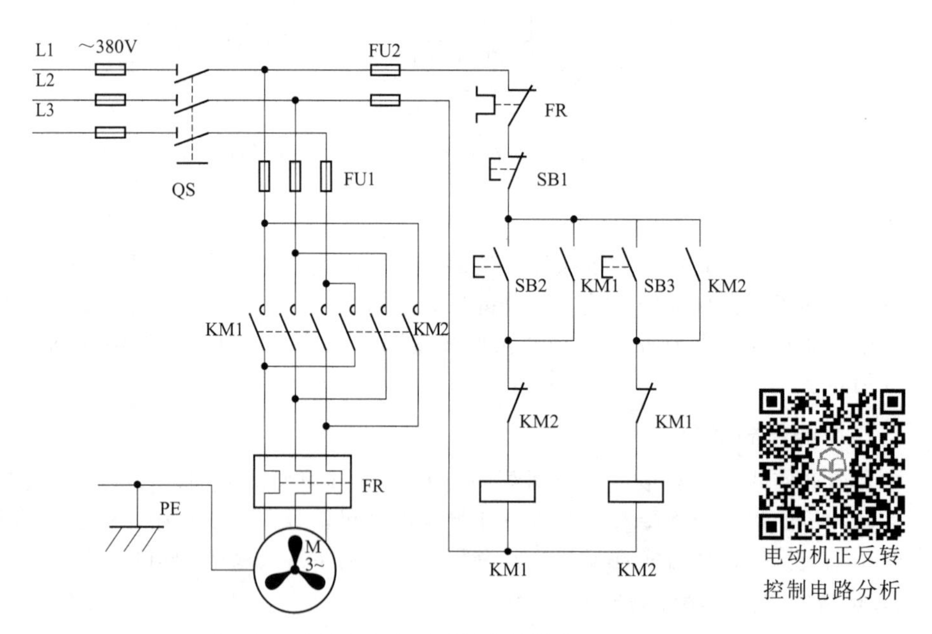

电动机正反转控制电路分析

图 1-30 接触器互锁正反转控制线路

路。输入电源相序为 L1、L2、L3，电动机 M 正转；同时 KM1 常闭触头断开，保证 KM2 线圈不会得电。

停转：按下停止按钮 SB1，接触器 KM1 线圈失电，KM1 主触头断开，电动机 M 停转。

反转：按下反转启动按钮 SB3，接触器 KM2 线圈得电并自锁。KM2 主触头闭合，接通主电路，输入电源相序为 L3、L2、L1，电动机 M 反转。同时 KM2 常闭触头断开，保证 KM1 线圈不会得电。

在控制电路中，正转接触器 KM1 的线圈电路中串联了一个反转接触器 KM2 的常闭触头，反转接触器 KM2 的线圈电路中串联了一个正转接触器 KM1 的常闭触头。这样，每一接触器线圈电路是否被接通，取决于另一接触器是否处于释放状态。这种同一时间，两个接触器中只能有一个正常工作的控制作用，称为互锁（联锁）。在图 1-30 所示线路中，互锁是依靠电气元件来实现的，所以也称为电气互锁。实现电气互锁的触头称为互锁触头。互锁可避免同时按下正、反转启动按钮时造成短路。

接触器互锁正、反转控制线路存在的主要问题是从一个转向过渡到另一个转向时，要先按停止按钮 SB1，不能直接过渡，显然这是十分不方便的。

2. 按钮互锁正反转控制线路

图 1-31 所示为按钮互锁正反转控制线路。图中 SB2、SB3 为复合按钮，各有一对常闭触头和常开触头，其中常闭触头分别串联在对方接触器线圈支路中，这样只要按下按钮，就自然切断了对方接触器线圈支路，实现互锁。这种互锁是利用按钮来实现的，所以称为按钮互锁。

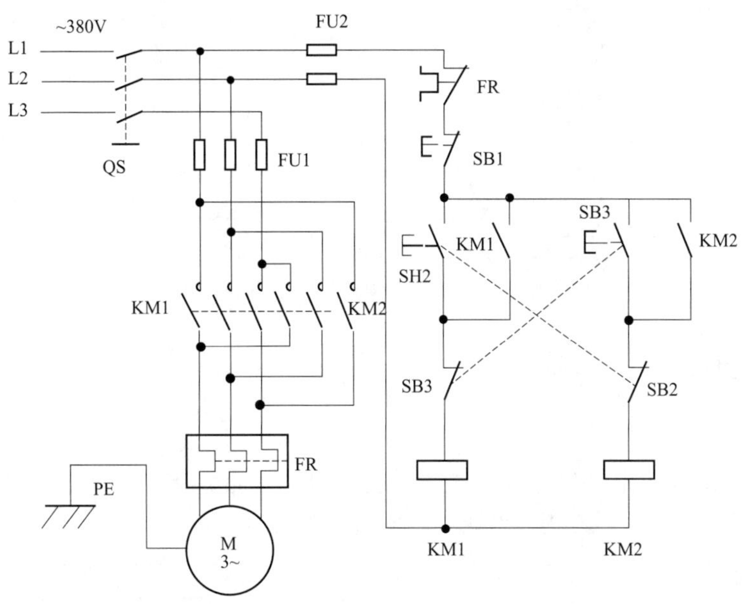

图 1-31　按钮互锁正反转控制线路

工作原理如下。

合上刀开关 QS。

正转：按下正转启动按钮 SB2，接触器 KM1 的线圈得电并自锁。KM1 主触头闭合，接通主电路，输入电源相序为 L1、L2、L3，电动机 M 正转。同时复合按钮 SB2 的常闭触头断开，切断 KM2 线圈支路。

反转：按下反转启动按钮 SB3，其常闭触头断开，接触器 KM1 的线圈失电，KM1 主触头断开，电动机 M 停转。同时 KM2 线圈得电并自锁，KM2 主触头闭合，接通主电路，接入电源相序为 L1、L3、L2，电动机 M 反转。

由此可见，按钮互锁正反转控制电路可以从正转直接过渡到反转，即可实现“正—反—停”控制。但其存在的主要问题是容易产生短路事故，例如当电动机正转接触器 KM1 主触头因弹簧老化或剩磁的原因而延迟释放或者被卡住而不能释放时，如按下 SB3 反转按钮，KM2 接触器又得电，使其主触头闭合，会在主电路发生短路。

3. 双重互锁正反转控制线路

双重互锁正反转控制线路如图 1-32 所示。该线路既有接触器的电气互锁，又有复合按钮的机械互锁，是一种比较完善的既能实现正反转直接启动的要求，又具有较高安全可靠性的线路。

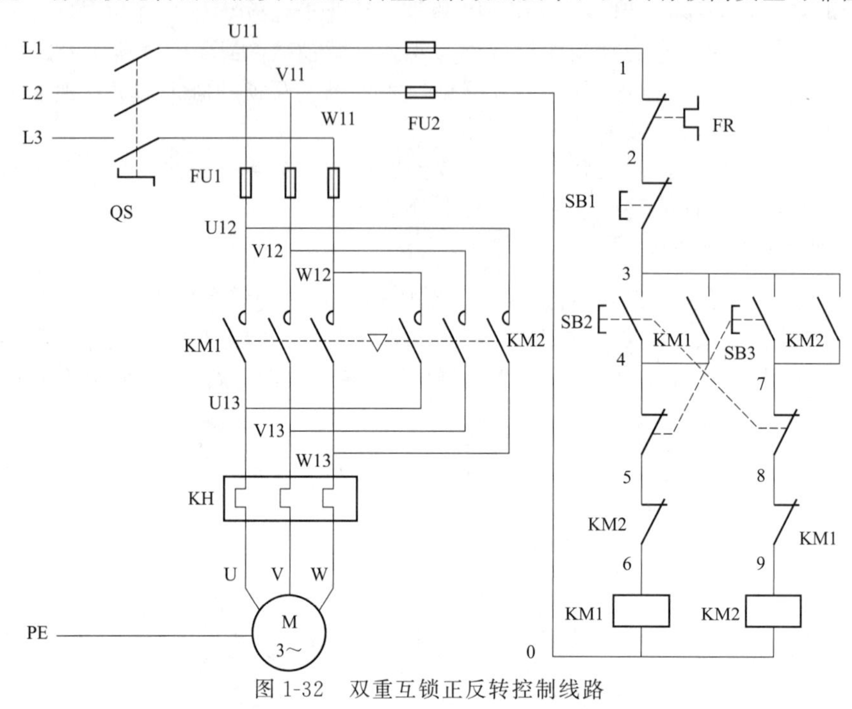

图 1-32　双重互锁正反转控制线路

三、任务实施

(一) 准备元器件

根据图 1-30 配齐所用电气元件，并检查其数量、规格是否符合控制电路的规格，检查其外观是否完好无损，并用万用表欧姆挡检测各电气元件。

(二) 电路安装与调试

① 根据图 1-32 画出正反转控制电路的元件位置图，如图 1-33 所示。

② 根据图 1-30 画出电动机正反转控制电路的接线图，如图 1-34 所示。

③ 按照图 1-33 在控制板上安装电气元件。

④ 按照图 1-34 进行布线安装。

⑤ 安装完毕后，必须经过认真检查后方可通电。

⑥ 在老师的监护下，通电试车。若遇到异常现象，应立即停车，检查故障。

正反转控制电路的常见故障现象及故障点见表 1-1。

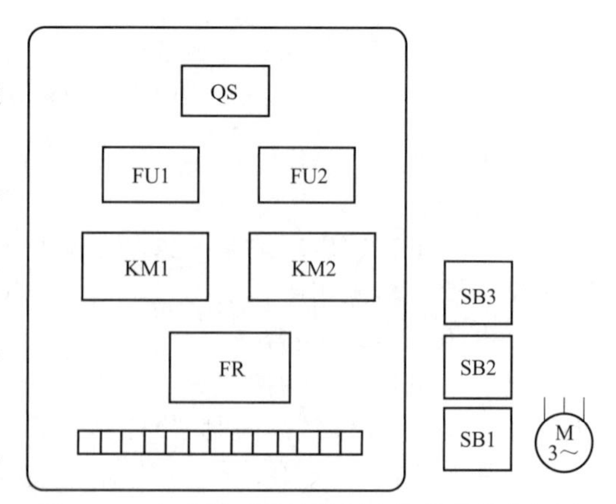

图 1-33　电动机正反转控制电路的元件位置图

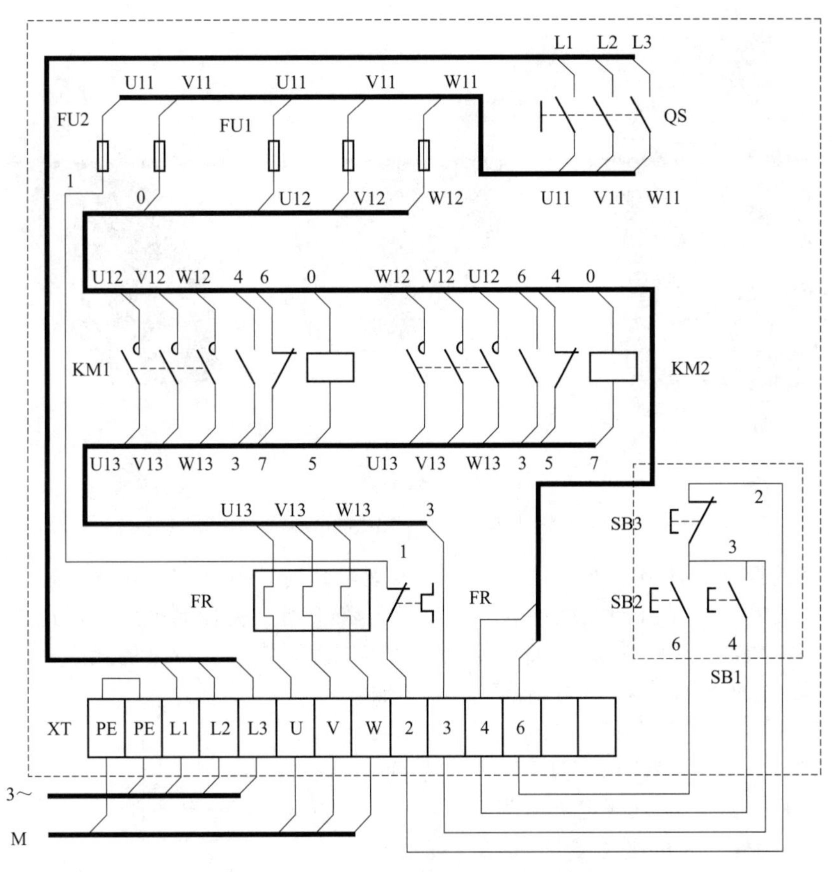

图 1-34　电动机正反转控制电路的接线图

表 1-1　正反转控制电路故障现象及故障点

故障现象	故障点
按下 SB2，电动机不转；按下 SB3，电动机运转正常	KM1 线圈断路或 SB2 损坏产生断路
按下 SB2，电动机运转正常；按下 SB3，电动机不转	KM2 线圈断路或 SB3 损坏产生断路
按下 SB1，不能停车	SB1 熔焊
合上 QS 后，熔断器 FU2 熔断	KM1 或 KM2 线圈、触头短路
合上 QS 后，熔断器 FU1 熔断	KM1 或 KM2 短路；电动机相间短路；正反转主电路换相线接错
按下 SB2，电动机运转正常，再按下 SB3，FU1 熔断	正反转主电路换相线接错

⑦ 通电试车完毕，切断电源。

四、任务扩展

(一) 行程控制

行程控制是以行程开关代替按钮以实现对电动机的启停控制。

1. 行程开关

行程开关又称位置开关或限位开关，其作用是将机械位移转换成电信号，使电动机运行状态发生改变，即按一定行程自动停车、反转、变速或循环，进行终端限位保护。行程开关的外形如图 1-35 所示，其结构和工作原理与按钮相同，不同的是行程开关不是靠手的按压，而是利用生产机械运动部件的撞击碰压而使触头动作。

行程开关常装设在基座的某个预定位置，其触头接到有关的控制电路中。当被控对象运

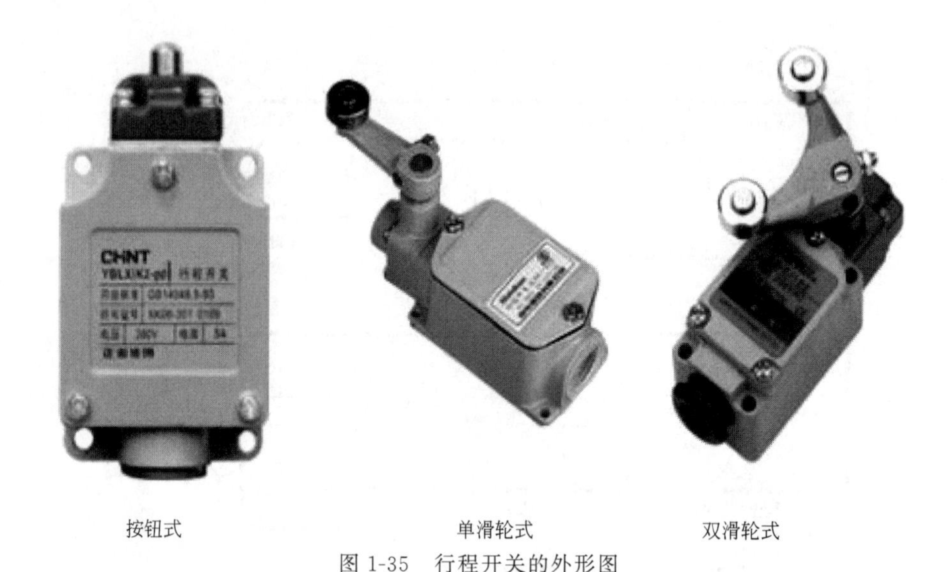

图 1-35　行程开关的外形图

动部件上安装的撞块碰压到行程开关的推杆（或滚轮）时，推杆（或滚轮）被压下，行程开关的常闭触头先断开，常开触头后闭合，从而断开和接通有关控制电路，以达到控制生产机械的目的。当撞块离开后，行程开关在复位弹簧的作用下恢复到原来的状态。

行程开关的种类很多，可分为直动式（如 LX1、JLXK1 系列）、滚轮式（如 LX2、JLXK2 系列）和微动式（如 LXW. 11、JLXK1. 11 系列）三种。通常行程开关的触头额定电压为 380V，额定电流为 5A。行程开关的型号含义及电气符号如图 1-36 所示。

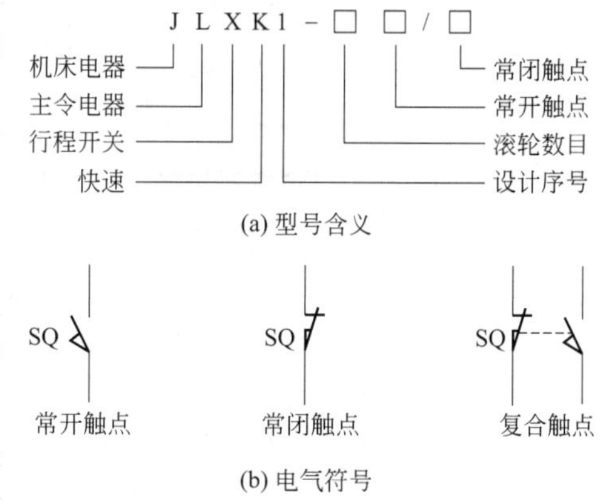

图 1-36　行程开关的型号含义和电气符号

2. 接近开关

接近开关是一种无接触式物体检测装置，当某种物体与之接近到一定距离时，它发出“动作”信号，而不需要施以机械力。接近开关可用作行程开关和限位开关，还可以用于高速计数、测速、液面控制、检测金属体的存在、检测零件尺寸，也可用作无触头按钮及用作计算机或可编程控制器的传感器等。

接近开关由感应头、高频振荡器、放大器和外壳组成。当运动部件与接近开关的感应头接近时，其输出一个电信号，使其动合触头闭合，动断触头断开。常见接近开关的外形和电气符号如图 1-37 所示。

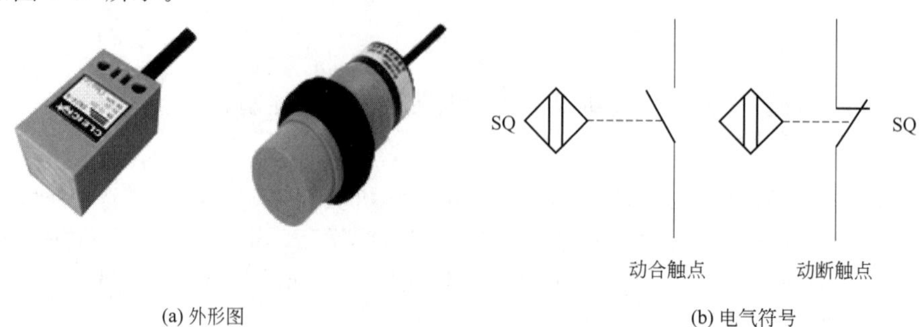

图 1-37　接近开关的外形及电气符号

3. 行程控制电路

行程控制是以行程开关代替按钮以实现对电动机的启停控制。若在预定位置电动机需要停止，则将行程开关安装在相应位置处，其常闭触头串接在相应的控制电路中，当机械装置运动到预定位置时行程开关动作，其常闭触头断开相应的控制电路，电动机停转，机械运动也停止；若要实现机械装置停止后立即反向运动，则应将此行程开关的常开触头并联在另一个控制回路的启动按钮上，这样当行程开关动作时，常闭触头断开了正向运动控制电路，同时常开触头又接通了反向运动控制电路，从而实现了机械装置的自动往返循环运动。图 1-38 为小车自动往返运动的示意图，图 1-39 为小车自动往返循环的电气控制线路图。

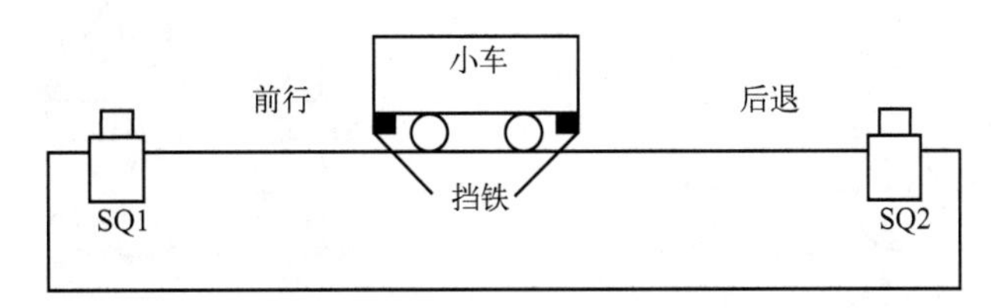

图 1-38　小车自动往返运动示意图

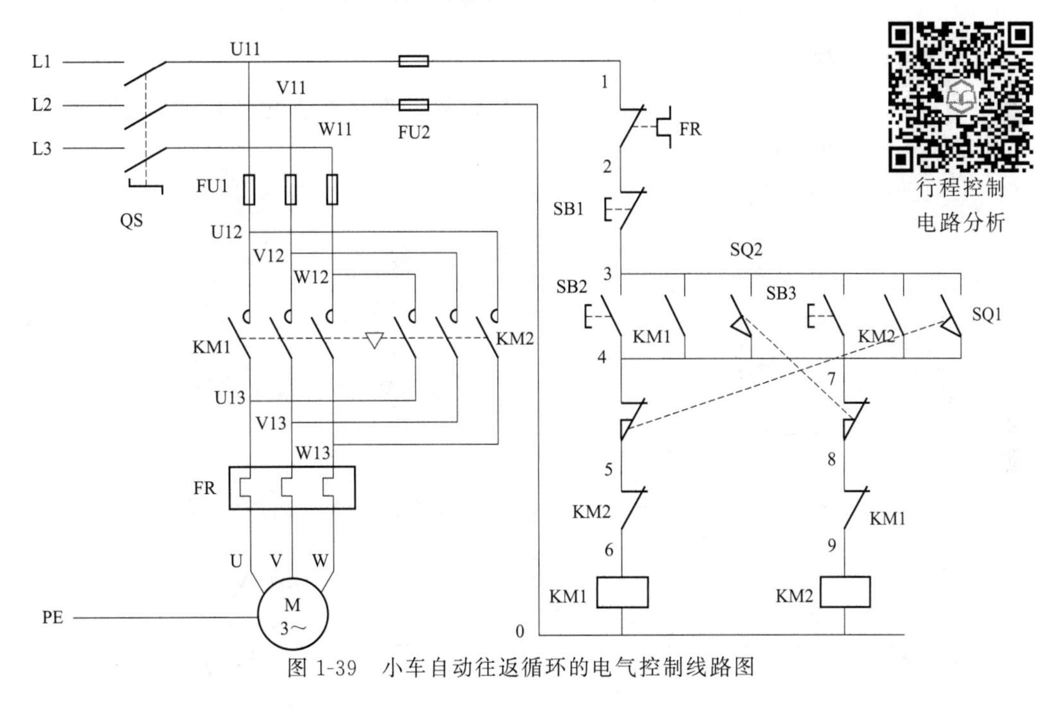

行程控制
电路分析

图 1-39　小车自动往返循环的电气控制线路图

读者可自行分析其工作原理。

(二) 顺序控制

在实际的生产实践中，有时需要由多台电动机来满足控制要求，在启动和停止时需要电动机按一定的顺序来启动和停车。比如在机床中，要求油泵电动机启动后，主轴电动机才能启动。

1. 先启后停控制电路

某机床要求在加工前先给机床提供液压油，对机床床身导轨进行润滑，或提供机械运动的液压动力，这就要求先启动液压泵后才能启动机床的工作台或主轴，当机床停止运行时要求先停止工作台电动机或主轴电动机，再让液压泵电动机停止。其电气原理图如图 1-40 所示。

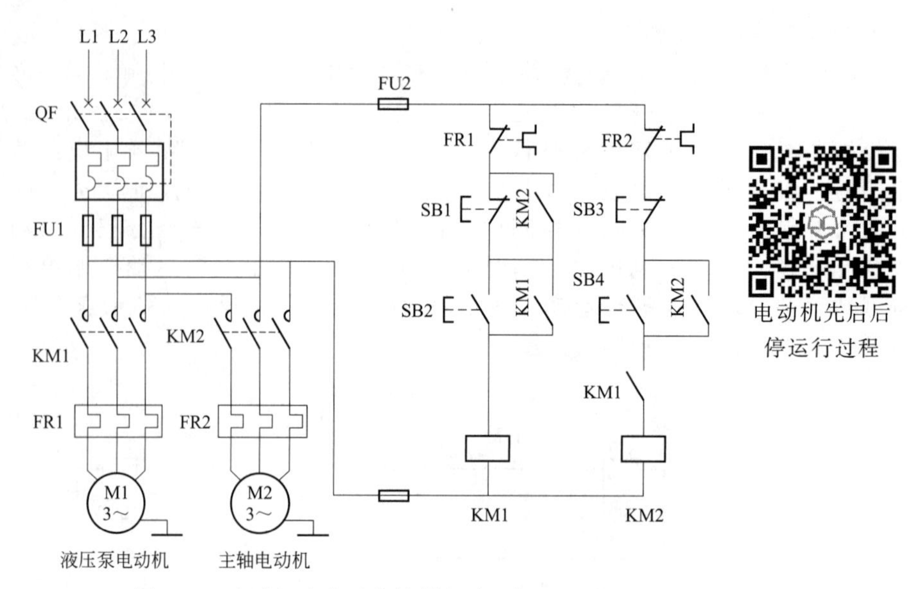

图 1-40　电动机先启后停控制电路电气原理图

2. 先启先停控制电路

在有的特殊控制中，要求 A 电动机先启动后才能启动 B 电动机，当 A 停止后 B 才能停止。其电气原理图如图 1-41 所示。

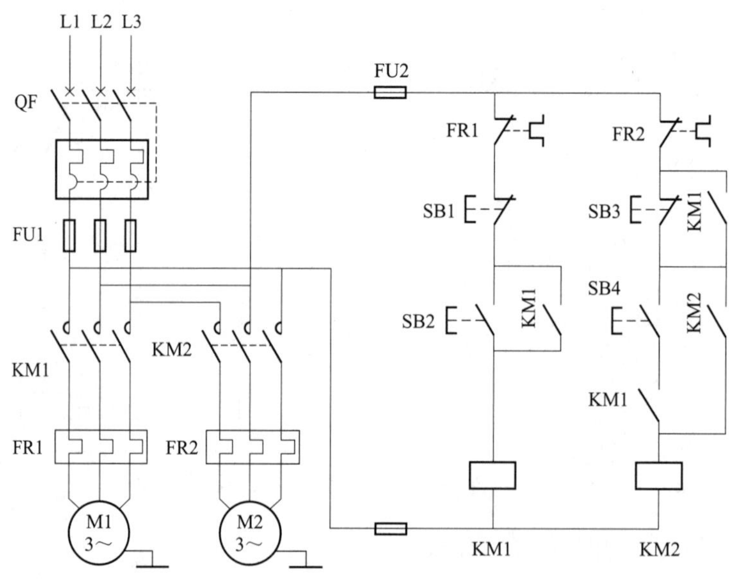

图 1-41　电动机先启先停电气原理图

(三) 多地控制

在一些大型生产设备和机械上，为了操作方便，操作人员可以在不同方位进行操作与控制。图 1-42 所示为两地控制电气原理图，把一个启动按钮和一个停止按钮组成一组，并把两组启动、停止按钮分别放置在两地，即可实现两地控制。电动机启动可按下 SB3 或 SB4，停止可按按钮 SB1 或 SB2。

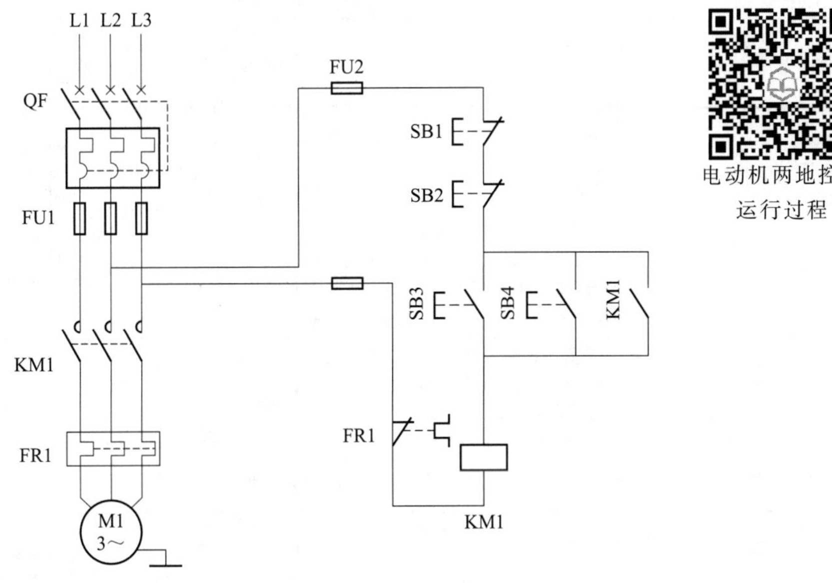

电动机两地控制运行过程

图 1-42　两地控制电气原理图

五、任务评价

通过对本任务相关知识的学习和应用操作实施，对任务实施过程和任务完成情况进行评价。包括对知识、技能、素养、职业态度等多个方面，主要由小组对成员的评价和教师对小组整体的评价两部分组成。学生和教师评价的占比分别为 40％和 60％。教师评价标准见表 1，小组评价标准见表 2。

表 1　教师评价表

子任务编号及名称			班级					
序号	评价项目	评价标准	评价等级					
			A 组	B 组	C 组	D 组	E 组	F 组
1	职业素养 40％（成员参与度）	优：能进行合理分工，在实施过程中能相互协商、讨论，所有成员全部参与； 良：能进行分工，在实施过程中相互协商、帮助不够，多数成员参与； 中：分工不合理，相互协调差，成员参与度低； 差：相互间不协调、讨论，成员参与度低						
2	专业知识 30％（电气线路安装情况）	优：元件安装正确规范，布线符合工艺标准； 良：元件安装与布线基本符合工艺标准，接线正确； 中：元件安装与布线工艺标准差，但接线正确； 差：元件安装不符合要求，接线工艺差，线路不正确						

续表

子任务编号及名称			班级					
序号	评价项目	评价标准	评价等级					
			A 组	B 组	C 组	D 组	E 组	F 组
3	专业技能 30%（电路调试运行情况）	优：电路运行正常，能正确使用工具对线路故障进行诊断与排除，操作规范； 良：部分电路运行正常，通过故障排除后运行正常，操作规范； 中：电路不能运行，经调试后可以正常运行，操作基本规范； 差：电路完全不能运行，操作不规范						
其他	扩展任务完成情况	完成基本任务的情况下，完成扩展任务，小组成绩加 5 分，否则不加分						
教师评价合计（百分制）								

表 2　小组评价表

子任务编号及名称			班级				组别	
序号	评价项目	评价标准	评价等级					
			组长	B 同学	C 同学	D 同学	E 同学	F 同学
1	守时守约 30%	优：能完全遵守实训室管理制度和作息制度； 良：能遵守实训室管理制度，无缺勤； 中：能遵守实训室管理制度，迟到、早退 2 次以内； 差：违反实训室管理制度，有 1 次旷课或迟到、早退 3 次	□ 优 □ 良 □ 中 □ 差	□ 优 □ 良 □ 中 □ 差	□ 优 □ 良 □ 中 □ 差	□ 优 □ 良 □ 中 □ 差	□ 优 □ 良 □ 中 □ 差	□ 优 □ 良 □ 中 □ 差
2	学习态度 30%	优：积极主动查阅资料，并解决老师布置的问题； 良：能积极查阅资料，寻求解决问题的方法，但效果不佳； 中：不能主动寻求解决问题的方法，效果差距较大； 差：碰到问题观望、等待、不能解决任何问题	□ 优 □ 良 □ 中 □ 差	□ 优 □ 良 □ 中 □ 差	□ 优 □ 良 □ 中 □ 差	□ 优 □ 良 □ 中 □ 差	□ 优 □ 良 □ 中 □ 差	□ 优 □ 良 □ 中 □ 差
3	团队协作 30%	优：积极配合组长安排，能完成安排的任务； 良：能配合组长安排，完成安排的任务； 中：能基本配合组长安排，基本完成任务； 差：不配合组长安排，也不完成任务	□ 优 □ 良 □ 中 □ 差	□ 优 □ 良 □ 中 □ 差	□ 优 □ 良 □ 中 □ 差	□ 优 □ 良 □ 中 □ 差	□ 优 □ 良 □ 中 □ 差	□ 优 □ 良 □ 中 □ 差
4	劳动态度 10%	优：主动积极完成实训室卫生清理和工具整理工作； 良：积极配合组长安排，完成实训设备清理和工具整理工作； 中：能基本配合组长安排，完成实训设备的清理工作； 差：不劳动，不配合	□ 优 □ 良 □ 中 □ 差	□ 优 □ 良 □ 中 □ 差	□ 优 □ 良 □ 中 □ 差	□ 优 □ 良 □ 中 □ 差	□ 优 □ 良 □ 中 □ 差	□ 优 □ 良 □ 中 □ 差
学生评价合计（百分制）								

注：各等级优＝95，良＝85，中＝75，差＝50，选择即可。

思考与练习

1. 简述电气原理图的绘制原则。

2. 电气控制电路的主电路和控制电路各有什么特点？

3. 两个交流接触器控制的电动机正反转控制电路，为防止电源短路，必须实现什么控制？

4. 图 1-43 所示是两种实现电动机顺序控制的控制电路（主电路略），试分析说明各电路有什么特点，能满足什么控制要求。

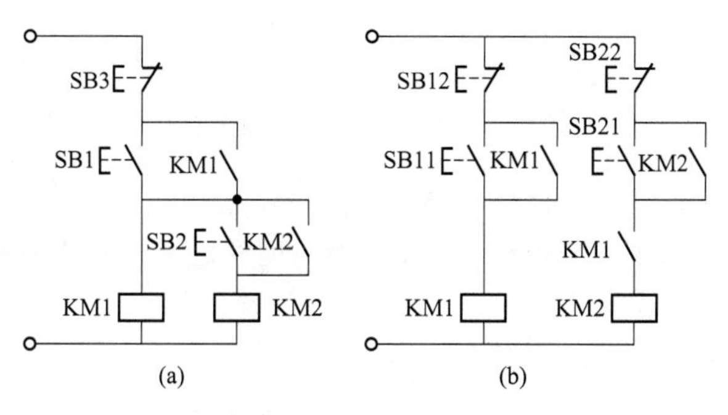

图 1-43　习题 4 电路图

5. 试设计一个控制一台电动机的电路，要求：①可正反转；②可正反向点动；③具有短路和过载保护 。

6. 有两台电动机 M1 和 M2，要求：①M1 先启动，经过 10s 后 M2 启动；②M2 启动后，M1 立即停止。试设计其控制线路。

任务三

降压启动控制电路的设计与安装调试

一、任务要求

有一台皮带运输机，由一台电动机拖动，电动机功率为7.5kW，额定电压为380V，采用三角形接法，额定转速1440r/min，控制要求如下：

① 系统启动平稳且启动电流较小，以减小对电网的冲击，电动机采用降压启动方式；

② 系统可实现连续正反转；

③ 有短路、过载、欠压和失压保护。

二、相关知识

电动机的启动方式分为全压启动和降压启动两种。全压启动是指加在电动机定子绕组上的电压为额定电压，又称为直接启动。前面任务中的电动机自锁控制和正反转控制都属于直接启动。电动机的直接启动电路简单，但启动电流大，会对电网其他设备造成一定的影响，因此当电动机功率较大时（大于7kW），需采取降压启动方式，以降低启动电流。

降压启动是利用某些设备或采用电动机定子绕组换接的方法，降低启动时加在电动机定子绕组上的电压，启动结束后再将电压恢复到额定值，使电动机在正常电压下运行。因为电枢电流和电压成正比，所以降压启动可以减小启动电流，不致在电路中产生过大的电压降，减少对电路电压的影响。不过，因为电动机的电磁转矩和端电压平方成正比，所以降压启动时电动机的启动转矩也减小了，因此降压启动一般需要在空载或轻载下实现。

图1-44　空气阻尼式时间继电器外形

(一)时间继电器

时间继电器是一种利用电磁原理或机械原理实现触头延时接通和断开的自动控制电器。常用的时间继电器主要有空气阻尼式、电子式、电磁式、电动式等。

1. 空气阻尼式时间继电器

空气阻尼式时间继电器主要由电磁系统、延时机构、触头系统、空气室传动机构、基座等组成，其外形如图1-44所示，结构如图1-45所示。

图1-46所示为空气阻尼式时间继电器的工作原理。当线圈1通电后，衔铁3吸合，微动开关16受压，其触头动作，无延时；活塞杆6在塔形弹簧8的作用下，带动活塞12及橡皮膜10向上移动，但由于橡皮膜下方气室的空气稀薄，形成负压，因此活塞杆6只能缓慢

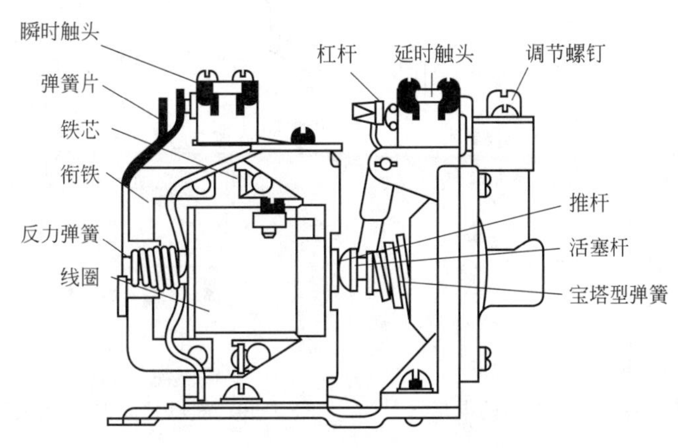

空气阻尼式时间继电器的结构

图 1-45　空气阻尼式时间继电器的结构

地向上移动，其移动的速度视进气孔的大小而定，可通过调节螺杆 13 进行调整。经过一定的延时后，活塞杆才能移动到最上端。这时通过杠杆 7 压动微动开关 15，使其常闭触头断开，常开触头闭合，起到通电延时作用。

当线圈 1 断电时，电磁吸力消失，衔铁 3 在反力弹簧 4 的作用下释放，并通过活塞杆 6 将活塞 12 推向下端，这时橡皮膜 10 下方气室内的空气通过橡皮膜 10、弱弹簧 9 和活塞 12 肩部所形成的单向阀，迅速地从橡皮膜上方的气室缝隙中排掉，微动开关 15、16 能迅速复位，无延时。

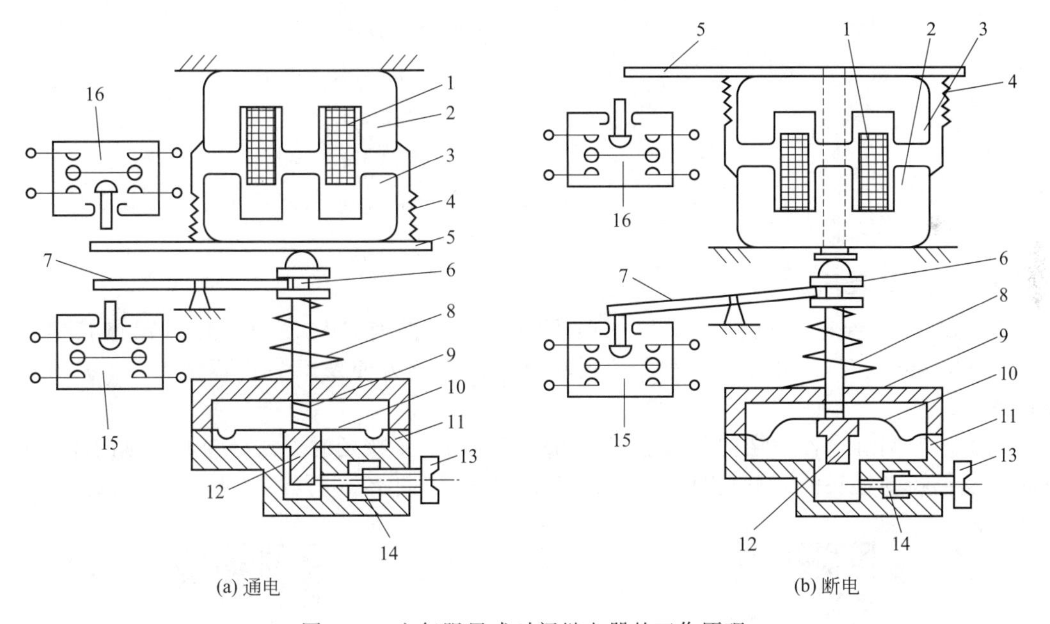

图 1-46　空气阻尼式时间继电器的工作原理

1—线圈；2—铁芯；3—衔铁；4—反力弹簧；5—推板；6—活塞杆；7—杠杆；8—塔形弹簧；9—弱弹簧；10—橡皮膜；11—空气室壁；12—活塞；13—调节螺杆；14—进气孔；15，16—微动开关

（1）时间继电器的电气符号

见图 1-47～图 1-50。

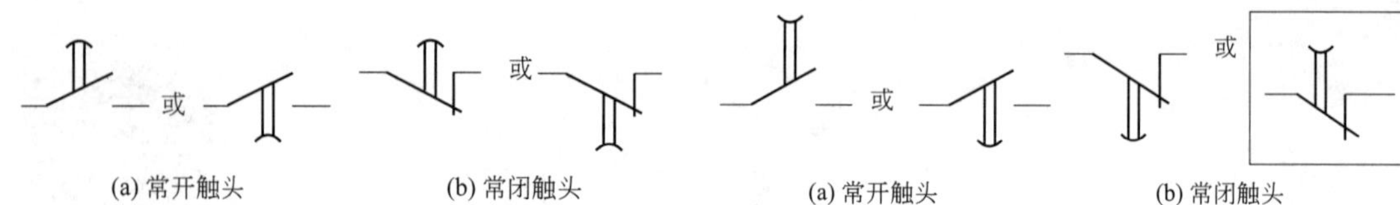

图 1-47　通电延时继电器的各类触头电气符号　　图 1-48　断电延时继电器的各类触头电气符号

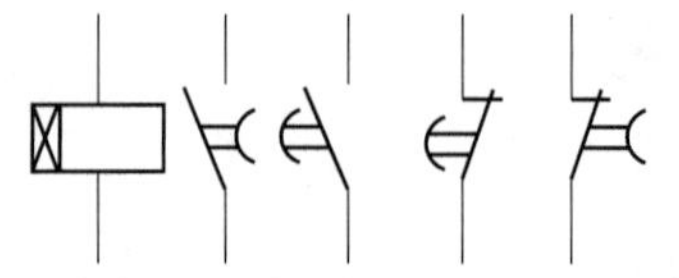

图 1-49　通电延时继电器线圈和触头的电气符号

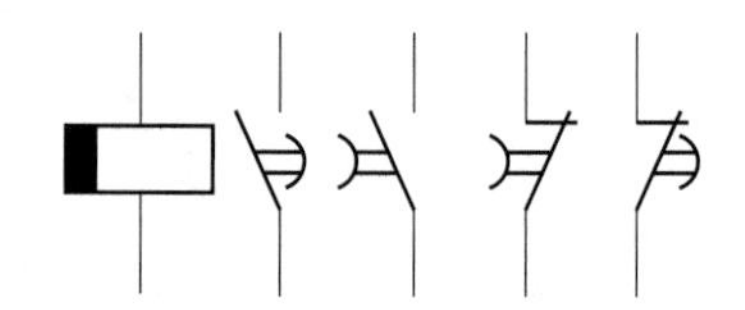

图 1-50　断电延时继电器线圈和触头的电气符号

（2）空气阻尼式时间继电器的特点

优点：延时范围较大（0.4～180s），且不受电压和频率波动的影响；可以做成通电和断电两种延时形式；结构简单、寿命长、价格低。

缺点：延时误差大，难以精确地整定延时值，且延时值易受周围环境温度、尘埃等的影响。对延时精度要求较高的场合不宜采用。

（3）型号含义

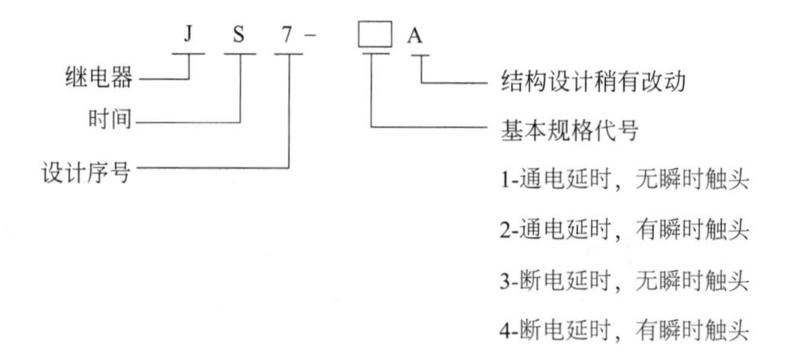

2. 电子式时间继电器

电子式时间继电器也称为半导体时间继电器，具有结构简单、延时范围广（可达0.1s～9999min）、精度高、体积小、消耗功率小、调整方便及寿命长等优点，其应用越来越广泛。

电子式时间继电器按结构分为阻容式和数字式两类；按延时方式分为通电延时型、断电延时型及带瞬动触头的通电延时型。JS20 系列电子式时间继电器的外形和接线示意图如图 1-51 所示。

通电延时型时间继电器的安装与使用

断电延时型时间继电器的安装与使用

3. 直流电磁式时间继电器

直流电磁式时间继电器用于直流电气控制电路中，它的结构简单，运行可靠，寿命长，缺点是延时时间短。

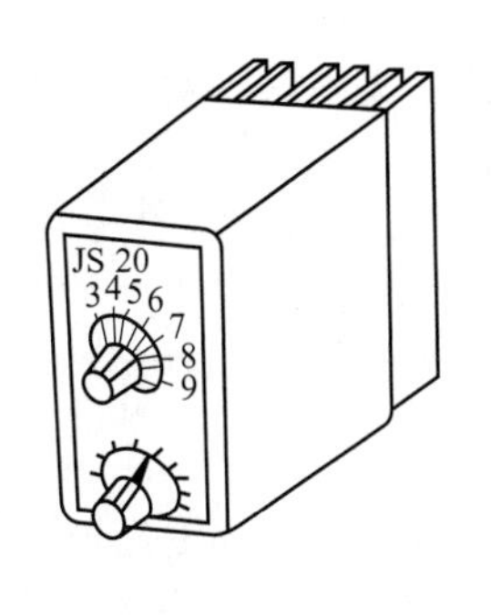

(a) 外形图

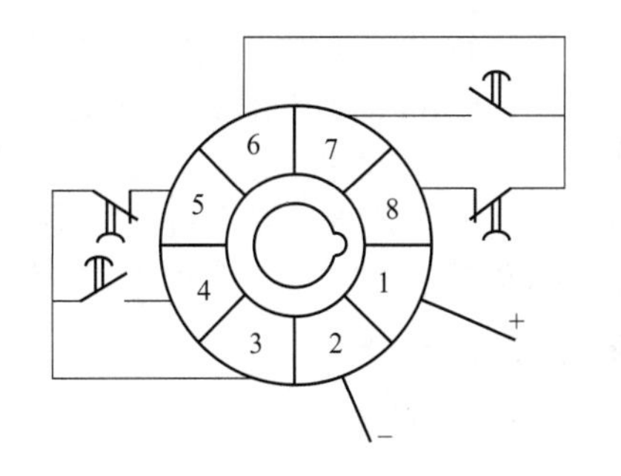

(b) 接线示意图

图 1-51 JS20 系列电子式时间继电器的外形和接线示意图

(二)三相异步电动机的降压启动控制电路

1. 定子电路串电阻降压启动控制电路

降压启动控制
电路分析

在电动机启动时，在定子电路中串接电阻，使加在电动机定子绕组上的电压降低，启动结束后再将电阻切除，使电动机在额定电压下运行。这种启动方式主要用在正常运行时定子绕组接成Y形的笼型异步电动机。图1-52是这种启动方式的电路图。

工作原理：合上刀开关QS，按下按钮SB2，KM1线圈得电自锁，其常开主触头闭合，电动机启动，KT线圈得电；当电动机的转速接近正常转速时，到达KT的整定时间，其常开延时触头闭合，KM2线圈得电自锁，KM2的常开主触头闭合，将R短接，电机全压运转。

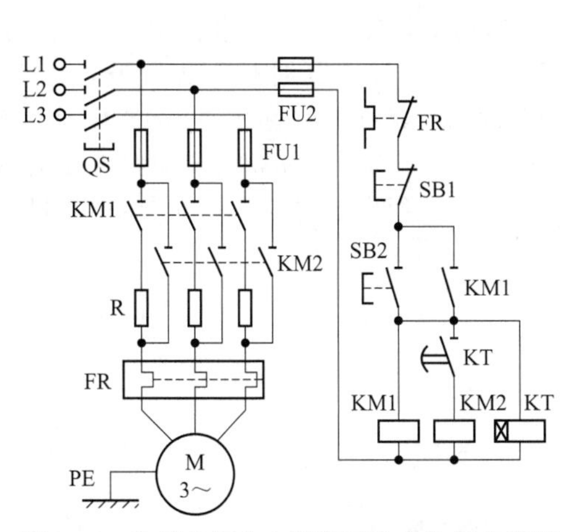

图 1-52 定子电路串电阻降压启动控制电路图

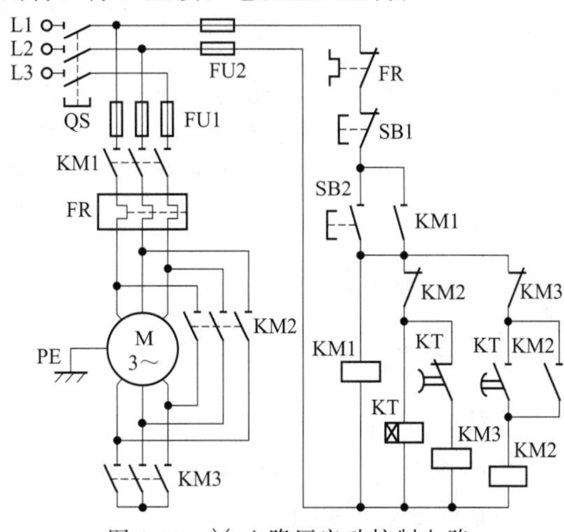

图 1-53 Y-△降压启动控制电路

降压启动用的电阻一般采用ZX1、ZX2系列铸铁电阻，其阻值小，功率大，可允许通过较大的电流。

2. Y-△降压启动控制电路

电动机在启动时将绕组接成Y形，启动结束后自动换接成△形接法。该启动方式仅适用于正常运行时定子绕组接成△形的笼型异步电动机。

图1-53所示是用两个接触器和一个时间继电器自动完成Y-△转换的启动控制电路。按下SB2后，接触器KM1得电并自锁，同时KT、KM3也得电，KM1、KM3主触头同时闭合，电动机以Y形接法启动。当电动机转速接近正常转速时，到达通电延时型时间继电器KT的整定时间，其延时动断触头断开，KM3线圈断电，延时动合触头闭合，KM2线圈得电，同时KT线圈也失电。这时，KM1、KM2主触头处于闭合状态，电动机绕组转换为△

形连接，电动机全压运行。图中把 KM2、KM3 的动断触头串联到对方线圈电路中，构成互锁电路，避免 KM2 与 KM3 同时闭合，引起电源短路。

在电动机的Y-△启动过程中，绕组的自动切换由时间继电器 KT 延时动作来控制，这种控制方式称为按时间原则控制，它在机床自动控制中得到广泛应用。KT 延时的长短应根据启动过程所需时间来整定。

3. 自耦变压器降压启动控制电路

正常运行时定子绕组接成Y形的笼型异步电动机，还可用自耦变压器降压启动。电动机启动时定子绕组加上自耦变压器的二次电压，一旦启动完成就切除自耦变压器，定子绕组在额定电压下正常运行。

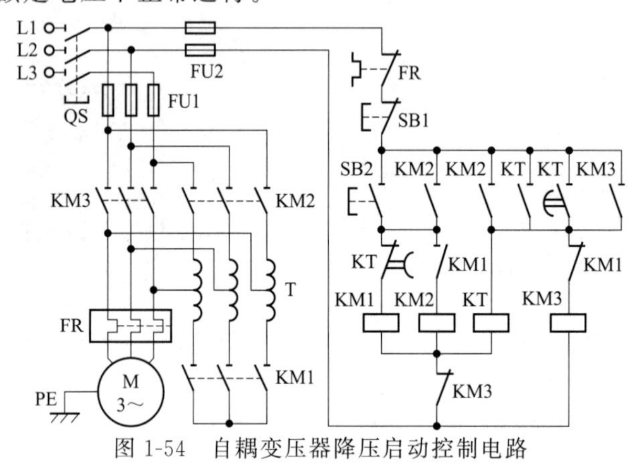

图 1-54 自耦变压器降压启动控制电路

自耦变压器二次绕组有多个抽头，能输出多种电压，启动时能产生多种转矩，一般比Y-△启动时的启动转矩大得多。自耦变压器价格较贵，而且不允许频繁启动，但仍是三相笼型异步电动机常用的一种降压启动装置。图 1-54 所示为一种三相笼型异步电动机自耦变压器降压启动控制电路。

合上电源开关 QS，按下按钮 SB2，KM1 线圈得电，自耦变压器 T 作Y形连接，同时 KM2 得电自锁，电动机降压启动，KT 线圈得电自锁；当电动机的转速接近正常工作转速时，到达 KT 的整定时间，KT 的常闭延时触头先断开，KM1、KM2 先后失电，自耦变压器 T 被切除，KT 的常开延时触头后闭合，在 KM1 的常闭辅助触头复位的前提下，KM3 得电自锁，电动机全压运转。KM1、KM3 的常闭辅助触头的作用是防止 KM1、KM2、KM3 同时得电，使自耦变压器 T 的绕组电流过大，从而导致其损坏。

三、任务实施

(一) 控制电路的设计

1. 确定启动方案

生产机械所用电动机功率为 7.5kW，采用三角形接法，因此在综合考虑性价比的情况下，选用Y-△ 降压启动方法实现平稳启动。启动时间由时间继电器设定。

2. 设置电路保护

根据控制要求，过载保护采用热继电器实现，短路保护采用熔断器实现，采用接触器继电器控制，具有欠压和失压保护功能。

3. 绘制控制流程并设计电路

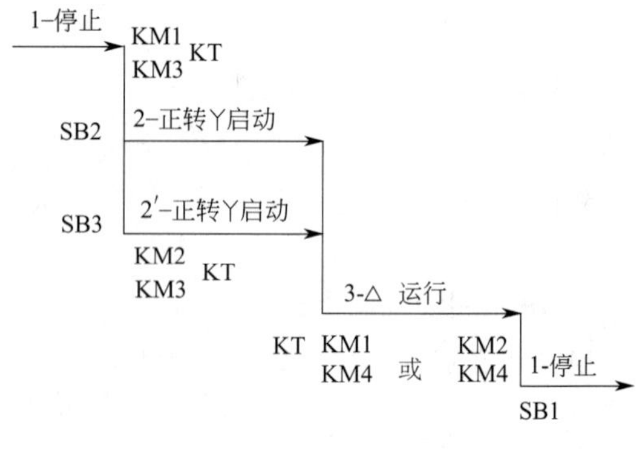

图 1-55 控制流程

根据正反向Y-△降压启动指导思想，设计本项目的控制流程，如图 1-55 所示。

根据流程图设计相应的控制电路图，如图 1-56 所示。

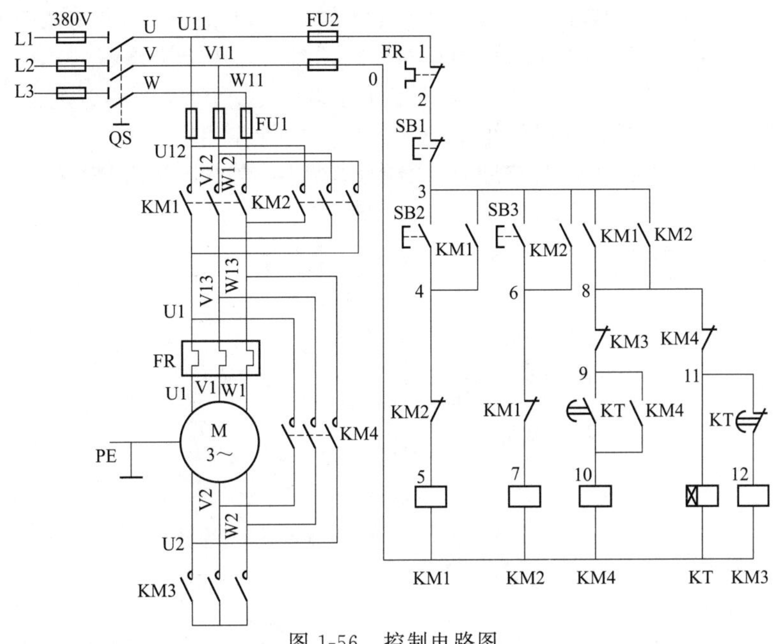

图 1-56　控制电路图

(二)电路的安装与调试

① 按图 1-56 所示将所需要的元器件配齐，并使用电工工具对元件进行质量检验；

② 画出元件的位置图和安装接线图；

③ 固定元器件，按照电气控制线路安装主电路和控制电路；

④ 检查主电路和控制电路的连接情况；

⑤ 检查无误后通电试车。为保证人身安全，在通电试车时，要认真执行安全操作规程，经老师检查和现场监督。

接通三相电源，合上电源开关 QS，用电笔检查熔断器出线端，氖管亮说明电源接通。分别按下 SB2、SB3 和 SB1，观察是否符合线路功能要求，观察电气元件动作是否灵活，有无卡阻及噪音过大现象，观察电动机运行是否正常。若有异常，立即停车检查。

四、任务扩展

(一)速度继电器

速度继电器是当转速达到规定值时动作的继电器，其作用是与接触器配合实现对电动机的反接制动，所以又称为反制动继电器。

1. 速度继电器的结构及工作原理

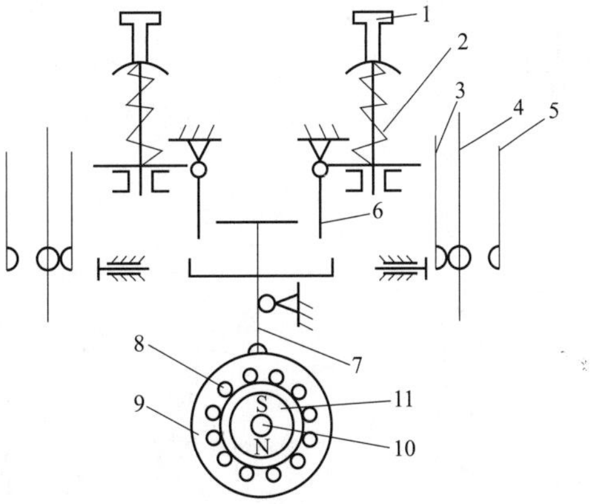

速度继电器主要由转子、定子和触头三部分组成。图 1-57 所示为速度继电器的结构原理图。速度继电器的转轴与电动机的轴相联，当电动机转动时，速度继电器的转子随着一起转动，产生旋转磁场，定子绕组便切割磁感线产生感应电动势，而后产生感应电流，载流导体在转子

图 1-57　速度继电器的结构原理图

1—螺钉；2—反力弹簧；3—常闭触头；4—动触头；5—常开触头；6—返回杠杆；7—杠杆；8—定子导体；9—定子；10—转轴；11—转子

磁场作用下产生电磁转矩，使定子开始转动。定子转过一定角度后，带动杠杆推动触头，使常闭触头断开，常开触头闭合，在杠杆推动触头的同时也压缩反力弹簧，其反作用力阻止定子继续转动。当电动机转速下降时，转子速度也下降，定子导体内感应电流减小，转矩减小。当转速下降到一定值时，电磁转矩小于反力弹簧的反作用力矩，定子返回到原来位置，对应的触头复位。调节螺钉可以调节反力弹簧的反作用力大小，从而调节触头动作时所需转子的转速。

2. 速度继电器的表示方法

（1）型号

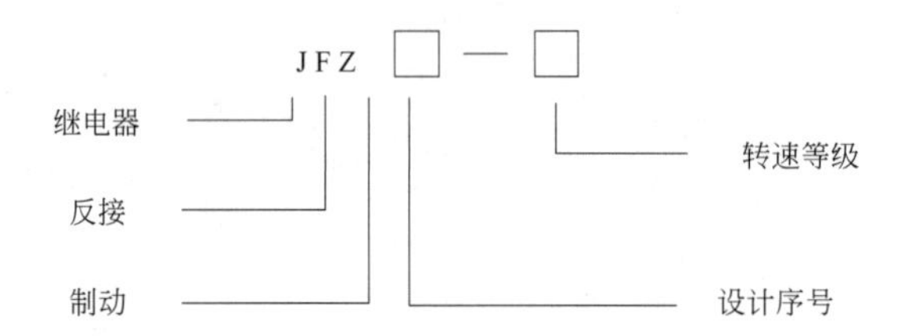

（2）电气符号

速度继电器的电气符号如图 1-58 所示。

(二)电动机的制动控制电路

三相异步电动机断电后，由于惯性作用，自由停车时间较长，而某些生产工艺过程则要求电动机在某一个时间段内能迅速而准确地停车，如镗床、车床的主电动机需快速停车。制动的方法主要有机械制动和电气制动两种。机械制动是采用机械抱闸制动；电气制动是用电气的办法，使电动机产生一个与转子原转动方向相反的力矩，迫使电动机迅速制动。常用的电气制动方法有反接制动和能耗制动。

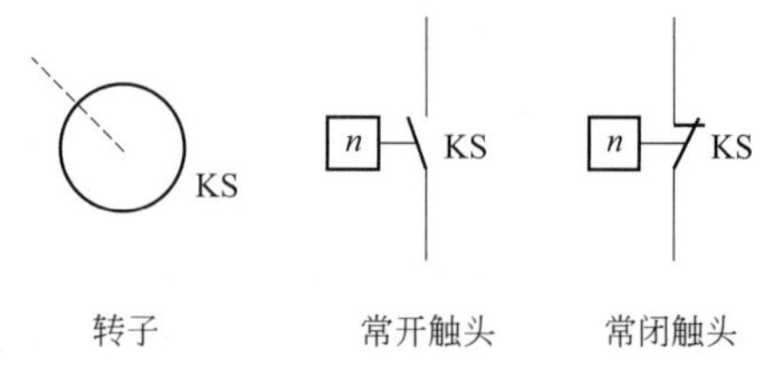

图 1-58　速度继电器的电气符号

1. 反接制动

反接制动是指在切断电动机的三相电源后，立即通上与原电源相序相反的三相交流电源，以形成与原来转速方向相反的电磁力矩，利用这个制动力矩迫使电动机迅速停止转动。

图 1-59 所示为反接制动控制电路。由于反接制动的电流较大，由此引起的制动冲击力

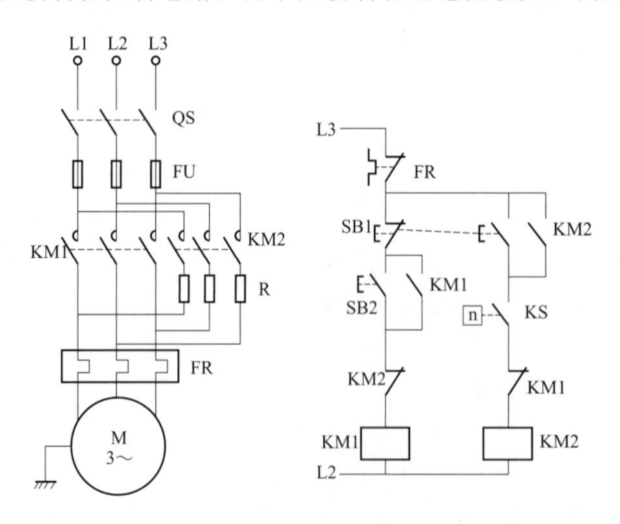

图 1-59　反接制动控制电路

也较大，所以在主电路中串入限流电阻 R。控制电路中使用了速度继电器 KS，它与电动机同轴。当电动机转速上升到一定数值时，速度继电器的常开触头闭合，为制动做好准备。制动时转速迅速下降，当转速下降到接近于零时，速度继电器的常开触头断开，接触器 KM2 线圈断电，防止电动机反转。

工作原理如下。

启动：按下启动按钮 SB2，接触器 KM1 线圈得电并自锁，KM1 主触头闭合，电动机进行全压启动。当电动机转速上升到 100r/min 时（此数值可调），KS 的常开触头闭合。但是由于接触器 KM2 线圈支路的互锁触头 KM1 断开，所以 KM2 线圈不会得电。

制动：按下停止按钮 SB1，接触器 KM1 线圈失电，KM1 主触头断开，电动机失电惯性运转。同时 KM1 常闭触头闭合，KM2 线圈得电，KM2 主触头闭合将电动机电源反接。当转速下降到接近于零时，KS 常开触头断开，使 KM2 线圈失电，从而切断电动机的反接电源，电动机停止运转。

2. 能耗制动

能耗制动是将正在运转的电动机脱离三相交流电源后，给定子绕组加一直流电源，以产生一个静止磁场，利用转子感应电流与静止磁场的作用，产生反向电磁力矩而迫使电动机制动停转。

图 1-60 所示为能耗制动控制电路，它是利用时间继电器的延时作用实现能耗制动的。UF 为单相桥式整流器，TR 为整流变压器。

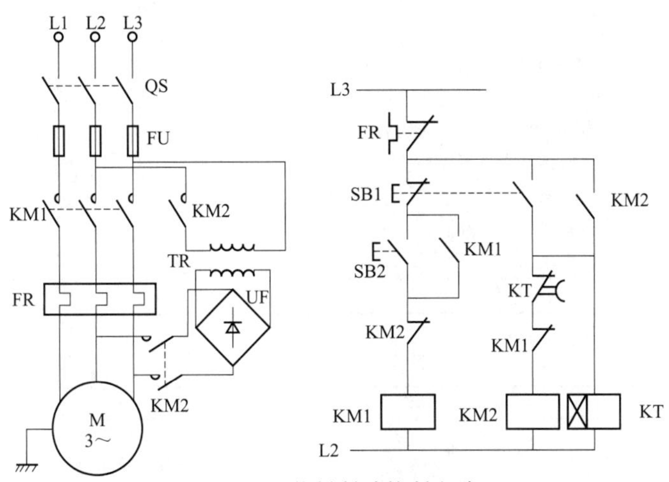

图 1-60　能耗制动控制电路

工作原理如下。

启动：按下启动按钮 SB2，接触器 KM1 线圈得电自锁，KM2 常闭触头互锁，电动机运转。

制动：按下停止按钮 SB1，使接触器 KM1 线圈失电切断交流电源，接触器 KM2 线圈得电，KM2 常开辅助触头接通直流电源，同时时间继电器 KT 得电，经过一定延时后，时间继电器 KT 常闭触头断开，使 KM2 线圈失电，断开直流电源，制动结束。

五、任务评价

通过对本任务相关知识的学习和应用操作实施，对任务实施过程和任务完成情况进行评价。包括对知识、技能、素养、职业态度等多个方面，主要由小组对成员的评价和教师对小组整体的评价两部分组成。学生和教师评价的占比分别为 40％和 60％。教师评价标准见表 1，小组评价标准见表 2。

表1 教师评价表

子任务编号及名称			班级					
序号	评价项目	评价标准	评价等级					
			A组	B组	C组	D组	E组	F组
1	职业素养40% (成员参与度)	优:能进行合理分工,在实施过程中能相互协商、讨论,所有成员全部参与; 良:能进行分工,在实施过程中相互协商、帮助不够,多数成员参与; 中:分工不合理,相互协调差,成员参与度低; 差:相互间不协调、讨论,成员参与度低						
2	专业知识30% (电气线路安装情况)	优:元件安装正确规范,布线符合工艺标准; 良:元件安装与布线基本符合工艺标准,接线正确; 中:元件安装与布线工艺标准差,但接线正确; 差:元件安装不符合要求,接线工艺差,线路不正确						
3	专业技能30% (电路调试运行情况)	优:电路运行正常,能正确使用工具对线路故障进行诊断与排除,操作规范; 良:部分电路运行正常,通过故障排除后运行正常,操作规范; 中:电路不能运行,经调试后可以正常运行,操作基本规范; 差:电路完全不能运行,操作不规范						
其他	扩展任务完成情况	完成基本任务的情况下,完成扩展任务,小组成绩加5分,否则不加分						
教师评价合计(百分制)								

表2 小组评价表

子任务编号及名称			班级				组别	
序号	评价项目	评价标准	评价等级					
			组长	B同学	C同学	D同学	E同学	F同学
1	守时守约30%	优:能完全遵守实训室管理制度和作息制度; 良:能遵守实训室管理制度,无缺勤; 中:能遵守实训室管理制度,迟到、早退2次以内; 差:违反实训室管理制度,有1次旷课或迟到、早退3次	□ 优 □ 良 □ 中 □ 差	□ 优 □ 良 □ 中 □ 差	□ 优 □ 良 □ 中 □ 差	□ 优 □ 良 □ 中 □ 差	□ 优 □ 良 □ 中 □ 差	□ 优 □ 良 □ 中 □ 差
2	学习态度30%	优:积极主动查阅资料,并解决老师布置的问题; 良:能积极查阅资料,寻求解决问题的方法,但效果不佳; 中:不能主动寻求解决问题的方法,效果差距较大; 差:碰到问题观望、等待、不能解决任何问题	□ 优 □ 良 □ 中 □ 差	□ 优 □ 良 □ 中 □ 差	□ 优 □ 良 □ 中 □ 差	□ 优 □ 良 □ 中 □ 差	□ 优 □ 良 □ 中 □ 差	□ 优 □ 良 □ 中 □ 差

续表

子任务编号及名称			班级				组别	
序号	评价项目	评价标准	评价等级					
			组长	B同学	C同学	D同学	E同学	F同学
3	团队协作30%	优:积极配合组长安排,能完成安排的任务; 良:能配合组长安排,完成安排的任务; 中:能基本配合组长安排,基本完成任务; 差:不配合组长安排,也不完成任务	□ 优 □ 良 □ 中 □ 差	□ 优 □ 良 □ 中 □ 差	□ 优 □ 良 □ 中 □ 差	□ 优 □ 良 □ 中 □ 差	□ 优 □ 良 □ 中 □ 差	□ 优 □ 良 □ 中 □ 差
4	劳动态度10%	优:主动积极完成实训室卫生清理和工具整理工作; 良:积极配合组长安排,完成实训设备清理和工具整理工作; 中:能基本配合组长安排,完成实训设备的清理工作; 差:不劳动,不配合	□ 优 □ 良 □ 中 □ 差	□ 优 □ 良 □ 中 □ 差	□ 优 □ 良 □ 中 □ 差	□ 优 □ 良 □ 中 □ 差	□ 优 □ 良 □ 中 □ 差	□ 优 □ 良 □ 中 □ 差
学生评价合计(百分制)								

注:各等级优=95,良=85,中=75,差=50,选择即可。

思考与练习

1. 一台电动机采用Y-△接法,允许轻载启动,设计满足下列要求的控制电路:

①采用手动和自动控制降压启动;

② 实现连续运转和点动工作,并且点动工作时要求处于降压状态;

③ 具有必要的联锁和保护环节。

2. 有一皮带廊全长40m,输送带采用55kW电动机进行拖动,试设计其控制电路。设计要求如下:

①电动机采用Y-△降压启动控制;

② 采用两地控制方式;

③ 加装启动预告装置;

④ 至少有一个现场急停开关。

视野拓展

李刚和他的4万条盾构机脑神经

李刚,闭上眼也能连接好小盒子里密如蛛网的线路。他是中铁集团的特级技师,是我国盾构机制造领域首位“大国工匠”。对于普通大众来说,“盾构机”可能并不是一个熟悉的名词,却是名副其实的“国之重器”。盾构机是一种隧道掘进机,普遍应用于铁路、公路、地铁和水利等基建工程的隧道环节,在国产盾构机研发之前,这项技术常年被国外企业垄断。

为钻通山体、穿越河底等特殊工程的建设更加便捷高效,中国中铁装备集团以李刚为代表的工匠们率先研发制造出世界上独一无二的马蹄形盾构机。这种能够直接开凿出马蹄形隧道的盾构机,相对于传统型盾构机而言,机械构造发生了改变,电路系统也要做出全新布局,电气元器件成倍增加,接线盒貌似很普通的电工小件,但是在盾构机上,它却是神经中枢,连通着盾构机的每一个机械运动。整台盾构机的电路系统被50多个接线盒所控制,每个接线盒都有 100 多根电线经过，形成一个巨大的神经网络，直接决定着盾构机的行动能力，那是一个严整的设计系统。从世界上第一台盾构机诞生到现在，初始结构的盾构机接线盒虽然曾经有过一代代的高手试图予以改进，但最终还是只能原样不动。但中国马蹄形盾构机的整体创新却要求中国工匠必须改变那个全世界同行都未曾撼动过的“祖宗之制”。而且这个重大改进是紧迫的、限期完成的。

马蹄形盾构机的电路系统拥有 4 万多根电缆电线，4100 个元器件，1000 多个开关，如果其中有一根线接错，一个器件使用有误，就会导致整个盾构机“神经错乱”，甚至线路会被大面积地烧毁。李刚投入的这场技术改进是风险巨大的。而它所要求的精细、精准、精微、精妙，几乎时时在挑战着人类操作的极限。经过 58 天的殚思竭虑，李刚终于设计出了一套与马蹄形盾构机相适应的新型脑神经系统。新型接线盒改造成功，此刻距马蹄形盾构机预定的出厂时间也只剩 10 多天了。但李刚的一切相关工作依然是快而不乱，稳中求速，精益求精，质量第一。李刚说，“我的职业操守就是，把自己的每件事情做好，一点小事情也必须要认认真真去做。”李刚和工友们的工作成为马蹄形盾构机项目推进的重要保障。2016 年 7 月 17 日，世界首创的中国马蹄形盾构机成功下线，表明中国实现了异型盾构装备生产的全面自主化，也标志着世界异型隧道掘进机研制技术跨入了新阶段。中国工匠们站到了这个领域的世界巅峰。

在历史上，科学蕴含在实用技术中；在现代，技术与科学并称。手上有绝活的工匠都是充满科学精神的研究型人才。他们精到无极的手艺不仅仅在手上，更在不懈探索的心思里产生。

巅峰匠艺的核心是“精”：心有精诚，手有精艺，必出精品。这些精品也许并不总是能够惊天动地。但它们却总会让一份令世人敬重的工匠精神传递久远，贡献人间。

项目二 典型机床电路分析与故障排除

学生在掌握典型低压电路电气控制环节的基础上，通过本项目的学习，可以学会识读典型机床控制线路图的方法，并掌握典型机床常见故障的分析方法及维修技能，提高综合运用知识的能力。

学习目标

- 掌握机床电气原理图的分析方法；
- 掌握机床电气设备故障的检修步骤和方法；
- 能对 CA6140 车床电气线路常见故障进行分析与检修；
- 能对 X62W 铣床电气线路常见故障进行分析与检修；
- 能对 T68 卧式镗床、 M7120 平面磨床电气线路常见故障进行分析与检修；
- 培养维修电工职业岗位意识和团队协作意识；
- 炼匠心， 铸匠魂， 当一流工匠。

任务一
CA6140 车床电路分析与故障排除

一、任务要求

学会分析 CA6140 车床电气原理图，了解机床电气设备故障的诊断步骤和诊断方法；掌握 CA6140 车床电气线路常见故障分析与检修方法并能够准确排除故障。

二、相关知识

(一) 机床电气原理图分析及故障排除的方法

1. 机床电气原理图分析方法

机床电气控制线路主要包括主电路、控制电路（包括电源变压器）、指示电路、联锁保护环节。在识读机床电路图时一般先看标题栏，了解电路图的名称及标题栏中有关内容，对电路图有个初步认识。其次看主电路，了解主电路控制的电动机有几台及其各自的功能。最后看控制电路，了解用什么方法来控制电动机，与主电路如何配合，属于哪一种典型电路。识读机床电路图时，应采用化整为零的原则，以某一电动机或电气元件（如接触器或继电器线圈）为对象，从电源开始，自上而下，自左而右，逐一分析其接通断开关系。

① 分析主电路　无论线路设计还是线路分析，都是先从主电路入手。主电路的作用是保证机床拖动要求的实现。从主电路的构成可分析出电动机或执行电器的类型、工作方式、启动、转向、调速、制动等控制要求与保护要求等内容。

② 分析控制电路　主电路各控制要求是由控制电路来实现的，运用“化整为零”“顺藤摸瓜”的原则，将控制电路按功能划分为若干个局部控制线路，从电源和主令信号开始，经过逻辑判断，写出控制流程，以简便明了的方式表达出电路的自动工作过程。

③ 分析辅助电路　辅助电路包括执行元件的工作状态显示、电源显示、参数测定、照明和故障报警等。这部分电路具有相对独立性，起辅助作用但又不影响主要功能。辅助电路中很多部分是受控制电路中的元件控制的。

④ 分析联锁与保护环节　生产机械对于安全性、可靠性有很高的要求，为实现这些要求，除了合理地选择拖动、控制方案外，在控制线路中还设置了一系列电气保护环节和必要的电气联锁。在电气原理图的分析过程中，电气联锁与电气保护环节是一个重要内容，不能遗漏。

⑤ 总体检查　经过“化整为零”，逐步分析了每一局部电路的工作原理以及各部分之间的控制关系之后，还必须用“集零为整”的方法检查整个控制线路，看是否有遗漏。特别要从整体角度去进一步检查和理解各控制环节之间的联系，以正确理解原理图中每一个电气元器件的作用。

2. 机床电气故障排除方法

机床电气故障分为自然故障和人为故障。

自然故障是指机床在运行过程中，其电气设备常受到许多不利因素的影响，如电器动作过程中的机械振动，过电流的热效应，电气元件的绝缘老化变质，长期动作的自然磨损，周围环境温度和湿度的影响，有害介质的侵蚀，元件自身的质量问题，自然寿命等。以上种种因素都会使机床电器出现一些这样或那样的故障，影响机床的正常运行。加强日常维护保养和检修可使机床在较长时间内不出或少出故障。切不可误认为反正机床电气设备的故障是客观存在，在所难免的，就忽视日常维护保养和定期检修工作。

人为故障是指机床在运行过程中受到不应有的机械外力的破坏或因操作不当、安装不合理而造成的故障，这种故障大致可分为两大类：一是故障有明显的外表特征并易被发现，如电动机、电器显著发热、冒烟、散发出焦臭味或产生火花等。这类故障多是由电动机或电器的绕组过载、绝缘击穿、线路短路或接地所引起的。二是故障没有外表特征，这一类故障是控制电路的主要故障，多由电气元件调整不当、机械动作失灵、触头及压接线头接触不良或脱落、某个小零件损坏、导线断裂等造成。线路越复杂，出现这类故障的机会越多。由于没有外表特征，寻找故障发生点常需要花费很多时间，有时还需借助各类测量仪表和工具。而一旦找出故障点，往往只需简单调整或修理就能立即恢复机床的正常运行，所以能否迅速查出故障点是检修这类故障的关键。

排除故障没有固定的模式，也无统一的标准，因人而异，但一般情况下还是有一定规律的。通常排除故障时采用的步骤大致为：故障调查→故障分析→设备检查→确定故障点→故障排除→排除后性能观察。

① 故障调查　其目的是收集故障的原始信息，以便对现有实际情况进行分析，并从中推导出最有可能存在故障的区域，作为下一步设备检查的参考。机床发生故障后，首先应向操作者了解故障发生前的情况，一般询问的内容有：故障发生在开车前、开车后，还是运行中？是运行中自行停车还是发现异常情况后由操作者停下来的？发生故障时机床工作在什么工作顺序？按动了哪个按钮？扳动了哪个开关？故障发生前后设备有无异常现象（如响声、气味、冒烟或冒火等）？以前是否发生过类似的故障？是怎样处理的？等等。

查看熔断器内熔丝是否熔断，其他电气元件有无烧坏、发热、断线，导线连接螺丝是否松动，电动机的转速是否正常。

电动机、变压器和有些电气元件运行时声音异常可以帮助寻找故障点。

电动机、变压器和电气元件的线圈发生故障时，温度显著上升，可切断电源后用手去触摸。

② 故障分析　根据调查结果，参考该电气设备的电气原理图进行分析，初步判断出故障产生的部位，然后逐步缩小故障范围。分析故障时应有针对性，如接地故障一般先考虑电气柜外的电气装置，后考虑电气柜内的电气元件。断路和短路故障应先考虑动作频繁的元件，后考虑其余元件。

③ 查找故障点

a. 断电检查 ：检查前先断开机床总电源，然后根据故障可能产生的部位，逐步找出故障点。检查时应先检查电源线进线处有无因碰伤而引起的电源接地、短路等现象，螺旋式熔断器的熔断指示器是否跳出，热继电器是否动作，然后检查电气元件外部有无损坏，连接导线有无断路、松动，绝缘是否过热或烧焦。

b. 通电检查：断电检查仍未找到故障时，可对电气设备做通电检查。在通电检查前要尽量使电动机和其所传动的机械部分脱开，将控制器和转换开关置于零位，行程开关还原到正常位置，然后万用表检查电源电压是否正常，有无缺相或严重不平衡，再进行通电检查 。检查的顺序为：以设备的动作顺序为检测的次序，先检查电源，再检查线路和负载；先检查公共回路，再检查各分支回路，先检查主电路，再检查控制电路，先检查容易检测的部分，再检查不易检测的部分。

④ 故障排除　故障排除遵循“先外部后内部，先机械后电气，先静后动，先公用后专用，先简单后复杂，先一般后特殊”的原则。在找出有故障的组件后，进一步确定引起故障的根本原因。

⑤ 修后性能观察　故障排除以后，维修人员在运行前还应做进一步检查，通过检查证实故障

确实已经排除，然后由操作人员试运行，同时还应向相关人员说明应注意的问题。在修复后再检查时，要尽量使电气控制系统或电气设备恢复原样，并清理现场，保持设备干净、卫生。

(二) CA6140 车床控制电路分析

1. CA6140 车床主要结构及控制要求

CA6140 车床结构如图 2-1 所示。车床的运动形式有切削运动和辅助运动，切削运动包括工件的旋转运动（主运动）和刀具的直线进给运动（进给运动），辅助运动指刀架的快速移动、尾座的移动以及工件的夹紧与放松等。控制要求如下。

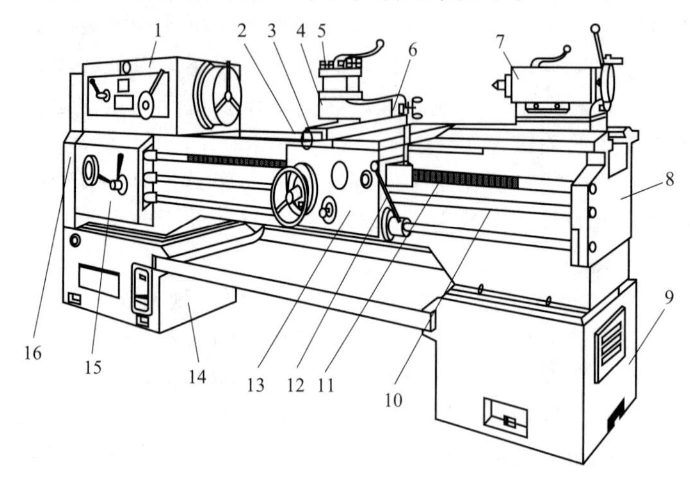

图 2-1　CA6140 车床结构示意图

1—主轴箱；2—纵溜板；3—横溜板；4—转盘；5—方刀架；6—小溜板；7—尾架；8—床身；9—右床座；10—光杠；11—丝杠；12—操纵手柄；13—溜板箱；14—左床座；15—进给箱；16—挂轮箱

① 主轴电机一般选用三相笼型异步电动机。

② 主轴要能够正反转，以满足螺纹加工要求。

③ 主轴电机的启动、停止采用按钮操作。

④ 溜板箱应有单独的快速移动电动机拖动实现快速移动，并采用点动控制。

⑤ 为防止切削过程中刀具和工件温度过高，需要用切削液进行冷却，因此要配冷却泵。

⑥ 电路必须有过载、短路、欠压、失压保护。

2. 电气控制线路分析

CA6140 车床的电气原理图如图 2-2 所示。

(1) 主轴电动机控制

CA6140 车床电路工作原理

主电路中的 M1 为主轴电动机，按下启动按钮 SB2，KM1 得电吸合，辅助触头 KM1（5-6）闭合自锁，KM1 主触头闭合，主轴电机 M1 启动，同时辅助触头 KM1（7-9）闭合，为冷却泵启动做好准备。

(2) 冷却泵控制

主电路中的 M2 为冷却泵电动机。在主轴电机启动后，KM1（7-9）闭合，将开关 SA2 闭合，KM2 吸合，冷却泵电动机启动；将 SA2 断开，冷却泵停止；将主轴电机停止，冷却泵也自动停止。

(3) 刀架快速移动控制

刀架快速移动电机 M3 采用点动控制，按下 SB3，KM3 吸合，其主触头闭合，快速移

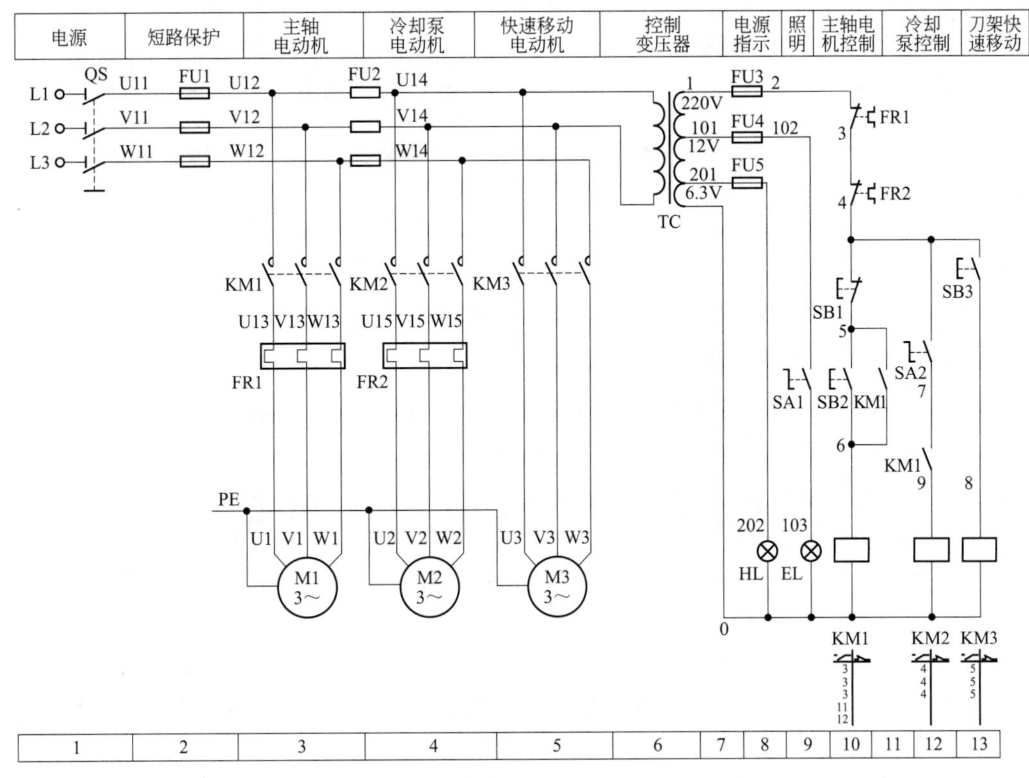

图 2-2　CA6140 车床电气原理图

动电机 M3 启动；松开 SB3，KM3 释放，电动机 M3 停止。

（4）照明和信号灯电路

接通电源，控制变压器输出电压，HL 直接得电发光，作为电源信号灯。EL 为照明灯，将开关 SA1 闭合，EL 亮，将 SA1 断开，EL 灭。

（三）CA6140 车床常见电气故障分析

1. 主轴电机不能启动

检查接触器 KM1 是否吸合，如果接触器 KM1 不吸合，首先观察电源指示是否亮，若电源指示灯亮，检查 KM3 是否能吸合，若 KM3 能吸合则说明 KM1 和 KM3 的公共电路部分 1-2-3-4，（见图 2-2）正常，故障范围在 KM1 控制回路 4-5-6-0 内；若 KM3 也不能吸合，则要检查 FU3 有没有熔断，热继电器 FR1、FR2 是否动作，控制变压器的输出电压是否正常，线路 1-2-3-4 之间有没有开路的地方。

若 KM1 能吸合，则判断故障在主电路上。KM1 能吸合说明 U、V 相正常（若 U、V 相不正常，控制变压器输出就不正常，则 KM1 无法正常吸合），测量 U、W 之间和 V、W 之间有无 380V 电压，若没有，则可能是 W 相的 FU1 熔断或连线开路。

2. 主轴电机启动后不能自锁

当按下启动按钮 SB2 后，主轴电动机能够启动，但松开 SB2 后，主轴电机也随之停止，造成这种故障的原因是 KM1 的自锁触头（5-6）接触不良或连线松动脱落。

3. 主轴电机在运行过程中突然停止

这种故障主要是由热继电器动作造成，原因可能是三相电源不平衡，电源电压过低，负载过重等。

4. 刀架快速移动电动机不能启动

首先检查主轴电机能否启动，如果主轴电机能够启动，则有可能是 SB3 接触不良或导线松动脱落，造成电路 4-8 不通。

三、任务实施

(一) 任务准备

准备 ZNK-CA6140 车床实训考核装置及万用表等常用电工工具。

(二) CA6140 车床电气故障排除

以 CA6140 车床主轴电动机不能运转为例，来学习故障排除的方法。

1. 观察故障现象

可以采用试运转的方法，以对故障的原始状态有个综合的印象和具体描述，例如试运转结果：合上 QS，HL 亮；按下按钮 SB2，KM1 能得电，但主轴电动机不运转。听电动机有无“嗡嗡”声，电动机外壳有无微微振动的感觉，如有即为缺相运行，应立即停机。

2. 故障分析与排除

根据故障现象在电气原理图（参见图 2-2）上标出可能的最小故障范围，参考电气原理图进行分析，初步判断故障产生的部位为主电路或电源，然后逐步缩小故障范围，判断为一相断线或电源缺相。

可能的原因有：电源 W 相断；熔断器有一相熔体熔断，应更换；接触器有一对主触头没接触好，应修复；电机一相绕组断。

排除流程见图 2-3。

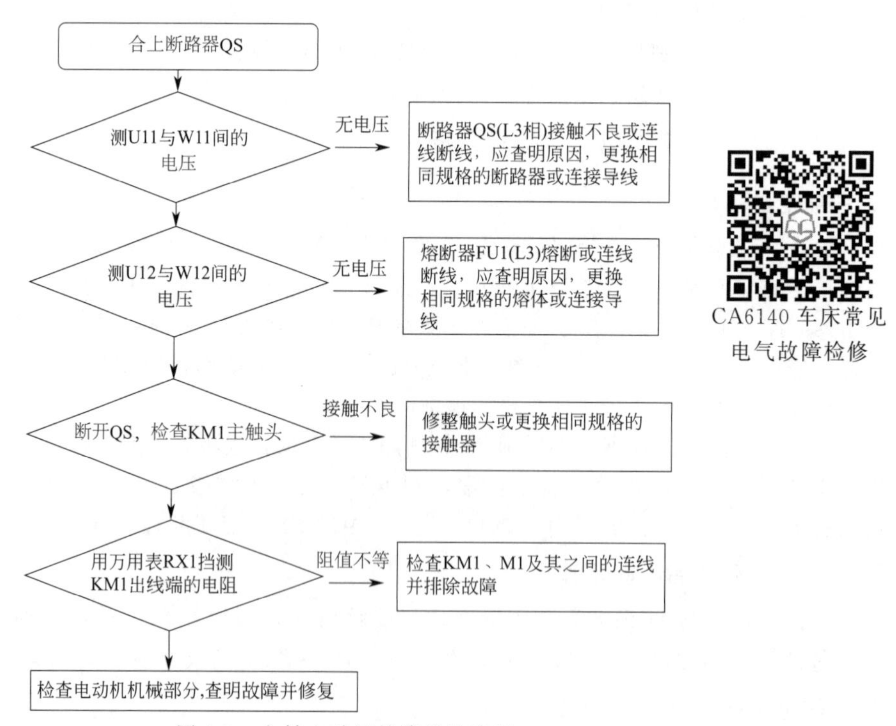

图 2-3 主轴电动机故障排除流程

ZNK-CA6140车床实训考核装置可以模拟车床的电气控制线路，可通过人为设置故障来模仿实际机床的电气故障，该装置上可设置的故障点及故障位置如表2-1及图2-4所示。

表2-1　故障点一览表

故障点	故障现象	备注
K1	机床不能启动	主轴、冷却泵和快速移动电动机都不能启动，信号和照明灯都不亮
K2	机床不能启动	主轴、冷却泵和快速移动电动机都不能启动，但信号和照明灯都亮
K3	机床不能启动	主轴、冷却泵和快速移动电动机都不能正常启动
K4	照明灯不亮	其他均正常
K5	机床不能启动	主轴、冷却泵和快速移动电动机都不能正常启动
K6	机床不能启动	主轴、冷却泵和快速移动电动机都不能正常启动
K7	主轴电动机不能启动	快速移动电动机能正常工作
K8	主轴只能点动	按下SB2，主轴只能点动
K9	主轴只能点动	按下SB2，主轴只能点动
K10	主轴电动机不能启动	按下SB2，无任何反应
K11	冷却泵电动机不能启动	按下SA2，无任何反应
K12	冷却泵电动机不能启动	按下SA2，无任何反应
K13	冷却泵电动机不能启动	按下SA2，无任何反应
K14	快速移动电动机不能启动	按下SB3，无任何反应
K15	快速移动电动机不能启动	按下SB3，无任何反应
K16	冷却泵电动机、快速移动电动机不能启动	主轴能启动
K17	机床不能启动	主轴、冷却泵和快速移动电动机都不能启动，但信号和照明灯都亮
K18	照明灯不亮	其他均正常
K19	电源信号灯不亮	其他均正常
K20	快速移动电动机不能工作	按下SB3，KM3动作，但快速移动电动机不转

教师在使用ZNK-CA6140设置故障时应注意以下几点：

① 设置的故障点必须是模拟机床在使用过程中，由于振动、受潮、高温、异物侵入、电动机负载及线路长期过载运行、启动频繁、安装质量低劣和调整不当等原因造成的“自然”故障。

② 切忌通过改动线路、换线、更换电器元件等设置非“自然”的故障点。

③ 故障点的设置，应做到隐蔽且设置方便，除简单控制线路外，两处故障一般不宜设置在单独支路或单一回路中。

④ 对于设置一个以上故障点的线路，其故障现象应尽可能不要相互掩盖。

⑤ 应尽量不设置容易造成人身或设备事故的故障点，如有必要，教师必须在现场密切注意学生的检修动态，随时做好应急准备。

⑥ 设置的故障点必须与学生应该具有的修复能力相适应。

学生在进行排故训练时应注意以下几点：

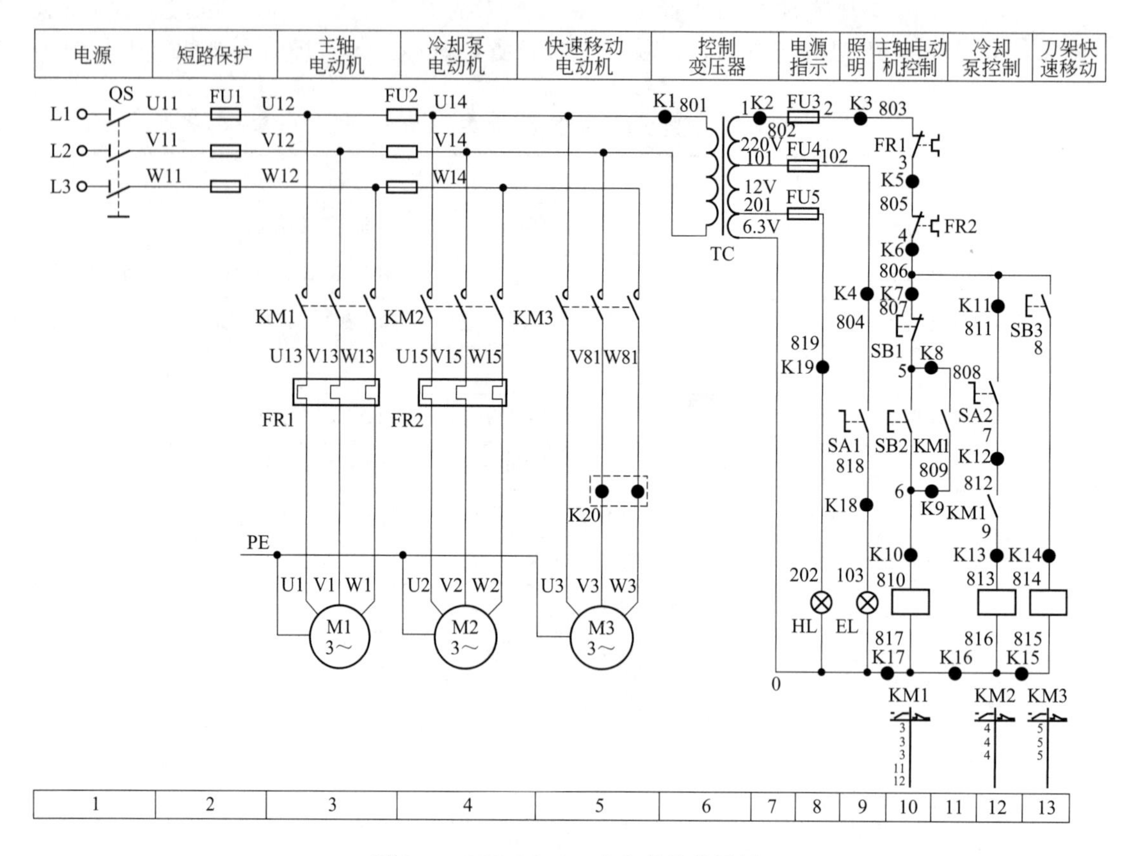

图 2-4 ZNK-CA6140 电气故障位置图

① 设备应在指导教师指导下操作，安全第一。设备通电后，严禁随意扳动电器件。尽量采用不带电检修，若带电检修，则必须有指导教师在现场监护。

② 应根据故障现象先在原理图中正确标出最小故障范围的线段，然后采用正确的检查和排故方法在定额时间内排除故障。

③ 在修复故障点时，不得采用更换电气元件、借用触头及改动线路的方法。

④ 检修时，严禁扩大故障范围或产生新的故障，不得损坏电气元件。

⑤ 在维修故障中不要随便互换线端处号码管。

⑥ 操作时用力不要过大，速度不宜过快，操作频率不宜过于频繁。

⑦ 实习结束后，应拔出电源插头，将各开关置分断位。

⑧ 做好故障检修记录，见表 2-2。

表 2-2 机床故障检修记录表

机床名称/型号
故障现象
故障分析(针对故障现象，分析可能的故障点，在电气控制线路图中画出故障范围或故障点)
故障检修计划(针对故障现象，简单描述故障检修方法及步骤)
故障排除(写出实际故障点编号及具体故障排除步骤，写出故障排除后的试车效果)

四、任务扩展

(一) M7120平面磨床的控制电路分析

以天煌教仪 ZNK-M7120 平面磨床实训考核装置为例分析其工作原理。

1. M7120平面磨床的结构

M7120 平面磨床的结构如图 2-5 所示，主要由床身、工作台、电磁吸盘、砂轮箱、滑座、立柱等部分组成。

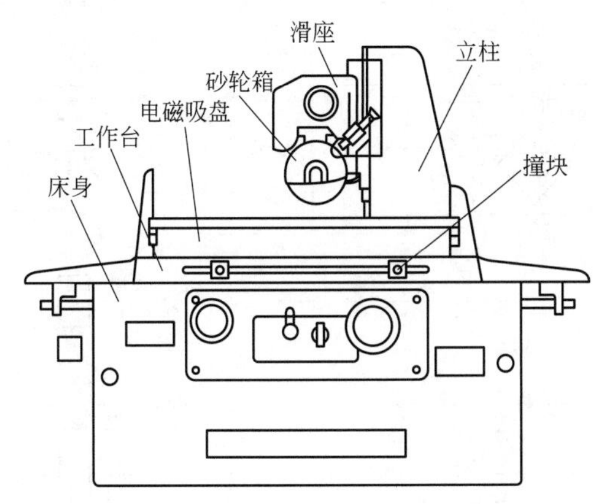

图 2-5　M7120 平面磨床的结构

在箱形床身中装有液压传动装置，推动工作台在床身导轨上做往复运动，工作台往复运动的换向是通过撞块碰撞床身上的液压换向开关来实现的，工作台往复行程可通过调节撞块的位置来改变。电磁吸盘安装在工作台上，用来吸持工件。

在床身上有固定立柱，立柱导轨上装有滑座，可以上下移动，可通过垂直进刀操作轮操纵，砂轮箱可沿滑座水平导轨做横向移动。

2. M7120平面磨床的控制要求

① 为实现磨床的功能，须有四台电动机，分别为砂轮电动机、液压泵电动机、冷却泵电动机和砂轮升降电动机。砂轮电动机、液压泵电动机和冷却泵电动机只要求单方向旋转，砂轮升降电动机要求能实现正反向旋转，由于四台电机容量都不大，可采用直接启动。

② 冷却泵要求在砂轮电动机启动后才能启动。

③ 电磁吸盘要有充磁去磁控制电路，能在电磁吸力不足时使机床停止工作。

④ 具有完善的保护环节，包括各电路的短路保护和电动机的长期过载保护、零压保护、欠压保护。

⑤ 有必要的信号指示和局部照明。

3. M7120平面磨床的运动形式

① 主运动，即砂轮的旋转运动。

② 进给运动，包括垂直进给运动、横向进给运动和纵向进给运动。垂直进给运动即滑座在立柱上的上下移动；横向进给运动即砂轮箱在滑座上的水平移动；纵向进给运动即工作台沿床身导轨的往复运动。

4. M7120平面磨床的电气控制分析

参考图 2-6 进行分析。

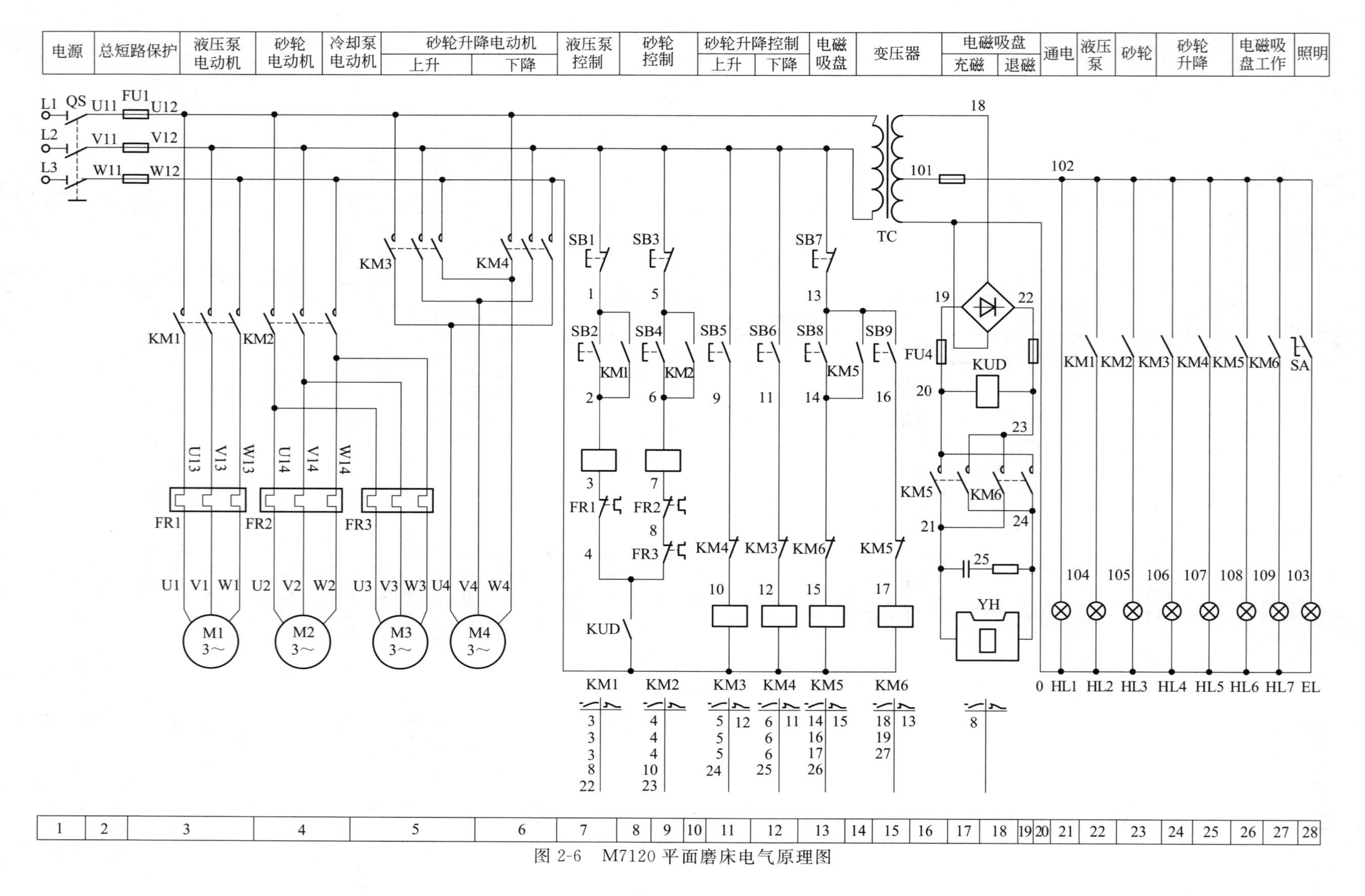

图 2-6　M7120 平面磨床电气原理图

（1）主电路分析

M1为液压泵电动机，由KM1控制，M2为砂轮电动机，由KM2控制，M3为冷却泵电动机，与砂轮电动机同时启动，M4为砂轮升降电动机，由KM3、KM4分别控制其正转和反转，FU1对四台电动机和控制电路进行短路保护，FR1、FR2、FR3分别对M1、M2、M3进行过载保护。砂轮升降电动机因运转时间短，可以不设置过载保护。

（2）控制电路分析

① 液压泵电动机M1的控制　合上开关QS后控制变压器输出的交流电经桥式整流变成直流电，使欠电压继电器KUD吸合，其触头KUD（4-0）闭合，为液压泵电动机M1和砂轮电动机M2启动做好准备。

按下按钮SB2，KM1吸合，液压泵电动机运转，按下按钮SB1，KM1释放，液压泵电动机停止。

② 砂轮电动机M2及冷却液泵电动机M3的控制　电动机M2及M3也必须在欠电压继电器KUD通电吸合后才能启动。其控制电路在图区7～10。按下按钮SB4，KM2吸合，砂轮电动机启动，同时冷却泵电动机也启动，按下按钮SB3，KM2释放，砂轮电动机、冷却泵电动机均停止。欠压或零压情况下KUD不能吸合，其触头（4-0）断开，KM1、KM2断开，M1、M2和M3均停止工作。

③ 砂轮升降电动机的控制　砂轮升降采用接触器联锁的点动正反转控制，控制电路位于图区11、12，升降分别由SB5、SB6来完成。按下SB5，KM3吸合，砂轮升降电动机正转，砂轮箱上升，松开SB5，砂轮升降电动机停止。按下SB6，KM4吸合，砂轮升降电动机反转，砂轮箱下降，松开SB6，砂轮升降电动机停止。

④ 电磁工作台的控制　电磁工作台又称电磁吸盘，它是固定加工工件的一种夹具，其控制电路位于图区13～19。当电磁工作台上放上铁磁材料的工件后，按下充磁按钮SB8，KM5通电吸合，电磁吸盘YH通入直流电流进行充磁，将工件吸牢；加工完毕后按下按钮SB7，KM5断电释放，电磁吸盘断电，但由于剩磁作用，要取下工件，必须再按下按钮SB9，通过接触器KM6的吸合，给YH通入反向直流电流来去磁，要注意按SB9的时间不能过长，否则电磁吸盘会被反向磁化而仍不能取下工件。

电路中电阻R和电容C组成一个放电回路。在断电瞬间，由于电磁感应的作用，在YH两端产生一个很高的自感电动势，如果没有RC放电回路，电磁吸盘线圈及其他电器的绝缘将有被击穿的危险。

欠电压继电器KUD并联在整流电源两端，当直流电压过低时，欠电压继电器立即释放，使液压泵电动机M1和砂轮电动机M2立即停转，从而避免由于电压过低，YH吸力不足而导致工件飞出造成事故。

（3）辅助电路分析

辅助电路主要是信号指示和照明电路，位于图区20～38。其中EL为局部照明灯，由控制变压器TC供电，工作电压为36V，由手动开关SA控制。其余信号灯由TC供电，工作电压为6.3V。HL1为电源指示灯，HL2对应M1，HL3对应M2和M3，HL4和HL5对应M4，为运转指示灯，HL6为电磁吸盘的工作指示灯。

（二）M7120平面磨床常见故障现象分析

1. 电动机M1、M2、M3和M4不能启动

若四台电动机中的一台不能启动，其故障的检查与分析方法较简单，与正反转的基本控制环节类似。如果M1～M3三台电动机都不能启动，则应检查电磁吸盘电路的电源是否接通，电路是否有故障，整流器输出的直流电压是否过低等，这些都会使欠电压继电器KUD

不能吸合，造成图区 8 中的 KUD 不能闭合，从而使 KM1、KM2 线圈不能得电。

2. 电磁吸盘 YH 没有吸力

① 检查 FU2、FU3 是否熔断。

② 按下 SB8，KM5 吸合后，拔出电磁吸盘 YH 的插头，用万用表直流电压挡测量插座是否有电，若有电且电压正常，则应检查 YH 线圈是否断路；若无电，则故障点一般在整流电路中。

③ 检查整流器的输入交流电压和输出直流电压是否正常。若输出电压为零，则应检查是否有输入电压，若输入也正常，那么故障点可能就在整流器中，应检查桥臂上的二极管及接线是否存在断路故障，拔下 FU2、FU3，测量每只二极管的正反向电阻，两次测量读数都很大的为断路管，两次测量读数都很小或为零的为短路管；只有当两次读数相差很大时，才为合格管，此时应检查桥堆的接点是否有松脱和脱焊故障。如果输入电压为零，应先检查 FU2，然后再检查控制变压器 TC 的输入输出电压是否正常，绕组是否有断路、短路故障。若输出电压正常，则可检查 KM5 主触头接触是否良好和线头是否松脱。

3. 电磁吸盘 YH 吸力不足

一般是由于 YH 两端电压过低或 YH 线圈局部存在短路故障所致。

① 检查整流器输入端的交流电源电压是否过低，如果电压正常且整流器输出直流电压也正常，则可拔下 YH 的插头，测量 YH 插座两端的直流空载电压，若测得空载电压也正常，而接上 YH 后电压降落不大，则故障可能是由于 YH 部分线圈断路或插销接触不良所致；如果空载电压正常，而接上 YH 后压降较大，则故障可能是由于 YH 线圈部分有短路点或 KM5 的主触头及各接处的接触电阻过大所致；如果测得空载电压过低，可先检查电阻 R 是否因电容 C 被击穿而烧毁，引起 RC 电路短路故障，否则故障点在整流电路中。

② 如果前面检查都正常，仅整流器输出直流电压过低，则故障点必定在整流电路。如测得直流电压约为额定值的一半，则应检查桥臂上的二极管是否有断路或接点脱落故障，除采用万用表检查外，还可用手摸管壳，判断温度是否正常，有断路故障的二极管温度要比其他正常二极管低。

4. 电磁吸盘退磁效果差，造成工件难以取下

其故障原因在于退磁电压过高或去磁回路断开，无法去磁或去磁时间掌握不好等。

（三）ZNK-M7120 平面磨床的操作

1. 准备工作

① 查看各电气元件上的接线是否紧固，各熔断器是否安装良好。

② 将各开关置分断位置。

③ 将控制柜的 L1、L2、L3 分别用护套线与空气开关上的 L1、L2、L3 相连。

④ 将电机放在控制柜的桌面板上，分别接到挂件上。

2. 操作试运行

① 按下控制柜上的启动按钮，合上挂件上的空气开关 QS，“电源”指示灯亮表示控制变压器已有输出。

② 照明控制。将开关 SA 旋到“开”位置，“照明”指示灯亮，旋到“关”位置，“照明”指示灯灭。

③ 液压泵电动机的控制。按下 SB2，KM1 吸合并自锁，液压泵电动机转动，同时“液压泵启动”指示灯亮，按下 SB1，KM1 释放，液压泵电动机停止，同时“液压泵启动”指示灯灭。

④ 砂轮电动机和冷却泵电动机的控制。按下 SB4，KM2 吸合并自锁，砂轮电动机和冷却泵电动机同时转动，按下 SB3，KM2 断开，砂轮电动机、冷却泵电动机均停止，“砂轮启动”“冷却泵启动”指示灯灭。

⑤ 砂轮升降电动机控制。按下 SB5，KM3 吸合，砂轮升降电动机正向转动，“砂轮上升”指示灯亮，松开 SB5，KM3 断开，砂轮电动机停止，“砂轮上升”指示灯灭。按下 SB6，KM4 吸合，砂轮升降电动机反向转动，“砂轮下降”指示灯亮，松开 SB6，KM4 断开，砂轮电动机停止，“砂轮下降”指示灯灭。

⑥ 充磁退磁控制。电磁吸盘用白炽灯模拟。

按下 SB8，KM5 吸合并自锁，电磁吸盘 YH 通电工作（模拟灯发光），“充磁”指示灯亮。

按下 SB7，KM5 断开，电磁吸盘断电（模拟灯灭），“充磁”指示灯灭。

按下 SB9，KM6 吸合，电磁吸盘通入反向直流电，“退磁”指示灯亮。松开 SB9，KM6 释放，“退磁”指示灯灭。

3. 故障设置

在天煌教仪 ZNK-M7120 平面磨床实训考核组件上人为设置故障点，应遵循的原则及注意事项参见车床部分。故障设置点及设置位置分别见表 2-3 及图 2-7。

表 2-3　故障设置一览表

故障设置点	故障现象	故障原因
K1	机床无法启动	V12 断开，控制回路无电压
K2	液压泵电动机无法启动	SB1 到 1 号线连线开路
K3	液压泵电动机无法启动	KM1 线圈到 2 号线连线开路
K4	液压泵电动机无法启动	FR1 到 4 号线连线开路
K5	液压泵电动机和砂轮电动机都无法启动	KUD 触头 KUD(4-0)到 4 号线连线开路
K6	砂轮电动机控制无法自锁	KM2 自锁触头到 6 号线连线开路
K7	砂轮电动机无法启动	KM2 线圈到 6 号线连线开路
K8	砂轮电动机无法启动	FR2、FR3 之间连线 8 号线连线开路
K9	砂轮架无法上升	SB5、KM4 常开触头之间连线 9 号线开路
K10	砂轮架无法上升	KM3 线圈到 10 号线连线开路
K11	砂轮架无法下降	SB6、KM4 常开触头之间连线 11 号线开路
K12	电磁吸盘不能工作	SB7 到 13 号线连线开路，KM5、KM6 不能吸合
K13	电磁吸盘控制不能自锁	KM5 自锁触头到 14 号线连线开路
K14	电磁吸盘不能进行充磁	KM5 线圈到 15 号线连线开路，KM5 不能吸合
K15	电磁吸盘不能退磁	SB6、KM5 常开触头之间连线开路，KM6 不能吸合
K16	电盘吸盘不能工作	整流电路到 0 号线连线开路
K17	液压泵、砂轮电动机不能工作	KUD 线圈到正极连线开路
K18	电磁吸盘不能退磁	KM6 触头到 21 号线连线开路，电磁吸盘无电压
K19	电磁吸盘不能工作	电磁吸盘到 24 号线连线开路，电磁吸盘无电压
K20	砂轮升降电动机不能转动	KM3、KM4 能吸合，但电动机不转

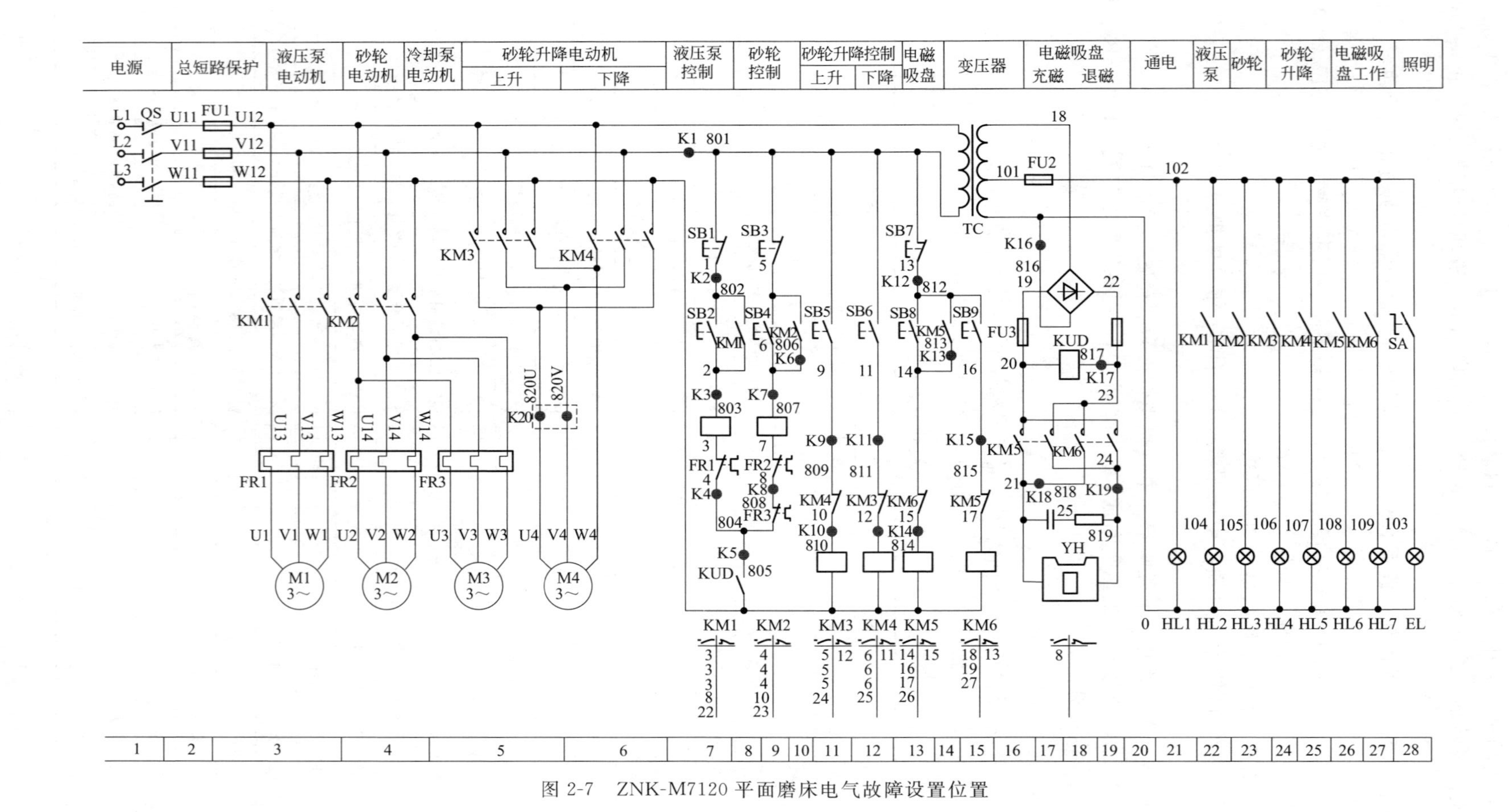

图 2-7 ZNK-M7120 平面磨床电气故障设置位置

五、任务评价

通过对本任务相关知识的学习和应用操作实施，对任务实施过程和任务完成情况进行评价。包括对知识、技能、素养、职业态度等多个方面，主要由小组对成员的评价和教师对小组整体的评价两部分组成。学生和教师评价的占比分别为 40％和 60％。教师评价标准见表 1。小组评价标准见表 2。

表 1　教师评价表

子任务编号及名称			班级					
序号	评价项目	评价标准	评价等级					
			A 组	B 组	C 组	D 组	E 组	F 组
1	职业素养 40％（成员参与度、团队协助）	优：能进行合理分工，在实施过程中能相互协商、讨论，所有成员全部参与； 良：能进行分工，在实施过程中相互协商、帮助不够，多少成员参与； 中：分工不合理，相互协调差，成员参与度低； 差：相互间不协调、讨论，成员参与度低						
2	专业知识 30％（程序设计）	优：能准确快速找出所有故障点，一般是 5 个； 良：能找出 4 个故障点； 中：能找出 3 个故障点； 差：至少能找出 1 个故障点						
3	专业技能 30％（系统调试）	优：电路运行正常，能对线路故障进行诊断与排除； 良：部分电路运行正常，通过故障排除后运行正常； 中：电路不能运行，经调试后可以正常运行； 差：电路完全不能运行						
其他	扩展任务完成情况	完成基本任务的情况下，完成扩展任务，小组成绩加 5 分，否则不加分						
教师评价合计（百分制）								

表 2　小组评价表

子任务编号及名称			班级				组别	
序号	评价项目	评价标准	评价等级					
			组长	B 同学	C 同学	D 同学	E 同学	F 同学
1	守时守约 30％	优：能完全遵守实训室管理制度和作息制度； 良：能遵守实训室管理制度，无缺勤； 中：能遵守实训室管理制度，迟到、早退 2 次以内； 差：违反实训室管理制度，有 1 次旷课或迟到、早退 3 次	□ 优 □ 良 □ 中 □ 差	□ 优 □ 良 □ 中 □ 差	□ 优 □ 良 □ 中 □ 差	□ 优 □ 良 □ 中 □ 差	□ 优 □ 良 □ 中 □ 差	□ 优 □ 良 □ 中 □ 差

续表

子任务编号及名称			班级				组别	
序号	评价项目	评价标准	评价等级					
			组长	B 同学	C 同学	D 同学	E 同学	F 同学
2	学习态度 30%	优：积极主动查阅资料，并解决老师布置的问题； 良：能积极查阅资料，寻求解决问题的方法，但效果不佳； 中：不能主动寻求解决问题的方法，效果差距较大； 差：碰到问题观望、等待、不能解决任何问题	□ 优 □ 良 □ 中 □ 差	□ 优 □ 良 □ 中 □ 差	□ 优 □ 良 □ 中 □ 差	□ 优 □ 良 □ 中 □ 差	□ 优 □ 良 □ 中 □ 差	□ 优 □ 良 □ 中 □ 差
3	团队协作 30%	优：积极配合组长安排，能完成安排的任务； 良：能配合组长安排，完成安排的任务； 中：能基本配合组长安排，基本完成任务； 差：不配合组长安排，也不完成任务	□ 优 □ 良 □ 中 □ 差	□ 优 □ 良 □ 中 □ 差	□ 优 □ 良 □ 中 □ 差	□ 优 □ 良 □ 中 □ 差	□ 优 □ 良 □ 中 □ 差	□ 优 □ 良 □ 中 □ 差
4	劳动态度 10%	优：主动积极完成实训室卫生清理和工具整理工作； 良：积极配合组长安排，完成实训设备清理和工具整理工作； 中：能基本配合组长安排，完成实训设备的清理工作； 差：不劳动，不配合	□ 优 □ 良 □ 中 □ 差	□ 优 □ 良 □ 中 □ 差	□ 优 □ 良 □ 中 □ 差	□ 优 □ 良 □ 中 □ 差	□ 优 □ 良 □ 中 □ 差	□ 优 □ 良 □ 中 □ 差
学生评价合计（百分制）								

注：各等级优＝95，良＝85，中＝75，差＝50，选择即可。

思考与练习

1. 简述机床电气控制原理图的阅读分析的基本原则。
2. 归纳机床电气故障的排除步骤。
3. CA6140 车床在按下停止按钮时，主轴电动机不停止。说出其故障原因及修复措施。
4. CA6140 车床主轴电动机在运行中突然停转。说出其故障原因及修复措施。
5. M7120 平面磨床电磁吸盘吸力不足的原因有哪些？

任务二

X62W 万能铣床电气线路故障排除

一、任务要求

熟悉 X62W 万能铣床及 T68 镗床的主要结构和运动形式，了解这两个机床的基本操作方法和各操作手柄的位置及作用；会分析它们的工作原理，能根据故障现象分析故障原因并排除故障。

二、相关知识

(一) X62W 万能铣床的结构及运动形式

铣床是一种用途十分广泛的金属切削机床，可用于加工平面、斜面和沟槽；如果装上分度头，可以铣削直齿齿轮和螺旋面；如果装上圆工作台，还可以加工凸轮和弧形槽等。图 2-8 所示是 X62W 万能铣床的外观结构。

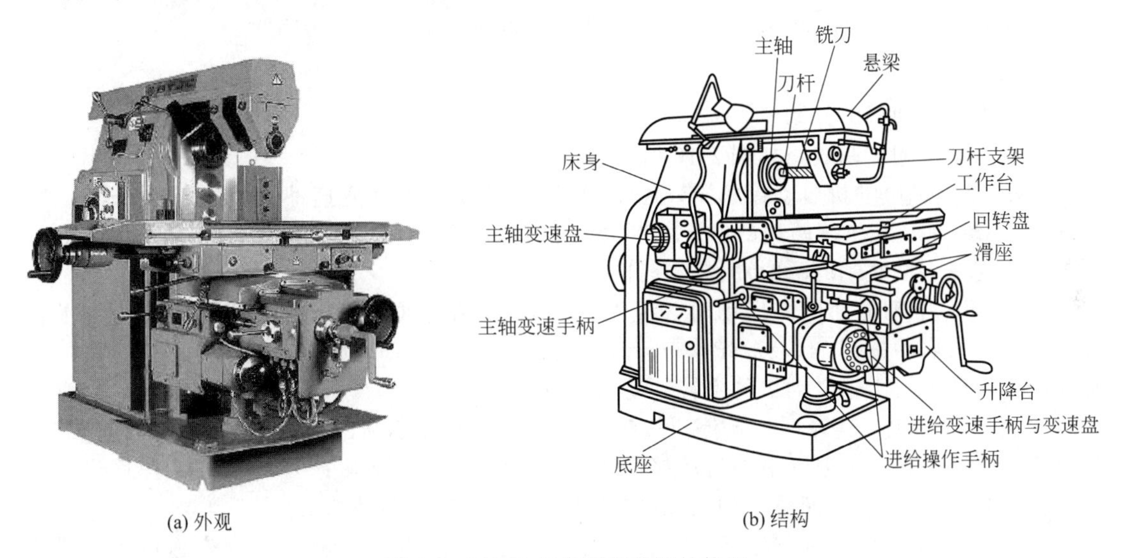

(a) 外观　　(b) 结构

图 2-8　X62W 万能铣床外形结构图

铣床的运动形式包括铣削运动和辅助运动，铣削运动包括主运动和进给运动。

铣床的主运动是主轴带动刀杆和铣刀的旋转运动。铣床的进给运动是工件相对于铣床在前后、左右及上下 6 个方向的运动，有自动和手动控制两种。

铣床的辅助运动是工作台在上下、前后及左右 6 个方向的快速移动。

(二) X62W 万能铣床的拖动要求

① 机床要求有三台电动机，分别为主轴电动机、进给电动机和冷却泵电动机。

② 由于加工时有顺铣和逆铣两种，所以要求主轴电动机能正反转及在变速时能瞬时冲动一下，以利于齿轮的啮合，并要求能制动停车和实现两地控制。

③ 进给电动机要求能正反转，同时要求工作台在进给变速时，电动机能实现瞬间冲动、快速进给及两地控制等。

④ 冷却泵电动机只要求正转。

⑤ 进给电动机与主轴电动机需实现联锁控制，即主轴工作后才能进给。

（三）X62W 万能铣床的控制原理分析

机床电气控制线路见图 2-9，由主电路、控制电路和照明电路三部分组成。

X62W 万能铣床电气原理分析

1. 主电路分析

主电路有三台电动机：M1 是主轴电动机；M2 是进给电动机；M3 是冷却泵电动机。

主轴电动机 M1 在工作工程中不需要频繁改变旋转方向，通过换相开关 SA5 来改变主轴的旋转方向，接触器 KM1 只负责主轴的启动与停止控制，而与接触器 KM2 、制动电阻器 R 及速度继电器 KS 配合，能实现串电阻瞬时冲动和反接制动控制。

进给电动机 M2 能进行正反转控制，通过接触器 KM3、KM4 与行程开关及 KM5、牵引电磁铁 YA 配合，能实现进给变速时的瞬时冲动、六个方向的常速进给和快速移动控制。冷却泵电动机 M3 只能正转，由接触器 KM6 控制。熔断器 FU1 作机床总短路保护，也兼作 M1 的短路保护；FU2 作为 M2、M3 及控制变压器 TC、照明灯 EL 的短路保护；热继电器 FR1、FR2、FR3 分别作为 M1、M2、M3 的过载保护。

2. 控制电路分析

（1）主轴电动机的控制

主轴电动机的控制线路如图 2-10 所示。

KM1 是主轴电动机启动接触器，KM2 是反接制动和主轴变速冲动接触器。SB1、SB2 与 SB3、SB4 是装在机床两边的停止（制动）和启动按钮，实现两地控制，方便操作。SQ7 是与主轴变速手柄联动的瞬时动作行程开关。

① 启动　主轴电动机需启动时，要先将 SA5 扳到主轴电动机所需要的旋转方向的位置，然后再按启动按钮 SB3 或 SB4 来启动电动机 M1。M1 启动后，速度继电器 KS 的一副常开触头闭合，为主轴电动机的停转制动做好准备。

② 停车与制动　停车时，按停止按钮 SB1 或 SB2 切断 KM1 电路，接通 KM2 电路，通过改变 M1 的电源相序进行串电阻反接制动。当 M1 的转速低于 120r/min 时，速度继电器 KS 的一副常开触头恢复断开，切断 KM2 电路，M1 停转，制动结束。

③ 瞬动（冲动）控制　铣床在加工过程中，主轴经常需要变速，为在变速过程中易于齿轮啮合，须使主轴电动机 M1 瞬时转动一下。

主轴变速时，拉出变速手柄，使原来啮合好的齿轮脱开转动变速转孔盘（实质是改变齿轮传动比），选择好所需转速，再把变速手柄推回原来位置，使改变了传动比的齿轮组重新啮合。在推回的过程中，联动机构压下主轴变速瞬动限位开关 SQ7，使 SQ7 的常闭触头先断开，切断 KM1 和 KM2 自锁供电电路，电动机 M1 断电；同时 SQ7 的常开触头后接通，KM2 线圈得电动作，M1 反接制动电路接通，经限流电阻 R 瞬时接通电源，电动机瞬时转动一下，使齿轮系统抖动，变速齿轮顺利啮合。当变速手柄推回到原位时，SQ7 复位，切断瞬时冲动线路，SQ7 常闭触头复位闭合，为 M1 下次得电做准备。

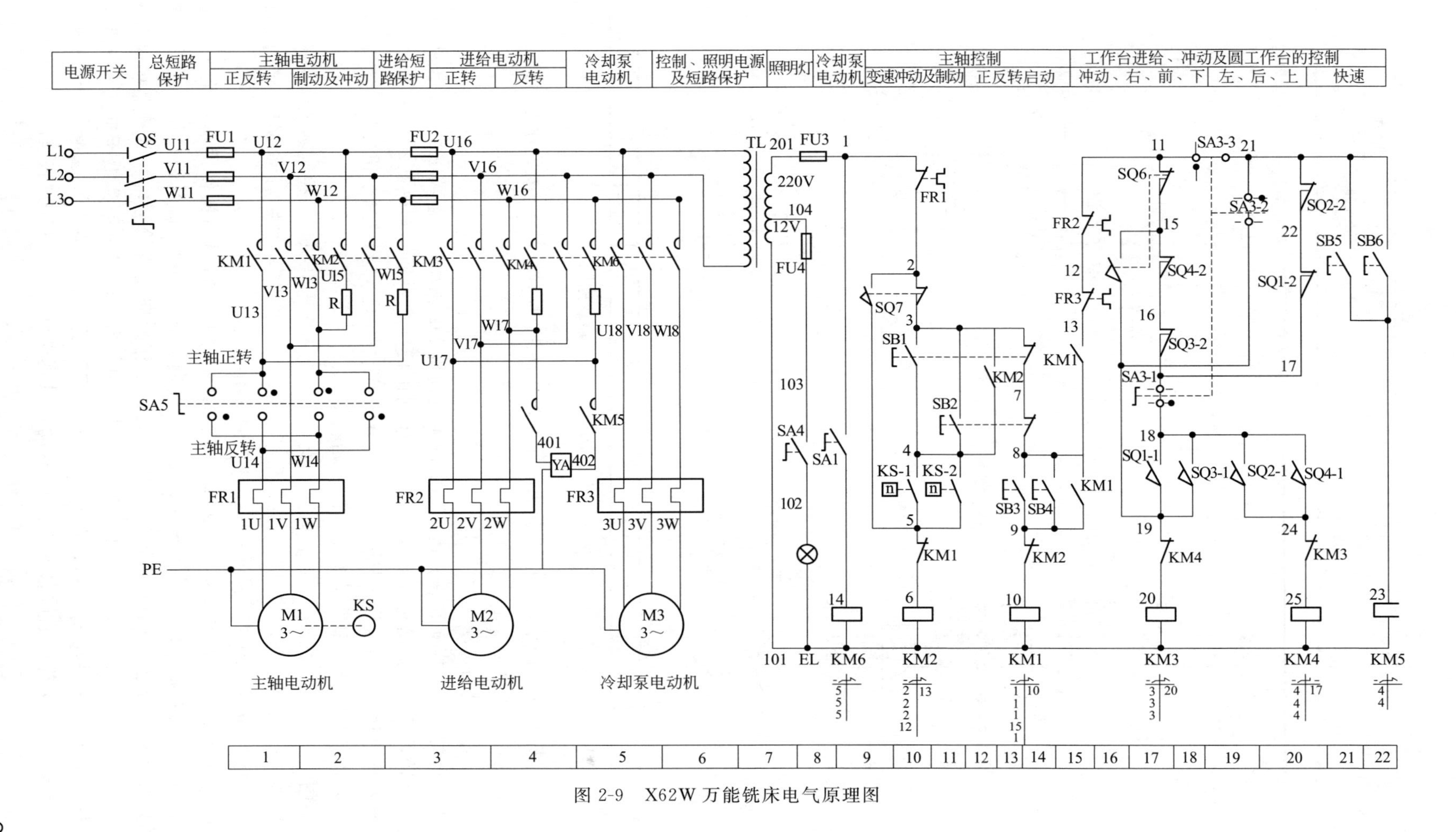

图 2-9　X62W 万能铣床电气原理图

电源开关	总短路保护	主轴电动机			主轴控制	
		正反转	制动及冲动		变速冲动及制动	正反转启动

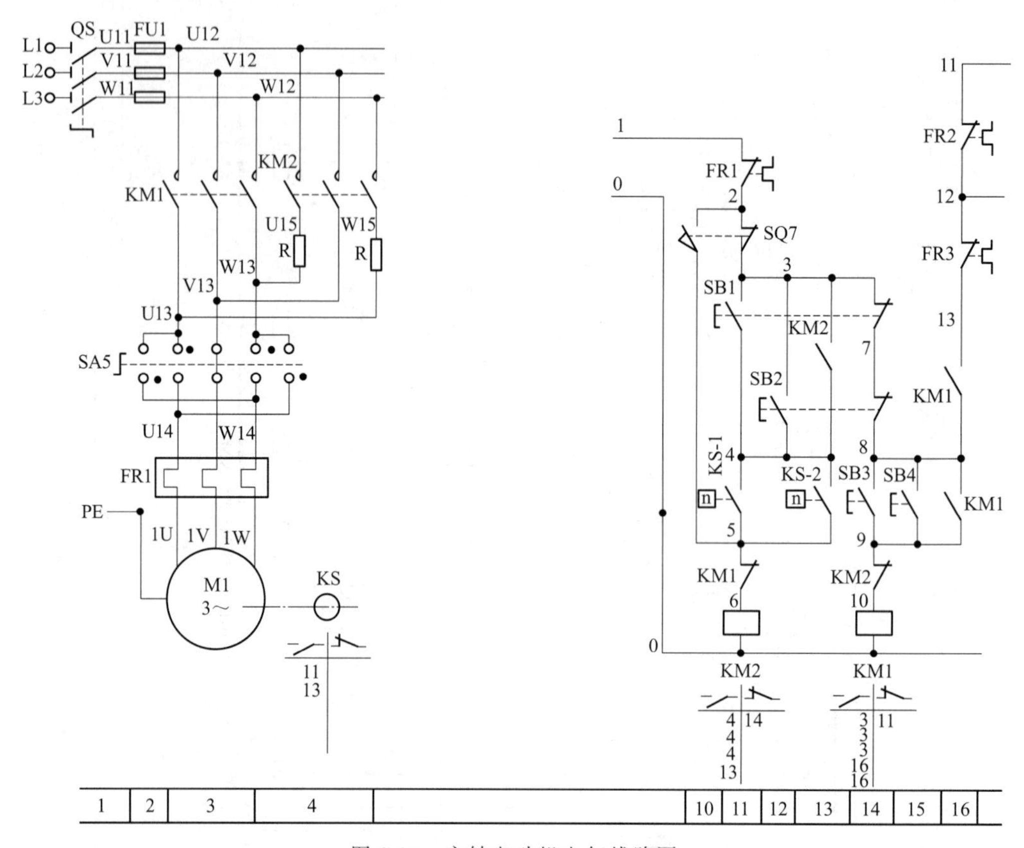

图 2-10　主轴电动机电气线路图

不论是开车还是停车，都应以较快的速度把手柄推回原始位置，以免通电时间过长，引起 M1 转速过高而打坏齿轮。

（2）工作台进给电动机的控制

工作台的纵向、横向和垂直运动都由进给电动机 M2 驱动，接触器 KM3 和 KM4 使 M2 实现正反转，以改变进给运动方向。与纵向运动机械操作手柄联动的行程开关 SQ1、SQ2，与横向及垂直运动机械操作手柄联动的行程开关 SQ3、SQ4，当这两个机械操作手柄都在中间位置时，各行程开关都处于未压下的原始状态。

由图 2-11 可知：M2 在 M1 启动后才能工作。机床接通电源后，控制圆工作台的组合开关 SA3 断开，使触头 SA3-1 和 SA3-3 闭合，而 SA3-2 断开，然后启动 M1，这时接触器 KM1 吸合，使 KM1 闭合，就可进行工作台的进给控制。

① 工作台纵向（左右）运动的控制　在 M1 启动后，将纵向操作手柄扳至向左位置，联接纵向进给离合器，同时压下 SQ1，使 SQ1-2 断，SQ1-1 通，而其他控制进给运动的行程开关都处于原始位置，KM3 吸合，M2 正转，工作台向左进给运动。其控制电路的通路为：11—15—16—17—18—19—20—KM3 线圈—0。当纵向操纵手柄扳至向右位置时，机械上仍然接通纵向进给离合器，但却压动了行程开关 SQ2，使 SQ2-2 断，SQ2-1 通，使 KM4 吸合，M2 反转，工作台向右进给运动，其通路为：11—15—16—17—18—24—25—

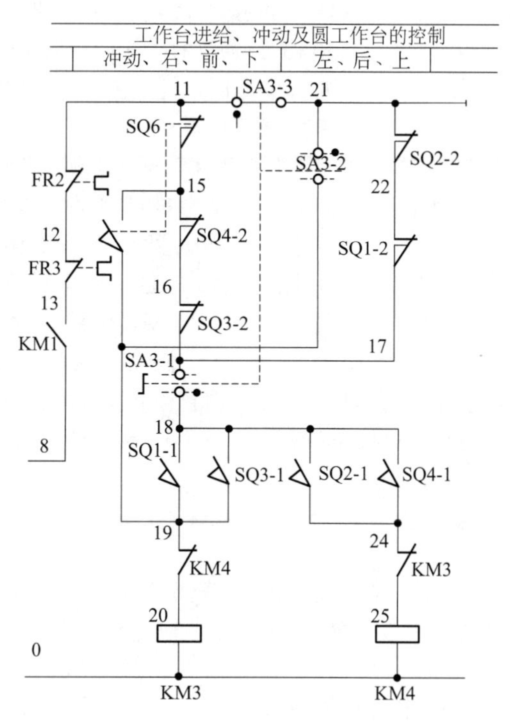

图 2-11　工作台进给电动机的控制原理图

KM4 线圈—0。

② 工作台垂直（上下）和横向（前后）运动的控制　工作台的垂直和横向运动由垂直和横向进给手柄操纵，此手柄也是复式的，两个完全相同的手柄分别装在工作台左侧的前后，手柄联动机构压下行程开关 SQ3 或 SQ4，同时能接通垂直或横向进给离合器。操纵手柄有五个位置（上、下、前、后、中间），五个位置是联锁的。工作台的上下和前后的终端保护，是利用装在床身导轨旁与工作台座上的撞铁，将操纵十字手柄撞到中间位置，使 M2 断电停转。

③ 工作台向前（或者向下）运动的控制　将十字操纵手柄扳至向前（或者向下）位置时，机械上接通横向进给（或者垂直进给）离合器，同时压下 SQ4，使 SQ4-2 断，SQ4-1 通，使 KM4 吸合，M2 反转，工作台向前（或者向下）运动。其电气通路为：11—21—22—17—18—24—25—KM4 线圈—0。将十字操纵手柄扳至向后（或者向上）位置时，机械上接通横向进给（或者垂直进给）离合器，同时压下 SQ3，使 SQ3-2 断，SQ3-1 通，KM3 吸合，M2 正转，工作台向后（或者向上）运动。其电气通路为：11—21—22—17—18—19—20—KM3 线圈—0。

④ 进给电动机变速时的瞬动（冲动）控制　变速时，为使齿轮易于啮合，设有变速冲动环节。当需要进行进给变速时，应将转速盘的蘑菇形手轮向外拉出并转动转速盘，把所需进给量的标尺数字对准箭头，然后再把蘑菇形手轮用力向外拉到极限位置并随即推向原位，其连杆机构二次瞬时压下行程开关 SQ6，使 KM3 瞬时吸合，M2 正向瞬动。其电气通路为：11—21—22—17—16—15—19—20—KM3 线圈-0。进给变速瞬时冲动的通电回路要经过 SQ1～SQ4 四个行程开关的常闭触头，因此只有当进给运动的操作手柄都在中间（停止）位置时，才能实现进给变速冲动控制，以保证操作时的安全。同时，与主轴变速时冲动控制一样，电动机的通电时间不能太长，以防止转速过高，在变速时打坏齿轮。

⑤ 工作台的快速进给控制　主轴电动机启动后，将进给操纵手柄扳到所需位置，工作

台按照选定的速度和方向做常速进给移动，再按下快速进给按钮 SB5（或 SB6），使接触器 KM5 通电吸合，接通牵引电磁铁 YA，电磁铁通过杠杆使摩擦离合器合上，减少中间传动装置，使工作台快速移动。当松开快速进给按钮时，电磁铁 YA 断电，摩擦离合器断开，快速进给运动停止，工作台按原常速进给速度继续运动。

（3）圆工作台运动的控制　铣床如需铣切螺旋槽、弧形槽等曲线时，可在工作台上安装圆工作台及其传动机构，圆工作台的回转运动也是由进给电动机 M2 驱动的。圆工作台工作时，应先将进给操作手柄都扳到中间（停止）位置，然后将圆工作台组合开关 SA3 扳到圆工作台接通位置。此时 SA3-1 断，SA3-3 断，SA3-2 通。准备就绪后，按下主轴启动按钮 SB3 或 SB4，接触器 KM1 与 KM3 相继吸合，M1 与 M2 相继启动并运转。其电气通路为：11—15—16—17—22—21—19—20—KM3 线圈—0。圆工作台进给与工作台进给互锁，即当圆工作台工作时，不允许工作台在纵向、横向、垂直方向上有任何运动。若误操作而扳动进给运动操纵手柄（即压下 SQ1～SQ4、SQ6 中任一个），M2 即停转。

（四）X62W 万能铣床常见故障分析

1. 主轴停车时无制动

主轴无制动时，首先检查按下停止按钮 SB1 或 SB2 后反接制动接触器 KM2 是否吸合，若 KM2 不吸合，则故障原因一定在控制电路部分，检查时可先操作主轴变速冲动手柄，若有冲动，故障范围就缩小到速度继电器和按钮支路上；若 KM2 吸合，则故障原因就较复杂一些，可能是主电路的制动支路中有缺相故障存在，也可能是速度继电器的常开触头过早断开，检查时要仔细观察故障现象，前者的故障现象是完全没有制动作用，而后者则是制动效果不明显。

应该说明，机床电气故障不是千篇一律的，在维修中不可生搬硬套，应该采用理论与实践相结合的灵活处理方法。

2. 主轴停车后短时反向旋转

一般是由速度继电器 KS 动触头弹簧调整得过松，使触头分断过迟引起，只要重新调整反力弹簧便可消除。

3. 按下停止按钮后主轴电机不停转

原因有：接触器 KM1 主触头熔焊；反接制动时两相运行；SB3 或 SB4 在启动 M1 后绝缘被击穿。若按下停止按钮后 KM1 不释放，则故障可断定是由熔焊引起；若按下停止按钮后接触器的动作顺序正确，即 KM1 能释放，KM2 能吸合，同时伴有嗡嗡声或转速过低，则可断定是制动时主电路有缺相故障存在；若制动时接触器动作顺序正确，电动机也能进行反接制动，但放开停止按钮后，电动机又再次自启动，则可断定故障是由启动按钮绝缘击穿引起。

4. 工作台不能做向下进给运动

由于工作台向下进给运动的控制线路是处于多回路线路之中，因此不宜采用按部就班地逐步检查的方法。在检查时，可先依次进行快速进给、进给变速冲动或圆工作台向前进给、向左进给及向后进给，来逐步缩小故障的范围（一般可从中间环节的控制开始），然后再逐个检查故障范围内的元器件、触头、导线及接点，来查出故障点。在实际检查时，还必须考虑到由于机械磨损或移位使操纵失灵等因素，若发现此类故障原因，应与机修钳工互相配合进行修理。

假设故障点在图 2-9 的图区 20 上，行程开关 SQ4-1 由于安装螺钉松动而移动位置，造成操纵手柄虽然到位，但触头 SQ4-1 仍不能闭合。检查时若进给变速冲动控制正常，说明线路 11—21—22—17 是完好的，若向左进给控制正常，则可排除线路 17—18 和 24—25—O

存在故障的可能性，这样就将故障的范围缩小到 18—SQ4-1—24 的范围内，再经过仔细检查或测量，就能很快找出故障点。

5. 工作台不能做纵向进给运动

应先检查横向或垂直进给是否正常，如果正常，说明进给电动机 M2、主电路、接触器 KM3、KM4 及纵向进给相关公共支路都正常，此时应重点检查图区 19 上的行程开关 SQ6、SQ4-2 及 SQ3-2，即 11—15—16—17 支路，因为只要三对常闭触头中有一对不能闭合或有一根线头脱落，工作台就不能纵向进给。然后再检查进给变速冲动是否正常，如果也正常，则故障范围缩小到 SQ6、SQ1-1、SQ2-1 上，但一般 SQ1-1、SQ2-1 两副常开触头同时发生故障的可能性甚小，而 SQ6 在进给变速时常因用力过猛而容易损坏，所以可先检查 SQ6 触头，直至找到故障点并予以排除。

6. 工作台各个方向都不能进给

可先进行进给变速或圆工作台控制，如果正常，则故障可能在开关 SA3-1 及引线 17、18 上；若进给变速控制也不正常，则要注意接触器 KM3 是否吸合，如果 KM3 不能吸合，则故障可能发生在控制电路的电源部分，即线路 11—15—16—18—20 及 0 号线，若 KM3 能吸合，则应着重检查主电路，包括电动机的接线及绕组。

7. 工作台不能快速进给

常见的故障原因是牵引电磁铁电路不通，多数是由线头脱落、线圈损坏或机械卡死引起。如果按下 SB5 或 SB6 后接触器 KM5 不吸合，则故障在控制电路部分，若 KM5 能吸合，且牵引电磁铁 YA 也吸合正常，则故障大多是由于杠杆卡死或离合器摩擦片间隙调整不当引起，应与机修钳工配合进行修理。需强调的是在检查 11—15—16—17 支路和 11—21—22—17 支路时，一定要把 SA3 开关扳到中间空挡位置，否则，由于这两条支路是并联的，将检查不出故障点。表 2-4 为故障现象分析及排除方法。

表 2-4　故障现象分析及排除方法

故障现象	原因分析	排除方法
全部电动机都不能启动	①转换开关 QS 接触不良 ②熔断器 FU1、FU2 或 FU3 熔断 ③热继电器 FR 动作 ④瞬动限位开关 SQ7 的常闭触头接触不良	①检查三相电源，检修 QS ②查明熔断原因并更换熔体 ③查明 FR1 动作原因并排除 ④检修 SQ7 的常闭触头
主轴停车时没有制动作用	①速度继电器 KS-1 或 KS-2 常开触头未闭合或胶木摆杆断裂 ②接触器 KM1 的联锁触头接触不良	①清除 KS 常开触头油污或调整触头压力；更换胶木摆杆 ②清除 KM1 联锁触头油污或调整触头压力
主轴电动机变速时无冲动过程	①瞬动限位开关 SQ7 的常开触头接触不良 ②机械顶端不动作或未碰上瞬动限位开关 SQ7	①检修 SQ7 的常开触头 ②检修机械顶销，使其动作正常
主轴停车后产生短时反向旋转	速度继电器 KS 动触片弹簧调得过松使触头分断过迟	调整 KS 动触片的弹簧压力
按停止按钮主轴不停	①接触器 KM1 主触头熔焊 ②反接制动时两相运行 ③停止按钮触头断路	①找出原因，更换主触头 ②检查 KM2 主触头接触是否良好，制动电阻是否正常 ③更换停止按钮

续表

故障现象	原因分析	排除方法
进给电动机不能启动 （主轴电动机能启动）	①接触器 KM3 或 KM4 线圈断线，主触头和联锁触头接触不良 ②转换开关 SA3 接触不良	①检修 KM3 或 KM4 线圈和主触头及联锁触头 ②检修 SA3
工作台不能快速进给	牵引电磁铁线圈损坏或机械卡死	检修牵引电磁铁

三、任务实施

铣床电气控制线路与机械系统的配合十分密切，其电气线路的正常工作往往是与机械系统的正常工作分不开的，这是铣床电气控制线路的特点。熟悉机电部分配合情况，有利于正确判断是电气故障还是机械故障，是迅速排除电气故障的关键。这就要求维修电工不仅要熟悉电气控制线路的工作原理，而且还要熟悉有关机械系统的工作原理及机床操作方法。

(一) 任务准备

准备 ZNK-X62W 万能铣床智能实训考核装置及万用表等常用电工工具。

(二) X62W 铣床电气故障排除

以主电路故障引起的 X62W 万能铣床主轴电动机不能转动为例，来学习故障排除的方法。

1. 观察故障现象

故障现象 1：SA5 置于“正转”或“反转”，闭合 QS，闭合 SA4，照明灯 EL 亮，按下主轴启动按钮 SB1 或 SB2，接触器 KM1 动作，主轴电动机 M1 不转动并发出“嗡嗡”声。

故障现象 2：SA5 置于“正转”或“反转”，闭合 QS，闭合 SA4，照明灯 EL 不亮，按下主轴启动按钮 SB1 或 SB2，接触器 KM1 不动作。手动闭合 KM1，主轴电动机 M1 能转动。

2. 故障查找与排除

先根据故障现象初步判断故障部位，然后排除故障。

故障现象 1，故障原因可能是主电路 W 相的 QS 触头接触不良，或 FU1 熔体熔断，或 KM3 主触头接触不良，或 FR1 热元件故障，针对上述可能出现故障的地方，依次用万用表检测，直到找到故障点并排除故障。

故障现象 2，故障原因可能是 TC 绕组故障，或 V 相、W 相的 FU2 熔体熔断。

用万用表 R×100 挡检测 QS 闭合时触头两端、FU1 和 FU2 熔体两端的电阻，如果万用表指针指示为“0”，说明正常；若万用表指针不偏转（电阻为∞），说明存在开路故障。

用万用表 R×1 挡检测 TC 初级和次级绕组的电阻，根据万用表的读数就可以判别出绕组是否有故障。若万用表指针发生偏转，有一定的读数，说明绕组正常。

3. 通电试运行

排除故障后，在指导教师的监护下，先后合上实训台电源总开关和电路板电源开关 QS，将 SA5 置于“正转”或“反转”挡位，按下主轴启动按钮 SB1 或 SB2 试车。

(三) ZNK-X62W 型万能铣床智能实训考核组件的使用

ZNK-X62W 型万能铣床智能实训考核组件是一款模拟铣床工作电路的电气控制柜，可以通过人为设置故障来模仿实际机床的电气故障，采用“触头”绝缘、设置假线、导线头绝缘等方式，形成电气故障。训练者在通电运行明确故障后进行分析，在切断电源状态下使用万用表检测，直至排除电气故障，从而掌握电气线路维修的基本要领。

1. ZNK-X62W 型万能铣床智能实训考核组件的运行操作

（1）准备工作

① 查看各电气元件上的接线是否紧固，各熔断器是否安装良好。

② 将各开关置分断位置。

③ 将控制柜的 L1、L2、L3 分别用护套线与空气开关上的 L1、L2、L3 相连。

④ 将电动机放在控制柜的桌面板上，分别接到挂件上，注意 M1 为 WDJ24-1（三相鼠笼电动机，带速度继电器），其余为 WDJ24（普通鼠笼电动机）。

（2）操作试运行

① 按下控制屏上的启动按钮，合上挂件上的低压断路器开关 QS。

② SA5 置左位（或右位），M1“正转”或“反转”指示灯亮，指明主轴电动机可能运转的转向。

③ 旋转 SA4 开关，“照明”灯亮。转动 SA1 开关，“冷却泵电动机”工作，“冷却泵工作”指示灯亮。

④ 按下按钮 SB3（或 SB4），启动主轴，主轴电动机按 SA5 选择的方向运行；按下按钮 SB1（或 SB2），主轴反接制动并立即停车。

⑤ 主轴电动机 M1 变速冲动操作。本模拟采用手动操作 SQ7 模仿机械的瞬间压动效果：迅速进行“点动”操作，使电机 M1 通电后立即停转，形成微动或抖动。操作要迅速，以免出现连续运转现象。如果连续运转时间较长，会使 R 发烫，此时应拉下闸刀，待电动机停止后重新送电操作。

⑥ 进给电动机控制操作（SA3-1、SA3-3 闭合，SA3-2 断开）。实际机床中的进给电动机 M2 用于驱动工作台横向（前后）、垂直和纵向（左右）移动，通过机械离合器来实现控制状态的选择，电机只做正反转控制，机械状态手柄与电气开关的动作对应关系如下：工作台向后、向上运动—电动机 M2 反转，SQ4 压下；

工作台向前、向下运动—电动机 M2 正转，SQ3 压下。

模拟操作：按动 SQ4，M2 反转；按动 SQ3，M2 正转。

⑦ 工作台纵向（左右）进给运动控制（SA3 开关状态同上）。实际机床专用一个“纵向”操作手柄，既控制相应离合器，又压动对应的开关 SQ1 和 SQ2，使工作台实现纵向的左右运动。

模拟操作：按动 SQ1，M2 正转；按动 SQ2，，M2 反转。

⑧ 工作台快速移动操作。在实际机床中，在工作台进给的时候，按动 SB5 或 SB6 按钮，电磁离合器 YA 动作，改变机械传动链中间传动装置，实现各方向的快速移动。

模拟操作：启动主轴电动机和进给电动机，再按动 SB5 或 SB6 按钮，KM5、YA 同时吸合（电磁铁 YA 用于模拟实际机床中的电磁离合器），工作台快速移动指示灯亮。

⑨ 进给变速冲动（功能与主轴冲动相同）。模拟冲动操作：启动主轴，进给控制十字开关置中间位置，按下 SQ6，电动机 M2 转动，操作此开关时应迅速压与放，以模拟实际机床变速时瞬动压下 SQ6。

⑩ 圆工作台回转运动控制。将圆工作台转换开关 SA3 扳到“圆工作台”位置，此时 SA3-1、SA3-3 触头分断，SA3-2 触头接通，M2 电动机正转，即为圆工作台转动（此时工作台全部操作十开关扳在零位，即 SQ1～SQ4 均不压下）。

2. 故障排除训练

使用该装置进行故障设置和排除的注意事项参见车床部分。故障设置点和设置位置见表 2-5 和图 2-12。

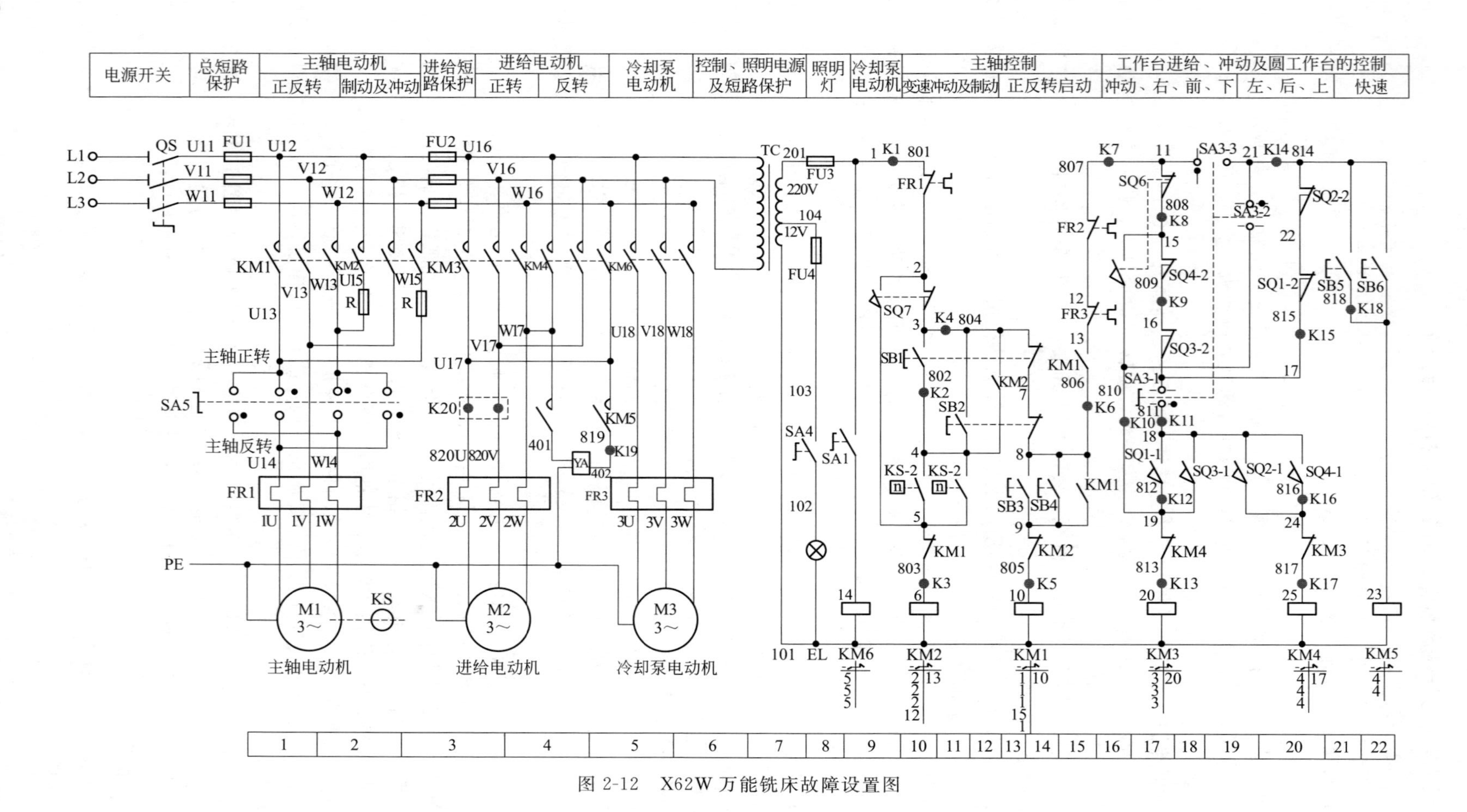

图 2-12 X62W 万能铣床故障设置图

表 2-5　故障设置点一览表

故障点	故障现象	备注
K1	正反转、进给均不能动作	照明指示灯、冷却泵电动机均能工作
K2	按 SB1 停止时无制动	SB2 制动正常
K3	主轴电动机无制动	按 SB1、SB2 停止时主轴均无制动
K4	主轴不能启动	主轴不能启动，按下 SQ7 主轴可以冲动
K5	主轴不能启动	主轴不能启动，按下 SQ7 主轴可以冲动
K6	进给电动机不能启动	主轴能启动，进给电动机不能启动
K7	进给电动机不能启动	主轴能启动，进给电动机不能启动
K8	进给变速无冲动，圆工作台不能工作	非圆工作台向上（或向后）、向下（或向前）进给正常
K9	工作台不能左右进给	向上（或向后）、向下（或向前）进给正常
K10	进给变速无冲动，圆工作台不能工作	非圆工作台工作正常
K11	各方向进给不正常	圆工作台工作正常，冲动正常
K12	工作台不能向左进给	其他方向进给正常
K13	工作台不能向左、向上（或向后）进给	其他方向进给正常
K14	圆工作台不能工作	非圆工作台工作时，不能上下（或前后）进给
K15	圆工作台不能工作	非圆工作台工作时，不能上下（或前后）进给
K16	工作台不能向下（或向后）进给	其他方向进给正常
K17	工作台不能向右、向下（或向后）进给	其他方向进给正常
K18	只能在一个地方快进操作	进给电动机启动后，按 SB5 不能快进，按 SB6 能快进
K19	电磁阀不动作	进给电动机启动后，按下 SB5（或 SB6），KM5 吸合，电磁阀 YA 不动作
K20	进给电动机不转	进给操作时，KM3 或 KM4 能动作，但进给电动机不转

四、任务扩展

(一) T68 镗床的结构及运动形式

镗床是一种多用途的精密加工机床，除了镗孔外，还可以用来钻孔、扩孔、铰孔、车削内外螺纹、攻丝、车外圆柱面和端面、铣削平面等。

T68 镗床的结构如图 2-13 所示。

T68 镗床的主运动是镗轴或花盘的旋转运动。

T68 镗床的进给运动有镗轴的轴向进给、主轴箱（镗头架）的垂直（上下）进给、花盘上刀具的径向进给、工作台的纵向（前后）和横向（左右）进给。

辅助运动包括工作台的旋转运动、后立柱的轴向运动和尾架的垂直运动。

(二) T68 镗床的电气控制线路分析

1. 电气控制特点

① T68 镗床的主轴调速范围较大，且恒功率，主轴与进给机构共用一台双速主电动机 M1 驱动，低速时定子绕组接成三角形，可直接启动；高速时定子绕组接成双星形，高速运行时须先低速启动，经一定延时后再高速运行，以减小启动电流。主轴高低速的变换由主轴孔盘变速机构内的行程开关 SQ7 控制，其动作说明见表 2-6。其电气线路原理图

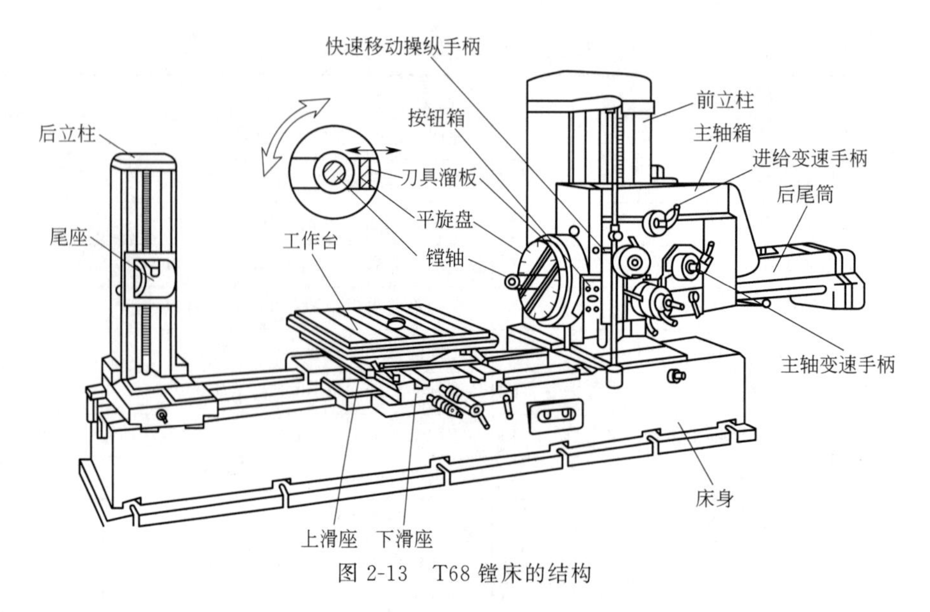

图 2-13 T68 镗床的结构

表 2-6 主轴高低速变换行程开关动作说明

触头＼位置	主电动机 M1 低速	主电动机 M1 高速
SQ7(11-12)	关	开

见图 2-14。

② 主电动机 M1 可正反转连续运行，也可点动控制，点动时为低速。主轴要求能快速准确制动，故采用反接制动，控制电器采用速度继电器。为限制启动和制动电流，在点动和制动时，定子绕组串入电阻 R。

③ 主轴变速和进给变速均可在运行中进行。变速操作时，主电动机做低速断续冲动，变速完成后又恢复正常运行。主轴变速时电动机的缓慢转动由行程开关 SQ3 和 SQ5 控制，进给变速时是由行程开关 SQ4、SQ6 以及速度继电器 KS 配合完成，见表 2-7。

表 2-7 主轴变速和进给变速时行程开关动作说明

触头＼位置	变速孔盘拉出（变速时）	变速后变速孔盘推回	触头＼位置	变速孔盘拉出（变速时）	变速后变速孔盘推回
SQ3(4-9)	－	＋	SQ4(9-10)	－	＋
SQ3(3-13)	＋	－	SQ4(3-13)	＋	－
SQ5(15-14)	＋	－	SQ6(15-14)	＋	－

注：表中“＋”表示接通；“－”表示断开。

④ 变速可在开车前预选，也可在运行过程中进行。为便于变速时齿轮顺利啮合，设有变速低速冲动环节。

⑤ 主轴电动机低速时直接启动，低速启动延时后再自动转成高速运行，以减小启动电流。

⑥ 为缩短机床加工的辅助工作时间，主轴箱、工作台以及后立柱通过电动机 M2 驱动做快速移动，它们之间设有机械的和电气的联锁。

2. 电气控制线路的分析

（1）主电路分析

T68 型镗床的主电路有两台电动机，M1 为主轴与进给电动机，是一台 4/2 极的双速电

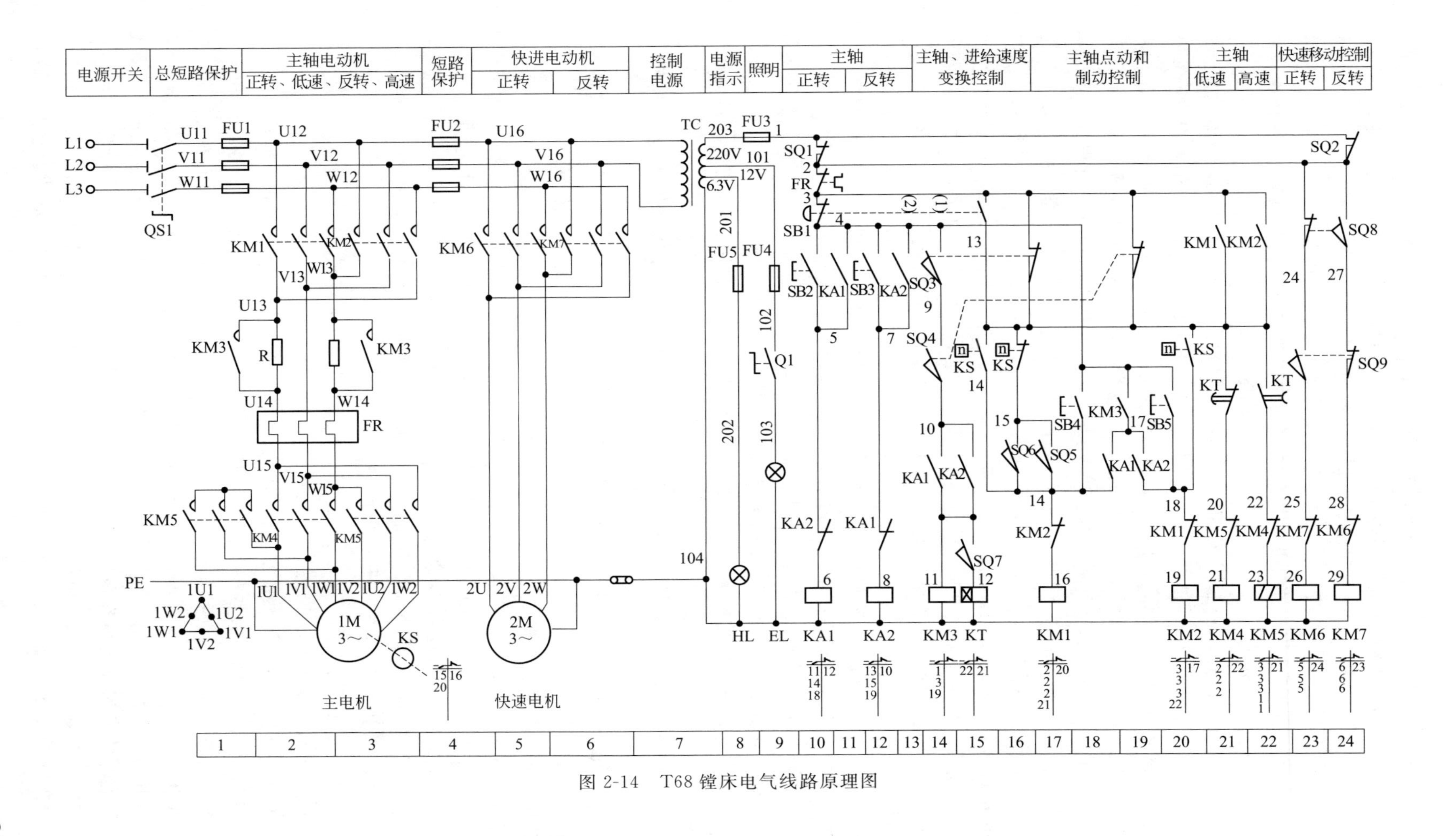

图 2-14　T68 镗床电气线路原理图

动机，绕组接法为△/YY，由五只接触器控制，其中 KM1、KM2 为电动机正反转控制接触器，KM3 为制动电阻短接接触器，KM4 为低速运转接触器，KM5 为高速运转接触器，主轴电动机正反转停车时，均由速度继电器 KS 控制实现反接制动。M1 由熔断器 FU1 作短路保护，热继电器 KH 作过载保护。M2 为快速移动电动机，由接触器 KM6、KM7 实现正反转控制，熔断器 FU2 作短路保护，因快速移动为短时运行，无须过载保护。

（2）控制电路分析

① 主电动机的点动控制。按 SB4，接触器 KM1 线圈通电，KM1 的辅助常开触头（3-13）闭合，使接触器 KM4 线圈通电，三相电源经 KM1 的主触头、电阻 R 和 KM4 的主触头接通主电动机 M1 的定子绕组，接法为三角形，使电动机在低速下正向旋转。松开 SB4，主电动机断电停止。反向点动由按钮 SB5、接触器 KM2、KM4 来实现。

② 主电动机的正反转控制。当要求主电动机正向低速旋转时，行程开关 SQ7（11-12）处于断开位置，行程开关 SQ3（4-9）、SQ4（9-10）均为闭合状态。按 SB2，中间继电器 KA1 线圈通电，KA1（4-5）闭合自锁，KA1（10-11）闭合；KM3 线圈通电，主触头闭合，电阻 R 短接；KA1（17-14）闭合，KM3（4-17）闭合，使 KM1 线圈通电并自锁。KM1（3-13）闭合，接通主电动机低速用接触器 KM4 线圈，使其通电吸合。由于接触器 KM1、KM3、KM4 的主触头均闭合，故主电动机在全电压、定子绕组三角形连接下直接启动，低速运行。

当要求主电动机高速旋转时，行程开关 SQ7（11-12）、SQ3（4-9）、SQ4（9-10）均处于闭合状态。按 SB2 后，时间继电器 KT（通电延时式）线圈通电吸合，经延时后，KT 的通电延时断开常闭触头（13-20）断开，KM4 线圈断电，主电动机的定子绕组脱离三相电源，而 KT 的通电延时闭合常开触头（13-22）闭合，使接触器 KM5 线圈通电吸合，KM5 的主触头闭合，将主电动机的定子绕组接成双星形后，重新接到三相电源，从低速启动转为高速旋转。

主电动机反向启动旋转所用的电器为按钮 SB3、中间继电器 KA2，接触器 KM3、KM2、KM4、KM5、时间继电器 KT。

③ 主电动机的反接制动的控制。主电动机正转时的反接制动：主电动机低速正转时，KA1、KM1、KM3、KM4 的线圈通电吸合，KS（13-18）闭合。按 SB1，SB1（3-4）先断开，使 KA1、KM3 线圈断电，KA1（17-14）断开，又使 KM1 线圈断电，一方面使 KM1 的主触头断开，主电动机脱离三相电源，另一方面使 KM1（3-13）分断，使 KM4 断电；SB1（3-13）随后闭合，使 KM4 重新吸合，此时主电动机由于惯性，转速还很高，KS（13-18）仍闭合，故使 KM2 线圈通电吸合并自锁，KM2 的主触头闭合，使三相电源反接后经电阻 R、KM4 的主触头接到主电动机定子绕组，进行反接制动。当转速接近零时，KS（13-18）断开，KM2 线圈断电，反接制动完毕。

主电动机反转时的反接制动：反转时的制动过程与正转制动过程相似，但是所用的电器是 KM1、KM4、KS（13-14）。

主电动机高速反转时反接制动所用的电器是 KM1、KM4、KS（13-14）。

④ 主电动机的缓慢转动控制。当主轴变速时，将变速孔盘拉出，行程开关 SQ3 常开触头 SQ3（4-9）断开，接触器 KM3 线圈断电，主电路中接入电阻 R，KM3 的辅助常开触头（4-17）断开，使 KM1 线圈断电，主电动机脱离三相电源。所以，该机床可以在运行中变速，主电动机能自动停止。旋转变速孔盘，选好所需的转速后，将孔盘推入。在此过程中，若滑移齿轮的齿和固定齿轮的齿发生顶撞时，则孔盘不能推回原位，行程开关 SQ3、SQ5 的常闭触头 SQ3（3-13）、SQ5（15-14）闭合，接触器 KM1、KM4 线圈通电吸合，主电动机经电阻 R 在低速下正向起动，接通瞬时点动电路。主电动机转动转速达某一转时，速度

继电器 KS 正转常闭触头 KS（13-15）断开，接触器 KM1 线圈断电，而 KS 正转常开触头 KS（13-18）闭合，使 KM2 线圈通电吸合，主电动机反接制动。当转速降到 KS 的复位转速后，则 KS 常闭触头 KS（13-15）又闭合，常开触头 KS（13-18）又断开，重复上述过程。这种间歇的起动、制动，使主电动机缓慢旋转，以利于齿轮的啮合。若孔盘退回原位，则 SQ3、SQ5 的常闭触头 SQ3（3-13）、SQ5（15-14）断开，切断缓慢转动电路。SQ3 的常开触头 SQ_3（4-9）闭合，使 KM3 线圈通电吸合，其常开触头（4-17）闭合，又使 KM1 线圈通电吸合，主电动机在新的转速下重新起动。

进给变速时的缓慢转动控制过程与主轴变速相同，不同的是使用的电器是行程开关 SQ4、SQ6。

⑤ 主轴箱、工作台或主轴的快速移动。该机床各部件的快速移动，由快速手柄操纵快速移动电动机 M2 拖动完成的。当快速手柄扳向正向快速位置时，行程开关 SQ9 被压动，接触器 KM6 线圈通电吸合，快速移动电动机 M2 正转。同理，当快速手柄扳向反向快速位置时，行程开关 SQ8 被压动，KM7 线圈通电吸合，M2 反转。

⑥ 主轴进刀与工作台联锁。为防止镗床或刀具损坏，主轴箱和工作台的机动进给在控制电路中必须联锁，不能同时接通，若同时进给，SQ1、SQ2 均被压动，切断控制电路的电源。

（三）T68 镗床电气线路的故障分析与维修

1. 主轴的转速与转速指示牌不符

这种故障一般有两种现象：一种是主轴的实际转速比标牌指示数增加一倍或减少一半；另一种是电动机的转速没有高速挡或低速挡。前者大多由于安装调整不当引起：主轴电动机的高低速转换靠微动开关 SQ7 的通断来实现，微动开关 SQ7 安装在主轴调速手柄的旁边，主轴调速机构转动时推动一个撞钉，撞钉推动簧片使微动开关 SQ7 通或断，如果安装调整不当，使 SQ7 动作恰恰相反，则会发生主轴的实际转速比标牌指示数增加一倍或减少一半。

后者的故障原因较多，常见的是时间继电器 KT 不动作，或微动开关 SQ7 安装的位置移动，造成 SQ7 始终处于接通或断开的状态。如 KT 不动作或 SQ7 始终处于断开状态，则主轴电动机 M1 只有低速挡；若 SQ7 始终处于接通状态，则 M1 只有高速挡。如果 KT 虽然吸合，但由于机械卡住或触头损坏，常开触头不能闭合，则 M1 也不能转换到高速运转，而只能在低速运转。

2. 主轴变速手柄拉出后主轴电动机不能冲动

这种故障一般有两种现象：一种是变速手柄拉出后主轴电动机 M1 仍以原来转向和转速旋转；另一种是变速手柄拉出后，M1 能反接制动，但制动到转速为零时不能进行低速冲动。前者多数是由于行程开关 SQ3 的常开触头 SQ3（4-9）绝缘被击穿造成，后者多由于行程开关 SQ3 和 SQ5 的位置移动、触头接触不良等使触头 SQ3（3-13）、SQ5（14-15）不能闭合，或速度继电器的常闭触头 KS（13-15）不能闭合所致。

3. 主轴电动机 M1 不能进行正反转点动、制动及冲动控制

这种故障的原因往往是在上述各种控制电路的公共回路上出现故障。如果伴随着不能进行低速运行，则可能在控制线路 13-20-21-0 中有断开点，否则可能在主电路的制动电阻器 R 及引线上有断开点；若主电路仅断开一相电源，电动机还会伴有缺相运行时发出的嗡嗡声。

五、任务评价

通过对本任务相关知识的学习和应用操作实施，对任务实施过程和任务完成情况进行评价。包括对知识、技能、素养、职业态度等多个方面，主要由小组对成员的评价和教师对小组整体的评价两部分组成。学生和教师评价的占比分别为 40%和 60%。教师评价标准见表 1。小组评价标准见表 2。

表 1　教师评价表

子任务编号及名称			班级					
序号	评价项目	评价标准	评价等级					
			A 组	B 组	C 组	D 组	E 组	F 组
1	职业素养 40% (成员参与度、团队协助)	优:能进行合理分工,在实施过程中能相互协商、讨论,所有成员全部参与; 良:能进行分工,在实施过程中相互协商、帮助不够,多少成员参与; 中:分工不合理,相互协调差,成员参与度低; 差:相互间不协调、讨论,成员参与度低						
2	专业知识 30% (程序设计)	优:能准确快速找出所有故障点,一般是 5 个; 良:能找出 4 个故障点; 中:能找出 3 个故障点; 差:至少能找出 1 个故障点						
3	专业技能 30% (系统调试)	优:电路运行正常,能对线路故障进行诊断与排除; 良:部分电路运行正常,通过故障排除后运行正常; 中:电路不能运行,经调试后可以正常运行; 差:电路完全不能运行						
其他	扩展任务完成情况	完成基本任务的情况下,完成扩展任务,小组成绩加 5 分,否则不加分						
教师评价合计(百分制)								

表 2　小组评价表

子任务编号及名称			班级				组别	
序号	评价项目	评价标准	评价等级					
			组长	B 同学	C 同学	D 同学	E 同学	F 同学
1	守时守约 30%	优:能完全遵守实训室管理制度和作息制度; 良:能遵守实训室管理制度,无缺勤; 中:能遵守实训室管理制度,迟到、早退 2 次以内; 差:违反实训室管理制度,有 1 次旷课或迟到、早退 3 次	□ 优 □ 良 □ 中 □ 差	□ 优 □ 良 □ 中 □ 差	□ 优 □ 良 □ 中 □ 差	□ 优 □ 良 □ 中 □ 差	□ 优 □ 良 □ 中 □ 差	□ 优 □ 良 □ 中 □ 差

续表

子任务编号及名称			班级				组别	
序号	评价项目	评价标准	评价等级					
			组长	B同学	C同学	D同学	E同学	F同学
2	学习态度30%	优:积极主动查阅资料,并解决老师布置的问题; 良:能积极查阅资料,寻求解决问题的方法,但效果不佳; 中:不能主动寻求解决问题的方法,效果差距较大; 差:碰到问题观望、等待、不能解决任何问题	□ 优 □ 良 □ 中 □ 差	□ 优 □ 良 □ 中 □ 差	□ 优 □ 良 □ 中 □ 差	□ 优 □ 良 □ 中 □ 差	□ 优 □ 良 □ 中 □ 差	□ 优 □ 良 □ 中 □ 差
3	团队协作30%	优:积极配合组长安排,能完成安排的任务; 良:能配合组长安排,完成安排的任务; 中:能基本配合组长安排,基本完成任务; 差:不配合组长安排,也不完成任务	□ 优 □ 良 □ 中 □ 差	□ 优 □ 良 □ 中 □ 差	□ 优 □ 良 □ 中 □ 差	□ 优 □ 良 □ 中 □ 差	□ 优 □ 良 □ 中 □ 差	□ 优 □ 良 □ 中 □ 差
4	劳动态度10%	优:主动积极完成实训室卫生清理和工具整理工作; 良:积极配合组长安排,完成实训设备清理和工具整理工作; 中:能基本配合组长安排,完成实训设备的清理工作; 差:不劳动,不配合	□ 优 □ 良 □ 中 □ 差	□ 优 □ 良 □ 中 □ 差	□ 优 □ 良 □ 中 □ 差	□ 优 □ 良 □ 中 □ 差	□ 优 □ 良 □ 中 □ 差	□ 优 □ 良 □ 中 □ 差
学生评价合计(百分制)								

注：各等级优=95，良=85，中=75，差=50，选择即可。

思考与练习

1. X62W万能铣床电气控制的特点是什么？
2. 叙述X62W万能铣床停车制动的控制过程；主轴停车时没有制动的原因是什么？
3. 什么是冲动控制？其作用是什么？叙述X62W主轴电动机的变速冲动控制。
4. X62W万能铣床电路中有哪些联锁和保护？
5. 叙述T68镗床的主轴电动机的高低速转换的控制，简述如何保证主轴电动机高低速转换后转向不变。
6. 分析T68镗床主轴电动机不能制动的原因。

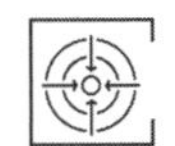

视野拓展

危险源与安全隐患

在日常安全管理中，经常有人会将危险源和安全隐患混为一谈，原因就在于二者联系紧密，使人不易辨别。下面从危险源和安全隐患的定义及异同进行阐述。

危险源：指一个系统中具有潜在能量和物质释放危险的、可造成人员伤害、在一定的触发因素作用下可转化为事故的部位、区域、场所、空间、岗位、设备及其位置。

安全隐患：安全隐患是指生产经营单位违反安全生产法律、法规、规章、标准、规程、安全生产管理制度的规定，或者其他因素在生产经营活动中存在的可能导致不安全事件或事故发生物的不安全状态、人的不安全行为和管理上的缺陷。

危险源与安全隐患均能导致事故。危险源在特定条件下能够造成人员伤害、转化为事故；安全隐患无论是物的不安全状态、人的不安全行为还是管理上的缺陷，都是由于人的参与形成的，简单来说即违章，而违章可能导致的直接后果就是事故。因此二者均具有导致事故的可能。安全隐患是来自于管理不当的危险源。

危险源与安全隐患的不同之处在于导致其事故的可能性不同。管理得当的危险源不会导致事故，安全隐患则很可能直接导致事故。例如，机床传动机构在高速旋转中可能将人体某一部位带入而造成伤害事故，是一个危险源。对此种危险源的管理措施即为加装防护罩，加装防护罩后传动机构能够造成事故的本质属性虽未改变，但由于防护罩的隔离，转动机构已不能够对人造成直接伤害。如果将防护罩取消，转动机构直接暴露于人可接触到的地方，此时危险源便转化为安全隐患，发生事故的可能性也随之而提高。

因此，在判定一类事物属于危险源还是安全隐患，一要看该事物的存在是否会导致事故，二要看治理后危险性是否能够彻底消除。既不会直接导致事故又不能彻底消除危险性的即为危险源，反之则应列为安全隐患。

项目三 PLC 实现交流电动机的基本控制

随着计算机技术的发展，存储逻辑开始进入工业控制领域。 PLC 作为通用的工业控制计算机，是存储逻辑在工业中得到应用的代表性成果。 PLC 是现代工业的三大支柱 (PLC、工业机器人、 CAD/CAM) 之一。本项目围绕如何应用 PLC 实现电动机的基本控制，介绍 PLC 的结构组成、功能特点、工作原理、编程语言、编程元件、基本逻辑指令、编程方法及编程软件的使用。

学习目标

- 了解 PLC 的硬件结构，理解 PLC 的工作原理；
- 能够进行 PLC 与计算机的连接通信，学会 PLC 编程软件的安装；
- 学会 PLC 编程软件的各种操作；
- 学会 PLC 外围信号接入和信号输出的接线方法；
- 理解 S7-200 的 I/O 地址分配规律，掌握 PLC 编程元件；
- 理解并学会正确使用基本指令；
- 掌握启-保-停程序设计方法；
- 能应用 PLC 基本指令完成传统的继电-接触器控制系统的改造；
- 掌握 PLC 控制系统的组成、设计步骤，对 PLC 简单控制系统进行设计、安装和调试；
- 了解国产 PLC 发展动态和趋势，增强民族自信。

产品开发当自主，技术创新图自强

任务一
初识 PLC

一、任务要求

了解 PLC 的产生、特点、内部结构、扫描工作方式，认知 S7-200 系列 PLC 的硬件结构及其作用，掌握 PLC 的外部接线方法。完成电动机自锁控制电路的 PLC 外部接线和自检。

二、相关知识

(一) PLC 的产生及定义

19 世纪 60 年代，美国汽车制造业竞争激烈，美国通用汽车（GM）公司为了适应生产工艺不断更新的需求，提出了一种设想：把计算机的功能完善、通用、灵活等优点和继电器接触器控制系统的简单易懂、操作方便、价格便宜等优点结合起来，制成一种新型的通用控制装置，取代继电接触器控制系统，这种控制装置不仅能够把计算机的编程方法和程序输入方式加以简化，并且采用面向控制过程、面向对象的语言编程，使不熟悉计算机的人也能方便地使用。美国数字设备公司（DEC）根据这一设想于 1969 年研制成功了世界上的第一台可编程控制器，即 PLC，并在汽车自动装配生产线上成功试用。

国际电工委员会（IEC）对 PLC 作了如下定义：PLC 是一种数字运算操作的电子系统，专为在工业环境下应用而设计，它采用可编程的存储器，用来在其内部存储中执行逻辑运算、顺序控制、定时、计数和算术运算等操作指令，并通过数字式或模拟式的输入和输出，控制各种类型的机械动作过程。可编程控制器及其相关设备，都应按易于与工业控制系统形成一个整体，易于扩展其功能的原则设计。

(二) PLC 的特点及应用

1. PLC 的特点

（1）可靠性高，抗干扰能力强

高可靠性是电气控制设备的关键性能。PLC 由于采用现代大规模集成电路技术，采用严格的生产工艺制造，内部电路采取了先进的抗干扰技术，具有很高的可靠性。采用 PLC 构成的控制系统，其电气接线及开关接点数量比传统的继电接触器控制系统大大减少，故障率也大大降低。此外，PLC 带有硬件故障自我检测功能，出现故障时可及时发出警报信息，缩短检修时间。

（2）编程简单，使用方便

PLC 作为通用工业控制计算机，其接口简单，编程语言易于为工程技术人员接收。它采用的梯形图语言的图形符号与表达方式和继电器电路图相当接近。只需要用 PLC 的少量开关量逻辑控制指令就可以方便地实现继电器电路的功能，为不熟悉电子电路、不懂计算机原理和汇编语言的人使用计算机从事工业控制打开了方便之门。

（3）功能强，速度快，精度高，通用性好

PLC 发展到今天，已经形成了大、中、小各种规格的系列化产品，可以用于各种规模的工业控制场合。除了逻辑处理功能以外，现代 PLC 大多具有完善的数据运算能力，可用于各种数字控制。近年来 PLC 的功能单元大量涌现，使 PLC 渗透到了位置控制、温度控制、CNC 等各种工业控制中，随着 PLC 通信能力的增强及人机界面技术的发展，使用 PLC 组成各种控制系统变得非常容易。

（4）体积小，重量轻，能耗低

超小型 PLC 不断发展，有的 PLC 底部尺寸小于 100mm，重量小于 150g，功耗仅数瓦，很容易装入机械内部，是实现机电一体化的理想控制设备。

2. PLC 的应用领域

目前，PLC 在国内外已广泛应用于钢铁、石油、化工、电力、建材、机械制造、汽车、轻纺、交通运输、环保及文化娱乐等各个行业。PLC 的应用在技术上主要分为以下几类。

（1）开关量的逻辑控制

这是 PLC 最基本、最广泛的控制方式，它取代传统的继电器电路，实现逻辑控制、顺序控制，既可用于单台设备的控制，也可用于多机群控制，在注塑机、印刷机、订书机械、组合机床、磨床、包装生产线、电镀流水线等上应用颇多。

（2）模拟量控制

在工业生产过程当中，有许多连续变化的量，如温度、压力、流量、液位和速度等，这些都是模拟量。为了使可编程控制器处理模拟量，必须实现模拟量（Analog）和数字量（Digital）之间的 A/D 转换及 D/A 转换。PLC 厂家都生产配套的 A/D 和 D/A 转换模块，使可编程控制器用于模拟量控制。

（3）运动控制

PLC 现在一般使用专用的运动控制模块，如可驱动步进电机或伺服电机的单轴或多轴位置控制模块。世界上各主要 PLC 厂家的产品几乎都有运动控制功能，广泛用于各种机械、机床、机器人、电梯等场合。

（4）过程控制

过程控制是指对温度、压力、流量等模拟量的闭环控制。作为工业控制计算机，PLC 能实现各种各样的控制算法程序，完成闭环控制。PID 调节是一般闭环控制系统中用得较多的调节方法。大中型 PLC 都有 PID 模块，目前许多小型 PLC 也具有此功能模块。PID 处理一般是运行专用的 PID 子程序。过程控制在冶金、化工、热处理、锅炉控制等场合有非常广泛的应用。

（5）数据处理

现代 PLC 具有数学运算（含矩阵运算、函数运算、逻辑运算）、数据传送、数据转换、排序、查表、位操作等功能，可以完成数据的采集、分析及处理。这些数据可以与存储在存储器中的参考值比较，完成一定的控制操作，也可以利用通信功能传送到别的智能装置，或将它们打印制表。数据处理一般用于大型控制系统，如无人控制的柔性制造系统，也可用于过程控制系统，如造纸、冶金、食品工业中的一些大型控制系统。

（三）PLC 的基本组成及工作原理

PLC 种类繁多，有不同的结构和分类，但其基本组成相同，主要由硬件系统和软件系统两部分组成。

1. PLC 的一般硬件结构

PLC 硬件系统如图 3-1 所示。

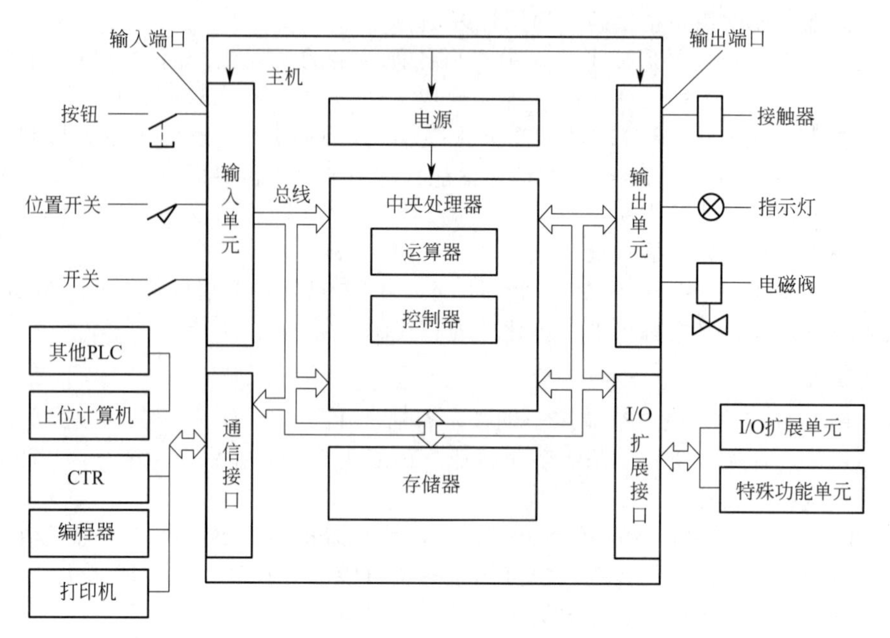

图 3-1 PLC 的硬件组成示意图

（1）中央处理器（CPU）

CPU 作为整个 PLC 的核心，起着总指挥的作用，是 PLC 的运算和控制中心。它用于运行用户程序、监控输入/输出接口状态、做出逻辑判断和进行数据处理，即读取输入变量，完成用户指令规定的各种操作，将结果送到输出端，并响应外部设备（如编程器、电脑、打印机等）的请求以及进行各种内部判断等。

（2）存储器

PLC 的内部存储器有两类，一类是系统程序存储器，主要存放系统管理和监控程序及对用户程序作编译处理的程序，系统程序已由厂家固定，用户不能更改；另一类是用户程序及数据存储器，主要存放用户编制的应用程序及各种暂存数据和中间结果。

（3）输入单元

输入单元的作用是：将外部输入的控制信号，如按钮、开关、传感器的开关量或模拟量信号转换成 CPU 能够接收和处理的信号。

开关量输入接口电路如图 3-2 所示，主要器件是光电耦合器。

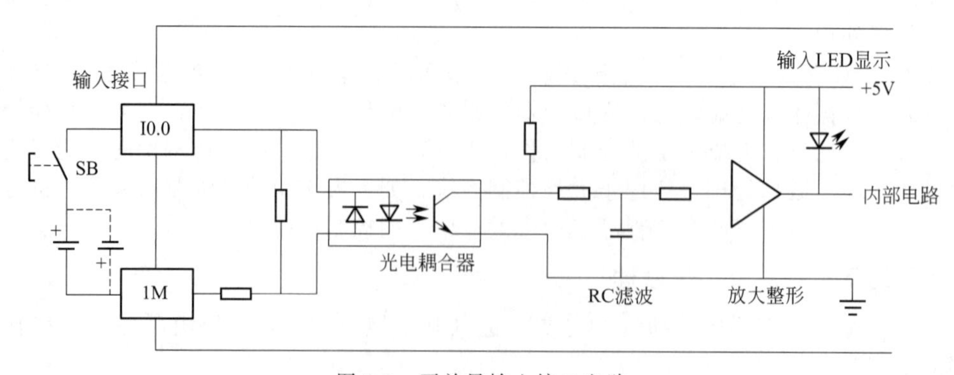

图 3-2 开关量输入接口电路

其工作原理是：当输入端按钮未按下时，光电耦合器中发光二极管不导通，光敏晶体管截止，放大器输出高电平信号到内部数据处理电路，输入端口指示灯不亮；

当输入端按钮按下时，光电耦合器中发光二极管导通，光敏晶体管导通，放大器输出低电平信号到内部数据处理电路，输入端指示灯亮。

（4）输出单元

输出单元的作用是将 CPU 送出的弱电控制信号转换为现场需要的强电信号输出，以驱动电磁阀、接触器等被控设备的执行元件。

PLC 的输出形式有三种：继电器输出、晶体管输出和晶闸管输出，继电器输出型最常用。

图 3-3 所示为继电器输出原理图。当 CPU 有输出时，接通或断开输出回路中继电器的线圈，继电器的触头闭合或断开，通过该触头控制外部负载电路的通断，从而将 PLC 的信号变成现场信号。

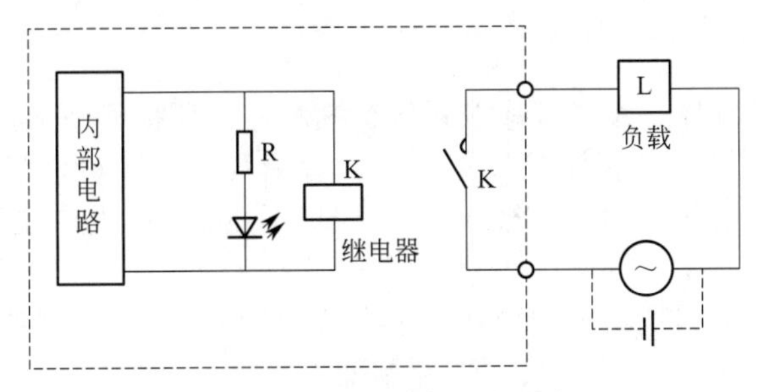

图 3-3　继电器输出原理图

继电器输出可以接交直流负载，用于开关速度要求不高且又需要大电流输出的场合，响应速度较慢。

图 3-4 所示为晶体管输出原理图通过光电耦合器驱动开关使晶体管截止或饱和来控制外部线路通断，只能接直流负载，用于要求快速断开、闭合或动作频繁的场合。

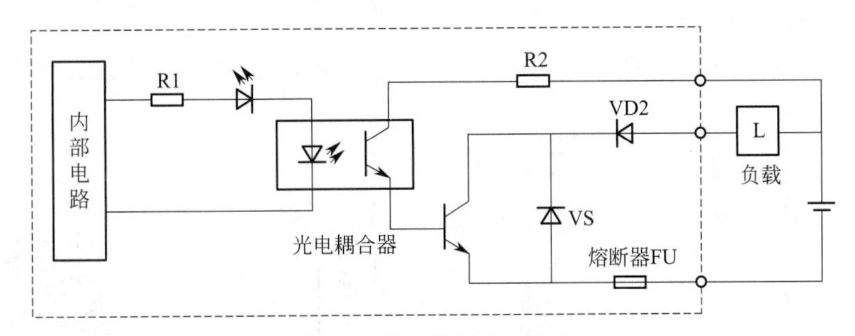

图 3-4　晶体管输出原理图

双向晶闸管输出型采用了光触发型双向晶闸管，如图 3-5 所示，只能接交流负载，开关速度较高，适合高速控制的场合。

（5）通信接口

通信接口用于 PLC 与计算机、变频器、触摸屏等智能设备之间的数据传送。

（6）扩展接口

扩展接口主要用于连接输入输出扩展模块和特殊功能模块，以满足被控设备输入输出点数较多或模拟量控制等的需要。

（7）电源

电源单元的作用是将交流电源转换成 PLC 所需要的直流电源，同时还向各种扩展模块

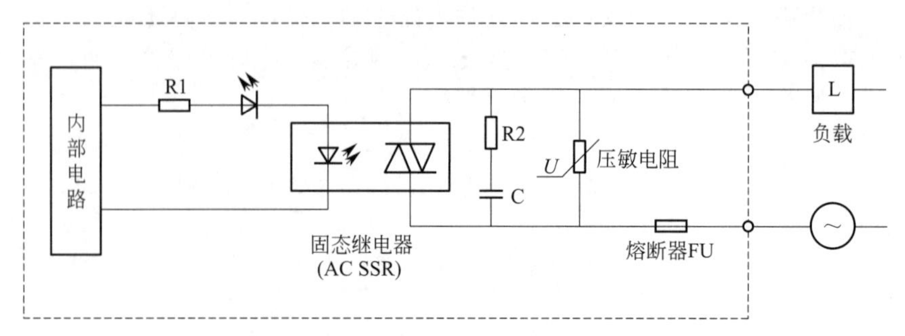

图 3-5　双向晶闸管输出原理图

提供 24V 直流电源。

2. PLC 软件

（1）系统程序

系统程序包括监控程序、编译程序及系统诊断程序。监控程序又称为管理程序，用于管理全机；编译程序用于将程序翻译成机器语言；诊断程序用于诊断机器故障。系统程序由 PLC 制造商设计编写并存入 PLC 的 ROM 中，用户不能直接读写与更改。

（2）用户程序

用户程序，是用户根据现场控制要求，使用 PLC 编程语言编制的应用程序，通过编程器将其输入到 PLC 内存中，用来实现各种控制要求。

3. PLC 的工作原理

PLC 是采用“顺序扫描，不断循环”的方式进行工作的。在 PLC 运行时，CPU 根据用户按控制要求编制好并存于用户存储器中的程序，按指令步序号（或地址号）作周期性循环扫描，如无跳转指令，则从第一条指令开始逐条顺序执行用户程序，直至程序结束。然后重新返回第一条指令，开始下一轮新的扫描。在每次扫描过程中，还要完成对输入信号的采样和对输出状态的刷新等工作。

PLC 的一个扫描周期必经输入采样、程序执行和输出刷新三个阶段。图 3-6 所示为 PLC 的工作过程图。

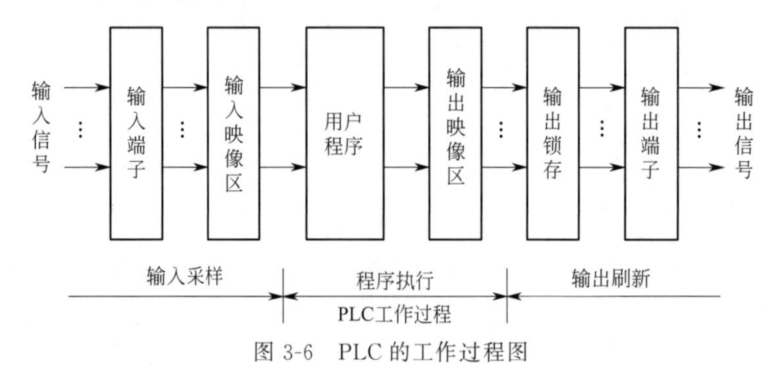

图 3-6　PLC 的工作过程图

PLC 的工作原理

输入采样：PLC 在输入采样阶段，首先以扫描方式按顺序将所有暂存在输入锁存器中的输入端子的通断状态或输入数据读入，并将其写入各对应的输入状态寄存器中，即刷新输入。随即关闭输入端口，进入程序执行阶段。

程序执行：PLC 在程序执行阶段，按用户程序指令存放的先后顺序扫描执行每条指令，执行的结果再写入输出状态寄存器中，输出状态寄存器中所有的内容随着程序的执行而改变。

输出刷新：当所有指令执行完毕，输出状态寄存器的通断状态在输出刷新阶段送至输出锁存器中，并通过一定的方式（继电器、晶体管或晶闸管）输出，驱动相应输出设备工作。

（四）S7-200 PLC的外部结构

1. S7-200系列PLC的外部结构

S7-200系列PLC是德国西门子公司生产的小型PLC系列，CPU单元主要有CPU221、CPU222、CPU224、CPU226四个基本型号，其外部结构大体相同。

① 状态指示灯：显示CPU所处的状态（系统错误/诊断、运行、停止）。

② 可选卡插槽：可以插入存储卡、时钟卡和电池卡。

③ 通信口：RS485总线接口，可以通过它与其他设备连接通信。

④ 前盖：前盖又称前翻盖，前翻盖下面有模式选择开关、模拟电位器扩展端口。

⑤ 顶部端子盖：顶部端子盖下面是输出端子和PLC供电电源端子。输出端子的运行状态由顶部端子盖下方的一排指示灯显示。ON状态对应指示灯亮，OFF状态对应指示灯灭。

⑥ 底部端子盖：底部端子盖下面为输入端子和传感器电源端子。输入端子的运行状态由底部端子盖上方的一排指示灯显示，ON状态对应指示灯亮。

图3-7所示为参考图。

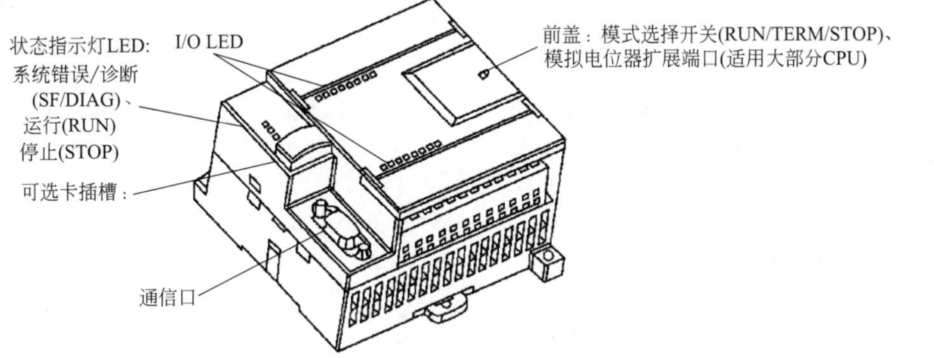

S7-200CPU224
外部结构

图3-7　S7-200系列PLC CPU单元的部分结构（参考）

2. CPU224型PLC的外部端子图

PLC的外部端子是输入、输出及外部电源的连接点。CPU 224 AC/DC/RLY型PLC的外部端子如图3-8所示。AC表示PLC供电电源的类型为交流，DC表示输入端口的电源类型为直流；RLY表示输出类型为继电器。

（1）输入端子及传感器电源端子

L+：内部DC 24V电源正极，为外部传感器或输入继电器供电。

M：内部DC 24V电源负极，接外部传感器负极或输入继电器公共端。

1M、2M：输入继电器的公共端口。

I0.0～I1.5：输入继电器端子，输入信号的接入端。

输入继电器用“I”表示，S7-200系列PLC共128位，采用八进制（I0.0～I0.7，I1.0～I1.7，…，I15.0～I15.7）。

（2）输出端子及供电电源端子

交流电源供电：L1、N、⏚分别表示电源相线、中线和接地线。交流电压为85～265V。

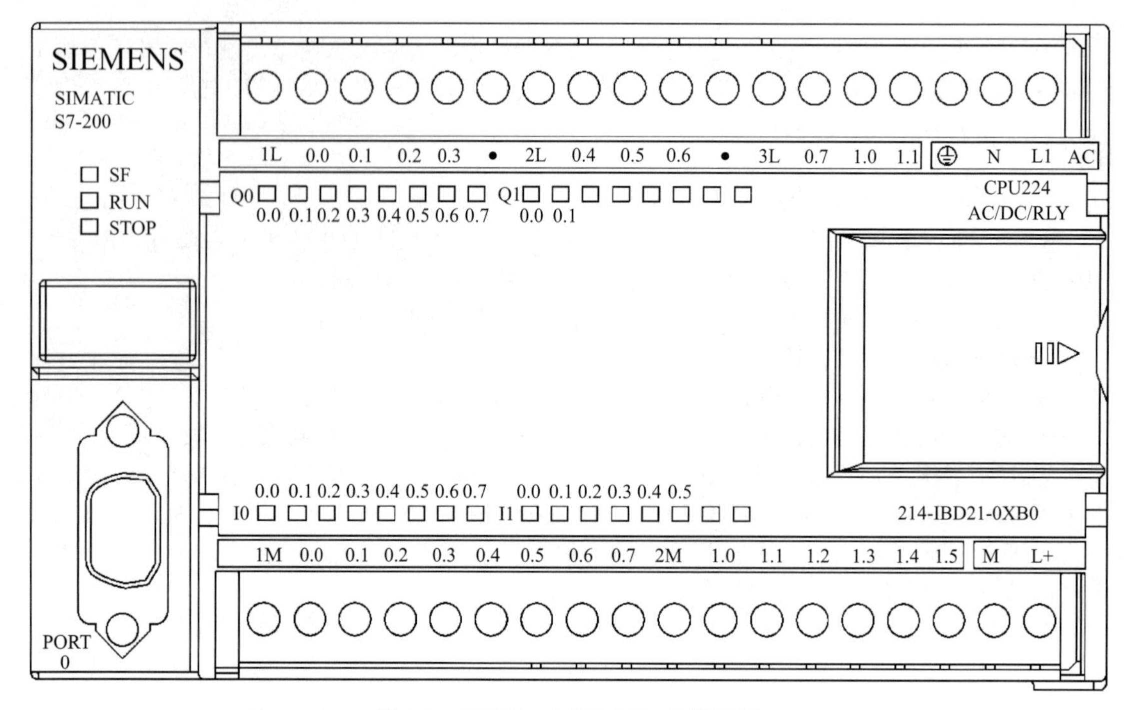

图 3-8　CPU224 AC/DC/RLY 端子图

直流电源供电：L＋、M、⏚分别表示电源正极、电源负极和接地。直流电压为 24V。

1L、2L、3L：输出继电器的公共端口，接输出端所使用的电源，输出各组之间是互相独立的，这样负载可以使用多个电压系列（如 AC220V、DC24V 等）。

Q0.0～Q1.1：输出继电器端子，负载接在该端子与输出端电源之间。

输出继电器用“Q”表示，S7-200 系列 PLC 共 128 位，采用八进制（Q0.0～Q0.7，Q1.0～Q1.7，…，Q15.0～Q15.7）。

带●号的端子上不要外接导线，以免损坏 PLC。

三、任务实施

(一) 工具材料准备

控制柜（含 PLC、按钮、接触器、熔断器、空气开关等元器件）、导线若干及常用的电工工具。

(二) 画出 PLC 外围接线图，安装电路

以单台电动机自锁控制电路为例，采用 S7-200CPU224 AC/DC/RLY 型 PLC，完成 PLC 输入输出电路连接，其 I/O 接线图如图 3-9 所示。

在教师指导下按照图 3-9 完成输入输出电路的硬件接线。除满足一般电气安装基本要求外，还应注意：

① PLC 的工作电源电压应与其右上角所标的电源电压等级相符；

② 输入信号的工作电源为 DC24V，可使用 PLC 自带的传感器电源，也可以使用外部电源；

③ 相同电压等级的负载放在同一组输出端；

④ 使用不小于 0.5～5mm^2 的导线，交流导线、电流大的直流线与弱电信号线要分开；

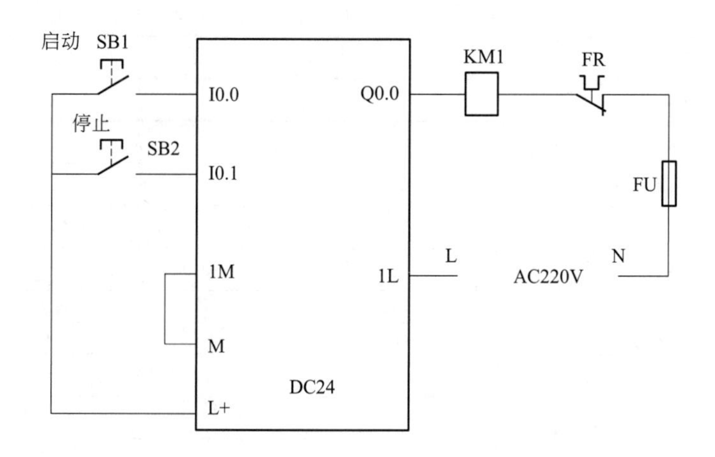

图 3-9　单台电动机连续运行控制的外围接线图

⑤ 干扰严重时，最好安装浪涌抑制设备，且参考点只能有一个接地点。

(三) 自检

检查布线。对照图 3-9 检查是否掉线、错线，接线是否牢固等。

(四) PLC 裸机 (无程序) 上电运行

在 PLC 用户程序清空的状态下，合上电源开关，分别松开或按下按钮 SB1、SB2，观察 PLC 上输入、输出指示灯的工作状态及接触器的工作情况，并将结果记录下来。

四、任务扩展

(一) S7-200 系列 PLC 的主要性能指标

S7 系列 PLC 是德国西门子公司技术比较成熟的产品，它在我国德资企业集聚地区的企业中应用较多，由于具有良好的使用界面和齐全的配套器件，因此便于应用。SIMATIC 是 Siemens Automatic（西门子自动化）的缩写，是西门子集团的注册商标。S7-200 是西门子公司的第四代产品，S7-200 系列 PLC 有 CPU21X 和 CPU22X 两代产品，其中 CPU22X 是第二代产品，共有 CPU221、CPU222、CPU224、CPU226、CPU226XM 五种基本型号，它们的主要技术性能有所不同，见表 3-1。

表 3-1　CPU22X 的主要技术性能

类别	CPU221	CPU222	CPU224	CPU226	CPU226XM
外形尺寸/mm×mm×mm	90×80×62		120.5×80×62	190×80×62	190×80×62
程序存储区/bit	4096		8192		16384
数据存储区/bit	2048		5120		10240
用户存储类型	EEPROM				
掉电保护时间/h	50		190		
本机 I/O 点数	6 入/4 出	8 入/6 出	14 入/10 出	24 入/16 出	
扩展模块数量	无	2	7		

续表

类别		CPU221	CPU222	CPU224	CPU226	CPU226XM
数字量 I/O 映像/bit		256(128 入/128 出)				
模拟量 I/O 映像/bit		无	32(16 入/16 出)	64(32 入/32 出)		
内部通用继电器/bit		256				
内部定时器/计数器/bit		256/256				
顺序控制继电器/bit		256				
累加寄存器		AC0～AC3				
高速计数器	单相/kHz	30(4 路)		30(6 路)		
	双相/kHz	20(2 路)		20(4 路)		
脉冲输出(DC)/kHz		20(2 路)				
模拟量调节电位器		1		2		
通信口		1-RS485		2-RS485		
通信中断发送/接收		1/2				
定时器中断		2(1～255s)				
硬件输入中断		4				
实时时钟		需配时钟卡		内置		
口令保护		有				
布尔指令执行速度		0.37μs/指令				

从表 3-1 可以看出，CPU221 为 6 输入 4 输出，程序和数据存储容量最小，有一定的高速计数处理能力，非常适合于点数较少的控制系统；CPU222 为 8 输入 6 输出，能进行 2 个外部功能模块的扩展，其应用面更广；CPU224 为 14 输入 10 输出，程序和数据存储容量较大，并能最多扩展 7 个外部功能模块，内置时钟，是 S7-200 系列中应用最多的产品；CPU226 比 CPU224 增加了 1 路通信口，所以适用于控制要求较高、点数多的小型或中型控制系统；CPU226XM 在 CPU226 的基础上增大了程序和数据的存储空间，其他性能指标与 CPU226 相同。

(二) PLC 的类型

根据工作电源和输入输出的种类不同，PLC 一般分为 AC/DC/RLY 和 DC/DC/DC 两种类型。

1. AC/DC/RLY 型

适用于有油雾、粉尘的恶劣环境，电压为 AC 110V 或 220V。采用 DC 信号输入，延迟时间较短，可以直接与接近开关、光电开关等电子输入装置连接。采用继电器输出模块，使用电压范围广，导通压降小，承受瞬时过电压和过电流的能力较强，但是动作速度较慢，寿命（动作次数）有一定的限制。可驱动直流、交流负载，负载电源由外部提供。

2. DC/DC/DC 型

抗干扰能力强，环境条件要求高。采用 DC 信号输入，场效应晶体管输出，驱动直流负载，反应速度快，寿命长，过载能力较差。

(三) PLC 外围接线方法

PLC 外围接线方法见图 3-10 和图 3-11。

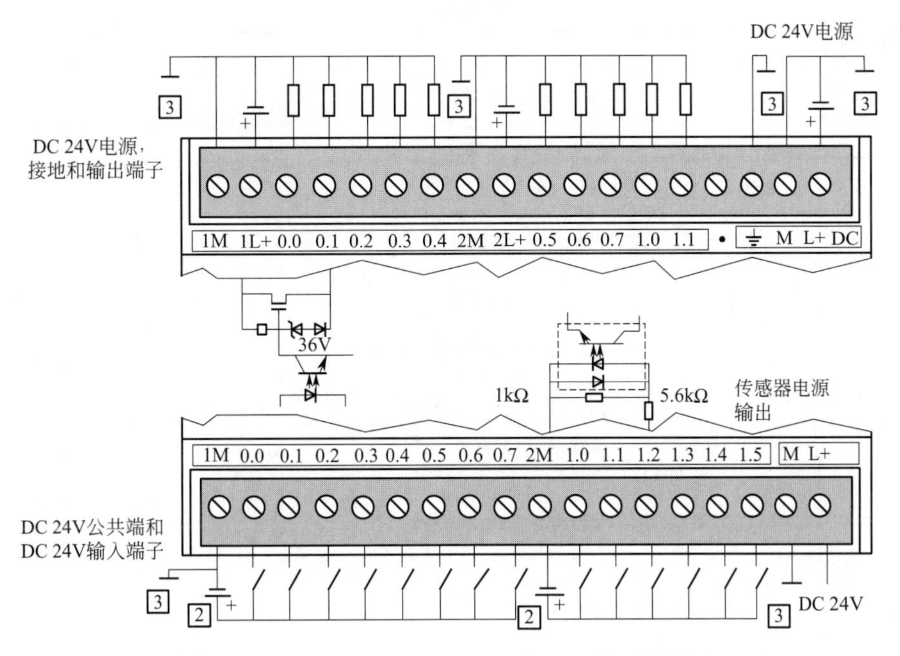

图 3-10 CPU224 DC/DC/DC 型的 I/O 端子接线图

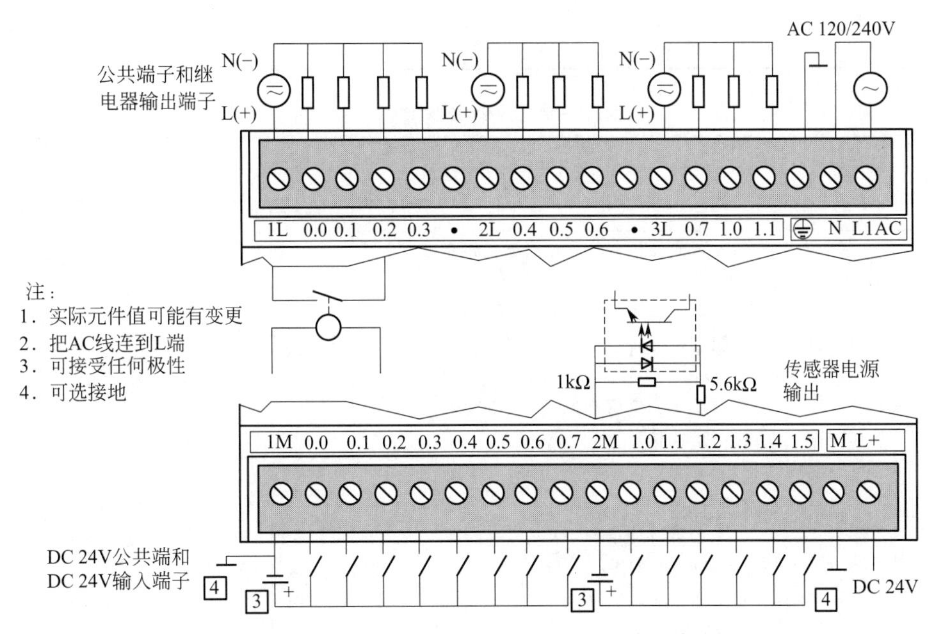

图 3-11 CPU224 AC/DC/RLY 型的 I/O 端子接线图

五、任务评价

通过对本任务相关知识的学习和应用操作实施，对任务实施过程和任务完成情况进行评价。包括对知识、技能、素养、职业态度等多个方面，主要由小组对成员的评价和教师对小组整体的评价两部分组成。学生和教师评价的占比分别为 40% 和 60%。教师评价标准见表 1，小组评价标准见表 2。

表 1　教师评价表

序号	评价项目	评价标准	评价等级					
子任务编号及名称			班级					
			A 组	B 组	C 组	D 组	E 组	F 组
1	职业素养 40%（成员参与度、团队协助）	优：能进行合理分工，在实施过程中能相互协商、讨论，所有成员全部参与； 良：能进行分工，在实施过程中相互协商、帮助不够，多少成员参与； 中：分工不合理，相互协调差，成员参与度低； 差：相互间不协调、讨论，成员参与度低						
2	专业知识 30%（程序设计）	优：正确完成全部程序设计，并能说出程序设计思路； 良：正确完成全部程序，但无法解释程序； 中：完成部分动作程序，能解释程序作用； 差：未进行程序设计						
3	专业技能 30%（系统调试）	优：控制系统完全按照控制要求工作； 良：经调试后，控制系统基本按照控制要求动作； 中：系统能完成部分动作； 差：系统不工作						
其他	扩展任务完成情况	完成基本任务的情况下，完成扩展任务，小组成绩加 5 分，否则不加分						
教师评价合计（百分制）								

表 2　小组评价表

序号	评价项目	评价标准	评价等级					
子任务编号及名称			班级				组别	
			组长	B 同学	C 同学	D 同学	E 同学	F 同学
1	守时守约 30%	优：能完全遵守实训室管理制度和作息制度； 良：能遵守实训室管理制度，无缺勤； 中：能遵守实训室管理制度，迟到、早退 2 次以内； 差：违反实训室管理制度，有 1 次旷课或迟到、早退 3 次	□ 优 □ 良 □ 中 □ 差	□ 优 □ 良 □ 中 □ 差	□ 优 □ 良 □ 中 □ 差	□ 优 □ 良 □ 中 □ 差	□ 优 □ 良 □ 中 □ 差	□ 优 □ 良 □ 中 □ 差
2	学习态度 30%	优：积极主动查阅资料，并解决老师布置的问题； 良：能积极查阅资料，寻求解决问题的方法，但效果不佳； 中：不能主动寻求解决问题的方法，效果差距较大； 差：碰到问题观望、等待、不能解决任何问题	□ 优 □ 良 □ 中 □ 差	□ 优 □ 良 □ 中 □ 差	□ 优 □ 良 □ 中 □ 差	□ 优 □ 良 □ 中 □ 差	□ 优 □ 良 □ 中 □ 差	□ 优 □ 良 □ 中 □ 差
3	团队协作 30%	优：积极配合组长安排，能完成安排的任务； 良：能配合组长安排，完成安排的任务； 中：能基本配合组长安排，基本完成任务； 差：不配合组长安排，也不完成任务	□ 优 □ 良 □ 中 □ 差	□ 优 □ 良 □ 中 □ 差	□ 优 □ 良 □ 中 □ 差	□ 优 □ 良 □ 中 □ 差	□ 优 □ 良 □ 中 □ 差	□ 优 □ 良 □ 中 □ 差

续表

子任务编号及名称			班级				组别	
序号	评价项目	评价标准	评价等级					
			组长	B 同学	C 同学	D 同学	E 同学	F 同学
4	劳动态度 10%	优:主动积极完成实训室卫生清理和工具整理工作; 良:积极配合组长安排,完成实训设备清理和工具整理工作; 中:能基本配合组长安排,完成实训设备的清理工作; 差:不劳动,不配合	□ 优 □ 良 □ 中 □ 差	□ 优 □ 良 □ 中 □ 差	□ 优 □ 良 □ 中 □ 差	□ 优 □ 良 □ 中 □ 差	□ 优 □ 良 □ 中 □ 差	□ 优 □ 良 □ 中 □ 差
学生评价合计(百分制)								

注：各等级优=95，良=85，中=75，差=50，选择即可。

思考与练习

1. PLC 的特点是什么？PLC 主要应用在哪些领域？
2. PLC 内部结构由哪几部分组成？
3. PLC 输出电路分哪三种形式？
4. 请说明 DC/DC/DC、AC/DC/RLY 这两种 PLC 类型的含义以及两者的优缺点、应用场合。
5. 请画出 CPU224 AC/DC/RLY 和 CPU224 DC/DC/DC 两种 PLC 的外部端子图。
6. PLC 采用什么工作方式？请分析 PLC 的工作原理。

任务二
PLC应用环境的设置及编程软件的使用

一、任务要求

掌握PLC控制系统的构成，进行PLC与计算机的连接，掌握Step7-Micro/WIN V4.0编程软件的基本操作、通信的建立、程序下载，利用符号表进行符号寻址，学会监控功能的使用，完成PLC最小控制系统的调试运行。

PLC控制系统与继电接触器系统的区别

二、相关知识

（一）PLC控制系统的构成

PLC控制系统就是存储程序控制系统，如图3-12所示。它由输入设备、PLC逻辑控制部分及输出设备三部分组成。

输入设备连接到可编程控制器的输入端，它们直接接收来自操作台上的操作命令或来自被控对象的各种状态信息，并将产生的输入信号送到PLC。常用的输入设备包括各种控制开关和传感器，如控制按钮、限位开关、光电开关、继电器及接触器的触头、热电阻、热电偶、光栅位移式传感器等。

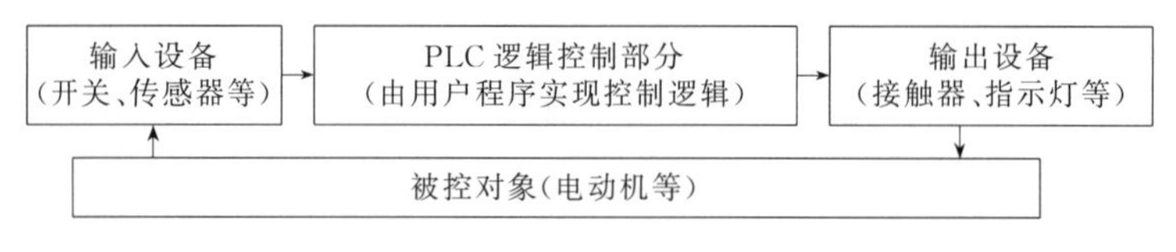

图3-12　PLC构成的控制系统

PLC内部控制电路由CPU模块、输入输出模块、电源模块等组成。CPU模块通过输入模块将外部控制信号读入CPU模块的存储器中，经过用户程序处理后，再输出控制信号，通过输出模块来控制外部执行机构，图3-13所示为PLC内部控制电路示意图。

输出设备与可编程控制器的输出端连接，常用的输出设备有接触器、电磁阀、指示灯等。

（二）PLC的编程语言和程序结构

1. PLC的编程语言

PLC的编程语言

不同PLC生产厂商的编程语言各不相同，主要有梯形图、指令表、顺序功能图、功能块图及结构文本五种编程语言。目前广泛使用的是梯形图（LAD）和指令表（STL）编程语言。

（1）梯形图及其编程规则

梯形图（LAD）的基本逻辑元素是触头、线圈、功能框和地址符。如图3-14所示。触头代表逻辑输入条件，如外部的按钮、开关等。线圈通常代表逻辑输出结果，用来控制外部

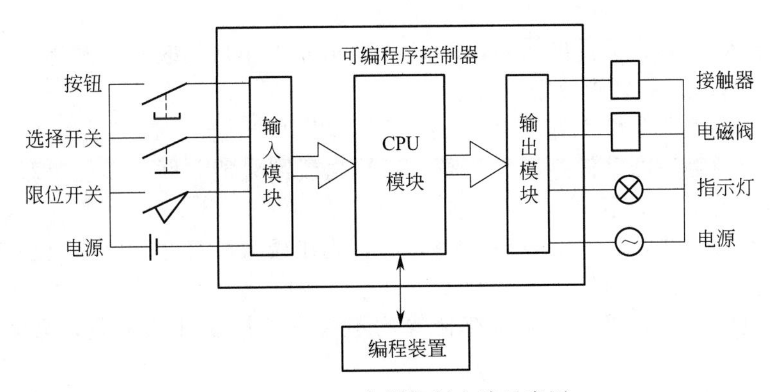

图 3-13　PLC 内部控制电路示意图

的指示灯、接触器和内部的输出条件等。

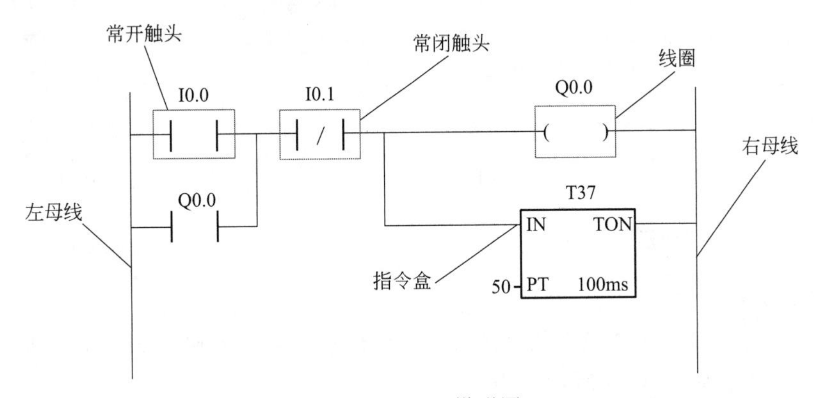

图 3-14　PLC 梯形图

梯形图结构沿用继电器控制原理图的形式，采用了常开触头、常闭触头、线圈等图形语言。对于同一控制电路，继电器控制原理与梯形图输入输出原理基本相同，控制过程等效。图 3-15 所示为自锁电路的继电控制与梯形图控制对比。

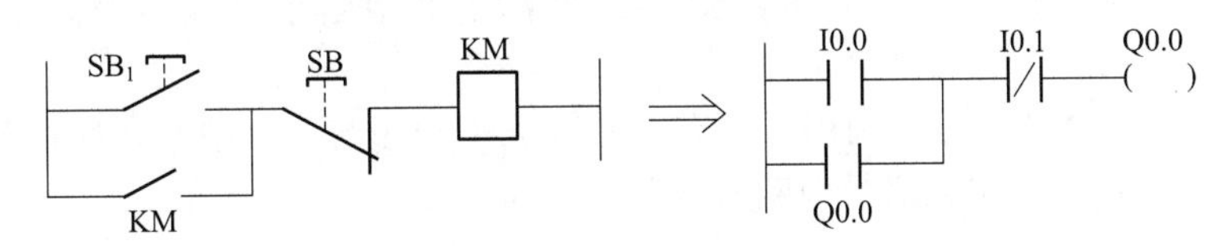

图 3-15　自锁电路的继电控制与梯形图控制对比

梯形图是 PLC 最常用的编程语言，S7-200PLC 用 LAD 编程时以每个独立的网络块（Network）为单位，所有的网络块组合在一起就是梯形图，这也是 S7-200 PLC 的特点。梯形图编程的基本规则及要点如下。

① 梯形图按行从上至下、从左至右顺序编写，PLC 程序执行顺序与梯形图的编写顺序一致。

② 梯形图左、右两边垂直线分别称为起始母线和终止母线。每一逻辑行必须从起始母线开始画起（终止母线常可以省略）。

③ 梯形图的每一个网络从触头开始。梯形图中的触头有两种：常开触头和常闭触头，这些触头可以是 PLC 的输入触头或输出继电器触头，也可以是内部继电器、定时器/计数器的状态。同一标记的触头可以反复使用，次数不限。触头画在水平线上，不

能垂直画。

④ 梯形图最右侧必须接输出元素，PLC 的输出元素用括号表示，并标出输出变量的代号。同一标号的输出变量只能使用一次。

⑤ 线圈不能直接和左母线直接相连，线圈在最右边，线圈右边无触头。

⑥ 梯形图中的触头可以任意串、并联，而输出线圈只能并联，不能串联。每行最多触头数随 PLC 型号的不同而不同。

⑦ 串联电路块相并联时，将触头多的电路块放在最上面；并联电路块相串联时，将并联触头多的电路块放在最左端。

⑧ 内部继电器、计数器、移位寄存器等均不能直接控制外部负载，只能供 PLC 内部使用。

（2）指令表

指令表（STL）由操作码和操作数组成，类似于计算机的汇编语言，它的图形显示形式即为梯形图程序，指令表程序则显示为文本格式。图 3-17 所示为图 3-16 梯形图对应的指令表程序。

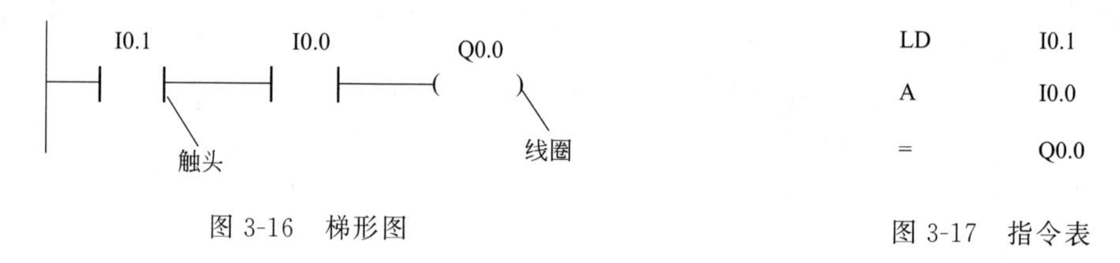

图 3-16 梯形图

图 3-17 指令表

2. PLC 的程序结构

PLC 的控制程序结构属于线性化结构，一般由主程序、子程序和中断子程序三部分构成。程序结构示意图如图 3-18 所示。

主程序中包括控制应用的指令。S7-200 在每一个扫描周期中顺序执行这些指令，主程序也被表示为 OB1。

子程序是应用程序中的可选组件。只有被主程序、中断服务程序或者其它子程序调用时，子程序才会执行。

中断服务程序是应用程序中的可选组件。当特定的中断事件发生时，中断服务程序执行。

中断服务程序不会被主程序调用。只有当中断服务程序与一个中断事件相关联，且在该中断事件发生时，S7-200 才会执行中断服务程序。

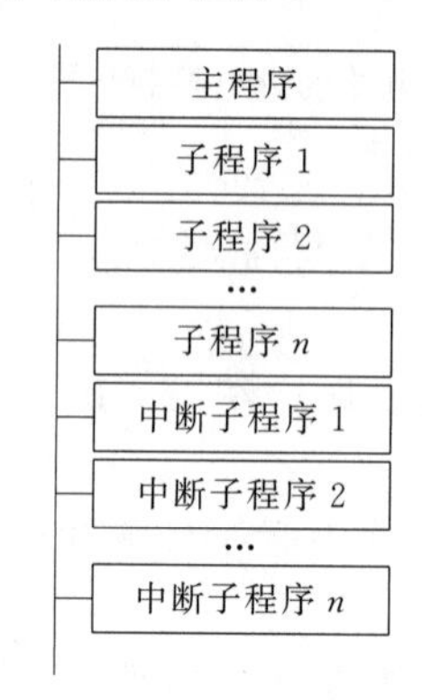

图 3-18 PLC 程序结构示意图

(三) PLC 编程软件的使用入门

编程软件的使用

1. 软件安装

① 双击编程软件 STEP7-Micro/WIN 的 SETUP. EXE 文件图标，进行软件安装。

② 在弹出的语言选择对话框中选择英语，然后点击下一步。

③ 选择安装路径，并单击下一步。

④ 等待软件安装完成后单击“完成”，并重启计算机。

2. 编程软件的界面

① 双击桌面上的快捷方式图标，打开编程软件。

② 选择工具菜单“Tools”选项下的“Options”选项。

③ 在弹出的对话框选中“Options”，在“Language ”中选择“Chinese”。最后单击“OK”，退出程序后重新启动。

④ 重新打开编程软件，此时为汉化界面，如图 3-19 所示。

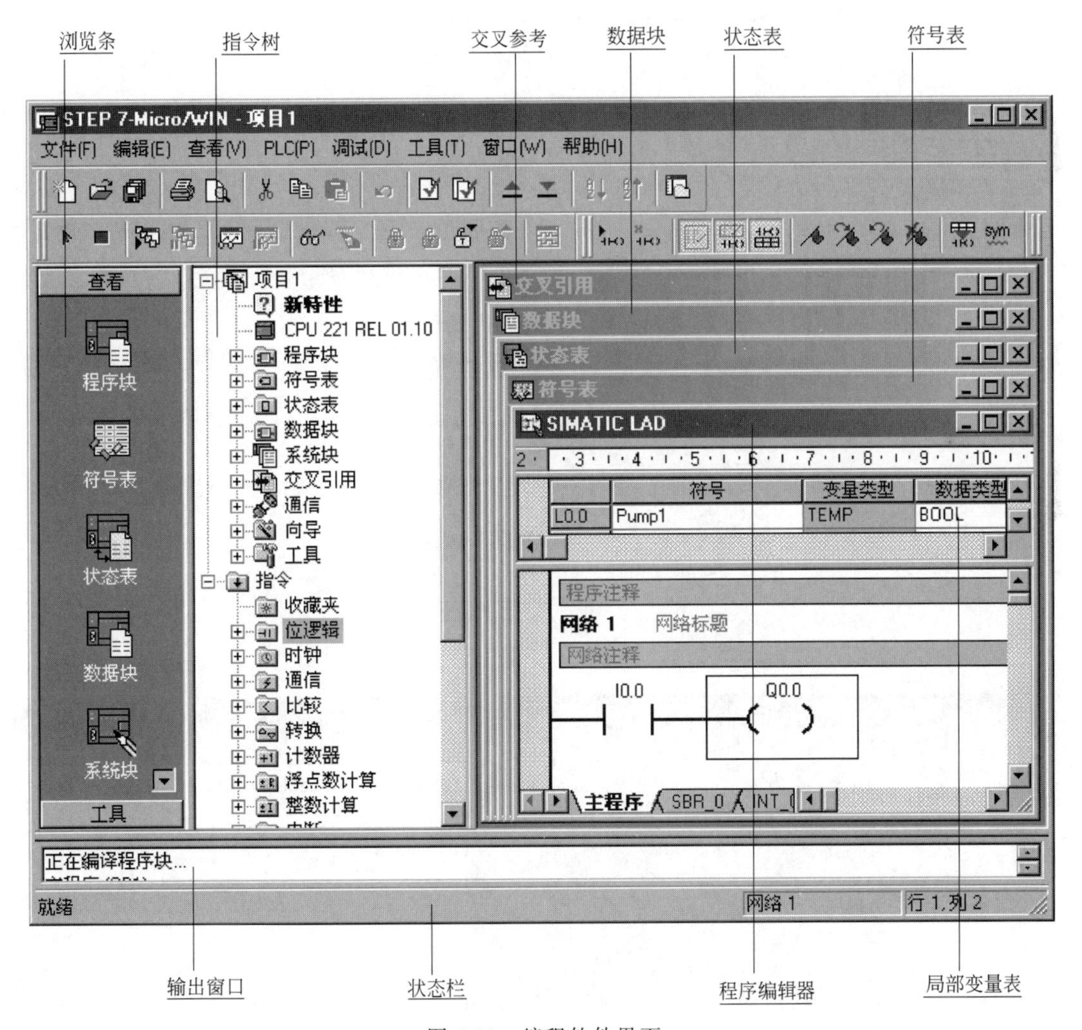

图 3-19　编程软件界面

3. 通信参数的设置与在线连接

① 使用PC/PPI电缆或USB/PPI电缆连接计算机与PLC，如图3-20所示。

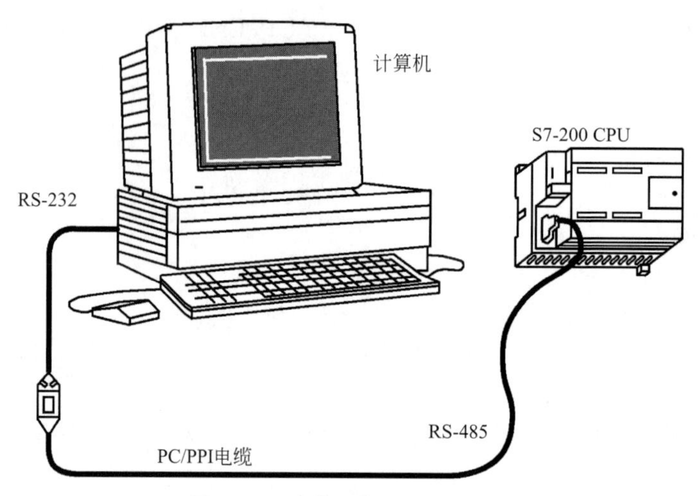

图3-20 计算机与PLC的连接

② 运行STEP 7-Micro/WIN编程软件。双击“设置PG/PC接口”标签，选择PC/PPI cable (PPI)，默认地址为2，波特率为9600bit/s。

③ 在STEP 7-Micro/WIN中，单击浏览条中的“通信”图标，或从菜单中选择“查看”|“组件”|“通信”命令，如图3-21所示。单击蓝色文字“双击刷新”，如果成功地在网络上的个人计算机与设备之间建立了连接，会显示一个设备列表。

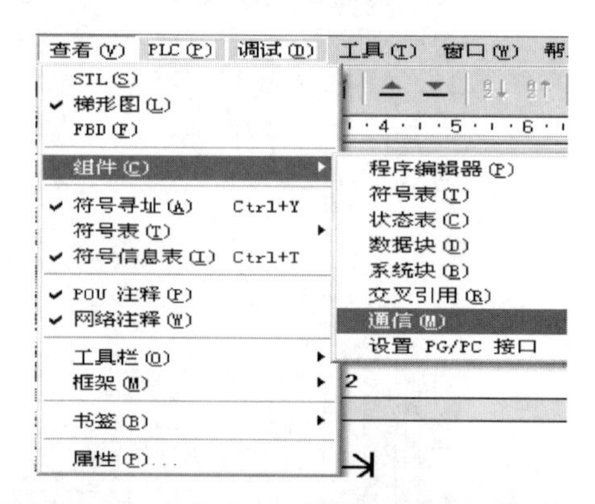

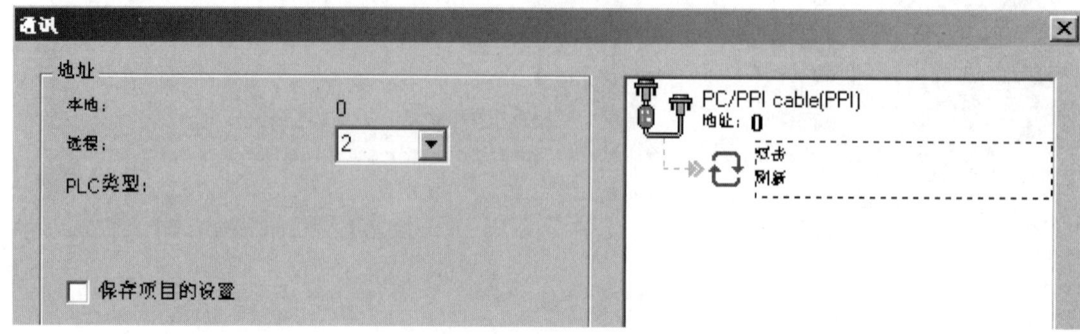

图3-21 PLC通信的连接

4. 编程软件的使用

（1）创建项目或打开已有项目

执行“文件”｜“新建”命令，或单击工具条最左边的“新建项目”图标，生成一个新的项目。执行“文件”｜“打开”命令，或单击工具条最左边的“打开项目”图标，生成已有的项目。

（2）设置 PLC 的型号

执行“PLC”｜“类型”命令，在出现的对话框中设置 PLC 的型号，如图 3-22 所示。

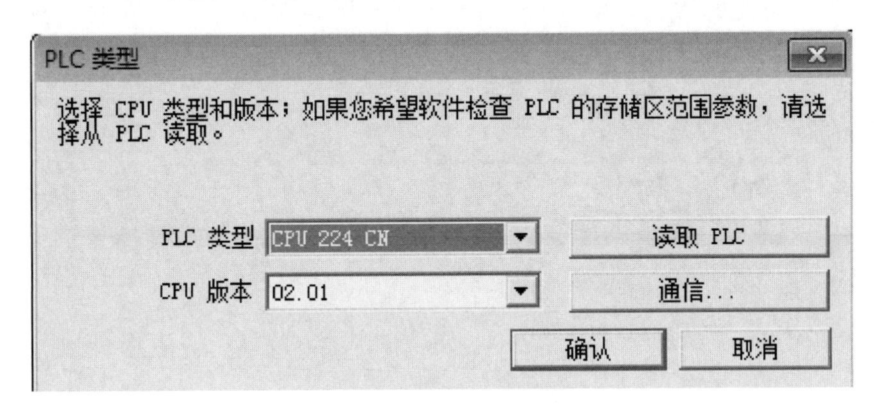

图 3-22　设置 PLC 的型号

（3）选择默认的编程语言和指令助记符集

执行“工具”｜“选项”命令，弹出“选项”对话框，见图 3-23。单击左边窗口中的“常规”选项，语言选择中文，并选择程序编辑器的类型。

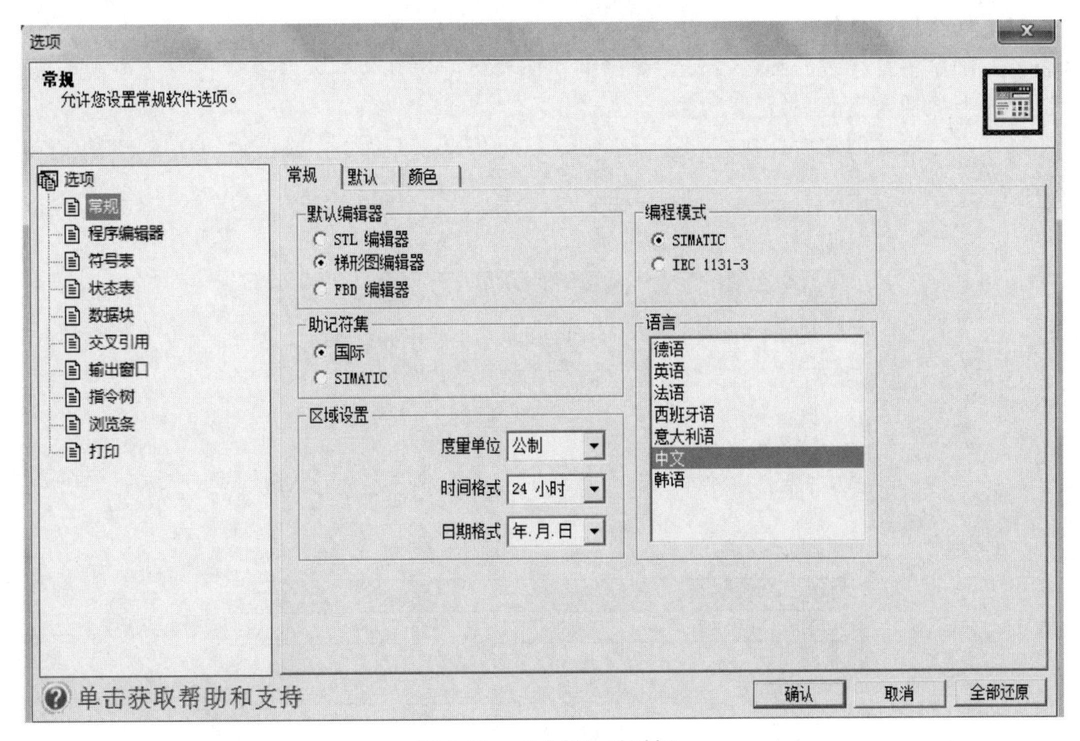

图 3-23　“选项”对话框

（4）确定程序的结构

单击编辑区域底部的“主程序”标签，选择主程序，如图 3-24 所示。

主程序 SBR_0 INT_0

图 3-24　选择程序结构

（5）指令的输入

通过双击或拖拽的方法，从左侧指令树中选择相应的指令，或在工具栏中单击 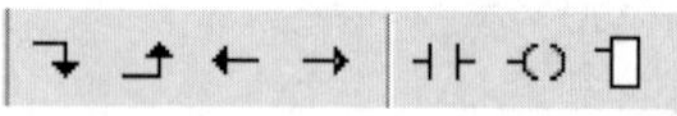 按钮，完成触头、线圈和竖线的输入。程序编辑结果如图 3-25 所示。

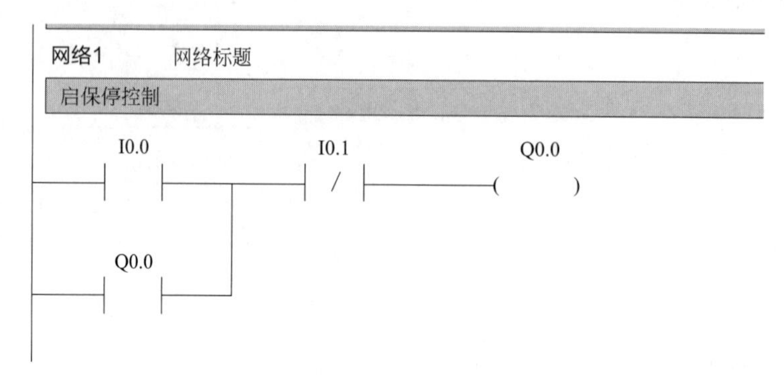

图 3-25　启-保-停程序

（6）定义符号地址

双击指令树的“符号表”标签，或执行“插入”｜“符号表”命令，打开自动生成的符号表，右键单击符号表的某一行，在弹出的快捷菜单中选择“插入”｜“行”命令，可以在所选行的上面插入新的一行。

完成符号表的创建后，执行“查看”｜“符号信息表”命令，或按“Ctrl+ T”组合键，结果如图 3-26 所示。

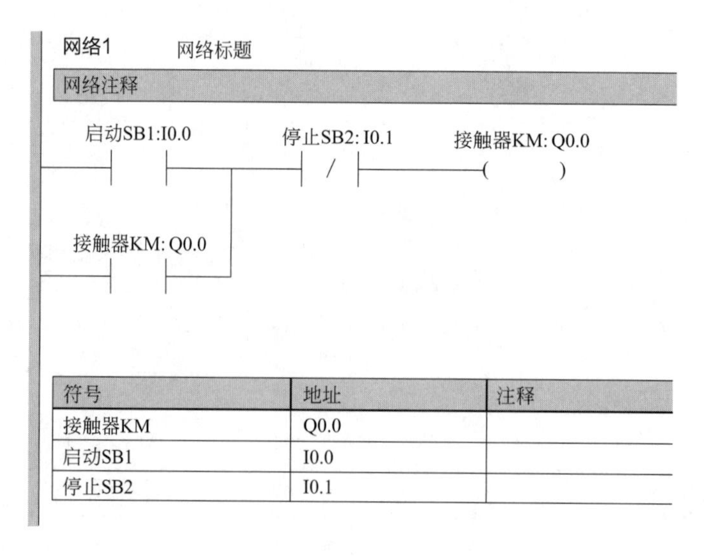

符号	地址	注释
接触器KM	Q0.0	
启动SB1	I0.0	
停止SB2	I0.1	

图 3-26　启-保-停程序符号表

（7）程序的注释

直接在标题行中输入“程序注释”，在相应的网络上输入“网络注释”。单击工具条中的“查看”下的“POU注释”按钮或“网络注释”按钮，可以打开或关闭对应的注释。

（8）编译程序

单击工具条中的“编译”或“全部编译”按钮，完成程序的编译。

（9）下载程序

单击工具条中的按钮，将PLC内部的程序上传到计算机。或单击按钮，将编好的程序下载到PLC。

（10）运行和调试程序

单击工具条中的按钮或按钮，使PLC运行或停止。

提示：可通过PLC编程软件改变PLC的模式，但需要PLC前面板的模式开关在RUN或TERM位置，若在STOP位置，将无法操作。

（11）用编程软件监控和调试程序

在计算机与PLC之间建立通信连接，并将程序下载到PLC后，单击工具条中的“程序状态监控”按钮，可以监控程序的运行情况，单击“暂停程序状态监控”按钮，暂停程序状态监控。

（12）保存程序

单击工具条中的按钮，保存编写的程序。

三、任务实施

(一) 设备准备

控制柜（含PLC、按钮、接触器、熔断器、空气开关、电动机等元器件），安装了STEP 7-Micro/WIN编程软件的计算机，PC/PPI编程电缆，连接导线及必备的电工工具。

(二) 建立计算机与PLC的连接

在设备断电的情况下进行连接，将西门子PC/PPI电缆的PC端接头连接到计算机的RS-232接口，将电缆的PPI端连接到PLC前面板上的RS-485通信口。

(三) 编程软件的使用

按图3-27和图3-28所给的参考程序，练习程序的编辑、符号表的使用、注释、编译、下载、运行、监控。

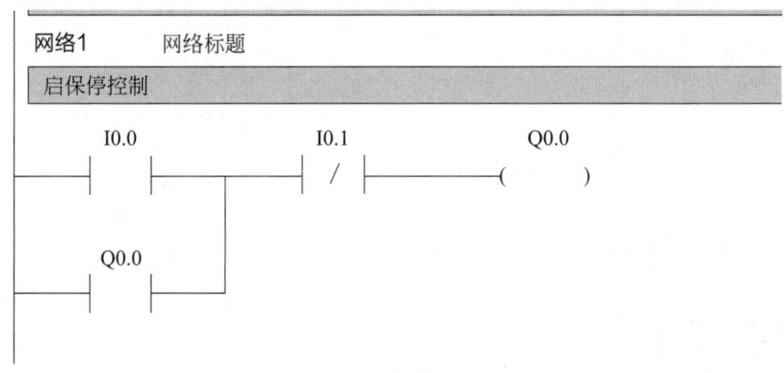

图3-27　启-保-停控制程序

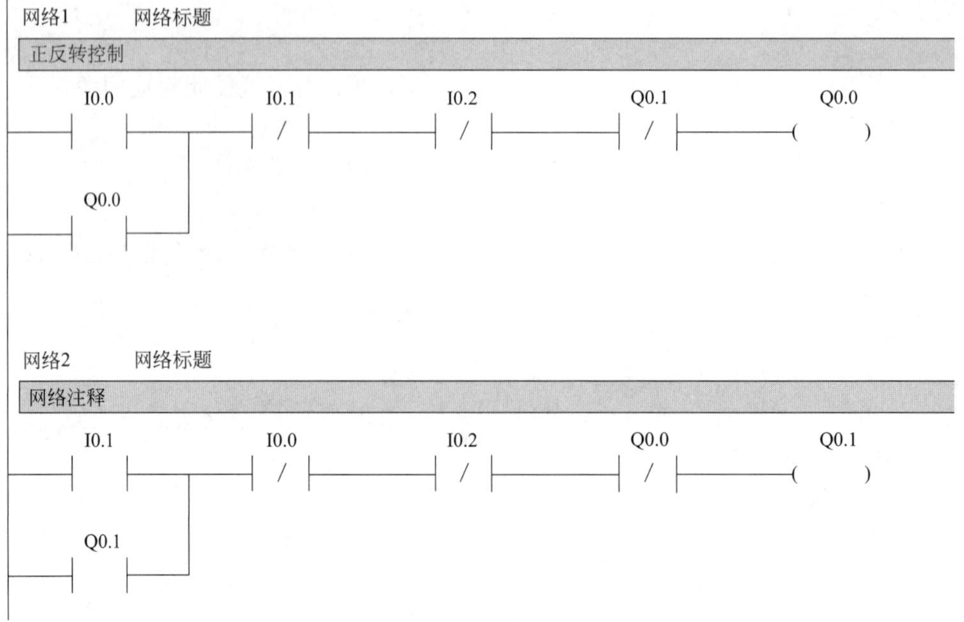

图 3-28 正反转控制程序

（四） PLC 最小控制系统的安装调试及运行

1. 硬件电路接线

电动机自锁控制系统是 PLC 的最小控制系统，图 3-29 为硬件电路原理图，按图完成接线并进行自检。注意接线时一定要断开 QS。

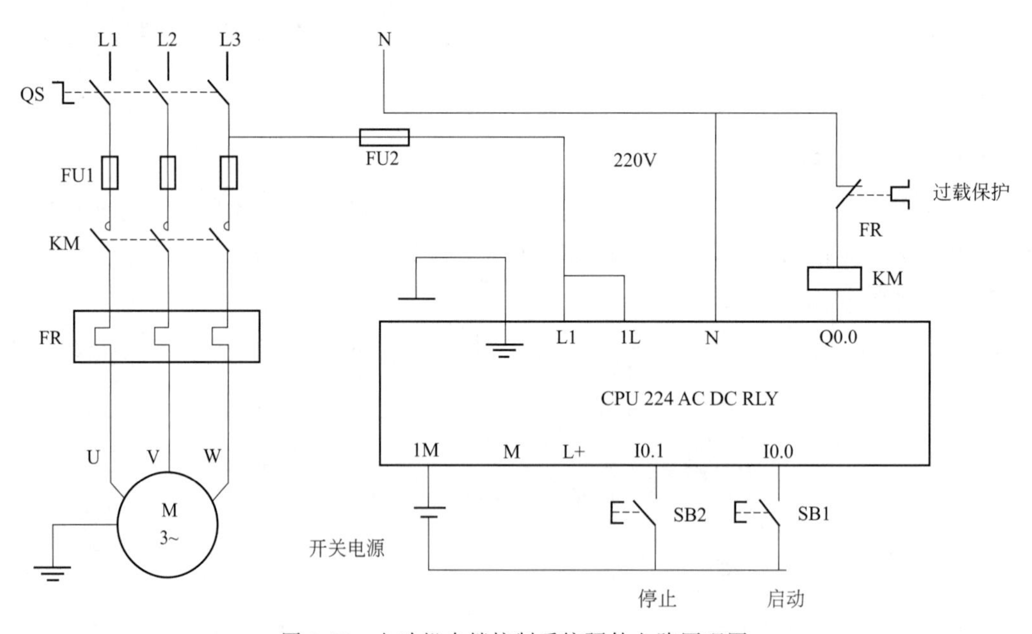

图 3-29 电动机自锁控制系统硬件电路原理图

2. 控制程序编辑及下载

合上控制电源开关 QS，将运行模式选择开关拨到 STOP 位置，通过软件将编辑好的程序（此处为图 3-27 所示的参考程序）下载到 PLC。

3. 系统运行

① 将运行模式开关拨到 RUN 位置，使 PLC 进入运行方式。

② 按下启动按钮 SB1，观察接触器的电磁系统是否立即吸合，电动机是否启动运行。

③ 按下停止按钮 SB2，观察接触器的电磁系统是否立即释放，电动机是否停止运行。

④ 再次按下启动按钮 SB1，如果接触器能够重新吸合，电动机启动运行，按下停止按钮 SB2，接触器再次释放，电动机停止运行，表明控制系统运行正常。

四、任务扩展——仿真软件的使用

学习 PLC 最有效的手段是联机编程和调试，S7-200 仿真器 V2.0 版是一款优秀的汉化仿真软件，不仅能仿真 S7-200 主机，而且能仿真数字量、模拟量扩展模块和 TD200 文本显示器，在互联网上可以找到该软件。

仿真软件不能直接使用 S7-200 的用户程序，必须用“导出”功能将用户程序转换成 ASCII 码文本文件，然后再下载到仿真器中运行。下面以仿真运行点动控制程序为例，阐述仿真软件的使用。

1. 导出文本文件

点动控制程序编写好后，在编程软件 STEP 7-Micro/WIN 4.0 中文主界面单击菜单栏中的“文件”↓“导出”，在“导出程序块”对话框中填入文件名和导出路径，该文本文件的后缀名为“.awl”。单击“保存”按钮，如图 3-30 所示。

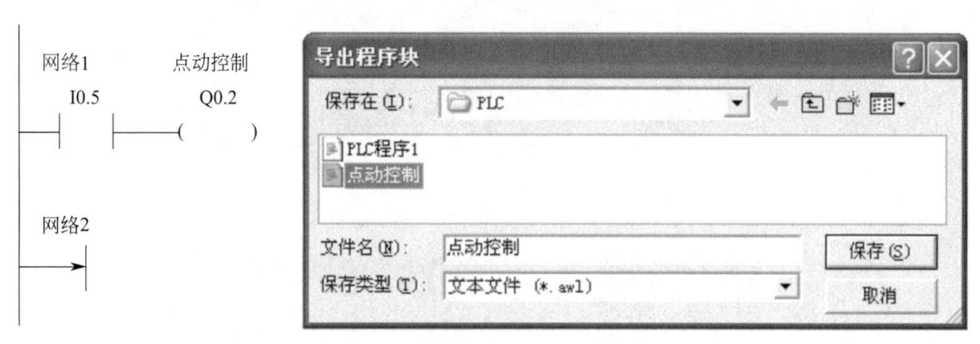

图 3-30 导出文本文件

2. 启动仿真程序

仿真程序不需要安装，启动时执行其中的 S7-200 汉化版 .EXE 文件。启动结束后输入密码“6596”，如图 3-31 所示。

3. 选择 CPU

单击仿真器软件菜单栏中的“配置”｜“PLC 型号”，选择与编程软件相应的 CPU 型号和 CPU 版本号后，单击“Accept”按钮，如图 3-32 所示。

4. CPU224 仿真图形

CPU224 的仿真图形如图 3-33 所示。CPU 模块下面是 14 个双掷开关，与 PLC 的输入端对应，可单击它们输入控制信号。开关的下面是两个直线电位器，这两个电位器都是 8 位模拟量输入电位器，分别是 SMB28 和 SMB29，可以用鼠标移动电位器的滑块来设置它们的值（0～255）。

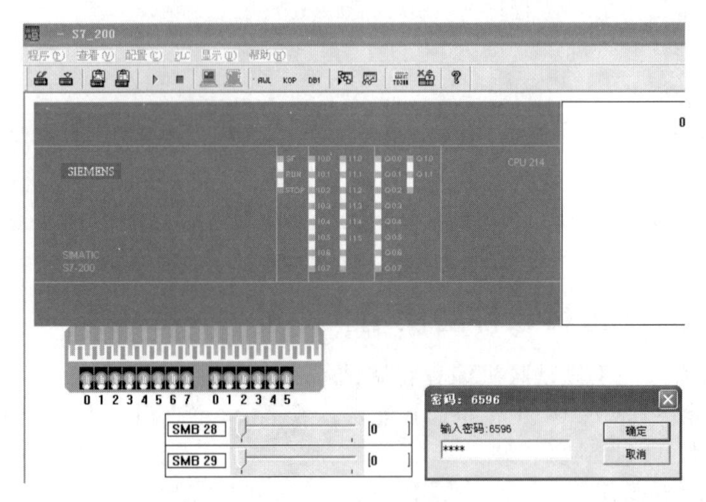

图 3-31 启动仿真软件

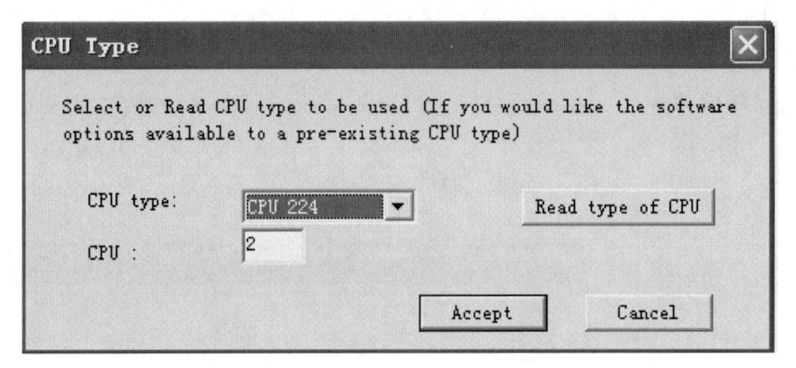

图 3-32 选择 CPU

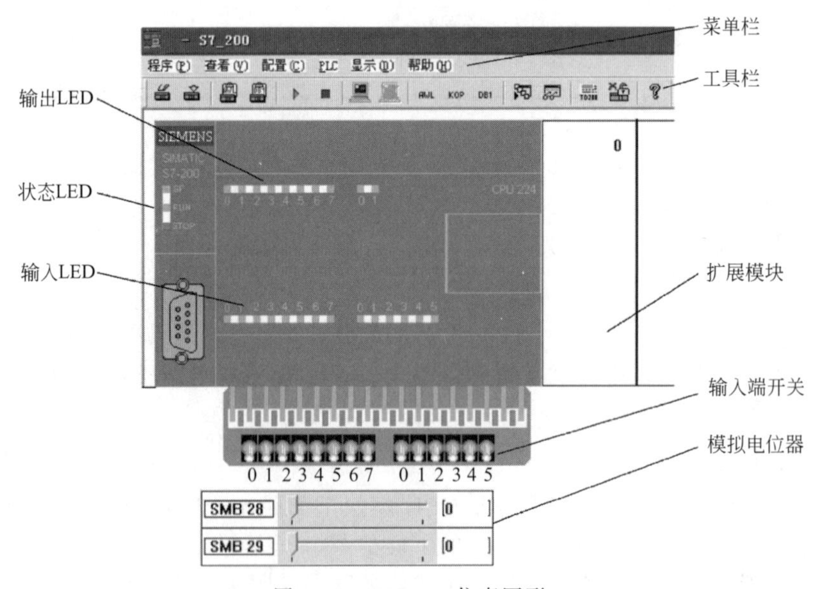

图 3-33 CPU224 仿真图形

5. 选中逻辑块

单击菜单栏中“程序”｜“装载程序”，在“装载程序”对话框中仅选中逻辑块，如图 3-34 所示，单击“确定”按钮，就进入“打开”对话框。

6. 选中仿真文件

在“打开”对话框中选中导出的“点动控制”文件，如图 3-35 所示。

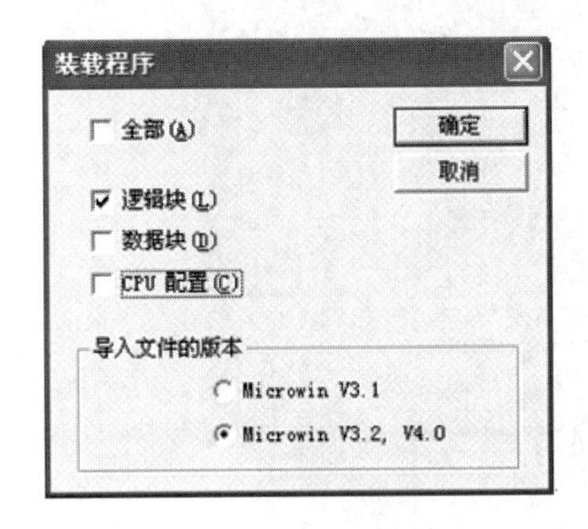

图 3-34　装载程序逻辑块

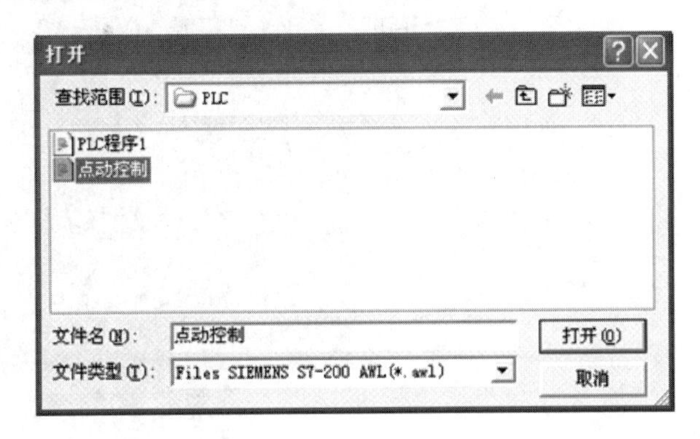

图 3-35　选择待仿真文件

7. 点动控制程序装入仿真器

点动控制程序的文本文件装入仿真器软件中，如图 3-36 所示。

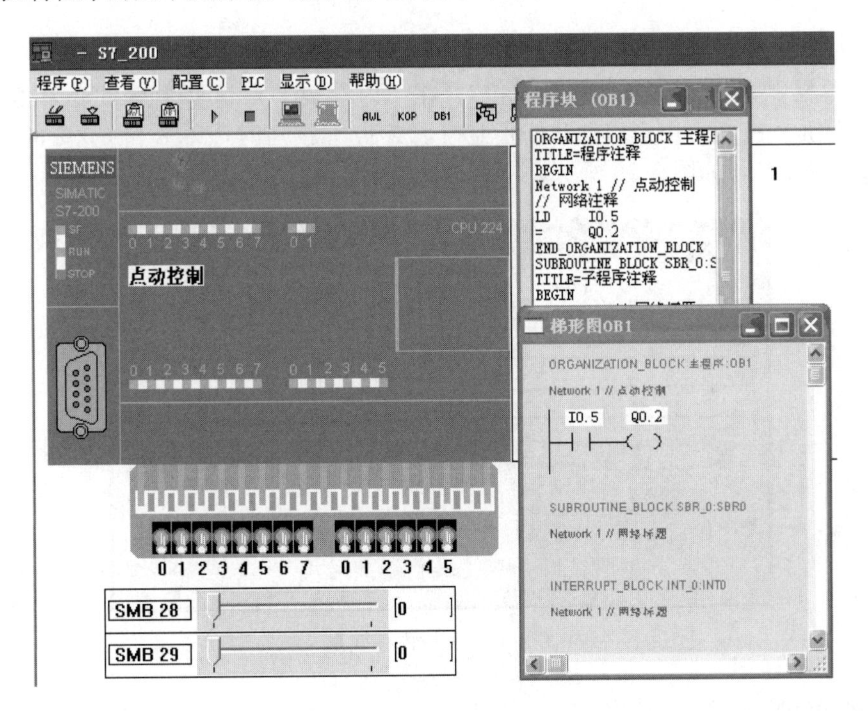

图 3-36　点动控制程序装入仿真器

8. 仿真运行

单击工具栏上的▶按钮（或单击菜单栏中“PLC”｜“运行”），将仿真器切换到运行状态。单击对应于输入端 I0.5 的开关图标，接通 I0.5，输入 LED 灯 I0.5 和输出 LED 灯

Q0.2 点亮，断开 I0.5，输入 LED 灯 I0.5 和输出 LED 灯 Q0.2 灭，仿真结果符合点动程序逻辑，如图 3-37 所示。

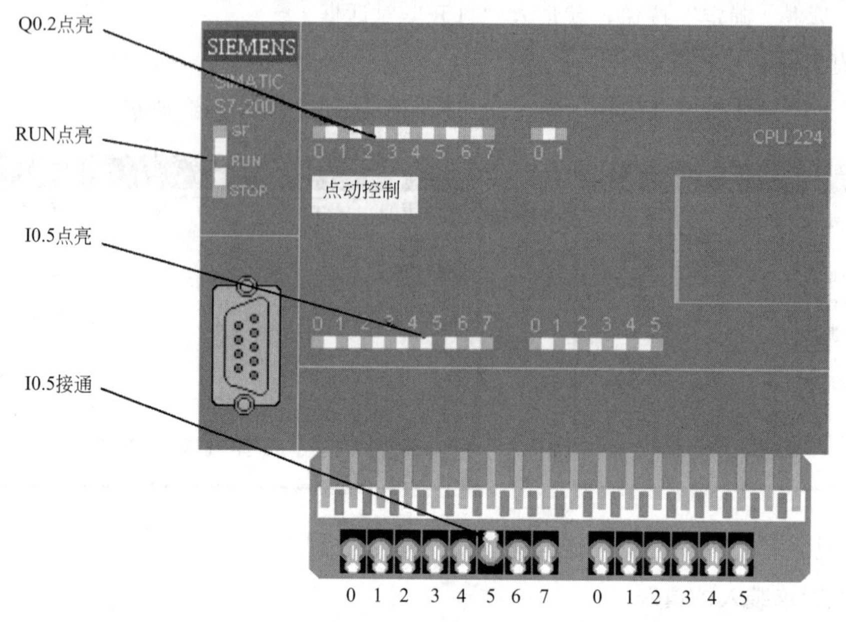

图 3-37　仿真运行

9. 内存变量监控

单击菜单栏中“查看”｜“内存监控”，在“内存表”对话框中填入变量地址，单击“开始”/“停止”按钮，用来启动和停止监控，当 I0.5 接通时，I0.5 和 Q0.2 的值为“2#1”，否则为“2#0”，如图 3-38 所示。仿真过程结束。

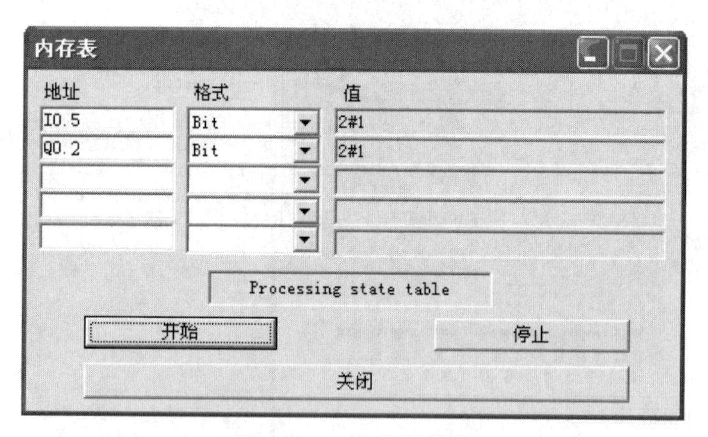

图 3-38　监控内存变量

五、任务评价

通过对本任务相关知识的学习和应用操作实施，对任务实施过程和任务完成情况进行评价。包括对知识、技能、素养、职业态度等多个方面，主要由小组对成员的评价和教师对小组整体的评价两部分组成。学生和教师评价的占比分别为 40% 和 60%。教师评价标准见表 1，小组评价标准见表 2。

表 1　教师评价表

子任务编号及名称			班级					
序号	评价项目	评价标准	评价等级					
			A 组	B 组	C 组	D 组	E 组	F 组
1	职业素养 40%（成员参与度、团队协助）	优：能进行合理分工，在实施过程中能相互协商、讨论，所有成员全部参与； 良：能进行分工，在实施过程中相互协商、帮助不够，多少成员参与； 中：分工不合理，相互协调差，成员参与度低； 差：相互间不协调、讨论，成员参与度低						
2	专业知识 30%（程序设计）	优：正确完成全部程序设计，并能说出程序设计思路； 良：正确完成全部程序，但无法解释程序； 中：完成部分动作程序，能解释程序作用； 差：未进行程序设计						
3	专业技能 30%（系统调试）	优：控制系统完全按照控制要求工作； 良：经调试后，控制系统基本按照控制要求动作； 中：系统能完成部分动作； 差：系统不工作						
其他	扩展任务完成情况	完成基本任务的情况下，完成扩展任务，小组成绩加 5 分，否则不加分						
教师评价合计（百分制）								

表 2　小组评价表

子任务编号及名称			班级				组别	
序号	评价项目	评价标准	评价等级					
			组长	B 同学	C 同学	D 同学	E 同学	F 同学
1	守时守约 30%	优：能完全遵守实训室管理制度和作息制度； 良：能遵守实训室管理制度，无缺勤； 中：能遵守实训室管理制度，迟到、早退 2 次以内； 差：违反实训室管理制度，有 1 次旷课或迟到、早退 3 次	□ 优 □ 良 □ 中 □ 差	□ 优 □ 良 □ 中 □ 差	□ 优 □ 良 □ 中 □ 差	□ 优 □ 良 □ 中 □ 差	□ 优 □ 良 □ 中 □ 差	□ 优 □ 良 □ 中 □ 差
2	学习态度 30%	优：积极主动查阅资料，并解决老师布置的问题； 良：能积极查阅资料，寻求解决问题的方法，但效果不佳； 中：不能主动寻求解决问题的方法，效果差距较大； 差：碰到问题观望、等待、不能解决任何问题	□ 优 □ 良 □ 中 □ 差	□ 优 □ 良 □ 中 □ 差	□ 优 □ 良 □ 中 □ 差	□ 优 □ 良 □ 中 □ 差	□ 优 □ 良 □ 中 □ 差	□ 优 □ 良 □ 中 □ 差
3	团队协作 30%	优：积极配合组长安排，能完成安排的任务； 良：能配合组长安排，完成安排的任务； 中：能基本配合组长安排，基本完成任务； 差：不配合组长安排，也不完成任务	□ 优 □ 良 □ 中 □ 差	□ 优 □ 良 □ 中 □ 差	□ 优 □ 良 □ 中 □ 差	□ 优 □ 良 □ 中 □ 差	□ 优 □ 良 □ 中 □ 差	□ 优 □ 良 □ 中 □ 差

续表

子任务编号及名称			班级				组别	
序号	评价项目	评价标准	评价等级					
			组长	B 同学	C 同学	D 同学	E 同学	F 同学
4	劳动态度 10%	优：主动积极完成实训室卫生清理和工具整理工作； 良：积极配合组长安排，完成实训设备清理和工具整理工作； 中：能基本配合组长安排，完成实训设备的清理工作； 差：不劳动，不配合	□ 优 □ 良 □ 中 □ 差	□ 优 □ 良 □ 中 □ 差	□ 优 □ 良 □ 中 □ 差	□ 优 □ 良 □ 中 □ 差	□ 优 □ 良 □ 中 □ 差	□ 优 □ 良 □ 中 □ 差
学生评价合计（百分制）								

注：各等级优＝95，良＝85，中＝75，差＝50，选择即可。

思考与练习

1. 如何建立项目？

2. PLC 的操作模式有哪三种？通过编程软件改变 PLC 的操作模式时，要求 PLC 前面板的位置开关在什么位置？

3. 按图 3-39 所给梯形图练习程序的编写、符号表的使用、注释、编译、下载、运行及监控。

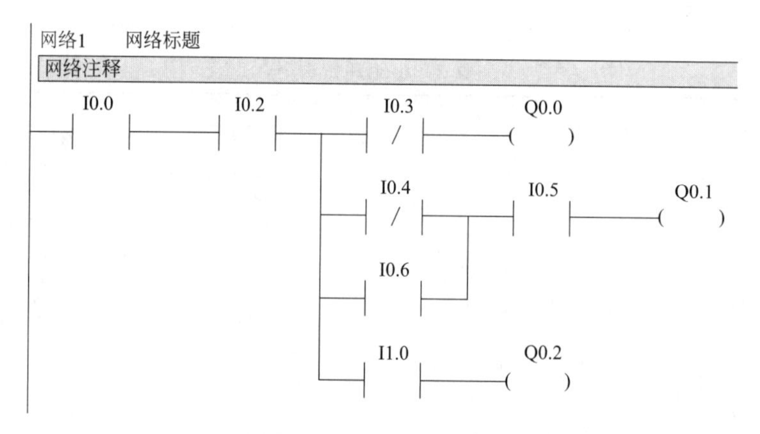

图 3-39 习题 3 梯形图

4. 如何建立状态图表？

5. 梯形图与继电-接触器控制原理图有哪些相同和不同之处？

任务三
PLC 实现电动机的正反转控制

一、任务要求

根据电动机正反转的控制要求，学习 PLC 程序设计基础，掌握基本触头指令、置复位指令的正确使用；进行 PLC 的 I/O 地址分配、安装接线、程序设计及调试。

二、相关知识

（一） S7-200 PLC 的编程元件

为了有效地进行编程和对 PLC 的存储器进行管理，将存储器中的数据按照功能或用途分类存放，形成了若干个特定的存储区域。每一个特定的区域就构成了 PLC 的一种内部编程元件，每一种编程元件用一组字母表示，字母加数字表示数据的存储地址。

S7-200 系列 PLC 的编程元件有：输入继电器 I、输出继电器 Q、内部继电器 M、顺序控制器 S、特殊标志位继电器 SM、定时器 T、计数器 C、变量存储器 V 等。

PLC 的编程元件

（1）输入继电器 I

S7-200 的输入继电器又称为输入映像寄存器，是 PLC 用来接收外部输入信号的窗口，与 PLC 的输入端相连。输入继电器线圈只能由外部输入信号驱动，不能用程序指令驱动，其动合触头和动断触头供用户编程使用。在每个扫描周期的开始，CPU 对物理输入点进行采样，并将采样值存入输入继电器 I 中。

输入继电器是以字节为单位的寄存器，S7-200 系列 PLC 的输入继电器区域有 I0～I15 共 16 个字节单元。输入继电器可按位进行操作，每一位对应一个输入数字量，因此输入继电器能存储 128 点信息。CPU226 的基本单元有 24 个数字输入点：I0～I0.7、I1～I1.7 、I2～I2.7，占用 3 个字节：IB0、IB1、IB2，其余输入继电器可用于扩展或其他操作。

（2）输出继电器 Q

S7-200 的输出继电器又称为输出映像寄存器，每个输出继电器的线圈与相应的 PLC 输出端相连，用来将 PLC 的输出信号传递给负载。在每个扫描周期的末尾，CPU 将输出继电器的数据传送给输出模块，再由输出模块驱动外部负载。

S7-200 系列 PLC 的输出继电器区域有 Q0～Q15 共 16 个字节单元，能存储 128 点信息。CPU226 的基本单元有 16 个数字量输出点：Q0～Q0.7、Q1～Q1.7，占用 2 个字节：QB0、QB1，其余输出继电器可用于扩展或其他操作。

输入/输出继电器是外部输入/输出设备状态的映像区。

（3）内部继电器 M

内部继电器 M 相当于中间继电器（起中间状态的暂存作用，也称内部标志位），内部继电器在 PLC 内部没有输入/输出端与之对应，不能直接驱动外部负载，只能在程序内部驱动输出继电器的线圈。CPU226 的内部继电器有效编址范围为 M0.0～M31.7。

(4) 顺序控制继电器 S

顺序控制继电器又称为状态继电器或状态元件，用于顺序控制或步进控制。CPU226 的顺序状态继电器有效编址范围为 S0.0～S31.7。

(5) 特殊标志位继电器 SM

特殊标志位继电器 SM 用于 CPU 与用户程序之间信息的交换，为用户提供一些特殊的控制，它分为只读区域和可读区域。CPU226 的有效编址范围为 SM0.0～SM179.7，其中前 30 个字节 SM0.0～SM29.7 为只读区。特殊标志位继电器提供了大量的状态和控制功能，常用的特殊标志位继电器的功能见表 3-2。

表 3-2　常用特殊标志位继电器的功能

SM 位	功能描述
SM0.0	运行监控，当 PLC 运行时，SM0.0 接通，始终为“1”
SM0.1	初始化脉冲，PLC 运行开始发一单脉冲，该位在首次扫描时为 1，一个用途是调用初始化子程序
SM0.2	当 RAM 中保存的数据丢失时，SM0.20 加电接通一个扫描周期
SM0.3	PLC 上电进入 RUN 状态时，SM0.30 加电接通一个扫描周期
SM0.4	该位提供一个时钟脉冲，占空比为 50%，周期 1min 的脉冲串，分脉冲
SM0.5	秒脉冲，占空比为 50%，周期 1s 脉冲串
SM0.6	该位为扫描时钟，本次扫描时置 1，下次扫描时置 0，可用作扫描计数器的输入
SM0.7	工作方式开关位置指示。该位指示 CPU 模式开关的位置，0 为 TERM 位置，PLC 可进行通信编程；1 为 RUN 模式，PLC 为运行状态
SM1.0	零标志位。当执行某些指令，结果为 0 时，该位被置 1
SM1.1	溢出标志位。当执行某些指令，结果溢出时，该位被置 1
SM1.2	负数标志位。当执行某些指令，结果为负数时，该位被置 1
SM1.3	除零标志位。试图除以 0 时，该位被置 1

(6) 定时器 T

PLC 中的定时器相当于继电-接触器中的时间继电器，是 PLC 内部累计时间增量的重要编程元件，主要用于延时控制。S7-200 PLC 的定时器有 1ms、10 ms、100 ms 三种，有效范围为 T0～T255。

(7) 计数器 C

计数器用于累计输入端脉冲电平由低到高变化的次数，结构与定时器类似，通常设定值在程序中赋予，有时也可以在外部进行设定。S7-200 中提供了三种类型的计数器：加计数器、减计数器和加减计数器。有效范围为 C0～C255。

(8) 变量寄存器 V

变量寄存器用来存储全局变量、数据运算的中间结果或其他相关数据。变量寄存器全局有效，即同一个存储器可以在任一子程序中被访问。在数据处理时，经常会用到变量寄存器。变量寄存器有较大的存储空间，CPU224/226 有 VB0～VB5119.7 共 5KB 的存储容量。

(9) 局部存储器 L

局部存储区 L 用来存储局部变量，类似于变量寄存器，全局变量是对全局有效，而局部变量只和特定的程序相关联，只是局部有效。

(10) 高速计数器 HC

高速计数器用来累计比主机扫描速率更快的高速脉冲。高速计数器的当前值是一个双字长的 32 位整数。要存取高速计数器中的值，应给出高速计数器的地址，即存储器类型 (HC) 和计数器号，如 HC0。

（11）累加器 AC

累加器是用来暂时存放数据的寄存器。S7-200 PLC 提供了 4 个 32 位累加器：AC0、AC1、AC2、AC3，存取可按字节、字和双字操作。操作数的长度取决于访问累加器时所使用的指令。

（12）模拟量输入映像寄存器 AI

模拟量输入电路用来实现模拟量到数字量的转换，模拟量输入映像寄存器只能进行读取操作。S7-200 将模拟量值转换成 1 个字长（16 位）的数据。可以用区域标志符（AI）、数据长度（W）及字节的起始地址来存取这些值。模拟量输入值为只读数据。模拟量转换的实际精度是 12 位。注意：因为模拟量输入为 1 个字长，所以必须用偶数字节地址（如 AIW0、AIW2、AIW4）来存取这些值。

（13）模拟量输出映像寄存器 AQ

PLC 内部只处理数字量，而模拟量输出电路用来实现数字量到模拟量的转换，该映像寄存器只能进行写入操作。S7-200 将 1 个字长（16 位）的数字值按比例转换为电流或电压。可以用区域标志符（AQ）、数据长度（W）及字节的起始地址来写入。模拟量输出值为只写数据。模拟量转换的实际精度是 12 位。注意：因为模拟量为 1 个字长，所以必须用偶数字节地址（如 AQW0、AQW2、AQW4）来输出。

（二） S7-200 系列 PLC 的基本位逻辑指令及应用

1. 逻辑取及线圈驱动指令

逻辑取及线圈驱动指令的梯形图、指令表及功能等见表 3-3。

表 3-3　逻辑取及线圈驱动指令

指令名称	梯形图 LAD	指令表 STL	功能	操作数
取(LD)	bit |—| |—	LD　bit	将一常开触头 bit 与母线相连接，取常开触头状态	I、Q、M、SM、T、C、V、S、L
取反(LDN)	bit |—|/|—	LDN　bit	将一常闭触头 bit 与母线相连接，取常闭触头状态	
线圈驱动(=)	bit —( )	=bit	当能流流进线圈时，线圈所对应的操作数 bit 置“1”	Q、M、SM、V、S、L

2. 触头串联指令

触头串联指令的梯形图、指令表及功能等见表 3-4。

表 3-4　触头串联指令

指令名称	梯形图 LAD	指令表 STL	功能	操作数
与(A)	bit —| |—	A bit	将一常开触头 bit 与上一触头串联，可连续使用	I、Q、M、SM、T、C、V、S、L
与非(AN)	bit —|/|—	AN bit	将一常闭触头 bit 与上一触头串联，可连续使用	

触头串联指令的应用如图 3-40 所示。使用三个开关同时控制一盏灯，要求三个开关全部闭合时灯亮，其他情况灯灭。

3. 触头并联指令

触头并联指令的梯形图、指令表及功能等见表 3-5。

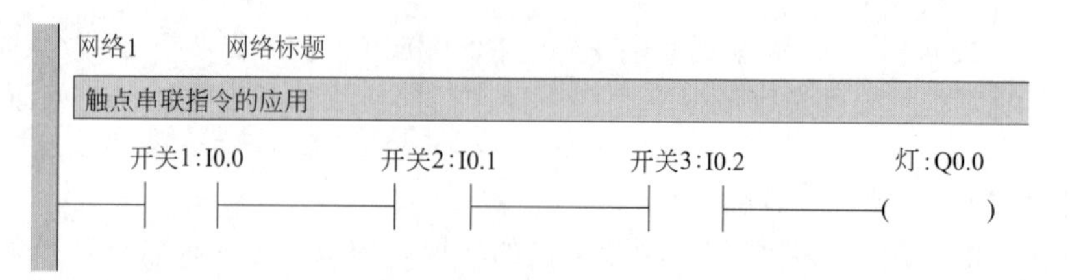

图 3-40 触头串联指令的应用

表 3-5 触头并联指令

指令名称	梯形图 LAD	指令表 STL	功能	操作数
或(O)	bit	A bit	将一常开触头 bit 与上一触头并联，可连续使用	I、Q、M、SM、T、C、V、S、L
或非(ON)	bit	AN bit	将一常闭触头 bit 与上一触头并联，可连续使用	

触头并联指令的应用如图 3-41 所示。使用三个开关控制一盏灯，要求任一开关闭合时灯亮；三个开关全断开时，灯灭。

思考：若要求利用 PLC 完成白炽灯的双联控制功能，则梯形图程序如何设计？

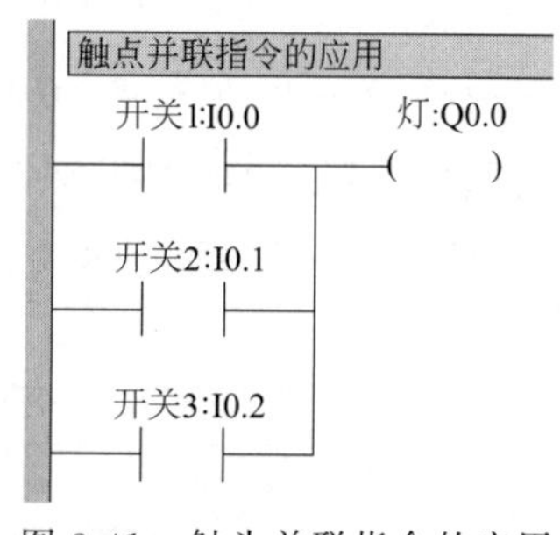

图 3-41 触头并联指令的应用

4. 置位与复位指令

置位即置 1，复位即置 0。置位和复位指令可以将位存储区的某一位开始的一个或多个（最多可达 255 个）同类存储器位置 1 或置 0。置位、复位指令的梯形图、指令表及逻辑功能等见表 3-6。

表 3-6 置位、复位指令

指令名称	梯形图 LAD	指令表 STL	功能	操作数
置位指令	bit ——(S) N	S bit,N	条件满足时，从 bit 开始的 N 个位被置“1”	Q、M、SM、T、C、V、S、L
复位指令	bit ——(R) N	R bit,N	条件满足时，从 bit 开始的 N 个位被清“0”	

指令说明：

① bit 表示位元件，N 表示常数，N 的范围是 1～255。

② 被 S 指令置位的软元件只能用 R 指令复位。

③ R 指令也可以对定时器、计数器的当前值清零。

图 3-42 所示为置位和复位指令应用程序及其对应的时序图。

5. 脉冲指令和取反指令

脉冲指令为 EU（Edge Up）、ED（Edge Down），取反指令为 NOT 。表 3-7 为脉冲指令和取反指令使用说明，图 3-43 为脉冲生成指令用法举例。

Network 1 SET,RESET

I0.0 I0.1 Q1.0

```
LD   I0.0     //装入常开触点
A    I0.1     //与常开触点
=    Q1.0     //输出触点
```

Network 2

I0.0 I0.1 Q0.0 S 1 Q0.2 R 3

```
LD   I0.0     //
A    I0.1     //
S    Q0.0,1   //将Q0.0开始的//1个触点置1
R    Q0.2,3   //将Q0.2开始的//3个触点置0
```

(a) 置位和复位指令应用程序

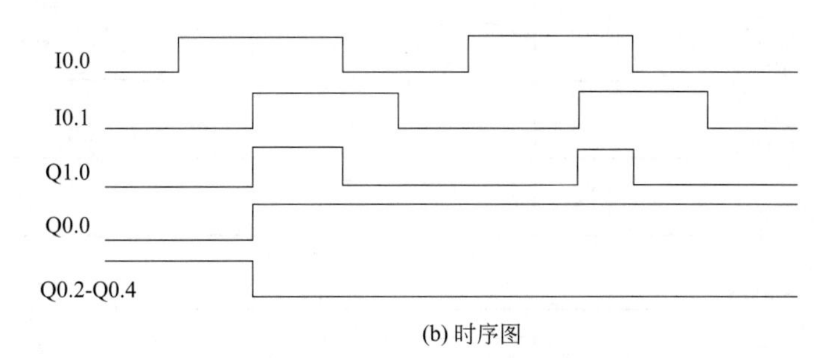

(b) 时序图

图 3-42 置位和复位指令应用程序及其对应的时序图

表 3-7 脉冲指令及取反指令使用说明

指令名称	梯形图 LAD	指令表 STL	指令功能	操作数
上升沿脉冲(Edge Up)	—|P|—	EU	在检测信号的上升沿产生一个扫描周期宽度的脉冲	无操作数
下降沿脉冲(Edge Down)	—|N|—	ED	在检测信号的下降沿产生一个扫描周期宽度的脉冲	
取反指令	—|NOT|—	NOT	将该触头左侧的逻辑运算结果取反	

EU 指令对其之前的逻辑运算结果的上升沿产生一个宽度为一个扫描周期的脉冲，如图 3-43 中的 M0.0；ED 指令对其逻辑运算结果的下降沿产生一个宽度为一个扫描周期的脉冲，如图 3-43 中的 M0.1。脉冲指令常用于启动及关断条件的判定，以及配合功能指令完成一些逻辑控制任务。

6. RS 触发器指令

RS 触发器指令真值表见表 3-8。

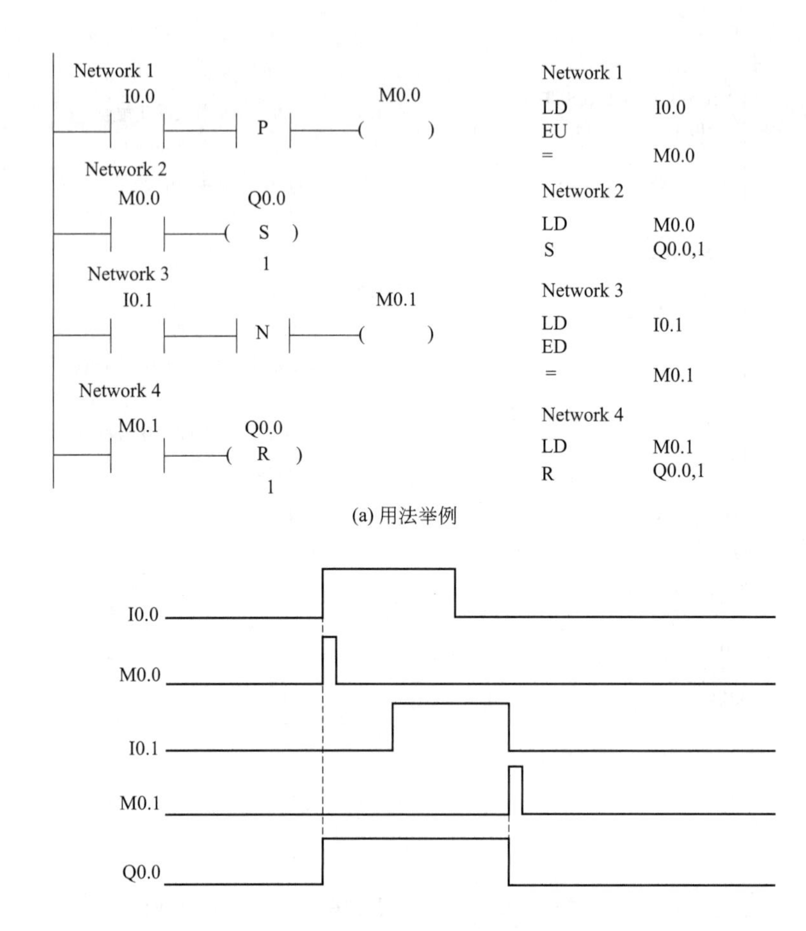

(a) 用法举例

(b) 对应的时序图

图 3-43 脉冲生成指令用法

表 3-8 RS 触发器指令真值表

指令	S1	R	输出(bit)
置位优先触发器指令 SR	0	0	保持前一状态
	0	1	0
	1	0	1
	1	1	1
复位优先触发器指令 RS	0	0	保持前一状态
	0	1	0
	1	0	1
	1	1	0

RS 触发器指令的应用如图 3-44 所示。

（三）启-保-停电路

启-保-停编程思路及 M 的妙用

在 PLC 的程序设计中，启-保-停电路是梯形图程序设计中最典型的单元，也包含了一种程序设计思路。图 3-27 所示的就是启-保-停电路控制程序，它包含了梯形图的全部要素。

① 事件，每一个梯形图支路都针对一个事件。事件用输出线（或指令盒）表示，本例中为 Q0.0。

② 事件发生的条件，梯形图支路中除了线圈外还有触头的组合，使线圈

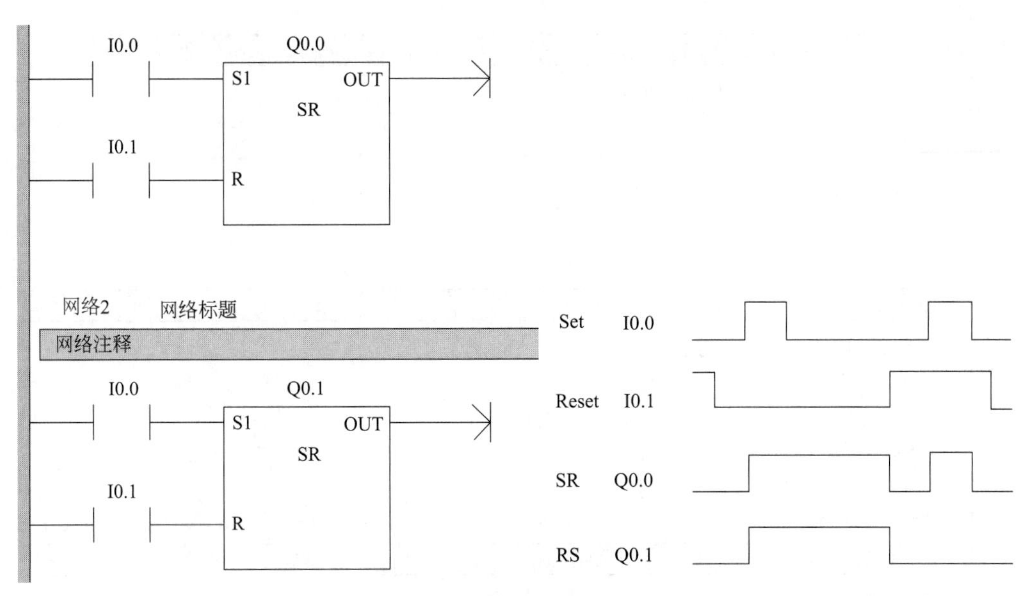

图 3-44 RS触发器指令的应用

置1的条件即是事件发生的条件，本例中为启动按钮I0.0置1。

③ 事件得以延续的条件，触头组合中使线圈置1得以持久的条件。本例中为与I0.0并联的Q0.0的自保持触头。

④ 事件终止的条件，触头组合中使线圈置0中断的条件。本例中为I0.1的动断触头断开。

应用启-保-停电路进行程序设计的关键是找到事件和事件的三要素。事件即线圈，三要素即针对事情的三个条件，分别是线圈得电的条件，线圈保持得电条件和线圈失电的条件。有时，以上条件可能不再是单一触头，可以是多个触头的串并联组合，此时可以借助辅助继电器M描述启-保-停的条件。

例如：有一台三相异步电动机，在A、B两地都可控制电动机的启停，设A地启动和停止按钮接在PLC的输入端子I0.0和I0.1上，B地启动和停止按钮接在PLC的输入端子I0.2和I0.3上，接触器的线圈接在PLC的输出端子Q0.0上。利用启-保-停电路设计的梯形图程序如图3-45所示。

图3-45中，启动的条件是：I0.0或I0.2接通，或逻辑，触头并联，建立启动标志位M0.0（网络1所示）；停止的条件是：I0.1或I0.3接通，也是或逻辑，触头并联，建立停止标志位M0.1（网络2所示）；保持得电的条件：利用输出继电器的常开触头实现自锁（网络3所示）。

（四）PLC控制系统的设计与故障诊断

1. 分析被控对象

分析被控对象的工艺过程及工作特点，了解被控对象机、电之间的配合，确定被控对象对PLC控制系统的控制要求。根据生产的工艺过程分析控制要求。如需要完成的动作（动作顺序、动作条件、必需的保护和联锁等）、操作方式（手动、自动、连续、单周期、单步等）。

2. 确定输入/输出设备

根据系统的控制要求，确定系统所需的输入设备（如按钮、位置开关、转换开关等）和

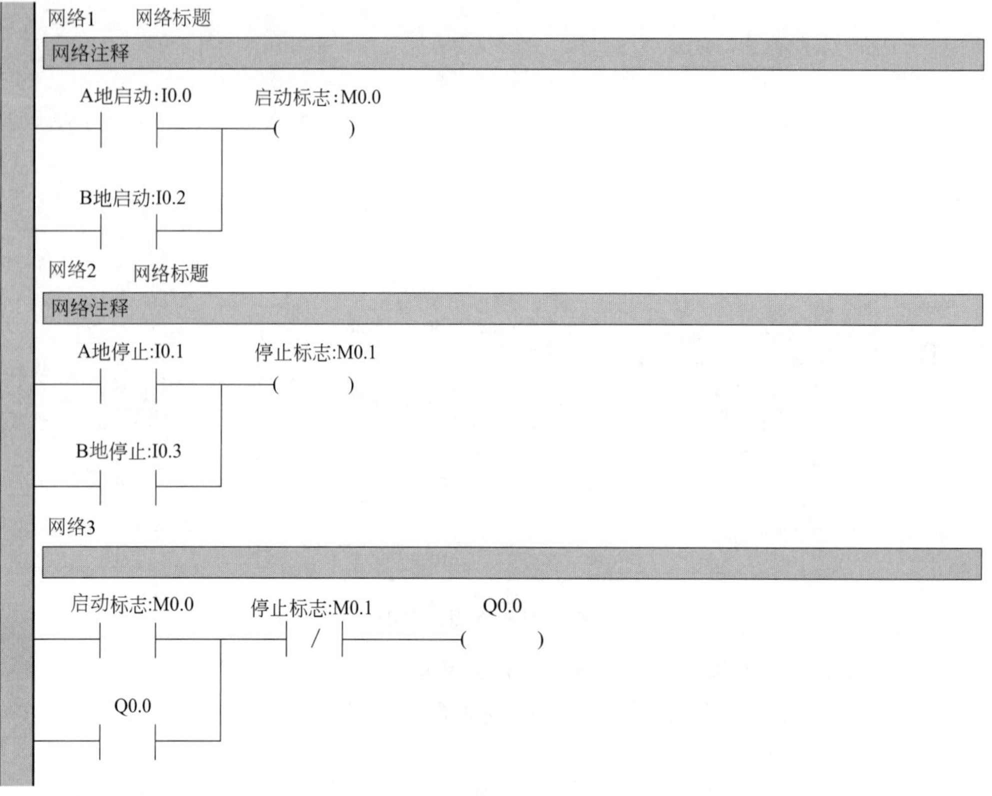

图 3-45 多地控制梯形图参考程序

输出设备（如接触器、电磁阀、信号指示灯等）。据此确定 PLC 的 I/O 点数。

3. 选择 PLC

包括 PLC 的机型、容量、I/O 模块、电源的选择。

4. 分配 I/O 点

分配 PLC 的 I/O 点，画出 PLC 的 I/O 端子与输入/输出设备的连接图或对应表。

5. 设计软件及硬件

进行 PLC 程序设计。由于程序与硬件设计可同时进行，因此 PLC 控制系统的设计周期可大大缩短，而对于继电器系统必须先设计出全部的电气控制电路后才能进行施工设计。

6. 联机调试

联机调试是指将模拟调试通过的程序进行在线统调。

三、任务实施

（一）设备准备

控制柜（含 PLC、按钮、接触器、熔断器、空气开关、电动机等），安装了 STEP 7-Micro/WIN 编程软件的计算机，PC/PPI 编程电缆，连接导线及必备的电工工具。

（二）分析控制要求

图 3-46 所示是单台电动机正反转控制线路，PLC 通过其输出点控制相应的接触器的线圈，再由接触器的主触头去控制电动机。其中三个按钮信号作为 PLC 的输入信号，两个接

触器的线圈作为 PLC 的输出信号，过载保护用热继电器的常闭辅助触头直接串联在 PLC 的输出回路中，不用于 PLC 的输入。

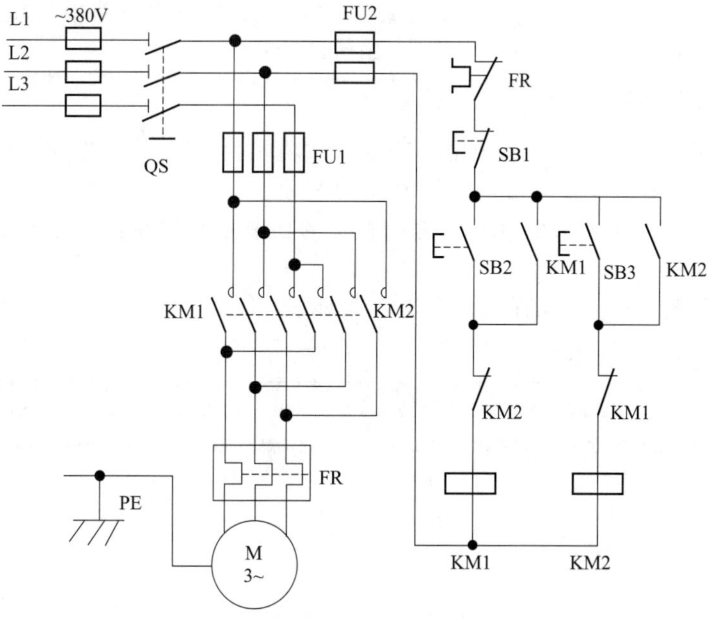

图 3-46　单台电动机正反转控制线路

（三）建立 I/O 分配表

根据以上分析，该任务有三个输入信号，两个输出信号。其 I/O 分配表见表 3-9。

表 3-9　I/O 分配表

输入		输出	
输入器件	输入点	输出点	输入器件
停止按钮 SB1	I0.0	Q0.0	KM1 线圈
正启按钮 SB2	I0.1	Q0.1	KM2 线圈
反启按钮 SB3	I0.2	—	—

（四）画出 PLC 外围接线图

根据 I/O 分配表，设计并绘制 PLC 的外围接线图，如图 3-47 所示。

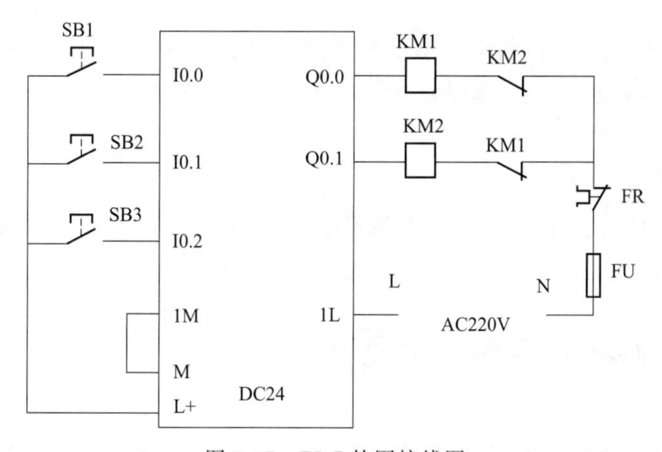

图 3-47　PLC 外围接线图

提示：PLC 外围接线图的输出部分 KM1、KM2 常闭触头的功能是硬件互锁，提高了系统的稳定性。

思考：在图 3-47 中，热继电器常闭触头串联在 PLC 的输出电路中，起过载保护作用，若要求使用其常开触头起过载保护作用，应如何设计？

（五）设计梯形图程序

设计梯形图程序的方法不唯一，只要能实现要求的功能就可以。

电动机正反转控制程序设计

方法 1：利用基本触头指令编程，如图 3-48 所示。

提示：梯形图程序中 Q0.0、Q0.1 常闭触头的功能是软件互锁，提高了系统的稳定性。

方法 2：利用 R、S 指令编程，如图 3-49 所示。

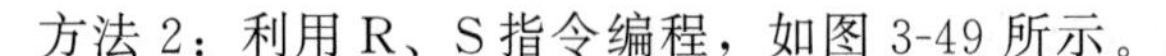

图 3-48　梯形图设计程序 1

方法 3：利用 RS、SR 触发器指令编程，如图 3-50 所示。

（六）安装/接线

按图 3-47 接线完成后，在断电状态下检查接线是否正确，或使用万用表进行测试，排除短路；按图 3-46 完成电动机主电路的连接，并确保连接的正确性。注意不能将 380V 电源加到 PLC 的输入或输出电路！

（七）调试程序/功能测试

先运行并监控程序的运行情况，核实与运行情况相符后再连接主电路，进行控制功能测试。

四、任务扩展

（一） PLC 数据存储类型及数据的编址方式

1. 数据类型及范围

S7-200 系列 PLC 数据类型主要有布尔型（BOOL）、整数型（INT）和实数型（RE-

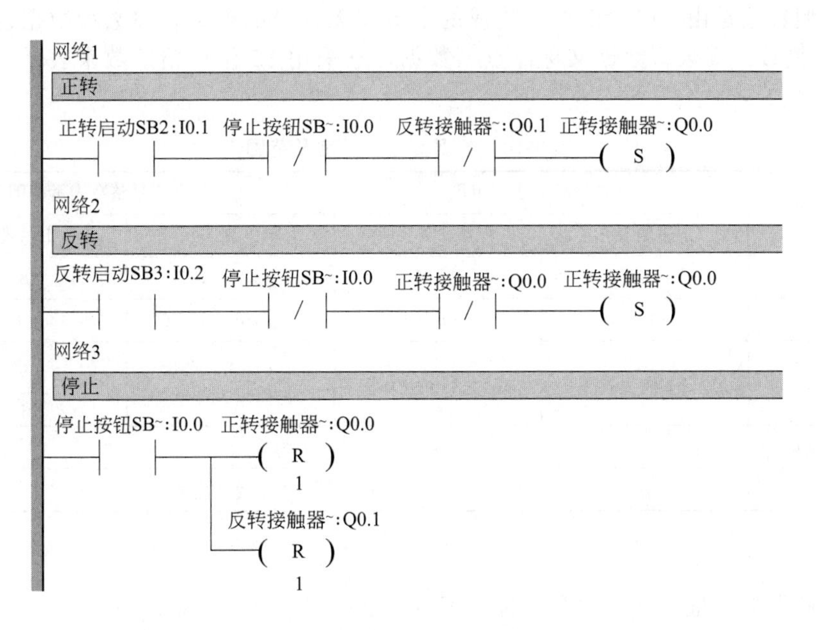

图 3-49　梯形图设计程序 2

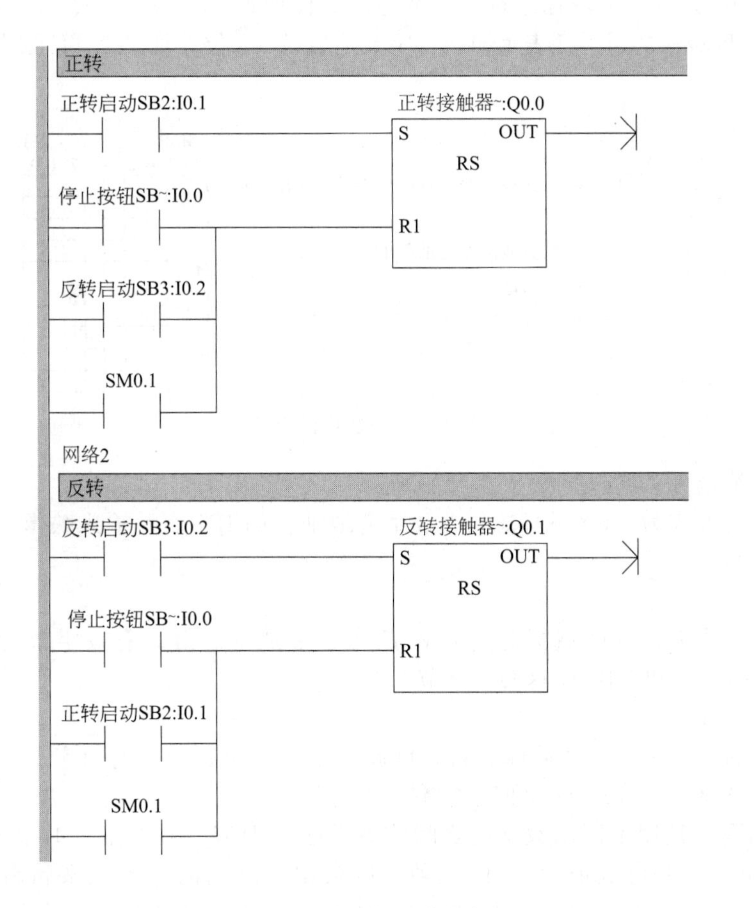

图 3-50　梯形图设计程序 3

AL)。布尔型数据是由“0”和“1”构成的字节型无符号的整数；整数型数据包括 16 位和 32 位有符号整数；实数型数据又称浮点型数据，它采用 32 位单精度数来表示。数据类型、长度及范围见表 3-10。

表 3-10　数据类型、长度及范围

基本数据类型	无符号整数表示范围		有符号整数表示范围	
	十进制表示	十六进制表示	十进制表示	十六进制表示
字节 B(8bit)	0～255	0～FF	−128～127	80～7F
字 W(16bit)	0～65 535	0～FFFF	−32 768～32 767	8 000～7F FF
双字 D(32bit)	0～4 294 967 295	0～FFFFFFFF	−2 147 483 648～2 147 483 647	80 000 000～7FFFF FFF
BOOL(1 位)	0～1			
实数型(32 位)	-10^{38}～10^{38}　(IEEE32 浮点数)			

2. 数据的编址方式

数据存储器的编址方式主要是对位、字节、字、双字进行编址。

(1) 位编址

位编址的方式为：(区域标志符) 字节地址．位地址。如 I5.2、Q1.0、V3.3、M10.2，其中 I5.2 中，区域标志符号 I 表示输入，字节地址是 5，位地址是 2。位数据的存放如图 3-51 所示。

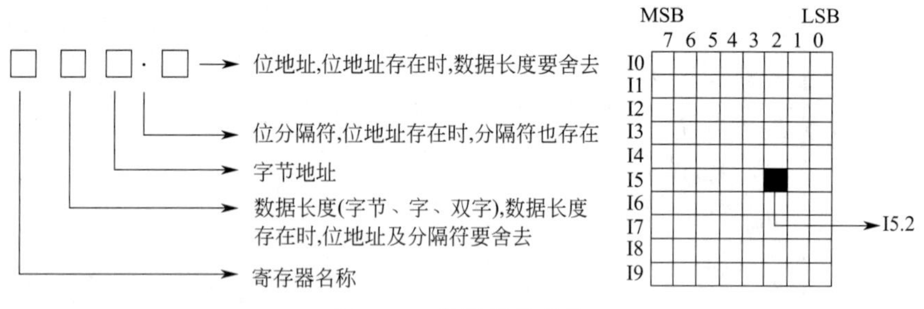

图 3-51　位数据的存放

(2) 字节编址

字节编址的方式为：(区域标志符) B 字节地址。如 IB1 表示输入映像寄存器由 I1.0～I1.7 这 8 位组成。

(3) 字编址

字编址的方式为：(区域标志符) W 起始字节地址。最高有效字节为起始字节。如 VW100 包括 VB100 和 VB101 这两个字节组成的字。

(4) 双字编址

双字编址的方式为：(区域标志符) D 起始字节地址。最高有效字节为起始字节。如 VD100 表示由 VB100～VB103 这四个字节组成的双字。

对地址相同、长度不同的数据区之间的关系必须理清楚，在编程时要与指令相对应。如图 3-52 给出了类变量地址为 10 的三种长度数据区之间的包含关系和高低位的排列关系。如表 3-11、表 3-12 列出了相同地址的数字量输入存储区和输出存储区与位对应的关系。

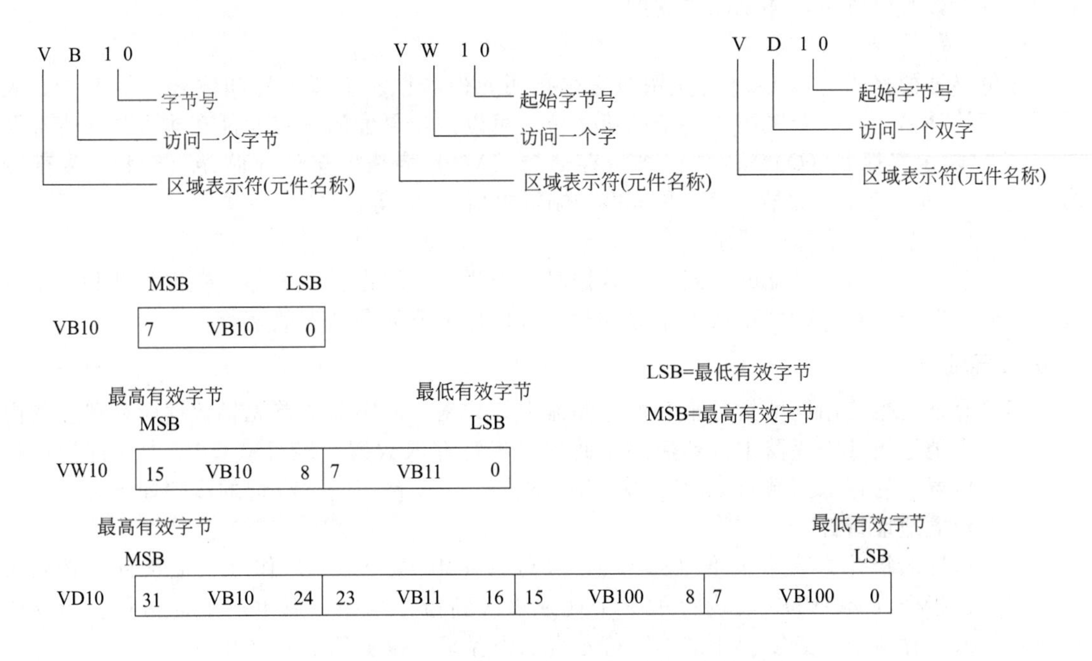

图 3-52 对同一地址进行字节、字和双字存取操作的比较

表 3-11 输入存储区

<table>
<tr><th>双字</th><th colspan="3">字</th><th>字节</th><th>位</th></tr>
<tr><td rowspan="4">ID0</td><td></td><td></td><td rowspan="2">IW0</td><td>IB0</td><td>I0. 7～I0. 0</td></tr>
<tr><td></td><td rowspan="2">IW1</td><td>IB1</td><td>I1. 7～I1. 0</td></tr>
<tr><td rowspan="2">IW2</td><td></td><td>IB2</td><td>I2. 7～I2. 0</td></tr>
<tr><td></td><td></td><td>IB3</td><td>I3. 7～I3. 0</td></tr>
</table>

表 3-12 输出存储区

<table>
<tr><th>双字</th><th colspan="3">字</th><th>字节</th><th>位</th></tr>
<tr><td rowspan="4">QD0</td><td></td><td></td><td rowspan="2">QW0</td><td>IB0</td><td>Q0. 7～Q0. 0</td></tr>
<tr><td></td><td rowspan="2">QW1</td><td>IB1</td><td>Q1. 7～Q1. 0</td></tr>
<tr><td rowspan="2">QW2</td><td></td><td>IB2</td><td>Q2. 7～Q2. 0</td></tr>
<tr><td></td><td></td><td>IB3</td><td>Q3. 7～Q3. 0</td></tr>
</table>

（二）PLC 的寻址方式

S7-200 将信息存于不同的存储单元，每个单元有一个唯一的地址，系统允许用户以字节、字、双字为单位存取信息。提供参与操作的数据地址的方法，称为寻址方式。S7-200 数据寻址方式有立即寻址、直接寻址和间接寻址 3 大类。立即寻址的数据在指令中以常数形式出现。直接寻址又包括位、字节、字和双字 4 种寻址方式。

1. 直接寻址方式

直接寻址方式是指在指令中明确指出了存取数据的存储器地址，允许用户程序直接存取信息。数据的直接地址包括内存区域标志符、数据大小及该字节的地址或字、双字的起始地址、位分隔符和位。直接访问字节、字、双字数据时，必须指明数据存储区域、数据长度及起始地址。当数据长度为字或双字时，最高有效字节为起始地址字节。如图 3-51 左图所示，其中有些参数可以省略，详见图中说明。

（1）按位寻址

按位寻址的格式为：Ax.y，使用时必须指明元件名称、字节地址和位号。如 I5.2，表示要访问的是输入寄存器区第 5 字节的第 2 位。可以按位寻址的编程元件有输入映像寄存器（I）、输出映像寄存器（Q）、内部标志位存储器（M）、特殊标志位存储器（SM）、局部变量存储器（L）、变量存储器（V）和顺序控制继电器（S）等。

（2）按字节、字和双字寻址

按字节、字或双字寻址的方式存储数据时，需要指明编程元件名称、数据长度和首字节地址编号。应当注意：在按字或双字寻址时，首地址字节为最高有效字节。

2. 间接寻址方式

间接寻址是指使用地址指针来存取存储器中的数据。使用前，首先将数据所在单元的内存地址放入地址指针寄存器中，然后根据此地址指针存取数据。S7-200 CPU 中允许使用指针进行间接寻址的存储区域有 I、Q、V、M、S、T、C。使用间接寻址的步骤如下。

（1）建立地址指针

内存地址的指针为双字长度（32 位），故可以使用 V、L、AC 作为地址指针。必须采用双字传送指令（MOVD）将内存的某个地址移入到指针当中，以生成地址指针。指令中的操作数（内存地址）必须使用“&”符号表示内存某一位置的地址（32 位）。

例如，MOVD &VB200，AC1，这个命令将 VB200 这个 32 位地址值送入 AC1。注意：装入 AC1 中的是地址，而不是要访问的数据，如图 3-53 所示。

（2）用指针来存取数据

VB200 是直接地址编号，& 为地址符号，将本指令中 &VB200 改为 &VW200 或 VD200，指令功能不变。但 STEP7-Micro/WIN 软件编译时会自动修正为 &VB200。用指针存取数据的过程是：在使用指针存取数据的指令中，操作数前加有“*”表示该操作数为地址指针。

例如，MOVW * AC1，AC0，将 AC1 作为内存地址指针，把以 AC1 中内容为起始地址的内存单元的 16 位数据送到累加器 AC0 中，如图 3-53 所示。

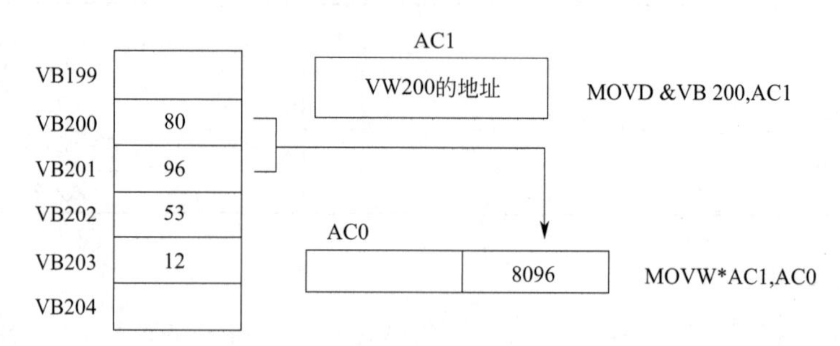

图 3-53 间接寻址示意图

五、任务评价

通过对本任务相关知识的学习和应用操作实施，对任务实施过程和任务完成情况进行评价。包括对知识、技能、素养、职业态度等多个方面，主要由小组对成员的评价和教师对小组整体的评价两部分组成。学生和教师评价的占比分别为 40% 和 60%。教师评价标准见表 1，小组评价标准见表 2。

表1　教师评价表

<table>
<tr><td colspan="2">子任务编号及名称</td><td></td><td>班级</td><td colspan="5"></td></tr>
<tr><td rowspan="2">序号</td><td rowspan="2">评价项目</td><td rowspan="2">评价标准</td><td colspan="6">评价等级</td></tr>
<tr><td>A组</td><td>B组</td><td>C组</td><td>D组</td><td>E组</td><td>F组</td></tr>
<tr><td>1</td><td>职业素养40%
(成员参与度、团队协助)</td><td>优:能进行合理分工,在实施过程中能相互协商、讨论,所有成员全部参与;
良:能进行分工,在实施过程中相互协商、帮助不够,多少成员参与;
中:分工不合理,相互协调差,成员参与度低;
差:相互间不协调、讨论,成员参与度低</td><td></td><td></td><td></td><td></td><td></td><td></td></tr>
<tr><td>2</td><td>专业知识30%
(程序设计)</td><td>优:正确完成全部程序设计,并能说出程序设计思路;
良:正确完成全部程序,但无法解释程序;
中:完成部分动作程序,能解释程序作用;
差:未进行程序设计</td><td></td><td></td><td></td><td></td><td></td><td></td></tr>
<tr><td>3</td><td>专业技能30%
(系统调试)</td><td>优:控制系统完全按照控制要求工作;
良:经调试后,控制系统基本按照控制要求动作;
中:系统能完成部分动作;
差:系统不工作</td><td></td><td></td><td></td><td></td><td></td><td></td></tr>
<tr><td>其他</td><td>扩展任务完成情况</td><td>完成基本任务的情况下,完成扩展任务,小组成绩加5分,否则不加分</td><td></td><td></td><td></td><td></td><td></td><td></td></tr>
<tr><td colspan="3">教师评价合计(百分制)</td><td></td><td></td><td></td><td></td><td></td><td></td></tr>
</table>

表2　小组评价表

<table>
<tr><td colspan="2">子任务编号及名称</td><td></td><td>班级</td><td colspan="3"></td><td>组别</td><td></td></tr>
<tr><td rowspan="2">序号</td><td rowspan="2">评价项目</td><td rowspan="2">评价标准</td><td colspan="6">评价等级</td></tr>
<tr><td>组长</td><td>B同学</td><td>C同学</td><td>D同学</td><td>E同学</td><td>F同学</td></tr>
<tr><td>1</td><td>守时守约30%</td><td>优:能完全遵守实训室管理制度和作息制度;
良:能遵守实训室管理制度,无缺勤;
中:能遵守实训室管理制度,迟到、早退2次以内;
差:违反实训室管理制度,有1次旷课或迟到、早退3次</td><td>□ 优
□ 良
□ 中
□ 差</td><td>□ 优
□ 良
□ 中
□ 差</td><td>□ 优
□ 良
□ 中
□ 差</td><td>□ 优
□ 良
□ 中
□ 差</td><td>□ 优
□ 良
□ 中
□ 差</td><td>□ 优
□ 良
□ 中
□ 差</td></tr>
<tr><td>2</td><td>学习态度30%</td><td>优:积极主动查阅资料,并解决老师布置的问题;
良:能积极查阅资料,寻求解决问题的方法,但效果不佳;
中:不能主动寻求解决问题的方法,效果差距较大;
差:碰到问题观望、等待、不能解决任何问题</td><td>□ 优
□ 良
□ 中
□ 差</td><td>□ 优
□ 良
□ 中
□ 差</td><td>□ 优
□ 良
□ 中
□ 差</td><td>□ 优
□ 良
□ 中
□ 差</td><td>□ 优
□ 良
□ 中
□ 差</td><td>□ 优
□ 良
□ 中
□ 差</td></tr>
<tr><td>3</td><td>团队协作30%</td><td>优:积极配合组长安排,能完成安排的任务;
良:能配合组长安排,完成安排的任务;
中:能基本配合组长安排,基本完成任务;
差:不配合组长安排,也不完成任务</td><td>□ 优
□ 良
□ 中
□ 差</td><td>□ 优
□ 良
□ 中
□ 差</td><td>□ 优
□ 良
□ 中
□ 差</td><td>□ 优
□ 良
□ 中
□ 差</td><td>□ 优
□ 良
□ 中
□ 差</td><td>□ 优
□ 良
□ 中
□ 差</td></tr>
</table>

续表

<table>
<tr><td colspan="2">子任务编号及名称</td><td></td><td>班级</td><td colspan="3"></td><td>组别</td><td></td></tr>
<tr><td rowspan="2">序号</td><td rowspan="2">评价项目</td><td rowspan="2">评价标准</td><td colspan="6">评价等级</td></tr>
<tr><td>组长</td><td>B 同学</td><td>C 同学</td><td>D 同学</td><td>E 同学</td><td>F 同学</td></tr>
<tr><td>4</td><td>劳动态度 10%</td><td>优：主动积极完成实训室卫生清理和工具整理工作；
良：积极配合组长安排，完成实训设备清理和工具整理工作；
中：能基本配合组长安排，完成实训设备的清理工作；
差：不劳动，不配合</td><td>□ 优
□ 良
□ 中
□ 差</td><td>□ 优
□ 良
□ 中
□ 差</td><td>□ 优
□ 良
□ 中
□ 差</td><td>□ 优
□ 良
□ 中
□ 差</td><td>□ 优
□ 良
□ 中
□ 差</td><td>□ 优
□ 良
□ 中
□ 差</td></tr>
<tr><td colspan="3">学生评价合计(百分制)</td><td></td><td></td><td></td><td></td><td></td><td></td></tr>
</table>

注：各等级优＝95，良＝85，中＝75，差＝50，选择即可。

思考与练习

1. 常用的 PLC 输入器件有哪些？输出器件有哪些？

2. 试设计电动机点动-长动的 PLC 控制程序，并列写出 I/O 分配表，画出 PLC 外部接线图。

3. 试设计两地控制一台电动机正反转控制的 PLC 程序，并列写出 I/O 分配表，画出 PLC 外部接线图。

任务四
PLC 实现两台电动机顺序控制

一、任务要求

应用 PLC 基本指令，完成两台电动机顺序启停控制系统的安装和程序调试，要求学生熟悉并掌握定时器指令的用法。

如图 3-54 所示，按下启动按钮 SB1 后，第一台电动机 M1 启动，5s 后第二台电动机启动，完成相关工作后，按下停止按钮 SB2，两台电动机同时停止。

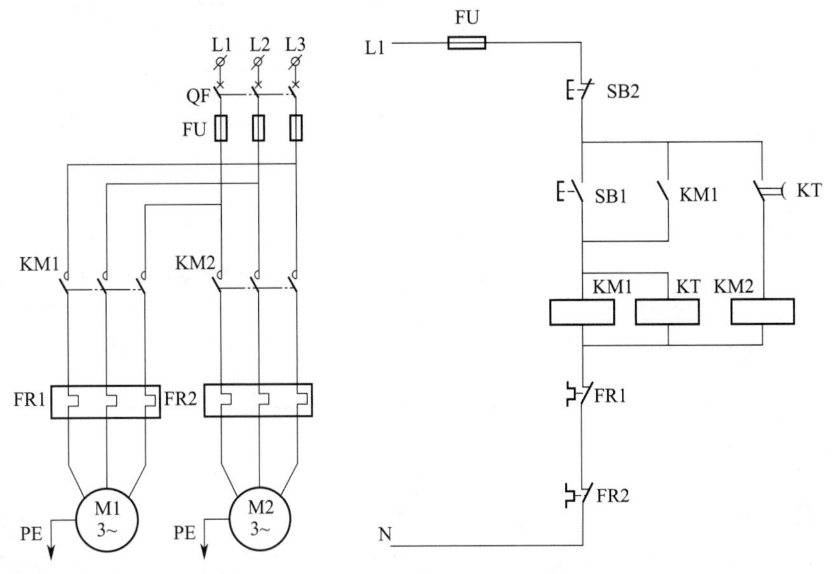

图 3-54　两台电动机顺序启动控制原理图

二、相关知识

（一）定时器指令格式及功能

S7-200 的 CPU22X 系列的 PLC 共有 256 个定时器，编号范围为 T0～T255，均为增量型定时器，用于实现时间控制；按照工作方式，可分成接通延时型定时器 TON、断开延时型定时器 TOF、有记忆接通延时型定时器 TONR 3 种；按时基脉冲分为 1ms、10ms 和 100ms 3 种。对应的编号和精度等级见表 3-13 。

表 3-13　定时器的类型、定时精度及编号

定时器类型	精度等级/ms	最大当前值/s	定时器编号
TON/TOF	1	32.767	T32,T96
	10	327.67	T33～T36,T97～T100

续表

定时器类型	精度等级/ms	最大当前值/s	定时器编号
TON/TOF	100	3276.7	T37～T63,T101～T255
TONR	1	32.767	T0,T64
	10	327.67	T1～T4,T65～T68
	100	3276.7	T5～T31,T69～T95

每个定时器包含一个状态位、一个 16 位的当前值寄存器和一个 16 位的预置值（设定值）寄存器。定时器的延时时间＝设定值×时基，时基越大，延时范围就越大，但精度也就越低。定时器的编号一旦确定，其相应的分辨率就随之而定，且同一个定时器编号不能重复使用。定时器指令的格式及功能见表 3-14。

表 3-14　定时器指令格式及功能

类型	梯形图 LAD	语句表 STL	指令功能
接通延时定时器 (On-Delay Timer)	Txxx IN　TON PT	TON Txxx,PT	使能输入端接通时,当前值从 0 开始计时,当前值等于设定值时,定时器状态为 ON,当前值连续计数到 32767;使能输入断开,定时器自动复位,即定时器状态位为 OFF,当前值为 0
有记忆接通 延时定时器 (Retentive On-Delay Timer)	Txxx IN　TON PT	TONR Txxx,PT	使能输入端接通时,当前值从 0 开始计时。使能输入断开,定时器位和当前值保持不变。使能输入再次接通时,当前值从上次的保持值继续计数,当累计当前值达到设定值时,定时器状态为 ON,当前值连续计数到 32767
断开延时定时器 (Off-Delay Timer)	Txxx IN　TOF PT	TOF Txxx,PT	使能输入端接通时,定时器状态位为 ON,当前值清 0。当使能输入断开时,定时器当前值从 0 开始计数,当前值等于设定值时,定时器状态位为 OFF,停止计数,当前值保持不变

（二）定时器指令的使用

1. 接通延时定时器 TON

三节传送带
顺序启停控制

接通延时定时器指令用于单一间隔的定时。上电周期或首次扫描，定时器位为 OFF，当前值为 0。使能输入接通时，定时器位为 OFF，当前值从 0 开始计数，当前值达到预设值时，定时器位为 ON，当前值连续计数到 32767。使能输入断开时，定时器自动复位，即定时器位变为 OFF，当前值为 0。

TON 指令的应用如图 3-55 所示。

TON 指令的功能见表 3-15。

表 3-15　TON 指令的功能表

触发信号	TON			
	当前值	位	常开触头 NO	常闭触头 NC
断开时	清零	0	断开	闭合
接通时	开始计时	当前值≥设定值,为 1	位值为 1 时,闭合	位值为 1 时,断开

2. 有记忆接通延时定时器 TONR

有记忆接通延时定时器指令用于多间隔的累计定时。上电周期或首次扫描，定时器位为

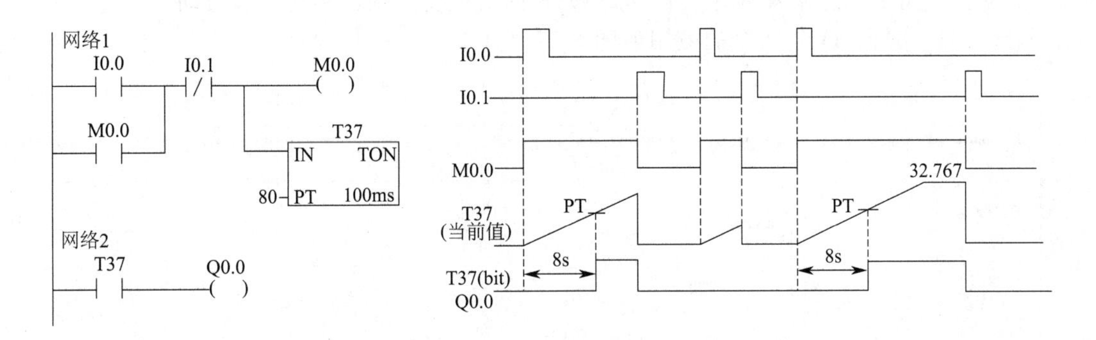

图 3-55 TON 指令应用程序举例

OFF，当前值保持。使能输入接通时，定时器位为 OFF，当前值从 0 开始计数。使能输入断开，定时器位和当前值保持最后状态。使能输入再次接通时，当前值从上次的保持值继续计数，当累计当前值达到预设值时，定时器位为 ON，当前值连续计数到 32767。TONR 定时器只能用复位指令进行复位操作。

有记忆接通延时定时器 TONR 指令的应用如图 5-56 所示。

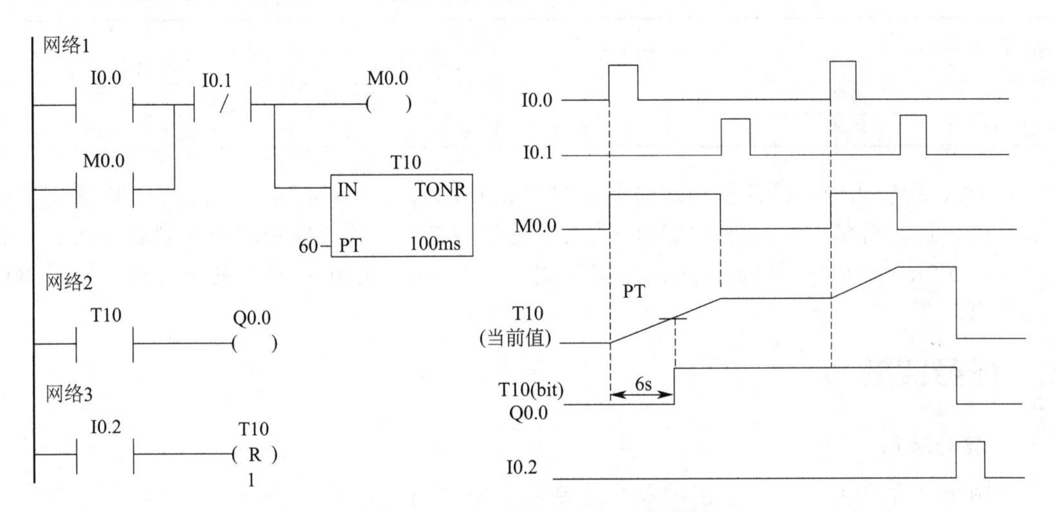

图 3-56 TONR 指令应用程序举例

TONR 指令的功能见表 3-16。

表 3-16 TONR 指令的功能表

触发信号	复位信号	TONR			
		当前值	位	常开触头 NO	常闭触头 NC
断开时	—	保持	当前值<设定值，为 0	断开	闭合
			当前值≥设定值，为 1	—	—
接通时	—	开始计时	当前值≥设定值，为 1	位值为 1 时，闭合	位值为 1 时，断开
—	接通时	清零	0	断开	闭合

3. 断开延时定时器 TOF

断开延时定时器指令用于断开后的单一间隔定时。上电周期或首次扫描，定时器位为 OFF，当前值为 0。使能输入接通时，定时器位为 ON，当前值为 0。当使能输入断开时，定时器开始计数，当前值达到预设值时，定时器位为 OFF，当前值等于预设值，停止计数。

TOF 复位后，如果使能输入再有从 ON 到 OFF 的负跳变，则可实现再次启动。

断开延时定时器 TOF 指令的应用如图 3-57 所示。

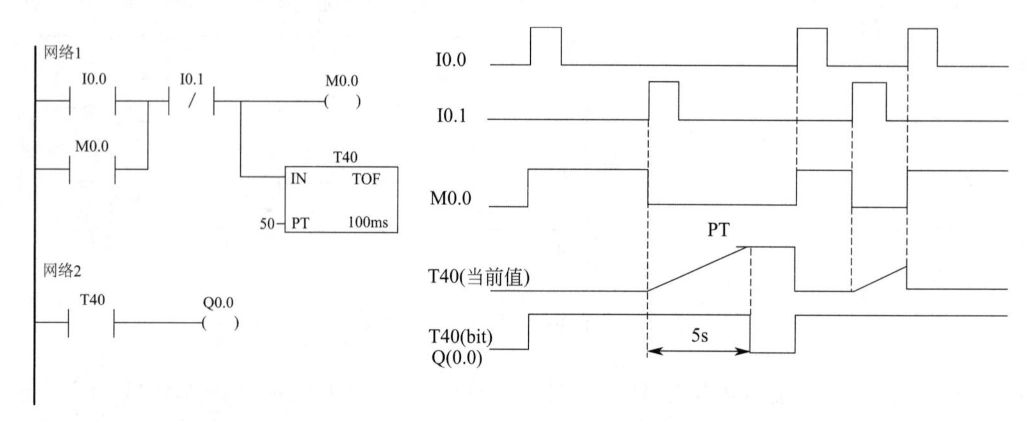

图 3-57　TOF 指令应用程序举例

TOF 指令功能见表 3-17。

表 3-17　TOF 指令的功能表

触发信号	TOF			
	当前值	位	常开触头 NO	常闭触头 NC
接通时	清零	1	位值为 1 时，闭合	位值为 1 时，断开
断开时	开始计时	当前值＝设定值，为 0	位值为 0 时，断开	位值为 0 时，闭合

在 PLC 的应用中，经常使用定时器的自复位功能，即利用定时器自己的动断触头使定时器复位。这里需要注意，要使用定时器的自复位功能，必须考虑定时器的刷新方式。一般情况下，100ms 时基的定时器常采用自复位逻辑，而 1ms 和 10ms 时基的定时器不可采用自复位逻辑。

三、任务实施

（一）设备准备

控制柜（含 PLC、按钮、接触器、熔断器、空气开关、电动机等）、安装了 STEP 7-Micro/WIN 编程软件的计算机、PC/PPI 编程电缆、连接导线及必备的电工工具。

（二）I/O 分配

分析图 3-54 电路原理，SB1 和 SB2 分别是电动机 M1 的启动和停止按钮，SB2 同时也是电动机 M2 的停止按钮，但 M2 的启动是由通电延时型时间继电器 KT 控制的，在用 PLC 实现时，用定时器完成此功能。为了将这个控制关系用 PLC 控制器实现，PLC 需要输入点 2 个（为了节约输入点，未将热继电器作为输入点），输出点 2 个，定时器 1 个。输入/输出分配见表 3-18 所示。

表 3-18　输入/输出分配

输入		输出	
输入器件	输入点	输出器件	输出点
启动按钮 SB1	I0.0	KM1 线圈	Q0.0
停止按钮 SB2	I0.1	KM2 线圈	Q0.1

(三) PLC 外围接线设计

根据 I/O 分配表，设计并绘制 PLC 的外围接线图，如图 3-58 所示。PLC 控制系统中的所有输入触头类型全部采用常开触头。

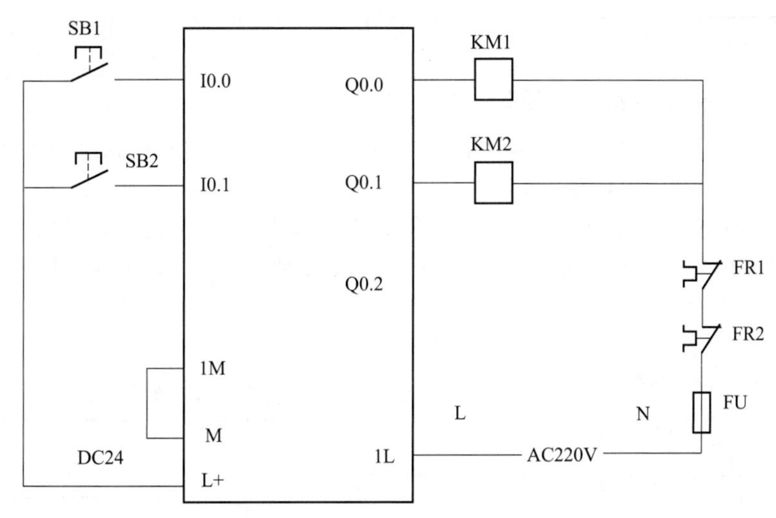

图 3-58　PLC 外围接线图

(四) 设计调试梯形图程序

利用通电延时型定时器 T37 实现 5s 延时，其梯形图参考程序如图 3-59 所示。

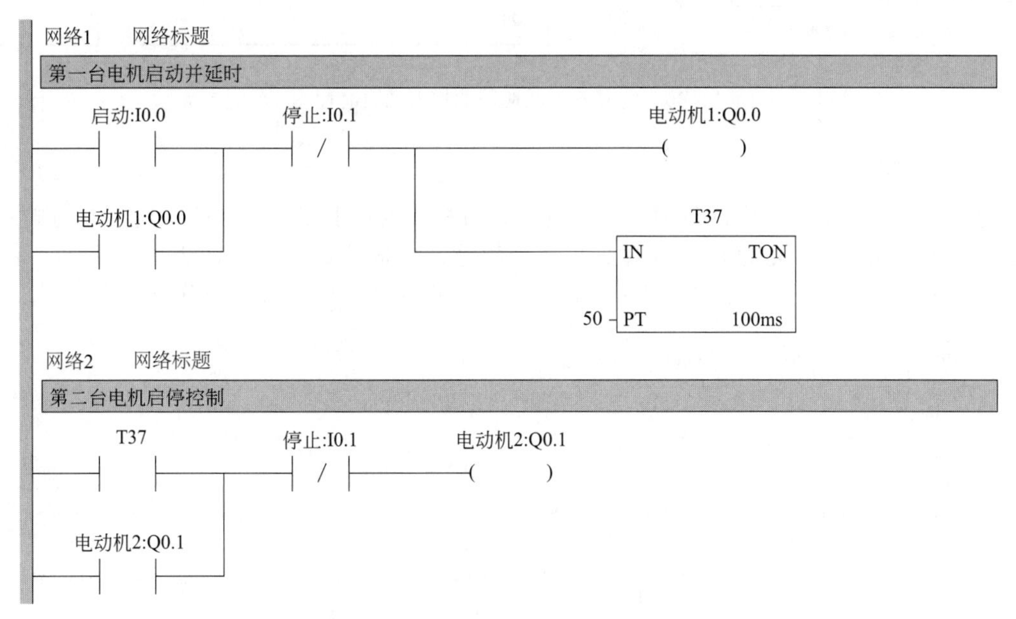

图 3-59　两台电机顺序控制参考程序

程序编辑完成后，利用软件进行程序调试，检查程序的正确性。

(五) 安装、接线并检查

① 在断电状态下，按照图 3-58，装接 PLC 外围电路。

② 按图 3-54 连接电动机的主电路。

③ 接线完成后，使用万用表进行测试，检查线路是否有误。

（六）控制功能调试

在程序无误、接线正确的情况下，联机调试。边监控程序边检查控制功能的实现。

四、任务扩展

（一）定时器的串接使用实现长延时

定时器最大的延时范围为 100ms×32767＝3276.7s，要想实现比这个时间更长的延时功能，可以利用多个定时器串接使用。

图 3-60 中，使用了两个定时器，并利用 T37 的常开触头控制 T38 的启动，输出线圈 Q0.0 的启动时间由两个定时器的设定值决定，从而实现长延时，即开关 I0.0 闭合后，延时 3＋5＝8s，Q0.0 才得电。

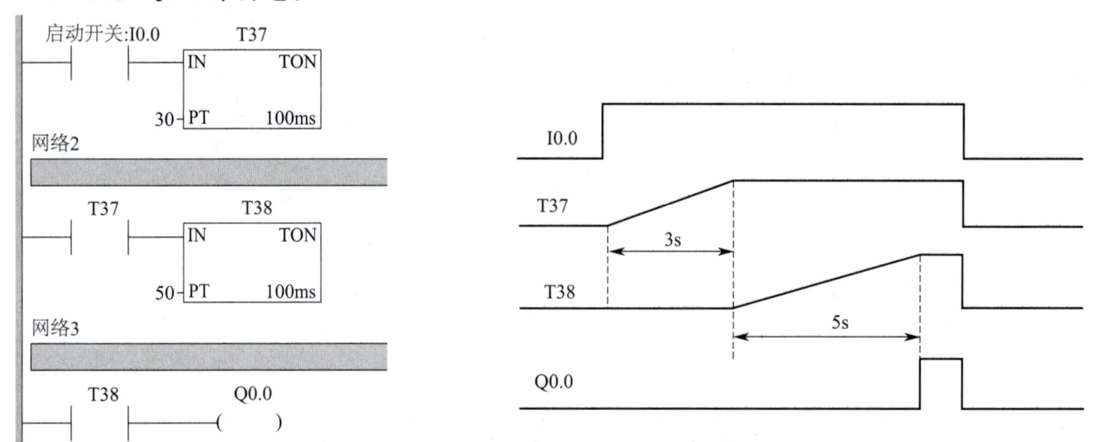

图 3-60 定时器串联使用的梯形图及时序图

（二）闪烁电路

定时器除了能完成一定的延时任务以外，还可构成闪烁电路。使用两个定时器构成一个指示灯闪烁电路。这个电路也可以看成是一个秒脉冲生成器，它可以产生周期为 1s、占空比为 50%的脉冲信号，如图 3-61 所示。此电路的工作原理，读者可自行分析。

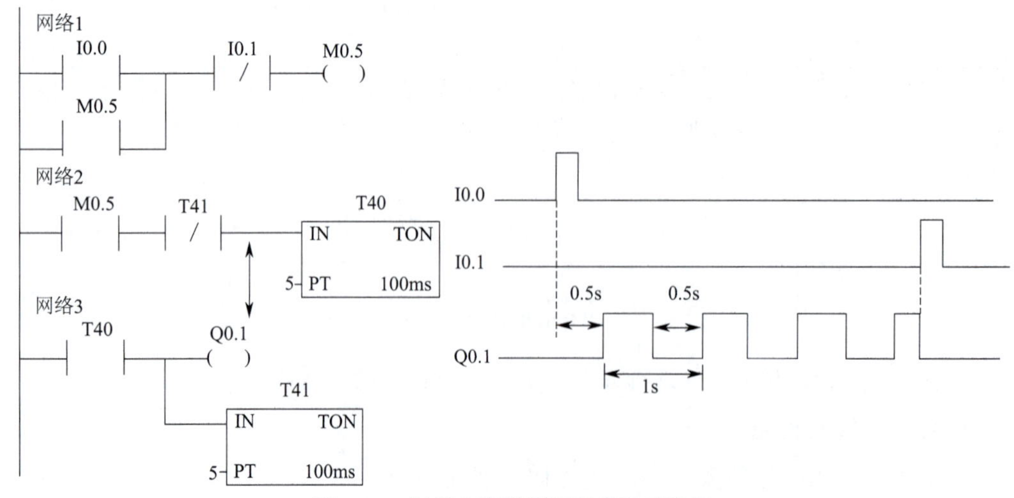

图 3-61 闪烁电路梯形图程序及时序图

五、任务评价

通过对本任务相关知识的学习和应用操作实施，对任务实施过程和任务完成情况进行评价。包括对知识、技能、素养、职业态度等多个方面，主要由小组对成员的评价和教师对小组整体的评价两部分组成。学生和教师评价的占比分别为40%和60%。教师评价标准见表1，小组评价标准见表2。

表1　教师评价表

子任务编号及名称			班级					
序号	评价项目	评价标准	评价等级					
			A组	B组	C组	D组	E组	F组
1	职业素养40% （成员参与度、团队协助）	优：能进行合理分工，在实施过程中能相互协商、讨论，所有成员全部参与； 良：能进行分工，在实施过程中相互协商、帮助不够，多少成员参与； 中：分工不合理，相互协调差，成员参与度低； 差：相互间不协调、讨论，成员参与度低						
2	专业知识30% （程序设计）	优：正确完成全部程序设计，并能说出程序设计思路； 良：正确完成全部程序，但无法解释程序； 中：完成部分动作程序，能解释程序作用； 差：未进行程序设计						
3	专业技能30% （系统调试）	优：控制系统完全按照控制要求工作； 良：经调试后，控制系统基本按照控制要求动作； 中：系统能完成部分动作； 差：系统不工作						
其他	扩展任务完成情况	完成基本任务的情况下，完成扩展任务，小组成绩加5分，否则不加分						
教师评价合计（百分制）								

表2　小组评价表

子任务编号及名称			班级				组别	
序号	评价项目	评价标准	评价等级					
			组长	B同学	C同学	D同学	E同学	F同学
1	守时守约30%	优：能完全遵守实训室管理制度和作息制度； 良：能遵守实训室管理制度，无缺勤； 中：能遵守实训室管理制度，迟到、早退2次以内； 差：违反实训室管理制度，有1次旷课或迟到、早退3次	□ 优 □ 良 □ 中 □ 差	□ 优 □ 良 □ 中 □ 差	□ 优 □ 良 □ 中 □ 差	□ 优 □ 良 □ 中 □ 差	□ 优 □ 良 □ 中 □ 差	□ 优 □ 良 □ 中 □ 差
2	学习态度30%	优：积极主动查阅资料，并解决老师布置的问题； 良：能积极查阅资料，寻求解决问题的方法，但效果不佳； 中：不能主动寻求解决问题的方法，效果差距较大； 差：碰到问题观望、等待、不能解决任何问题	□ 优 □ 良 □ 中 □ 差	□ 优 □ 良 □ 中 □ 差	□ 优 □ 良 □ 中 □ 差	□ 优 □ 良 □ 中 □ 差	□ 优 □ 良 □ 中 □ 差	□ 优 □ 良 □ 中 □ 差

续表

子任务编号及名称			班级				组别	
序号	评价项目	评价标准	评价等级					
			组长	B 同学	C 同学	D 同学	E 同学	F 同学
3	团队协作 30%	优：积极配合组长安排，能完成安排的任务； 良：能配合组长安排，完成安排的任务； 中：能基本配合组长安排，基本完成任务； 差：不配合组长安排，也不完成任务	□ 优 □ 良 □ 中 □ 差	□ 优 □ 良 □ 中 □ 差	□ 优 □ 良 □ 中 □ 差	□ 优 □ 良 □ 中 □ 差	□ 优 □ 良 □ 中 □ 差	□ 优 □ 良 □ 中 □ 差
4	劳动态度 10%	优：主动积极完成实训室卫生清理和工具整理工作； 良：积极配合组长安排，完成实训设备清理和工具整理工作； 中：能基本配合组长安排，完成实训设备的清理工作； 差：不劳动，不配合	□ 优 □ 良 □ 中 □ 差	□ 优 □ 良 □ 中 □ 差	□ 优 □ 良 □ 中 □ 差	□ 优 □ 良 □ 中 □ 差	□ 优 □ 良 □ 中 □ 差	□ 优 □ 良 □ 中 □ 差
学生评价合计(百分制)								

注：各等级优=95，良=85，中=75，差=50，选择即可。

思考与练习

1. 试用 PLC 实现电动机的Y-△转换控制。

要求按下启动按钮 SB1 后，电动机以Y型方式运转，30 秒后转入△型全压运行。按下停止按钮 SB2 后，电动机停止运转。

2. I0.0 外接自锁按钮，当按下自锁按钮后，Q0.0、Q0.1、Q0.2 外接的灯循环点亮，每过一秒点亮一盏灯，点亮一盏灯的同时熄灭另一盏灯，请设计程序并调试。

3. PLC 控制三台交流异步电动机 M1、M2 和 M3 顺序启动，按下启动按钮 SB1 后，第一台电动机 M1 启动运行，5s 后第二台电动机 M2 启动运行，第二台电动机 M2 运行 8s 后第三台电动机 M3 启动运行，完成相关工作后按下停止按钮 SB2，三台电动机一起停止。要求：

(1) 画出主电路。

(2) 进行 PLC 资源分配，写出资源分配表。

(3) 画出 PLC 接线图。

(4) 根据接线图和功能要求，设计出梯形图。调试程序，直至实现功能。

4. PLC 控制三台交流异步电动机 M1、M2 和 M3 顺序启动，按下启动按钮 SB1 后，三台电动机顺序自动启动，间隔时间为 10s，完成相关工作后按下停止按钮 SB2，三台电动机逆序自动停止，间隔时间为 5s。若遇紧急情况，按下急停按钮 SB3，运行的电动机立即停止。要求：

(1) 进行 PLC 输入/输出分配，写出分配表。

(2) 画出 PLC 接线图。

(3) 根据接线图和功能要求，设计出梯形图。调试程序，直至实现功能。

5. 设计一报警电路，要求具有声光报警。当故障发生时，报警指示灯闪烁，报警电铃或蜂鸣器响。操作人员知道故障发生后，按消铃按钮，把电铃关掉，报警指示灯从闪烁变为常亮。故障消失后，报警灯熄灭。另外，还设置了试灯、试铃按钮，用于平时检测报警指示灯和电铃的好坏（故障信号 I0.0，消铃按钮 I1.0，试灯按钮 I1.1，报警灯 Q0.0，报警电铃 Q0.7）。

任务五
PLC 实现轧钢机控制

一、任务要求

应用 PLC 基本指令，完成轧钢机 PLC 控制系统的安装和程序调试，本任务要求学生熟悉并掌握计数器指令的用法。

某一轧钢机的模拟控制如图 3-62 所示，图中 S1 为检测传送带上有无钢板传感器，S2 为检测传送带上钢板是否到位传感器；M1、M2 为传送带电动机；M3F 和 M3R 为传送电动机 M3 正转和反转指示灯；Y1 为锻压机。

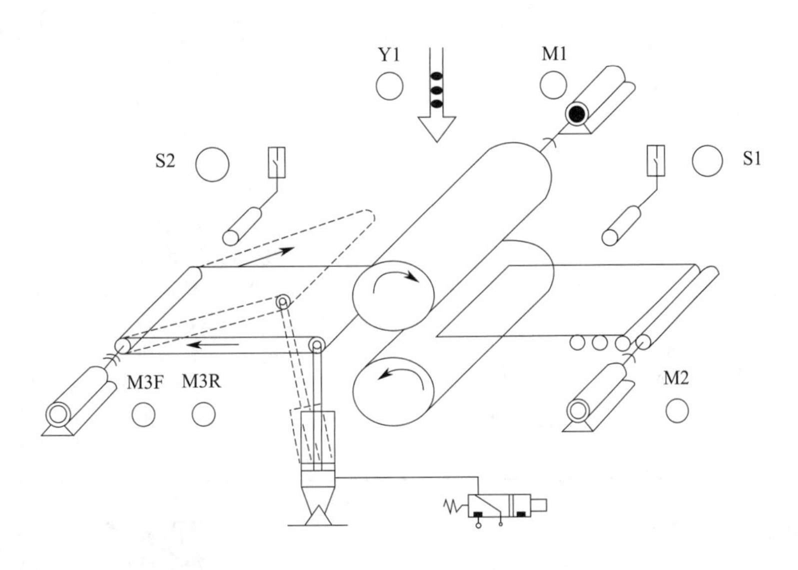

图 3-62　轧钢机的模拟控制示意图

按下启动按钮，电动机 M1、M2 运行，待加工钢板存储区中的钢板自动往传送带上运送。若 S1 表示检测到物件，电动机 M3 正转，即 M3F 亮。当传输带上的钢板已过 S1 检测信号且 S2 检测到钢板到位时，电动机 M3 反转，即 M3R 亮，同时电磁阀 Y1 动作。Y1 锻压机向钢板冲压一次，S2 信号消失。当 S1 再检测到有信号时，电动机 M3 正转，重复经过三次循环，停机一段时间（10s），取出成品后，继续运行，不需要按启动。按下停止按钮时，必须按启动后方可运行。注意若 S1 没动作，则 S2 将不会动作。

二、相关知识

（一）计数器指令的格式及功能

计数器用来累计输入脉冲的次数，在实际应用中用来对产品进行计数或完成复杂的逻辑控制任务。S7-200 的普通计数器有 3 种：递增计数器 CTU、递减计数器 CTD 和增减计数器 CTUD，共计 256 个，可根据实际编程的需要选择不同类型的计数器指令。计数器指令的编号范围是 C0～C255，每个计数器编号只能使用一次。计数器指令的格式及功能见表 3-19。

表 3-19　计数器指令的格式及功能

类型	梯形图 LAD	语句表 STL	指令功能
递增计数器 CTU (Counter UP)	Cxxx CU　CTU R PV	CTU Cxxx,PV	在 CU 端输入每个脉冲上升沿，计数器当前值从 0 开始增 1 计数。当前值不小于设定值(PV)时，计数器状态位置 1，当前值累加的最大值为 32767。复位输入(R)有效时，计数器状态复位(置 0)，当前计数器清零
递减计数器 CTD (Counter Down)	Cxxx CD　CTD LD PV	CTD Cxxx,PV	在 CD 端，每个脉冲上升沿到来时，计数器当前值从设定值开始减 1 计数，当前值减到 0 时，计数器状态位置 1，复位输入有效或执行复位指令时，计数器自动复位，即计数器状态位为 OFF，当前值装载为预设值，而不是 0
增减计数器 CTUD (Counter UP/Down)	Cxxx CU　CTUD CD R PV	CTUD Cxxx,PV	增减计数器指令有两个脉冲输入端，其中 CU 端用于递增计数，CD 端用于递减计数。执行增/减计数指令时，只要当前值不小于设定值(PV)，计数状态置 1，否则置 0。复位输入有效或执行复位指令时，计数器自动复位且当前值清零。达到当前值最大值 32767 后，下一个 CU 输入上升沿将使计数值变为最小值(－32 768)。达到最小值(－32 768)后，下一个 CD 输入上升沿将使计数值变为最大值 32767

(二) 计数器指令的使用

单向计数器指令

双向计数器指令

1. 增计数器 CTU

首次扫描，计数器位为 OFF，当前值为 0。在脉冲输入 CU 的每个上升沿，计数器计数 1 次，当前值增加 1 个单位，当前值达到预设值时，计数器位为 ON，当前值继续计数到 32767 停止计数。复位输入有效或执行复位指令，计数器自动复位，即计数器位为 OFF，当前值为 0。

图 3-63 为增计数器的程序段和时序图。

2. 增减计数器 CTUD

增减计数器指令有两个脉冲输入端：CU 输入端用于递增计数，CD 输入端用于递减计数。图 3-64 为增减计数器的程序段和时序图。

3. 减计数器 CTD

脉冲输入端 CD 用于递减计数。首次扫描，计数器位为 OFF，当前值等于预设值 PV。

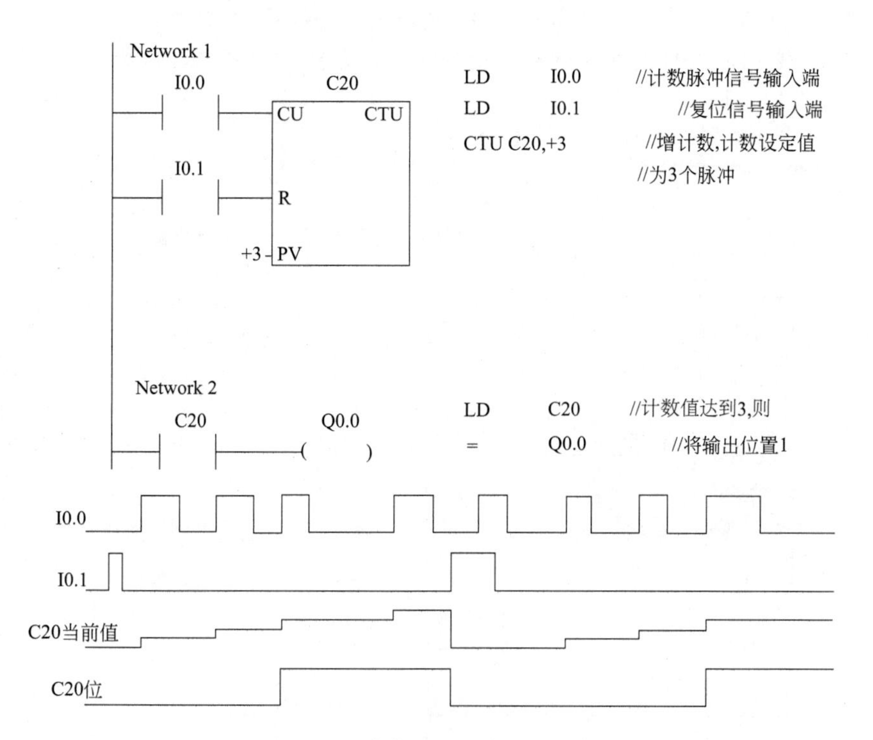

图 3-63 增计数器的程序段和时序图

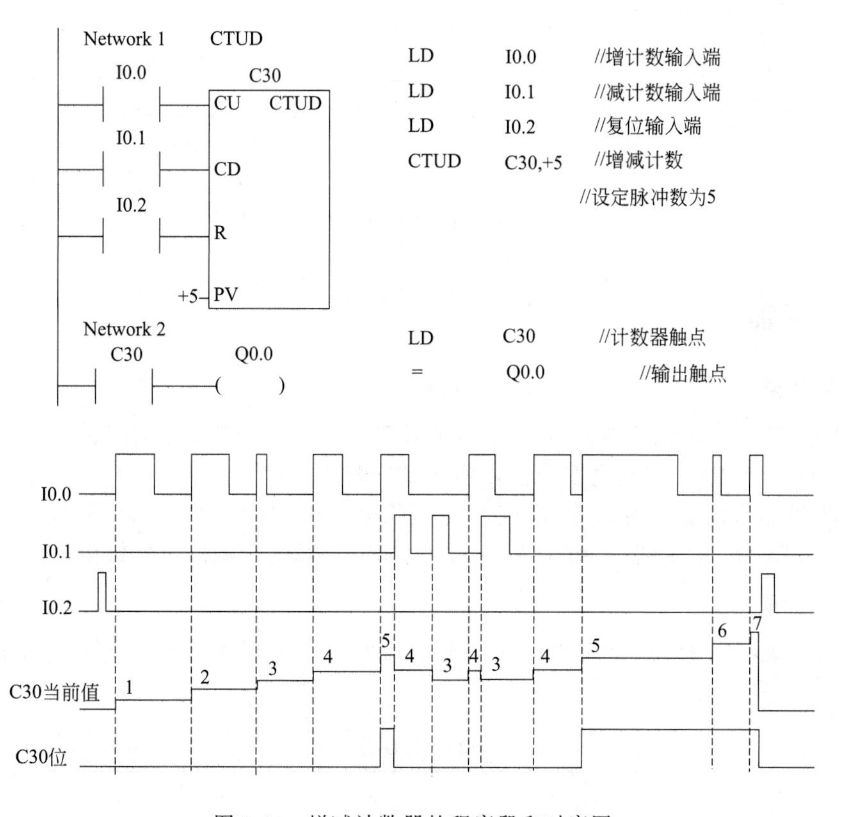

图 3-64 增减计数器的程序段和时序图

计数器检测到 CD 输入的每个上升沿时，计数器当前值减小 1 个单位；当前值减到 0 时，计数器位为 ON。复位输入有效或执行复位指令时，计数器自动复位，即计数器位为 OFF，当前值复位为预设值，而不是 0。

图 3-65 为减计数器的程序段和时序图。

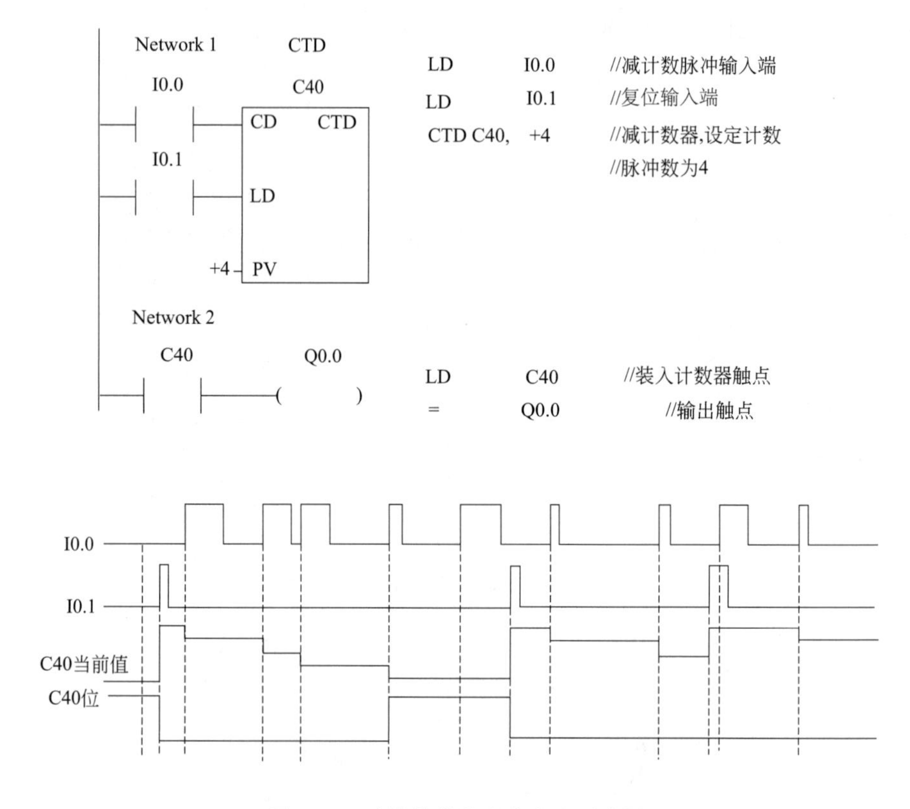

图 3-65 减计数器的程序段和时序图

三、任务实施

（一）设备准备

HRPL10 S7-200 可编程逻辑控制器实训装置，安装了 STEP7-Micro/WIN32 编程软件的计算机一台，PC/PPI 编程电缆一根，连接导线若干。

继电器-接触器控制转换为 PLC 控制时，原电路中的中间继电器、时间继电器用 PLC 中的辅助继电器 M、定时器 T 来代替，控制大电流负载的接触器仍然保留。

（二） I/O 分配

根据控制要求，确定出输入信号有 4 个，输出信号有 5 个，PLC 控制轧钢机的 I/O 分配表见 3-20。

表 3-20 I/O 分配表

输入		输出	
输入器件	输入点	输出器件	输出点
启动按钮 SB1	I0.0	控制 M1 电动机 KM1	Q0.0

续表

输入		输出	
输入器件	输入点	输出器件	输出点
停止按钮 SB2	I0.1	控制 M2 电动机 KM2	Q0.1
S1 检测信号	I0.2	Y1 锻压控制 KM3	Q0.2
S2 检测信号	I0.3	M3 正转指示 M3F	Q0.3
—	—	M3 反转指示 M3R	Q0.4

（三） PLC 控制轧钢机的外围接线图

根据 I/O 分配表，设计并绘制 PLC 的外围接线图，如图 3-66 所示。

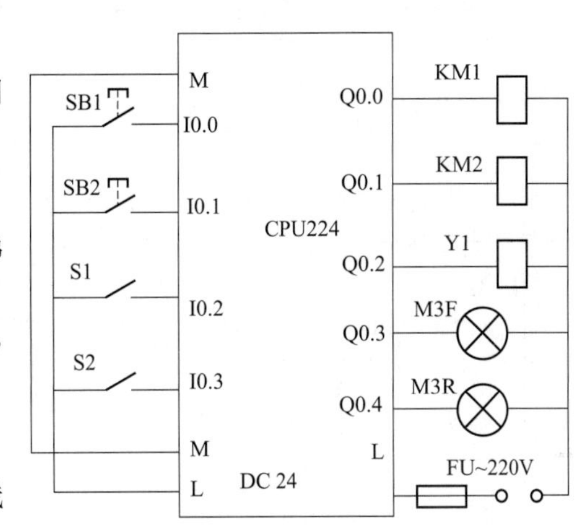

图 3-66　PLC 外围接线图

（四）设计调试梯形图程序

根据控制要求设计出 PLC 控制轧钢机的梯形图，参考程序如图 3-67 所示。

程序编辑完成后，利用软件进行程序调试，检查程序的正确性。

（五）安装、接线并检查

① 在断电状态下，按照图 3-66 所示的接线图连接 PLC 控制电路，并连接好电源。

② 接线完成后，使用万用表进行测试，检查线路是否有误。

（六）控制功能调试

在程序无误、接线正确的情况下，下载程序联机调试。边监控程序边检查控制功能的实现。

四、任务扩展

（一）扩展计数器电路

S7-200 系列 PLC 计数器的最大计数范围是 32767，若需要更大的计数范围，则需要进行扩展。计数器扩展电路如图 3-68 所示。它由两个计数器组合而成，C1 形成了一个设定值为 100 次的自动复位计数器。计数器 C1 对 I0.1 的接通次数进行计数，I0.1 的触头每闭合 100 次，C1 自复位，重新开始计数。同时连接到计数器 C2 的 CU 端的 C1 的常开触头闭合，使 C2 计数一次。当 C2 计数次数到 2000 次时，I0.1 共接通 100×2000＝200000 次，C2 的常开触头闭合，线圈 Q0.0 通电。该电路的计数值为两个计数器的乘积。

（二）计数器与定时器组合使用实现长延时

如图 3-69 中，利用定时器与计数器组合，实现了长达 1000h 的延时。还可以利用特殊辅助继电器 SM，让其充当定时器的角色，如图 3-70 所示，利用 SM0.4 这个分脉冲，同样可以实现长达 1000h 的延时控制。

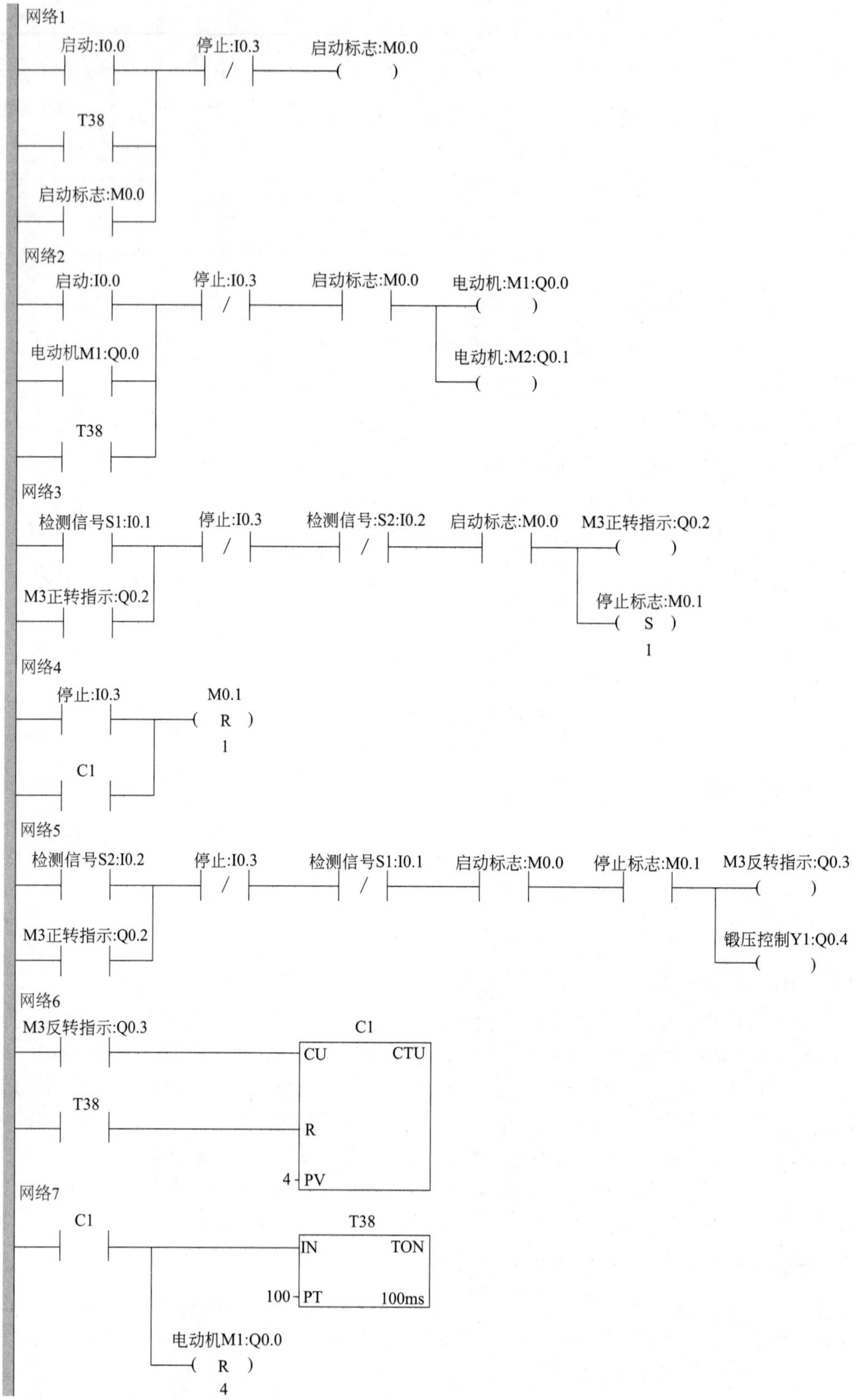

网络1

启动:I0.0　停止:I0.3　启动标志:M0.0

T38

启动标志:M0.0

网络2

启动:I0.0　停止:I0.3　启动标志:M0.0　电动机:M1:Q0.0

电动机M1:Q0.0　电动机:M2:Q0.1

T38

网络3

检测信号S1:I0.1　停止:I0.3　检测信号:S2:I0.2　启动标志:M0.0　M3正转指示:Q0.2

M3正转指示:Q0.2　停止标志:M0.1

S

1

网络4

停止:I0.3　M0.1

R

1

C1

网络5

检测信号S2:I0.2　停止:I0.3　检测信号S1:I0.1　启动标志:M0.0　停止标志:M0.1　M3反转指示:Q0.3

M3正转指示:Q0.2　锻压控制Y1:Q0.4

网络6

M3反转指示:Q0.3　C1

CU　CTU

T38　R

4　PV

网络7

C1　T38

IN　TON

100　PT　100ms

电动机M1:Q0.0

R

4

图 3-67　PLC 控制轧钢机参考程序

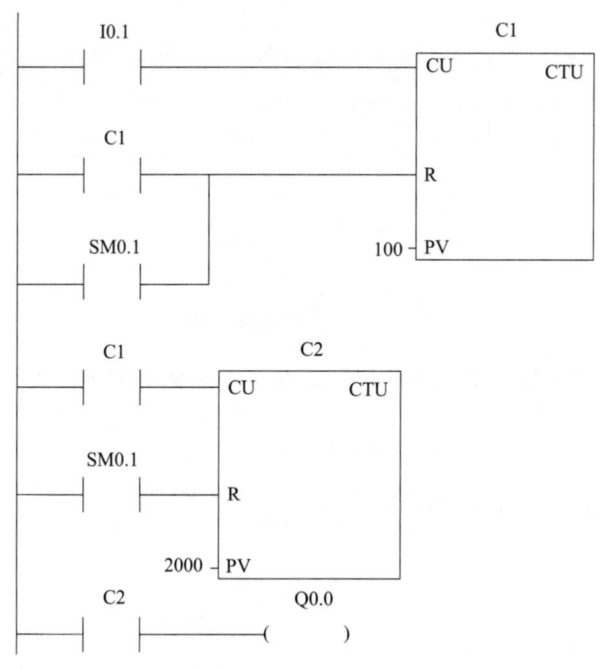

图 3-68 扩展计数器电路

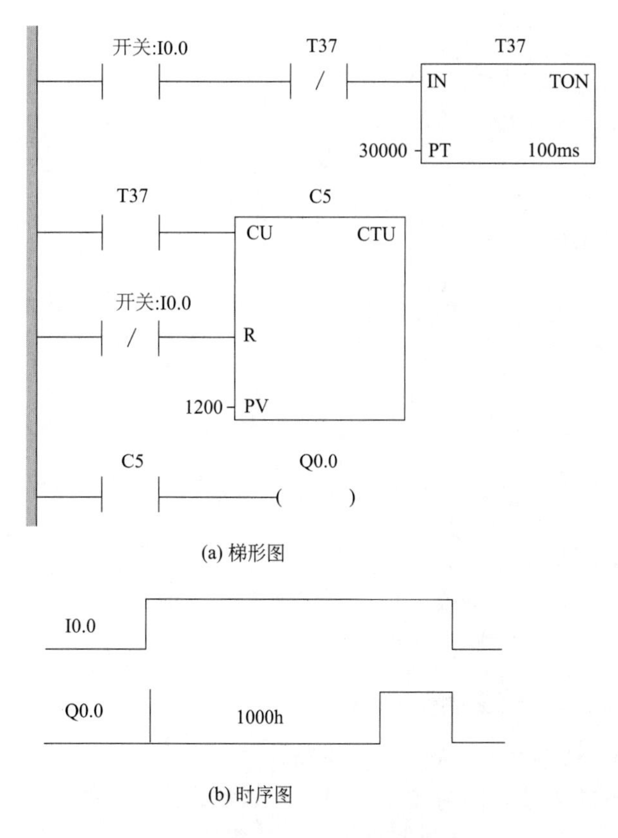

图 3-69 定时器与计数器组合实现长延时的程序片段

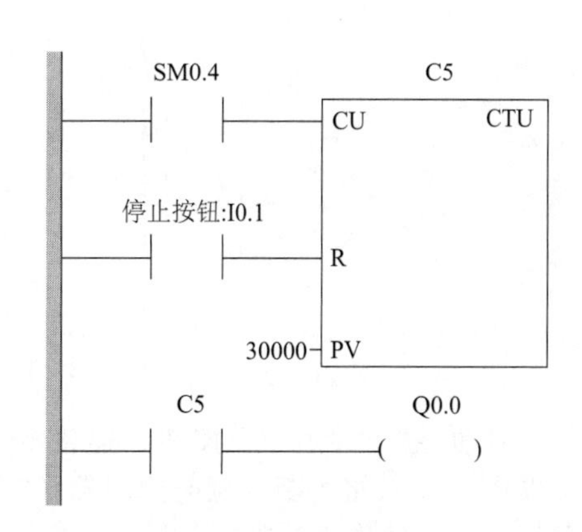

图 3-70 特殊辅助继电器和计数器配合实现长延时的梯形图

（三）二分频电路

二分频电路也叫单按钮电路。在许多控制场合，需要对控制信号进行分频，有时为了节约一个输入点，也需要采用分频电路。图 3-71 是二分频电路时序图。

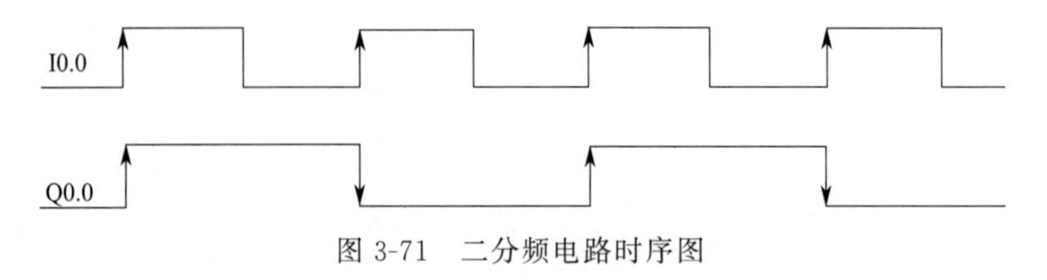

图 3-71　二分频电路时序图

图 3-72 所示为利用计数器实现单按钮启动和停止的梯形图参考程序。

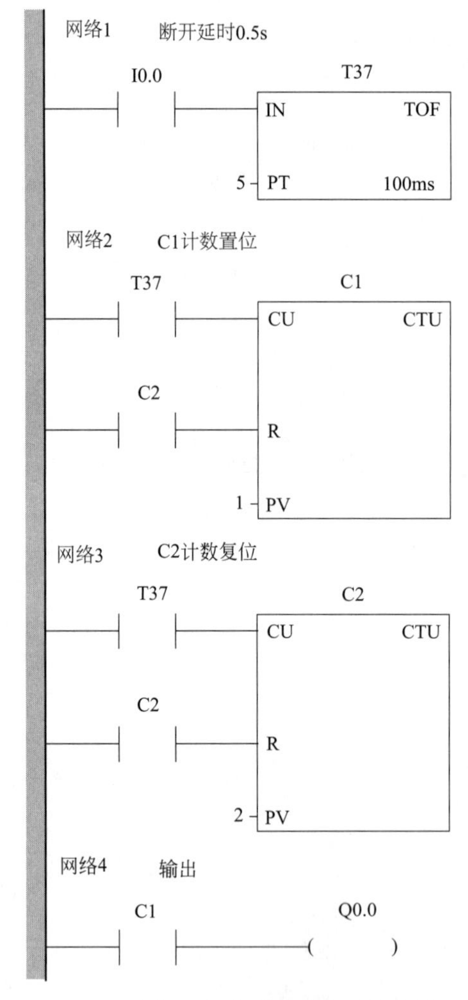

图 3-72　单按钮启动/停止控制参考程序

启动/停止共用一个按钮，连接 I0.0，负载连接 Q0.0。为消除连续按下按钮时产生的误操作，I0.0 接入断开延时定时器 T37 的输入端，因为 T37 延时 0.5s，所以对 0.5s 时间内重复的按钮动作不计数。当第一次按下按钮时，T37 常开触头闭合，计数器 C1，C2 当前计数值为 1，C1 常开触头闭合，Q0.0 接通，负载通电；当第二次按下按钮时，C2 常开触头闭合，C1，C2 均被复位，Q0.0 断电，负载失电。

利用脉冲指令也可实现二分频，参考程序如图 3-73 所示。I0.0 第一个脉冲到来时，PC 第一次扫描，M0.0 ON 一个扫描周期，Q0.0 ON，第二次扫描，Q0.0 自锁；I0.0 第二个脉冲到来时，PC 第一次扫描，M0.0 ON，M0.1 ON，Q0.0 断开，第二次扫描，M0.0 断开，Q0.0 保持断开，以此类推。

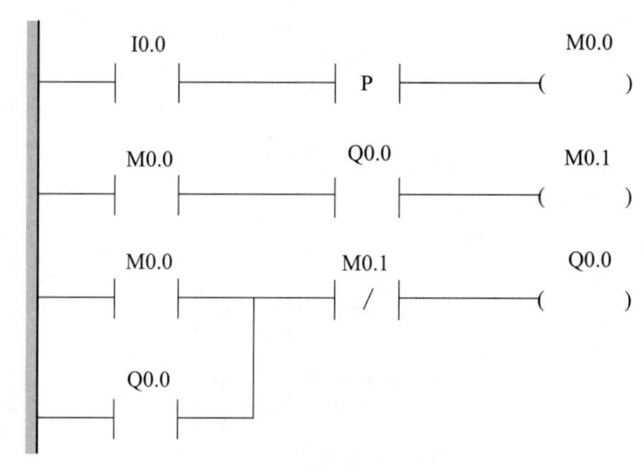

图 3-73　二分频控制参考程序

五、任务评价

通过对本任务相关知识的学习和应用操作实施，对任务实施过程和任务完成情况进行评价。包括对知识、技能、素养、职业态度等多个方面，主要由小组对成员的评价和教师对小组整体的评价两部分组成。学生和教师评价的占比分别为 40% 和 60%。教师评价标准见表 1，小组评价标准见表 2。

表 1　教师评价表

子任务编号及名称			班级					
序号	评价项目	评价标准	评价等级					
			A 组	B 组	C 组	D 组	E 组	F 组
1	职业素养 40%（成员参与度、团队协助）	优：能进行合理分工，在实施过程中能相互协商、讨论，所有成员全部参与； 良：能进行分工，在实施过程中相互协商、帮助不够，多少成员参与； 中：分工不合理，相互协调差，成员参与度低； 差：相互间不协调、讨论，成员参与度低						
2	专业知识 30%（程序设计）	优：正确完成全部程序设计，并能说出程序设计思路； 良：正确完成全部程序，但无法解释程序； 中：完成部分动作程序，能解释程序作用； 差：未进行程序设计						
3	专业技能 30%（系统调试）	优：控制系统完全按照控制要求工作； 良：经调试后，控制系统基本按照控制要求动作； 中：系统能完成部分动作； 差：系统不工作						
其他	扩展任务完成情况	完成基本任务的情况下，完成扩展任务，小组成绩加 5 分，否则不加分						
教师评价合计（百分制）								

表 2　小组评价表

子任务编号及名称			班级				组别	
序号	评价项目	评价标准	评价等级					
			组长	B 同学	C 同学	D 同学	E 同学	F 同学
1	守时守约 30%	优：能完全遵守实训室管理制度和作息制度； 良：能遵守实训室管理制度，无缺勤； 中：能遵守实训室管理制度，迟到、早退 2 次以内； 差：违反实训室管理制度，有 1 次旷课或迟到、早退 3 次	□ 优 □ 良 □ 中 □ 差	□ 优 □ 良 □ 中 □ 差	□ 优 □ 良 □ 中 □ 差	□ 优 □ 良 □ 中 □ 差	□ 优 □ 良 □ 中 □ 差	□ 优 □ 良 □ 中 □ 差
2	学习态度 30%	优：积极主动查阅资料，并解决老师布置的问题； 良：能积极查阅资料，寻求解决问题的方法，但效果不佳； 中：不能主动寻求解决问题的方法，效果差距较大； 差：碰到问题观望、等待、不能解决任何问题	□ 优 □ 良 □ 中 □ 差	□ 优 □ 良 □ 中 □ 差	□ 优 □ 良 □ 中 □ 差	□ 优 □ 良 □ 中 □ 差	□ 优 □ 良 □ 中 □ 差	□ 优 □ 良 □ 中 □ 差
3	团队协作 30%	优：积极配合组长安排，能完成安排的任务； 良：能配合组长安排，完成安排的任务； 中：能基本配合组长安排，基本完成任务； 差：不配合组长安排，也不完成任务	□ 优 □ 良 □ 中 □ 差	□ 优 □ 良 □ 中 □ 差	□ 优 □ 良 □ 中 □ 差	□ 优 □ 良 □ 中 □ 差	□ 优 □ 良 □ 中 □ 差	□ 优 □ 良 □ 中 □ 差
4	劳动态度 10%	优：主动积极完成实训室卫生清理和工具整理工作； 良：积极配合组长安排，完成实训设备清理和工具整理工作； 中：能基本配合组长安排，完成实训设备的清理工作； 差：不劳动，不配合	□ 优 □ 良 □ 中 □ 差	□ 优 □ 良 □ 中 □ 差	□ 优 □ 良 □ 中 □ 差	□ 优 □ 良 □ 中 □ 差	□ 优 □ 良 □ 中 □ 差	□ 优 □ 良 □ 中 □ 差
学生评价合计（百分制）								

注：各等级优＝95，良＝85，中＝75，差＝50，选择即可。

思考与练习

1. S7-200 PLC 有哪几种计数器？执行复位指令后，计数器的当前值和位的状态是什么？

2. 试设计工作台自动往返，在两边延时 5s 的 PLC 控制程序。

3. 试设计工作台往返运行 5 次后自动停下的 PLC 控制程序，写出 I/O 分配表，画出 PLC 外部接线图。

4. 两台电机 M1、M2 的顺序启停控制：按下启动按钮 SB1，20s 后 M1 自动启动，30s 后 M2 自动启动，按下停止按钮后，M1 立即停止，经过 20s 后 M2 自动停止。试设计 PLC 控制程序，并写出 I/O 分配表。

5. 在按钮 I0.0 按下后 Q0.0 变为 1 状态并自保持，I0.1 输入 3 个脉冲后（用加计数器 C1 计数），T37 开始定时，5s 后 Q0.0 变为 0 状态，同时 C1 被复位，在 PLC 刚开始执行用户程序时，C1 也被复位，试设计梯形图。

视野拓展

国产 PLC 发展动态

PLC 应用范围广泛，基本上我们的衣食住行都涉及，在国内外已广泛应用于钢铁、石油、化工、电力、建材、机械制造、汽车、轻纺、交通运输、环保及文化娱乐等各个行业。目前在 PLC 市场中，国产 PLC 已经打破了国外 PLC 一统天下的局面。国产 PLC 凭借着高速、稳健、高可靠度，在各种工业自动化控制系统得到广泛应用。国产 PLC 具有丰富的指令集、多元扩展功能卡，支持多种通信协议，能根据客户实际需求开发 PLC 一体机。

国产 PLC 核心竞争力主要体现在以下几个方面：一是硬件开发技术，包括计算机技术、通信技术、信号处理技术；二是软件平台技术，包括嵌入式软件技术、监控软件技术和数据挖掘技术，其中数据挖掘技术与云计算、大数据、工业互联网紧密结合；三是产品化设计技术，包括可靠性设计技术和工业化设计技术；最后就是行业应用技术，能够更好地服务于国内各工业领域。随着 AI 技术的发展，更多的国产 PLC 产品被赋予智能功能，如应用在工控领域的智能 I/O 模块和汽车领域的智能温度控制模块等，未来智能 PLC 技术还将有更多的应用场景。

目前国产 PLC 产业化的外部环境越来越成熟，在市场需求、技术水平和生产工艺等方面，我国企业已经完全具备规模化生产智能 PLC 的条件。

项目四 PLC实现多种液体混合控制

梯形图或指令表语言虽然已被广大电气技术人员所熟知和掌握，但对于复杂的顺序控制程序，由于内部相互关系复杂，应用梯形图语言编制、修改程序很不方便，因此近年来许多PLC生产厂家在应用梯形图语言的同时还应用了顺序功能图语言。顺序功能图语言是描述控制系统的控制过程、功能和特性的一种图形语言，是设计PLC顺序控制程序的一种强有力的工具。本项目通过用PLC实现液体混合控制，教会学习者绘制顺序功能图、编写PLC程序，实现控制要求。

学习目标

- 掌握S7-200顺序控制指令的使用；
- 掌握顺序控制梯形图的设计方法；
- 能够应用顺序控制指令编写顺序控制类程序；
- 能够调试液体混合控制电路，并进行试运行；
- 举一反三，提升知识迁移能力。

勇于探索、敢于创新

任务一
PLC 实现两种液体混合控制

一、任务要求

掌握单序列顺序功能图的绘制及利用顺控指令将其转换成梯形图的方法，能够完成两种液体混合控制程序的编写并进行调试运行。

图 4-1 所示为两种液体混合装置示意图，图中上限位、下限位、中限位分别表示液位传感器，当被淹没时为 ON；阀 A、阀 B 和阀 C 为电磁阀，线圈通电时打开，线圈断电时关闭；开始时容器是空的，各阀门均关闭，各传感器均为 OFF。具体控制要求如下。

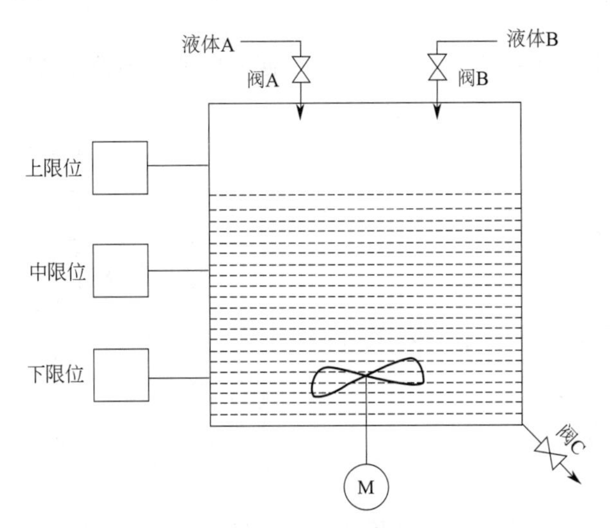

图 4-1　两种液体混合装置示意图

① 按下启动按钮，打开阀 A，液体 A 流入容器，中限位开关变为 ON 时，关闭阀 A，打开阀 B，液体 B 流入容器。当液面到达上限位开关时，关闭阀 B，电动机 M 开始运行，搅动液体，6s 后停止搅动，打开阀 C，放出混合液，当液面降至下限位开关之后再过 2s，容器放空，关闭阀 C，打开阀 A，又开始下一周期的操作；

② 按下停止按钮，当前工作周期的操作结束后才停止操作。

二、相关知识

顺序控制就是按照生产工艺预先规定的顺序，在各个输入信号的作用下，根据内部状态和时间顺序，使生产过程中的各个执行机构能自动有顺序地进行操作。对于顺序控制系统，首先根据工艺流程画出相应的顺序功能图，再按规则将顺序功能图转化为梯形图语言进行编程。

（一）顺序功能图

顺序功能图又叫状态转移图，是通过状态继电器来表达的，主要由步、有向连线、转换、转换条件和动作五个部分组成，如图 4-2 所示。

（1）步

步也就是状态，系统的每一个状态对应一个步。步是控制系统中一个相对不变的要素，对应于一个稳定的情形。步包括初始步和工作步。控制系统的初始步是顺序功能图运行的起点，一个控制系统至少有一个初始步，初始步用双线的矩形框表示。工作步指控制系统正常运行的步。工作步又分活动步和静止步，活动步是指当前正在运行的步；静止步是当前没有运行的步。

（2）有向连线

顺序功能图中连接代表步的方框的连线，表示状态转移的方向。当状态从上到下或从左至右进行转移时，有向线段的箭头不画。

（3）转换

转换用有向连线上与有向连线垂直的短划线来表示，转换将相邻的两个步框分开，步的活动状态的变动是由转换的实现来完成的，并与控制过程的发展相对应。

（4）转换条件

当转条换件成立且当前一步为活动步时，控制系统就从当前步转移到下一个相邻的步。

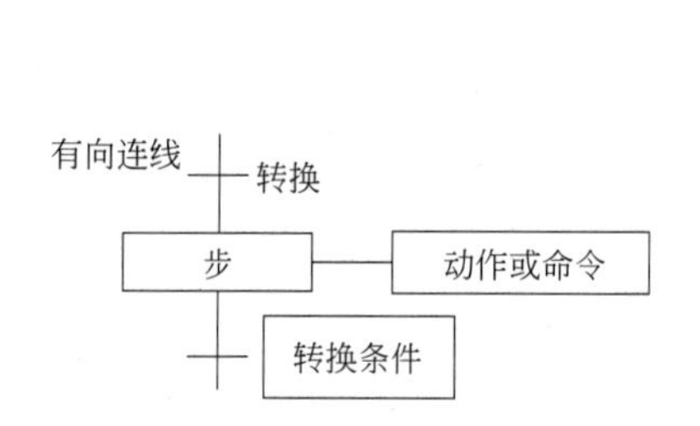

图 4-2　顺序功能图组成结构

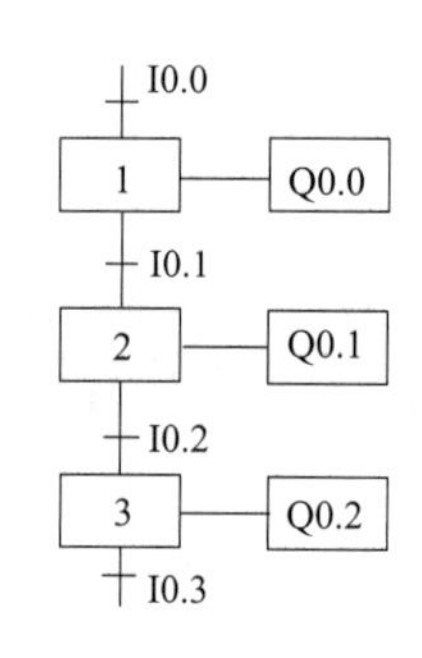

图 4-3　单序列顺序功能图结构示意图

（5）动作

动作指每个步序中的输出。控制过程中的每一步，它可以对应一个或多个动作（输出）。可以在步右边用简明的文字说明该步所对应的动作。

顺序功能图按照结构分为单序列、选择序列及并行序列三种类型。

（二）单序列顺序功能图的绘制

单序列顺序功能图由一系列相继激活的步组成，从头到尾只有一条支路，如从步 1 到步 3，每一步的后面仅有一个转换，每一个转换的后面只有一个步，如图 4-3 所示。

单序列顺序功能图的绘制

下面以如图 4-4 所示的小车限位控制系统为例，阐述如何使用单序列顺序功能图实现小车限位控制。

1. 工作过程分析

按下启动按钮 SB1（I0.0），小车电动机 M 正转（Q1.0），小车第一次前进，碰到限位开关 SQ1（I0.1）后小车电机反转（Q1.1），小车后退。小车后退碰到限位开关 SQ2（I0.2）后，小车电动机 M 停转。停 5s 后第二次前进，碰到限位开关 SQ3（I0.3），再次后退。第二次后退碰到限位开关 SQ2（I0.2）时，小车停止。

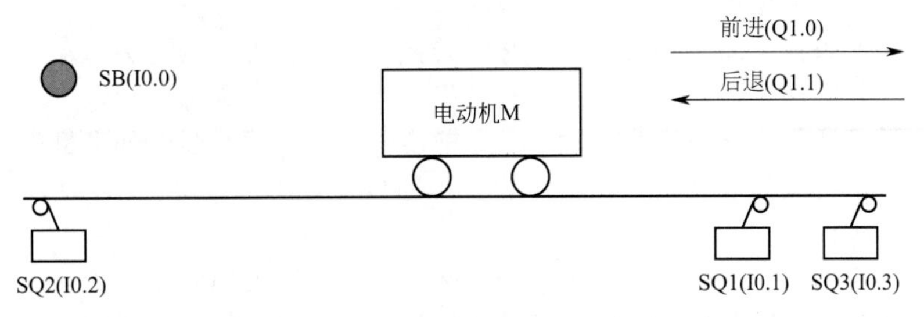

图 4-4 小车限位控制系统示意图

2. 单序列顺序功能图绘制

（1）步的划分

小车在工作过程中，一个周期的工作包括了初始状态、第一次前进、第一次后退、左侧停 5s、第二次前进、第二次后退 6 种工作状态，即状态转移图有 6 步，依次用状态继电器 S0.0～S0.5 表示。

（2）转换条件的确定

小车在工作过程中，由一种工作状态进入到下一种工作状态时一定有一个转换条件存在，即在绘制顺序功能图时，相邻两步之间必须要存在一个转换条件。所以在上述 6 步中一定存在 5 个转换条件，它们依次是启动按钮 I0.0、右侧行程开关 I0.1、左侧行程开关 I0.2、停 5s 的定时器 T37 和右侧行程开关 I0.3。

（3）驱动输出

小车无论是前行还是后退，都是输出继电器 Q 驱动，默认前行驱动 Q1.0 输出，后退驱动 Q1.1 输出。

（4）有向连线

从上到下，用有向连线将各个步连接，因方向是从上到下，故箭头省略，同时，小车是往返运行的，故需要在小车第二次后退完成后，需要循环运行到第一次前行的状态，故此时状态 S0.5 到 S0.0 的箭头不能省略。小车限位控制系统的顺序功能图如图 4-5 所示。

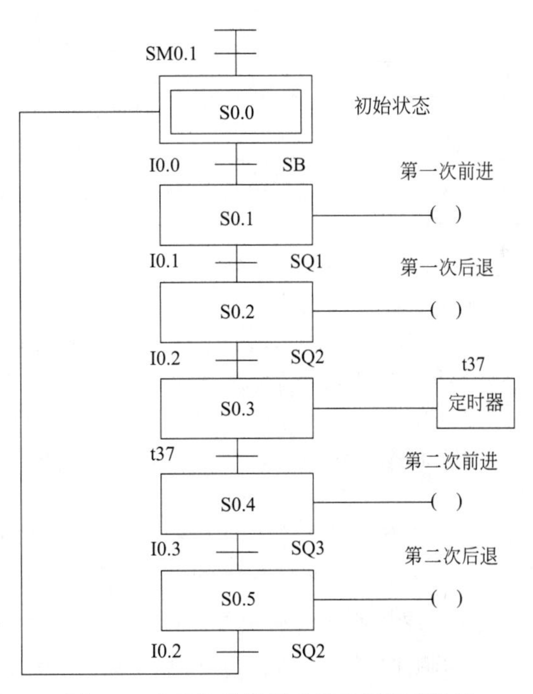

图 4-5 小车限位控制系统的顺序功能图

3. 绘制顺序功能图注意事项

在绘制顺序功能图的过程中，步的划分和转换条件的确定是绘制顺序功能图的关键。步按照工作状态划分，每一个工作状态对应一步，工作过程中用到的按钮、行程开关、转换开关、传感器信号等均可作为转换条件。驱动初始状态通常会用控制系统的初始条件，若无初始条件，可用 SM0.1 进行驱动。

从生产实际考虑，顺序功能图初始步必须存在。初始步状态继电器或辅助继电器得电是顺序控制功能图继续执行的必要条件，初始步为活动步时转换条件成立，程序继续执行。启动初始步时必须使用 SM0.1 来执行。

相邻两步之间必须存在一个转换条件。在某一步为活动步时，要使相邻的下一步为活动步，必须存在一个转换条件。

相邻两个转换条件之间必须存在一个步。转换条件是使下一步变为活动步的条件，有一个转换条件存在，必然要进入到下一个工作状态，即下一步变为活动步。

某一步在转换条件成立时变为活动步，其前步一定变为停止步。如上例中，小车在运行过程中，任何一个时刻只能处于一种工作状态，如小车处于停 5s 的状态时，小车前面第一次后退的状态就会停止。

完成生产工艺的一个全过程后，最后一步必须有条件地返回到初始步，这是单周期工作方式。如果系统具有连续工作的方式，应该将其最后一步有条件地返回到第一步。总之，顺序功能图应该是由一个或两个方框和有向线段组成的闭环。

（三）使用顺序控制指令将单序列顺序功能图转换成梯形图

使用顺序控制指令可以很好地解决按照预先规定的时间序列、逻辑关系进行的顺序控制的问题。

1. 顺序控制指令

S7-200 系列 PLC 的顺序控制指令包括 SCR、SCRT、SCRE 共 3 条指令，如表 4-1 所示。利用这三条指令，可以很方便地编制顺序控制梯形图程序。

顺序控制指令

表 4-1　顺序控制指令

梯形图	语句表	功能说明	操作对象
??? SCR	LSCR bit	顺序状态开始，为步开始的标志，该步状态元件的位置 1 时，执行该步	继电器 S
??? —(SCRT)	SCRT bit	顺序状态转移，使能有效时，关断本步，进入下一步，该指令由转换条件的触头启动	继电器 S
—(SCRE)	SCRE	顺序状态结束，为步结束的标记	无

（1）SCR 指令

顺序状态开始指令，是将接点接到左母线，用于“激活”某个工作状态。当某一步被“激活”成为活动步时，对应的 SCR 触头接通，它右边的电路被执行，即该步的负载线圈可以被驱动。SCR 指令只有与状态继电器 S 配合才具有步进功能。

（2）SCRT 指令

顺序状态转移指令，在每一步结束需要转移到下一步时使用。

（3）SCRE 指令

顺序状态结束指令，其功能是返回到原来左母线的位置。为防止出现逻辑错误，SCRE 指令在每一个状态转移程序的结尾使用一次。

2. 使用顺序控制指令将单序列顺序功能图转换成梯形图

使用顺控指令，可以更加规范地编写程序，如图 4-6～图 4-12 所示。

3. 使用顺控指令注意事项

① 顺序控制指令的操作数只能为 S；

② SCR 段能否执行取决于该状态继电器（S）是否被置位；

③ 不能把同一个 S 位用于不同的程序中；

④ SCR 段中不允许使用跳转指令和循环指令和有条件结束指令；

⑤ 在状态转移发生后，当前 SCR 段所有的动作元件一般均复位，除非使用置位指令；
⑥ 顺序功能图中的状态继电器的编号可以不按顺序编排。

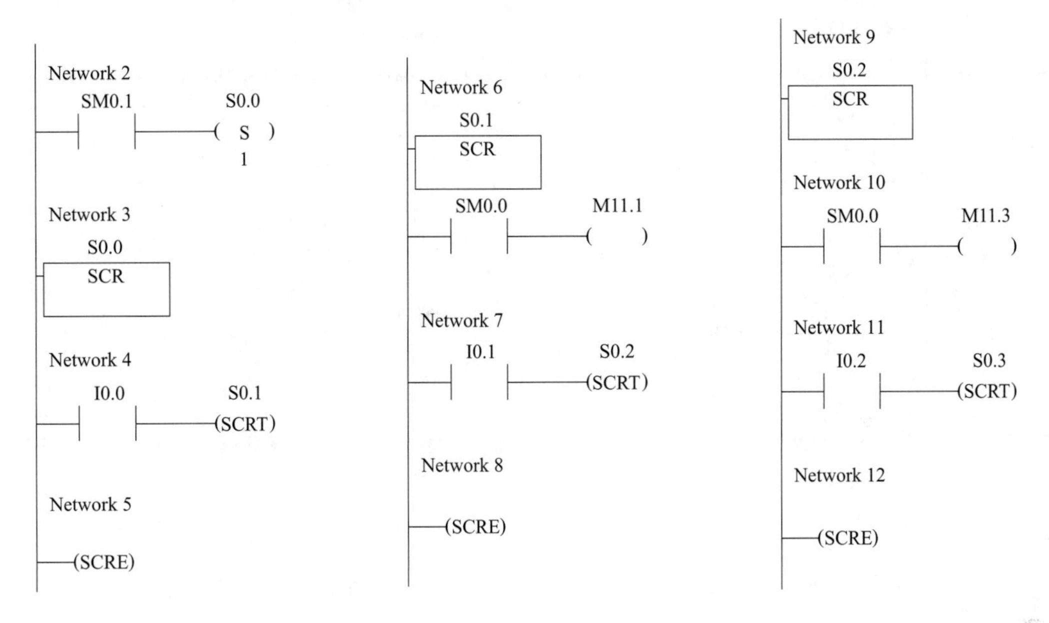

图 4-6　等待启动信号的梯形图　　图 4-7　第一次前进的梯形图　　图 4-8　第一次后退的梯形图

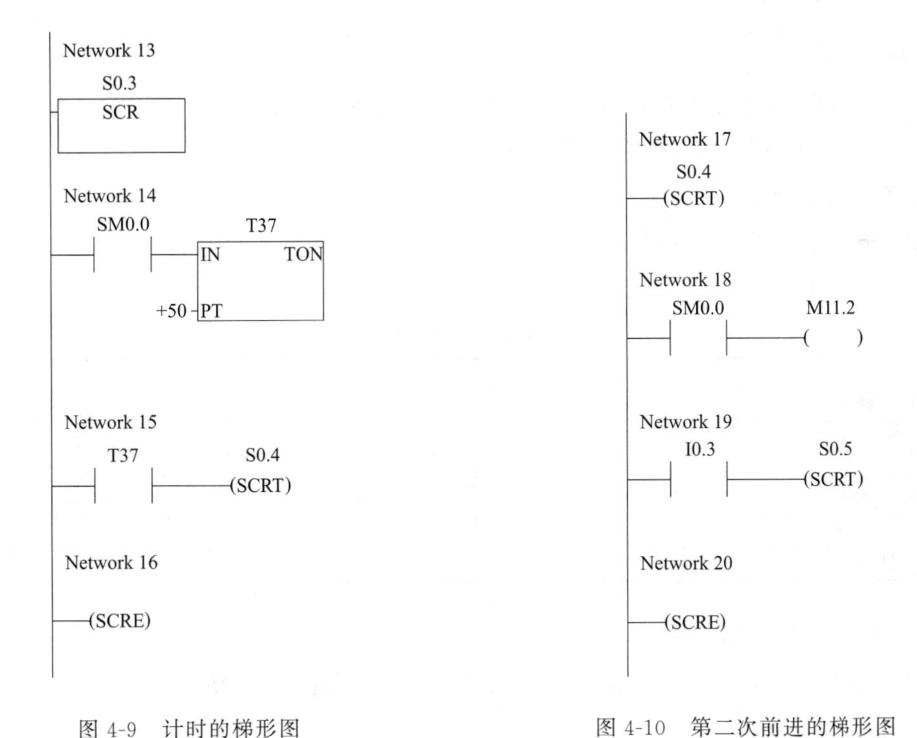

图 4-9　计时的梯形图　　图 4-10　第二次前进的梯形图

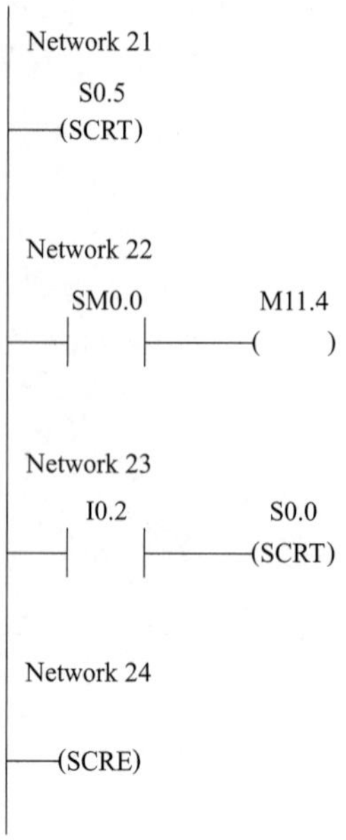

Network 21
S0.5
(SCRT)

Network 22
SM0.0 M11.4

Network 23
I0.2 S0.0
(SCRT)

Network 24
(SCRE)

图 4-11　第二次后退的梯形图

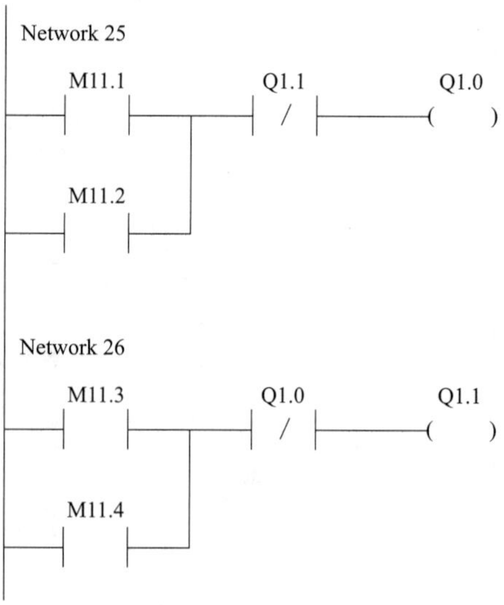

Network 25
M11.1 Q1.1 Q1.0
M11.2

Network 26
M11.3 Q1.0 Q1.1
M11.4

图 4-12　输出的梯形图

三、任务实施

（一）设备准备

HRPL10 S7-200 可编程逻辑控制器实训装置，安装了 STEP7-Micro/WIN32 编程软件的计算机一台，PC/PPI 编程电缆一根，连接导线若干。

（二）建立 I/O 分配表

根据两种液体混合控制要求，确定出系统输入信号有 5 个，输出信号有 4 个，具体 I/O 分配如表 4-2 所示。

表 4-2　I/O 分配表

输入		输出	
输入器件	输入点	输出器件	输出点
启动按钮 SB1	I0.0	阀门 A	Q0.0
停止按钮 SB2	I0.1	阀门 B	Q0.1
上限位检测	I0.2	阀门 C	Q0.2
中限位检测	I0.3	搅拌电机 M	Q0.3
下限位检测	I0.4	—	—

（三）画出 PLC 外围接线图

根据 I/O 分配表，设计并绘制 PLC 的外围接线图，如图 4-13 所示。

（四）画出顺序功能图

根据控制要求设计出 PLC 控制两种液体混合的顺序功能图，如图 4-14 所示。

（五）设计梯形图程序

根据控制要求设计出 PLC 控制两种液体混合的梯形图，参考程序如图 4-15 所示。

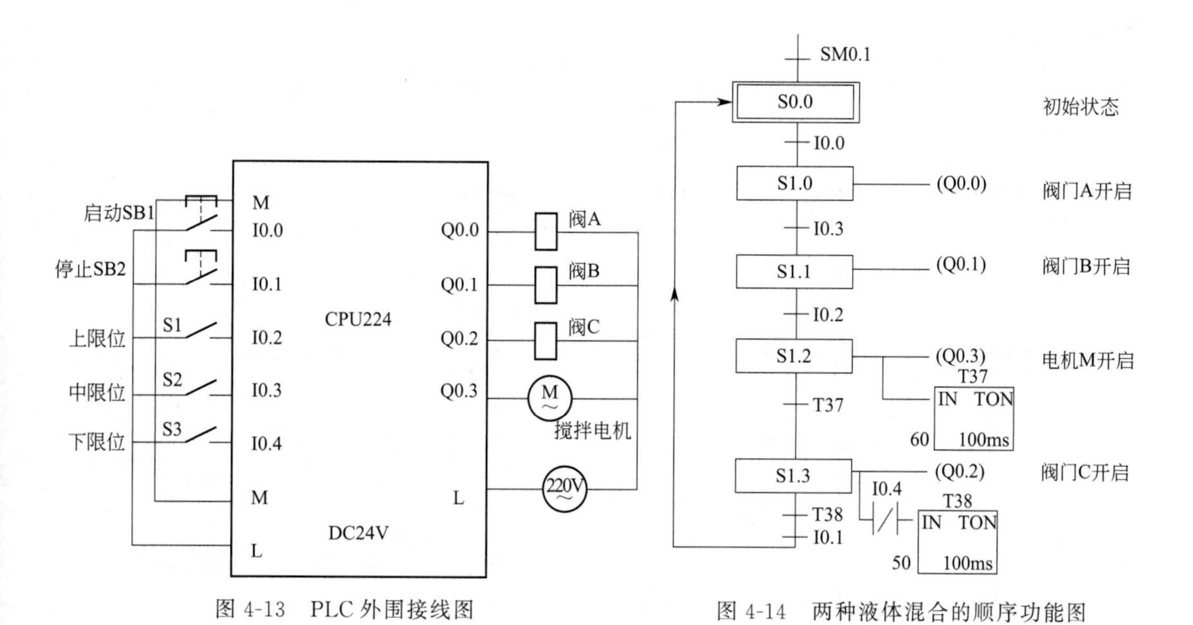

图 4-13　PLC 外围接线图　　　图 4-14　两种液体混合的顺序功能图

程序编辑完成后，利用软件进行程序调试，检查程序的正确性。

（六）安装、接线并检查

① 在断电状态下，按照图 4-13 所示的接线图连接 PLC 控制电路，并连接好电源。

② 接线完成后，使用万用表进行测试，检查线路是否有误。

（七）控制功能调试

在程序无误、接线正确的情况下，下载程序联机调试。边监控程序边检查控制功能的实现。

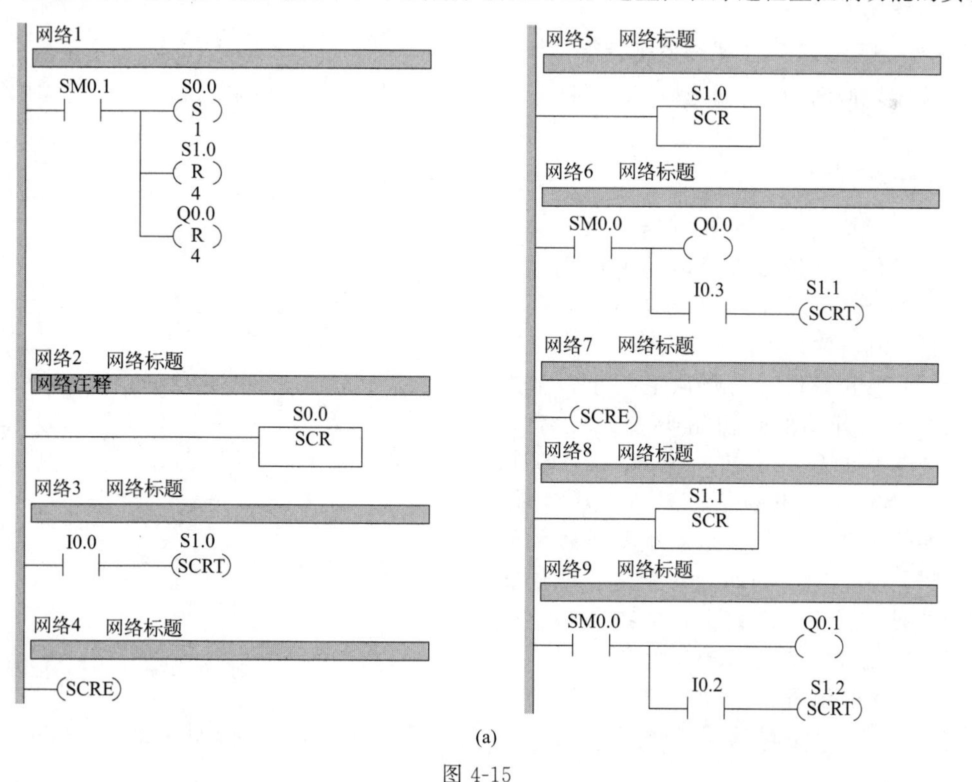

(a)

图 4-15

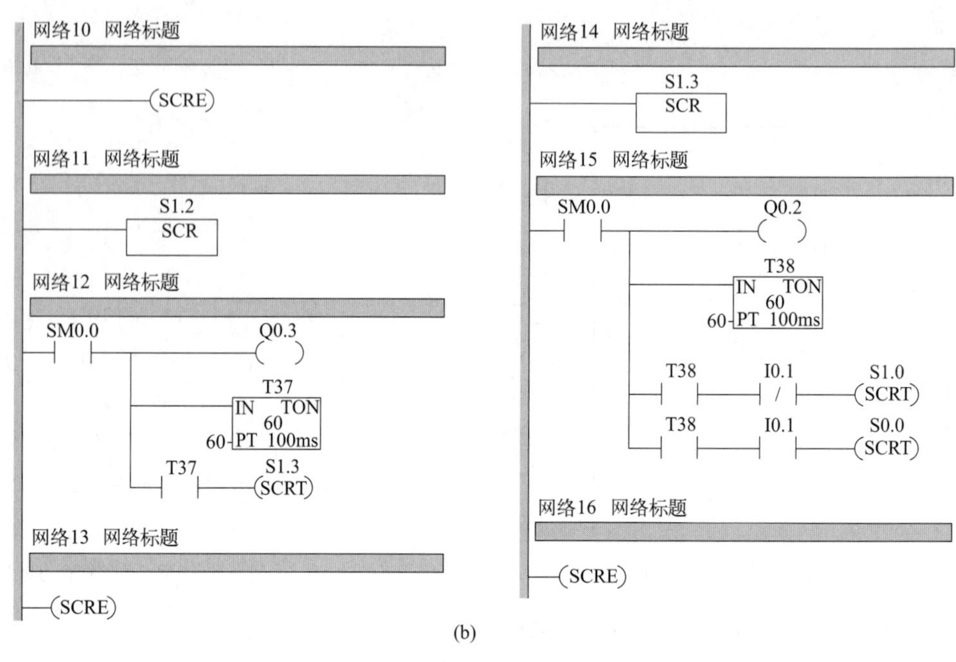

图 4-15　PLC 控制两种液体混合的梯形图

四、任务扩展

将顺序功能图转化为梯形图时，可以使用顺序控制指令进行转化，也可以使用启-保-停电路思想进行转化。下面以小车限位控制系统为例，阐述如何使用启-保-停电路的思想将顺序功能图转化为梯形图。

1. 用辅助继电器 M 代替状态继电器 S

将顺序功能图中的状态继电器 S 换成辅助继电器 M，如图 4-16 所示。

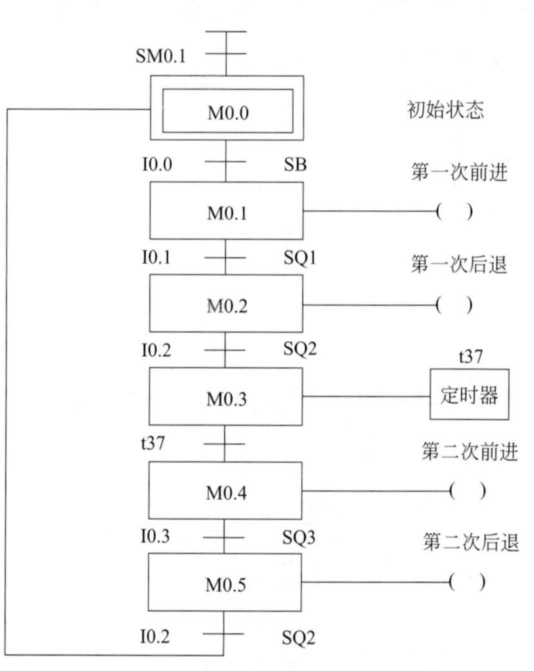

图 4-16　小车限位控制系统的顺序功能图

2. 转化过程

关键是对应每一步都找到启动该步（即通电）的条件、保持该步通电的条件和停止该步通电的条件，下面以初始步 M0.0 和第一次前行 M0.1 为例，进行阐述。

M0.0 通电编程：按照从上到下，从左到右的顺序，开始的是初始步 M0.0，启动初始步 M0.0 的条件是初始化脉冲 SM0.1；保持事件 M0.0 通电的条件是 M0.0 自锁；停止初始步 M0.0 的条件是当小车进入到第一次前进的状态时，初始状态断电，故停止初始步的条件是 M0.1 得电，如图 4-17（a）小车限位控制梯形图中 Network1 所示。

M0.1 通电编程：启动事件 M0.1 的条件是初始状态按下启动按钮，M0.0 和 I0.0 同时接通，保持通电的条件是 M0.1 自锁，停止事件 M0.1 的条件是小车进入到第一次后退的状态 M0.2 通电。如图 4-17（a）小车限位控制梯形图中 Network2 所示。

按照从上到下的顺序，先找到事件，再找到每一个事件启动、保持和自锁条件，能够完成小车限位控制系统梯形图的编写，但在编写梯形图过程中，需要注意驱动输出不能遗漏、不能存在双线圈输出。

3. 注意事项

（1）自锁位置

在保持通电条件的处理上，自锁的位置应该是某种状态通电并且转换条件满足，如图 4-17（a）中的 Network2 中，小车第一次通电状态 M0.1 保持通电的条件是初始状态 M0.0 和转换条件 I0.0 及 M0.1 自锁。

（2）驱动输出的处理

小车第一次前进和第二次前进，第一次后退和第二次后退都是在做前进和后退的动作，故这里需要合并，否则会出现双线圈输出，梯形图如图 4-17（b）所示。

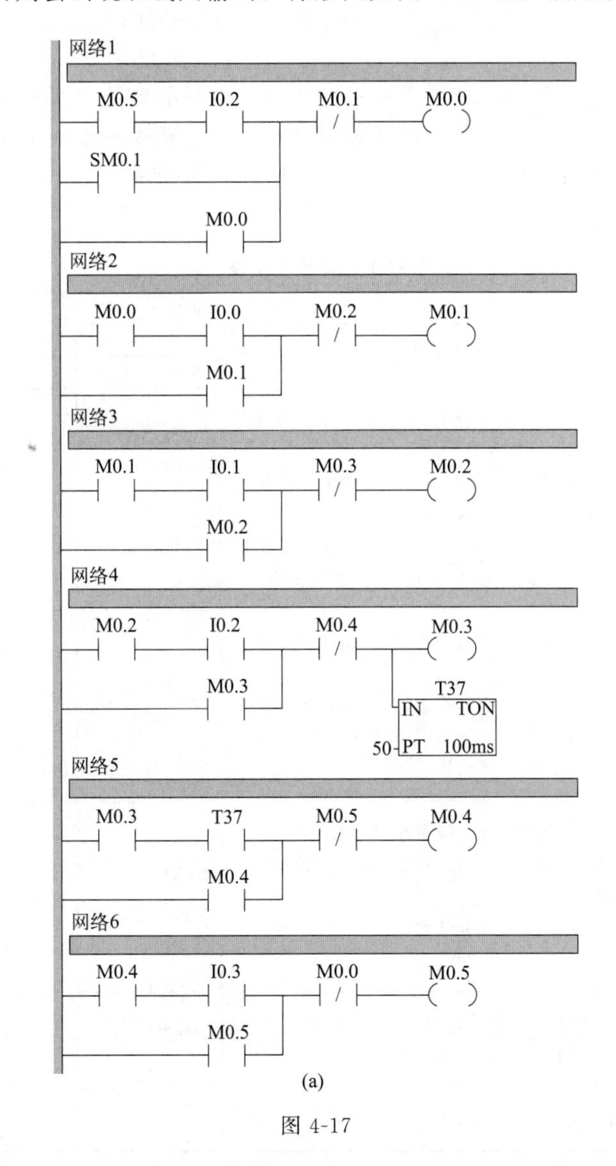

(a)

图 4-17

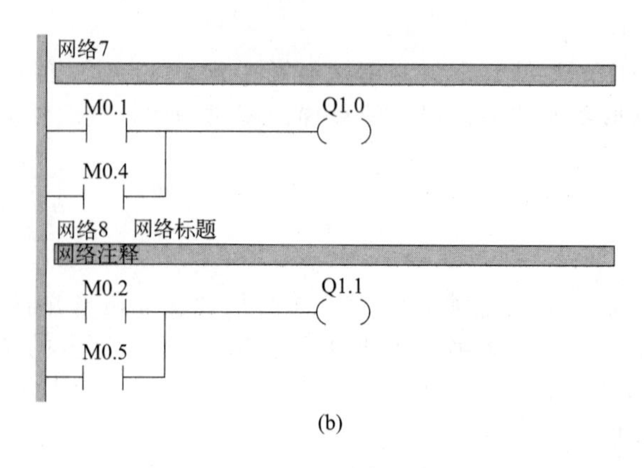

(b)

图 4-17 小车限位控制梯形图

五、任务评价

通过对本任务相关知识的学习和应用操作实施，对任务实施过程和任务完成情况进行评价。包括对知识、技能、素养、职业态度等多个方面，主要由小组对成员的评价和教师对小组整体的评价两部分组成。学生和教师评价的占比分别为 40％和 60％。教师评价标准见表 1，小组评价标准见表 2。

表 1 教师评价表

子任务编号及名称			班级					
序号	评价项目	评价标准	评价等级					
			A 组	B 组	C 组	D 组	E 组	F 组
1	职业素养 40％ （成员参与度、团队协助）	优：能进行合理分工，在实施过程中能相互协商、讨论，所有成员全部参与； 良：能进行分工，在实施过程中相互协商、帮助不够，多少成员参与； 中：分工不合理，相互协调差，成员参与度低； 差：相互间不协调、讨论，成员参与度低						
2	专业知识 30％ （程序设计）	优：正确完成全部程序设计，并能说出程序设计思路； 良：正确完成全部程序，但无法解释程序； 中：完成部分动作程序，能解释程序作用； 差：未进行程序设计						
3	专业技能 30％ （系统调试）	优：控制系统完全按照控制要求工作； 良：经调试后，控制系统基本按照控制要求动作； 中：系统能完成部分动作； 差：系统不工作						
其他	扩展任务 完成情况	完成基本任务的情况下，完成扩展任务，小组成绩加 5 分，否则不加分						
教师评价合计（百分制）								

表2 小组评价表

<table>
<tr><td colspan="2">子任务编号及名称</td><td></td><td>班级</td><td colspan="3"></td><td>组别</td><td></td></tr>
<tr><td rowspan="2">序号</td><td rowspan="2">评价项目</td><td rowspan="2">评价标准</td><td colspan="6">评价等级</td></tr>
<tr><td>组长</td><td>B同学</td><td>C同学</td><td>D同学</td><td>E同学</td><td>F同学</td></tr>
<tr><td>1</td><td>守时守约30%</td><td>优:能完全遵守实训室管理制度和作息制度;
良:能遵守实训室管理制度,无缺勤;
中:能遵守实训室管理制度,迟到、早退2次以内;
差:违反实训室管理制度,有1次旷课或迟到、早退3次</td><td>□ 优
□ 良
□ 中
□ 差</td><td>□ 优
□ 良
□ 中
□ 差</td><td>□ 优
□ 良
□ 中
□ 差</td><td>□ 优
□ 良
□ 中
□ 差</td><td>□ 优
□ 良
□ 中
□ 差</td><td>□ 优
□ 良
□ 中
□ 差</td></tr>
<tr><td>2</td><td>学习态度30%</td><td>优:积极主动查阅资料,并解决老师布置的问题;
良:能积极查阅资料,寻求解决问题的方法,但效果不佳;
中:不能主动寻求解决问题的方法,效果差距较大;
差:碰到问题观望、等待、不能解决任何问题</td><td>□ 优
□ 良
□ 中
□ 差</td><td>□ 优
□ 良
□ 中
□ 差</td><td>□ 优
□ 良
□ 中
□ 差</td><td>□ 优
□ 良
□ 中
□ 差</td><td>□ 优
□ 良
□ 中
□ 差</td><td>□ 优
□ 良
□ 中
□ 差</td></tr>
<tr><td>3</td><td>团队协作30%</td><td>优:积极配合组长安排,能完成安排的任务;
良:能配合组长安排,完成安排的任务;
中:能基本配合组长安排,基本完成任务;
差:不配合组长安排,也不完成任务</td><td>□ 优
□ 良
□ 中
□ 差</td><td>□ 优
□ 良
□ 中
□ 差</td><td>□ 优
□ 良
□ 中
□ 差</td><td>□ 优
□ 良
□ 中
□ 差</td><td>□ 优
□ 良
□ 中
□ 差</td><td>□ 优
□ 良
□ 中
□ 差</td></tr>
<tr><td>4</td><td>劳动态度10%</td><td>优:主动积极完成实训室卫生清理和工具整理工作;
良:积极配合组长安排,完成实训设备清理和工具整理工作;
中:能基本配合组长安排,完成实训设备的清理工作;
差:不劳动,不配合</td><td>□ 优
□ 良
□ 中
□ 差</td><td>□ 优
□ 良
□ 中
□ 差</td><td>□ 优
□ 良
□ 中
□ 差</td><td>□ 优
□ 良
□ 中
□ 差</td><td>□ 优
□ 良
□ 中
□ 差</td><td>□ 优
□ 良
□ 中
□ 差</td></tr>
<tr><td colspan="3">学生评价合计(百分制)</td><td></td><td></td><td></td><td></td><td></td><td></td></tr>
</table>

注:各等级优=95,良=85,中=75,差=50,选择即可。

思考与练习

1. 说出顺序功能图的组成和如何划分步、转换条件和驱动输出。
2. 绘制用PLC实现两种液体混合控制用启-保-停电路转换的梯形图,并进行调试。
3. 对照绘制顺序功能图的注意事项,检查PLC实现两种液体混合控制的顺序功能图。

任务二
PLC 实现三种液体混合控制

一、任务要求

掌握选择序列顺序功能图的绘制及编程方法，能够完成三种液体混合控制程序设计及调试。

如图 4-18 所示，要求控制三种液体进行混合，任务要求如下：

①首先阀门 A、B、C 关闭，混合液阀门打开 10s 将容器放空后关闭。然后阀门 A 打开，液体 A 流入容器；当液面到达 SL3 时，SL3 接通，关闭阀门 A，打开阀门 B；液面到达 SL2 时，关闭阀门 B，打开阀门 C；液面到达 SL1 时，关闭阀门 C。

② 搅匀电机开始搅匀，加热器开始加热。若混合液体在 6s 内达到设定温度，加热器停止加热，搅匀电动机继续工作 6s 后停止搅动；若混合液体加热 6s 后还没有达到设定温度，加热器继续加热，当混合液达到设定的温度时，加热器停止加热，搅匀电动机停止工作。

③ 搅匀结束以后，混合液阀门打开，开始放出混合液体。当液面下降到 SL3 时，SL3 由接通变为断开，再过 2s 后，容器放空，混合液阀门关闭，开始下一周期。

④ 关闭“启动”开关，在当前的混合液处理完毕后，停止操作。

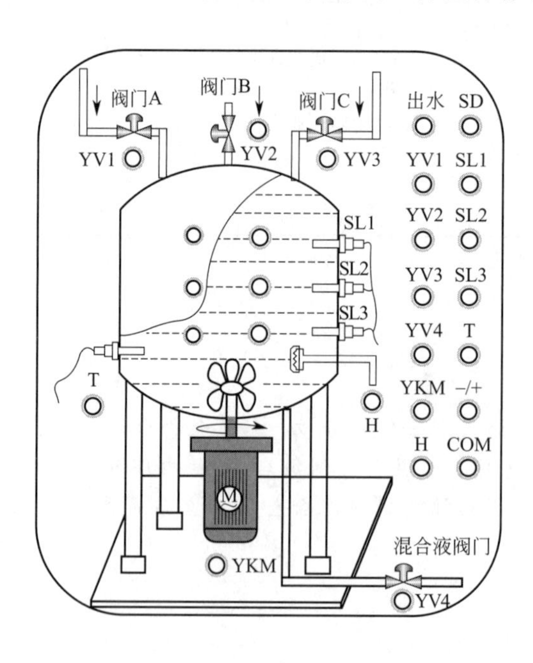

图 4-18　三种液体混合模拟装置

二、相关知识

(一) 选择序列顺序功能图的结构

选择序列结构由两条或两条以上的分支组成，各分支都有各自的转换条件，分支开始处转换条件的短画线只能标在水平线之下。选择序列顺序功能图如图4-19所示。当控制过程处于运动状态1时，如转换条件I0.1满足，则运动状态转移到2，如转换条件I0.4满足，则运动状态转移到4，如转换条件I0.7满足，则运动状态转移到6，一般只允许选择其中一个序列，各序列是相互排斥的；分支汇合处的转换条件的短画线只能标在水平线上方，如图4-19中的转换条件I0.3、I0.6和I1.1。

选择序列顺序功能图的绘制

(二) 用顺序控制指令将顺序功能图转化为梯形图

在使用顺序控制指令将顺序功能图转化为梯形图时，需要注意的是分支开始处的编程方法和分支汇合处的编程方法；下面以图4-20为例阐述转化方法。

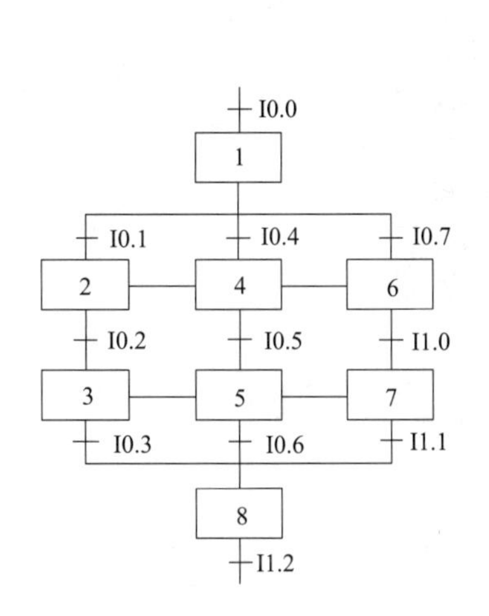

图4-19　选择序列顺序功能图

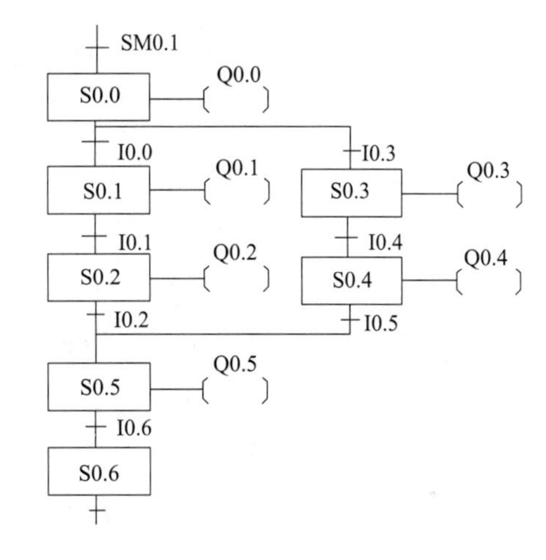

图4-20　顺序功能图

分支开始处编程方法：若状态继电器S0.0得电，当转换条件I0.0满足时，S0.0步跳转到S0.1步，当转换条件I0.3满足时，S0.0步跳转到S0.3步；控制过程只能选择一个分支执行。

分支汇合处编程方法：若状态继电器S0.2得电，当转换条件I0.2满足时，跳转到S0.5步，或者当控制过程执行另一分支，状态继电器S0.4得电，转换条件I0.5满足时，也能跳转到S0.5步，控制过程只执行其中一个分支。

使用顺序控制指令将图4-20所示的选择序列顺序功能图转化为梯形图，转换结果如图4-21所示。

三、任务实施

(一) 任务准备

HRPL10 S7-200可编程逻辑控制器实训装置，安装了STEP7-Micro/WIN32编程软件的计算机一台，PC/PPI编程电缆一根，连接导线若干。

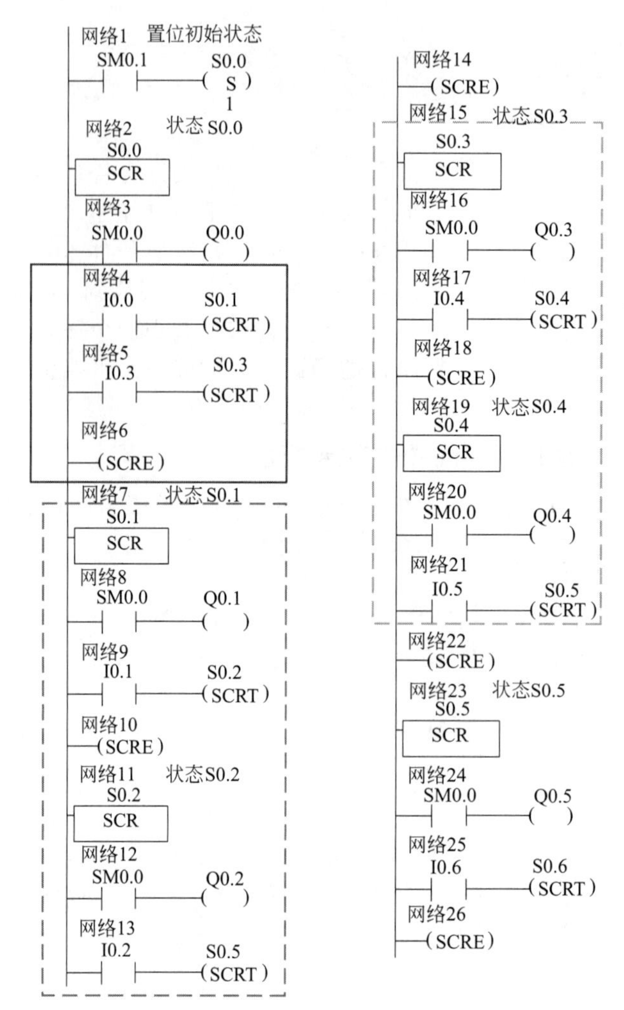

图 4-21 选择序列顺序功能图转化的梯形图

(二)建立 I/O 分配表

根据控制要求可知，确定出输入信号有 5 个，输出信号有 6 个，PLC 控制三种液体混合的 I/O 分配表如表 4-3 所示。

表 4-3 三种液体混合 I/O 分配表

序号	PLC 地址(PLC 端子)	电气符号(面板端子)	功能说明
1	I0.0	SD	启动(SD)
2	I0.1	SL1	液位传感器 SL1
3	I0.2	SL2	液位传感器 SL2
4	I0.3	SL3	液位传感器 SL3
5	I0.4	T	温度传感器 T
6	Q0.0	YV1	进液阀门 A
7	Q0.1	YV2	进液阀门 B
8	Q0.2	YV3	进液阀门 C
9	Q0.3	YV4	排液阀门
10	Q0.4	YKM	搅拌电机
11	Q0.5	H	加热器
12	主机 1M、面板 V+接电源+24V		电源正端
12	主机 1L、2L、3L、面板 COM 接电源 GND		电源地端

(三) 画出 PLC 外围接线图

根据 I/O 分配表，设计并绘制 PLC 的外围接线图，如图 4-22 所示。

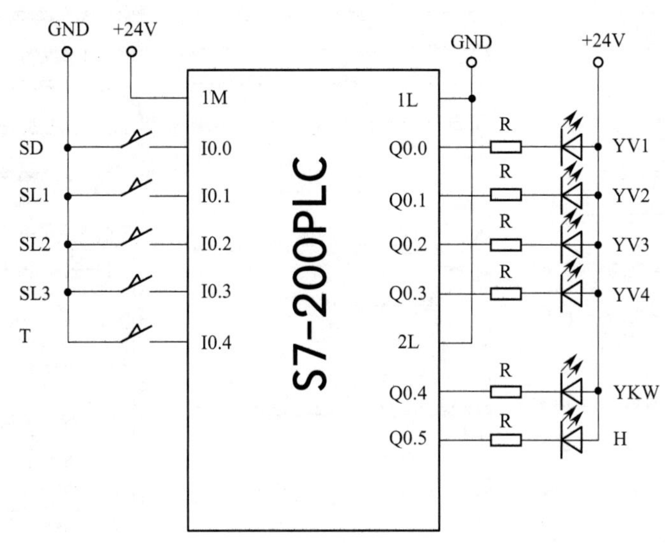

图 4-22　PLC 控制三种液体混合的外围接线图

(四) 设计顺序功能图

根据控制要求设计出 PLC 控制三种液体混合的顺序功能图，如图 4-23 所示。

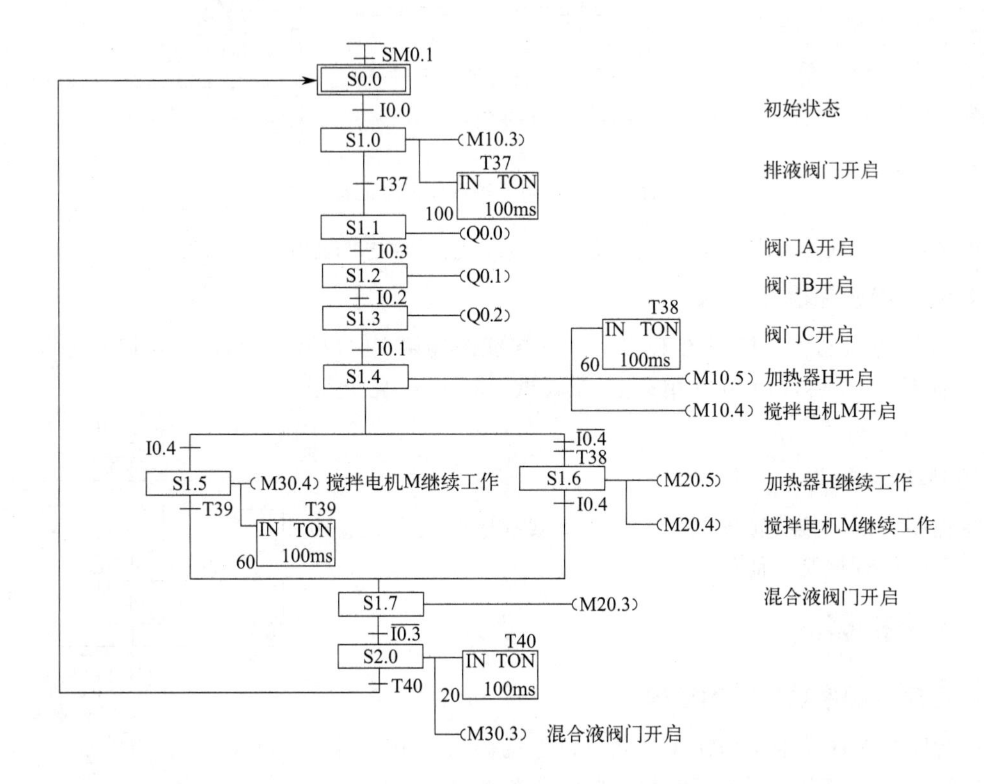

图 4-23　PLC 控制三种液体混合的顺序功能图

(五) 设计调试梯形图程序

根据控制要求设计出 PLC 控制三种液体混合的梯形图，参考程序如图 4-24 所示。

图 4-24 PLC 控制三种液体混合的梯形图

程序编辑完成后，利用软件进行程序调试，检查程序的正确性。

(六) 安装、接线并检查

① 在断电状态下，按照图 4-22 所示的接线图连接 PLC 控制电路，并连接好电源。

② 接线完成后，使用万用表进行测试，检查线路是否有误。

(七) 控制功能调试

在程序无误、接线正确的情况下，下载程序联机调试。边监控程序边检查控制功能的实现。

四、任务扩展

(一) 并行序列顺序功能图的结构

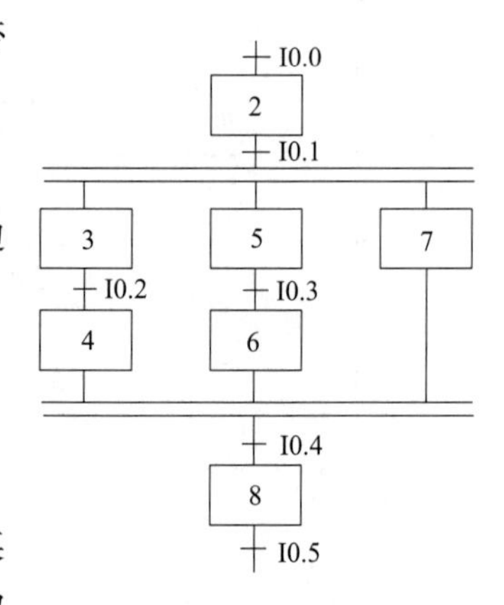

图 4-25 并行序列顺序功能图

并行序列顺序功能图由两个或两个以上的分支组成，当某个条件满足后，使多个分支同时执行的分支称为并行分支。为了强调转换的同步实现，并行分支汇合处的水平连线用双水平线表示，如图 4-25 所示。若步 2 通电，当满足条件 I0.1 时，同时执行步 3、5 和 7，每个子序列的进展都是独立的，在表示同步的双水平线上，只允许有一个转换条件；合并时，在表示同步的双水平线下，也只允许有一个转换条件，只有步 4、6、7 都处于通电状态，且转换条件 I0.4 满足，才会转移到步 8。

(二) 并行序列顺序功能图的绘制

并行序列顺序功能图的绘制

以十字路口红绿灯为例阐述并行序列结构的顺序控制。图 4-26 是十字路口红绿灯的运行示意图，图 4-27 所示是十字路口简易红绿灯运行控制要求。

分析红绿灯运行的时序图，图中显示南北向红灯亮 30s 的同时，东西向绿灯亮 25s，然后黄灯亮 5s，此后东西向红灯要亮 30s，南北向绿灯亮 25s，然后南北向黄灯亮 5s，依此循环。

图 4-26 十字路口简易红绿灯运行

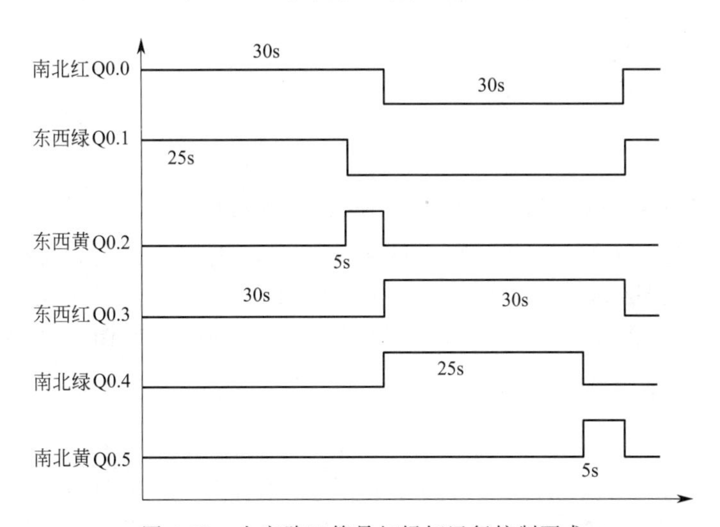

图 4-27 十字路口简易红绿灯运行控制要求

南北向和东西向都有红绿灯，分别用 S2.0、S2.1、S2.2 表示南北向红色、绿色和黄色指示灯，用 S3.0、S3.1 和 S3.2 表示东西向绿色、黄色和红色指示灯，南北向步与步之间的转换条件是30s、25s和5s，东西向步与步之间的转换条件是25s、5s和30s，用定时器T37到T39表示南北向红色、绿色、黄色指示状态之间的转移条件，用T40到T41表示东西向绿色、黄色和红色指示状态之间的转移条件。

按照时序图每盏灯对应的输出信号，在相应的状态下进行驱动输出即可。无论是南北向还是东西向的红绿灯，都不是只允许一个周期，因此要加循环。

因为南北向红绿灯和东西向红绿灯是同时运行的，所以需要加上同时运行的信号，假设这里是I0.0。启动初始状态S0.0，常用初始化脉冲SM0.1。由于东西方向和南北方向两分支最后一步转移条件不同，故汇总时要增加虚拟步S2.3、S3.3、S1.1。十字路口简易红绿灯顺序功能图如图4-28所示。

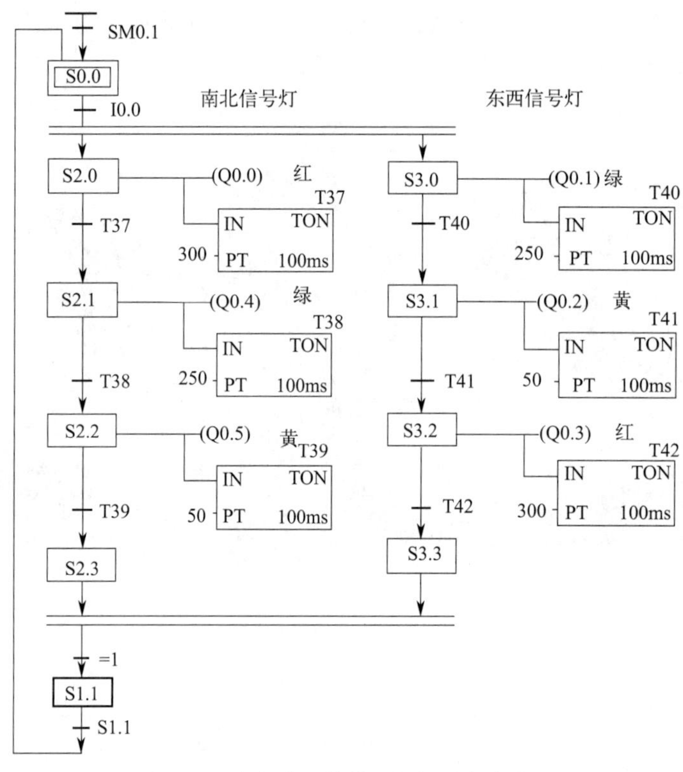

图4-28　十字路口简易红绿灯顺序功能图

(三)用顺序控制指令将并行序列顺序功能图转化为梯形图

循环程序的处理：在并行序列顺序功能图中，有两个循环，即南北向和东西向红绿灯各自运行，因此两段程序结束后都要回到各自循环的第一个状态：南北向红灯运行状态S2.0和东西向绿灯运行状态S3.0。运行时间到后用SCRT转移，如图4-29所示（图中框住部分）。

五、任务评价

通过对本任务相关知识的学习和应用操作实施，对任务实施过程和任务完成情况进行评价。包括对知识、技能、素养、职业态度等多个方面，主要由小组对成员的评价和教师对小组整体的评价两部分组成。学生和教师评价的占比分别为40%和60%。教师评价标准见表1，小组评价标准见表2。

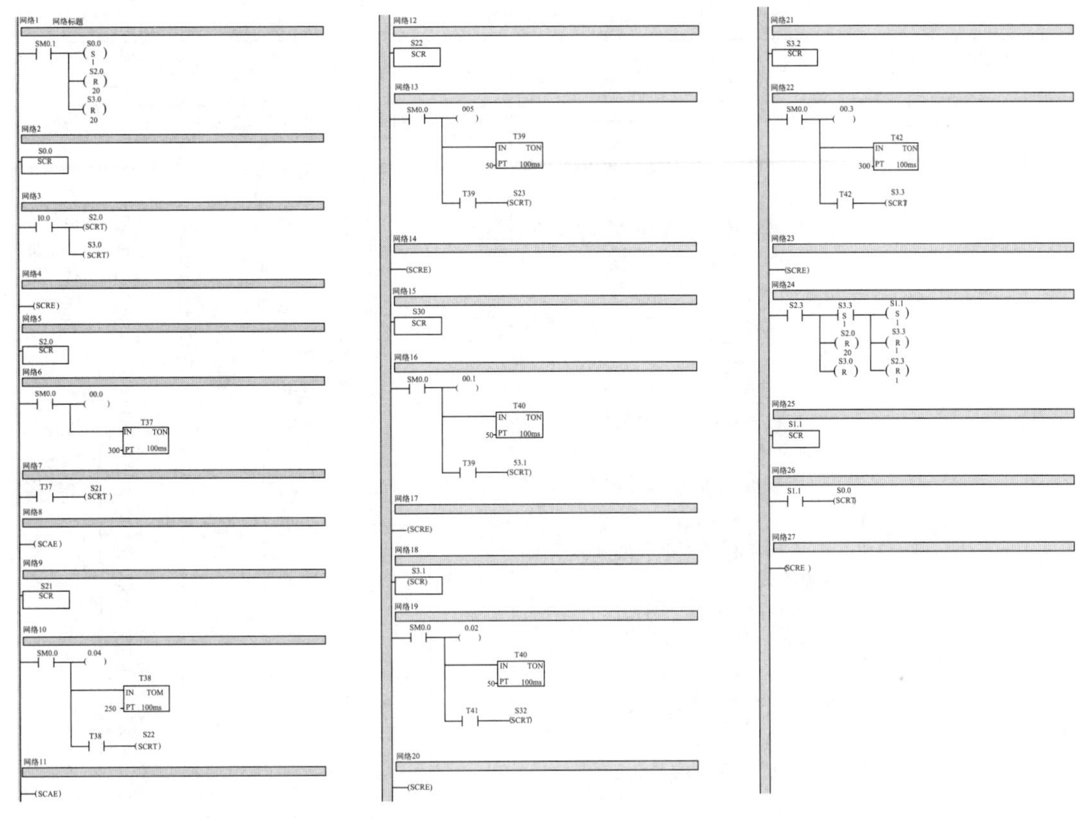

图4-29　用顺序控制指令编写的十字路口简易红绿灯的程序

表1　教师评价表

子任务编号及名称			班级					
序号	评价项目	评价标准	评价等级					
			A组	B组	C组	D组	E组	F组
1	职业素养40%（成员参与度、团队协助）	优：能进行合理分工，在实施过程中能相互协商、讨论，所有成员全部参与； 良：能进行分工，在实施过程中相互协商、帮助不够，多少成员参与； 中：分工不合理，相互协调差，成员参与度低； 差：相互间不协调、讨论，成员参与度低						
2	专业知识30%（程序设计）	优：正确完成全部程序设计，并能说出程序设计思路； 良：正确完成全部程序，但无法解释程序； 中：完成部分动作程序，能解释程序作用； 差：未进行程序设计						
3	专业技能30%（系统调试）	优：控制系统完全按照控制要求工作； 良：经调试后，控制系统基本按照控制要求动作； 中：系统能完成部分动作； 差：系统不工作						
其他	扩展任务完成情况	完成基本任务的情况下，完成扩展任务，小组成绩加5分，否则不加分						
教师评价合计（百分制）								

表 2　小组评价表

子任务编号及名称			班级				组别	
序号	评价项目	评价标准	评价等级					
			组长	B同学	C同学	D同学	E同学	F同学
1	守时守约 30%	优：能完全遵守实训室管理制度和作息制度； 良：能遵守实训室管理制度，无缺勤； 中：能遵守实训室管理制度，迟到、早退 2 次以内； 差：违反实训室管理制度，有 1 次旷课或迟到、早退 3 次	□ 优 □ 良 □ 中 □ 差	□ 优 □ 良 □ 中 □ 差	□ 优 □ 良 □ 中 □ 差	□ 优 □ 良 □ 中 □ 差	□ 优 □ 良 □ 中 □ 差	□ 优 □ 良 □ 中 □ 差
2	学习态度 30%	优：积极主动查阅资料，并解决老师布置的问题； 良：能积极查阅资料，寻求解决问题的方法，但效果不佳； 中：不能主动寻求解决问题的方法，效果差距较大； 差：碰到问题观望、等待、不能解决任何问题	□ 优 □ 良 □ 中 □ 差	□ 优 □ 良 □ 中 □ 差	□ 优 □ 良 □ 中 □ 差	□ 优 □ 良 □ 中 □ 差	□ 优 □ 良 □ 中 □ 差	□ 优 □ 良 □ 中 □ 差
3	团队协作 30%	优：积极配合组长安排，能完成安排的任务； 良：能配合组长安排，完成安排的任务； 中：能基本配合组长安排，基本完成任务； 差：不配合组长安排，也不完成任务	□ 优 □ 良 □ 中 □ 差	□ 优 □ 良 □ 中 □ 差	□ 优 □ 良 □ 中 □ 差	□ 优 □ 良 □ 中 □ 差	□ 优 □ 良 □ 中 □ 差	□ 优 □ 良 □ 中 □ 差
4	劳动态度 10%	优：主动积极完成实训室卫生清理和工具整理工作； 良：积极配合组长安排，完成实训设备清理和工具整理工作； 中：能基本配合组长安排，完成实训设备的清理工作； 差：不劳动，不配合	□ 优 □ 良 □ 中 □ 差	□ 优 □ 良 □ 中 □ 差	□ 优 □ 良 □ 中 □ 差	□ 优 □ 良 □ 中 □ 差	□ 优 □ 良 □ 中 □ 差	□ 优 □ 良 □ 中 □ 差
学生评价合计（百分制）								

注：各等级优＝95，良＝85，中＝75，差＝50，选择即可。

思考与练习

1. 自动门的控制要求为：当有人来时，自动门进入高速开门的状态，在碰到减速开关时，进入低速开门状态，门完全打开停顿 3s 后，进入高速关门状态，在高速关门过程中，如果有人来，则门进入低速开门的状态，如果没人来，则门进入低速关门状态，直至关门结束，停止。根据控制要求自行绘制顺序功能图，并编写程序，进行调试。

2. 绘制用 PLC 实现三种液体混合控制用启-保-停电路转换的梯形图，并进行调试。

3. 利用启-保-停思想将十字路口交通灯顺序功能图转成梯形图，并进行调试。

视野拓展

创新与创意

创新是改变旧事物、创造新事物的方法或手段，创新偏重技术性。而创意是具有新颖性和创造性的想法，是突破陈规、独辟蹊径的新构想、新思路，创意偏重思想性。

创意是创新的第一步，是创新的起点，是创新的火种。有了好的创意才能去创新，创新是对创意的深入策划、细化并操作实施，是一个将创意变成现实成果的艰难过程。离开了创新实践，创意就真的成了纸上谈兵。

有些事情的成功需要创新，有些事情的成功需要创意。做一件事情之前，首先要搞清楚需要的是创新还是创意。创新和创意努力的方向、采取的措施是不同的。

对于一个企业来说，创意一般不是从无到有，而是需要从有到优，通常不需要提前进行大比例的研发投入，而是需要一个很快的市场反应。我国很多的企业发展到了一定阶段后，必须通过自主创新和技术研发，才能进一步发展、提升竞争力。我国一些关键领域的企业正被“卡脖子”技术所困。因此，企业就需要在科技创新中发挥更大的作用，而科技创新的核心力量是人才。

创新意识和创新能力的培养主要从两方面着手，一是思维能力，二是创新技能。也就是说，首先要有娴熟的技术或技能，还要有突破技术的思维和能力。以下方法可供参考：

① 用发问的方法去打破已学会的思路、框架和认知，往往会探索到一个进行创新或创意的发力点，或者找到一种新的解决方案。可以针对改变部分参数、部分变量发问，可以对技术现有状况说“不”，也可以用反向思维发问，进而奋发努力，解决由发问提出的问题。

② 用质疑的方法不断优化设计方案。质疑是科学精神不可分割的一部分。纵览人类科学发展史，一个个勇于质疑的科学家书写了熠熠生辉的篇章。合理质疑科学发展中前人的成果，不先入为主地迷信书本和权威，以怀疑的眼光看待事物和已有观点，正是科学的精髓所在、价值所在。比如，控制方案是不是最优？程序设计是不是最简洁？电气控制线路控制功能是不是最完善？质疑如一股强大动力，激活创造性思维。探索未知，道路且长，多一些科学的质疑，才可能产生更多更好的观点和成果，才可能碰撞出更多更好的创新火花。

③ 参加创新创业获职业技能大赛。勇于参加与专业相关的各级各类创新创业大赛或职业技能大赛，通过积极备赛和参赛，不断提升创新能力。

创新过程是不断探索、不断实践的过程，难免有挫折和创新失败，只要善于总结经验教训，抱着越挫越勇的科学探索精神，收获的就不仅仅是成功的喜悦，还有不断成长的快乐。

作为新时代的大学生，更要担起时代赋予我们的重任，要以与时俱进的精神、革故鼎新的勇气，主动思考，勇于开拓视野，敢于质疑，积极探索，全方位提升自己的创意和创新能力，将来走向工作岗位才能更好地为社会主义现代化建设增强砖添利瓦。

项目五 PLC实现过程及定位控制

本项目主要通过4个任务以及典型的指令使用实例，讲述PLC的常用数据处理指令、程序控制类指令、PID指令、高速处理指令等典型的功能指令，使读者能够熟悉并应用S7—200 PLC的高级功能。

学习目标

- 熟悉常用数据处理指令的功能、表示方法、使用要素；
- 熟悉常用程序控制类指令的功能、表示方法、使用要素；
- 熟悉高速脉冲指令等PLC高级指令的功能、表示方法、使用要素；
- 掌握S7-200 PLC在过程控制中的应用；
- 掌握S7-200 PLC在定位控制中的应用；
- 掌握开关量和模拟量设备与S7-200 PLC的连接方法；
- 勤于实践，不断提升工程实践能力。

不怕挑战，不断超越

任务一

喷泉控制系统的分析设计与安装调试

一、任务要求

熟悉并掌握传送、比较、移位等数据处理类功能指令的表示方法、使用要素及应用，能够完成喷泉、水塔水位、天塔之光、装配流水线等模拟控制的硬件接线和程序编写，对所装接的控制系统进行调试运行。

二、相关知识

PLC 的数据处理类功能指令主要包括数据的传送、比较、移位、转换、运算及各种数据表格处理等，PLC 通过这些数据处理功能可方便地对生产现场的数据进行采集、分析和处理，进而实现对具有数据处理要求的各种生产过程的自动控制。

(一)数据传送、填充等指令应用

传送指令用于在各个编程元件之间进行数据传送，根据每次传送数据的数量，可分为单个数据传送指令和数据块传送指令。

数据传送指令

1. 单个数据传送指令

传送单个的字节、字、双字、实数，指令格式及功能如表 5-1 所示。

表 5-1　单个数据传送指令格式及功能

指令		字节传送指令	字传送指令	双字传送指令	实数传送指令
LAD		MOV_B EN ENO IN OUT	MOV_W EN ENO IN OUT	MOV_DW EN ENO IN OUT	MOV_R EN ENO IN OUT
STL		MOVB IN,OUT	MOVW IN,OUT	MOVD IN,OUT	MOVR IN,OUT
操作数	IN	VB, QB, IB, MB, SB, SMB, LB, AC, 常数, * VD, * AC, * LD	VW,IW,QW,MW,SW, SMW,LW,T,C,AIW,常数,AC,* VD,* AC,* LD	VD, ID, QD, MD, SD, SMD, LD, HC, &VB, &IB, &QB, &MB, &SB, &T, &C, AC, 常数, * VD, * AC, * LD	VD, ID, QD, MD, SD, SMD, LD, AC, 常数, * VD, * AC, * LD
	OUT	VB, QB, IB, MB, SB, SMB, LB, AC, * VD, * AC, * LD	VW,IW,QW,MW,SW, SMW, LW, T, C, AQW, AC, * VD, * AC, * LD	VD, ID, QD, MD, SD, SMD, LD, AC, * VD, * AC, * LD	VD, ID, QD, MD, SD, SMD, LD, AC, * VD, * AC, * LD
指令功能		使能端 EN(=1)有效时，将一个输入 IN 的字节、字/整数、双字/双整数或实数送到 OUT 指定的存储器输出，传送后存储器 IN 中的内容不变，传送过程中不改变数据的大小			

(1) 指令说明

功能指令的梯形图符号多为功能框，在 SIMATIC 指令系统中将这些方框称为“盒子”，功能框中“EN”表示的输入为指令执行条件，只要有能流进入 EN 端，指令就执行。只要指令执行条件存在，该指令会在每个扫描周期执行一次，称为连续执行，但大多数情况下只需要指令执行一次，即执行条件只在一个扫描周期内有效，这时需要用一个扫描周期的脉冲作为其执行条件，称为脉冲执行。某些指令的指令功能框右侧设有 ENO 使能输出，若使能输入 EN 端有能流且指令被正常执行，则 ENO 端会将能流输出，传送到下一个程序单元，如果指令运行出错，ENO 端状态为 0。编程时，选中某条指令后，按计算机的 F1 键启动帮助功能，可以获得该指令的详细信息。

传送指令实现8盏彩灯点亮

操作数的寻址范围要与指令码中的数据类型一致，进行字节传送时不能寻址专用的字及双字存储器，如 T、C 及 HC 等，OUT 寻址不能寻址常数。

（2）指令使用实例

如图 5-1 所示的梯形图，当输入继电器 I0.0 的常开触头闭合时，字节传送指令（MOVB）将输入继电器 I1.0～I1.7 中的数据传送到输入继电器 I2.0～I2.7 中；当输入继电器 I0.1 的常开触头闭合时，字传送指令（MOVW）将常数 3276 传送到内部标志位存储器 M1.0～M2.7（共 16 位）中；当输入继电器 I0.2 的常开触头闭合时，双字传送指令（MOVD）将变量存储器 V1.0～V4.7（32 位）中的数据传送到变量存储器 V4.0～V7.7（32 位）中；当输入继电器 I0.3 的常开触头闭合时，实数传送指令（MOVR）将特殊标志位存储器 SM1.0～SM4.7（32 位）中的数据传送到特殊标志位存储器 SM5.0～SM8.7（32 位）中。

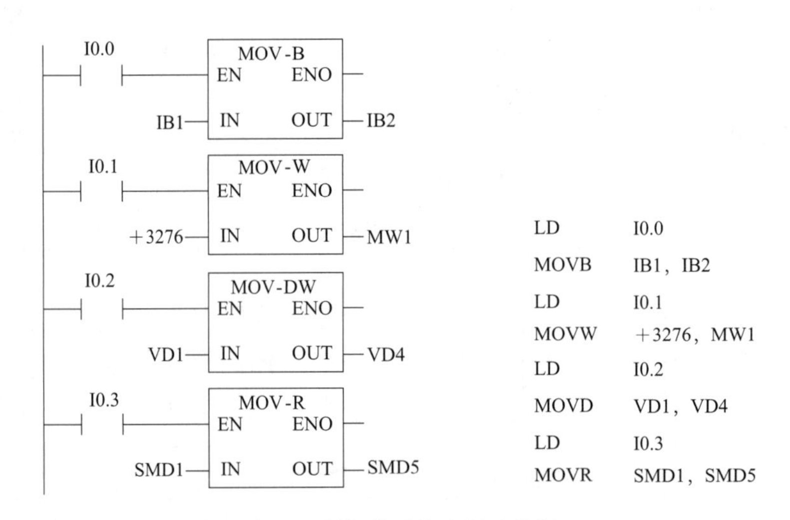

图 5-1 数据传送指令用法举例

2. 数据块传送指令

数据块传送指令可以一次进行多个（最多 255 个）数据的传送，传送过程中各存储单元的内容不变。指令格式及功能如表 5-2 所示。

（1）指令说明

操作数 IN 、OUT 不能寻址常数，它们的寻址范围要与指令码中的数据类型一致，其中字节块和双字块传送时不能寻址专用的字及双字存储器，如 T、C 及 HC 等。

（2）指令使用实例

图 5-2(a) 所示的梯形图中，I0.1 闭合时，将从 VB0 开始的连续 4 个字节传送到 VB10～VB13 中，对应的传送结果如图 5-2(b) 所示。

表 5-2　数据块传送指令格式及功能

指令		字节块传送指令	字块传送指令	双字块传送指令
LAD		BLKMOV_B EN ENO IN OUT N	BLKMOV_W EN ENO IN OUT N	BLKMOV_DW EN ENO IN OUT N
STL		BMB　IN,OUT,N	BMW　IN,OUT,N	BMD　IN,OUT,N
操作数	IN/OUT	VB,QB,IB,MB,SB,SMB,LB,＊VD,＊AC,＊LD	VW,IW,QW,MW,SW,SMW,LW,T,C,AIW(IN),AQW(OUT),＊VD,＊AC,＊LD	VD,ID,QD,MD,SD,SMD,LD,＊VD,＊AC,＊LD
	N	VB,QB,IB,MB,SB,SMB,LB,AC,常数,＊VD,＊AC,＊LD,常量范围为 0～255		
指令功能		使能端 EN(=1)有效时,把从输入 IN 开始的 N 个字节(字、双字)传送到以输出 OUT 开始的 N 个字节(字、双字)中,传送后存储器 IN 中的内容不变,传送过程中不改变数据的大小		

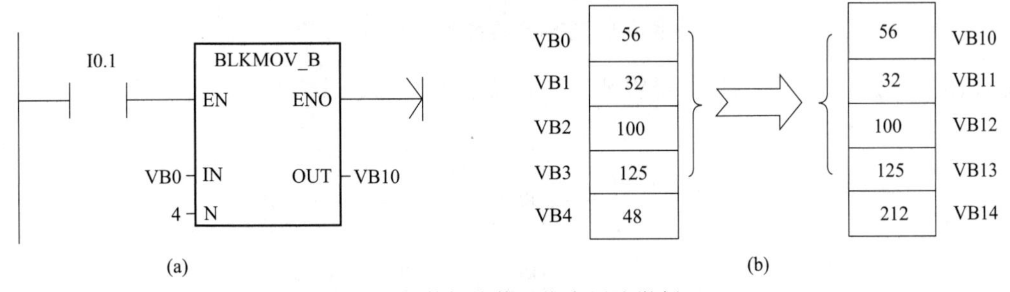

图 5-2　数据块传送指令用法举例

3. 字节交换、字节立即读写与填充指令

指令格式及功能如表 5-3 所示。

表 5-3　字节交换、字节立即读写指令格式及功能

指令		字节交换指令	字节立即读指令	字节立即写指令	填充指令
LAD		SWAP EN ENO IN	MOV_BIR EN ENO IN OUT	MOV_BIW EN ENO IN OUT	FILL_N EN ENO ????-IN OUT-???? ????-N
STL		SWAP　IN	BIR IN,OUT	BIW IN,OUT	FILL IN,OUT,N
操作数	IN/OUT	IN:VW、IW、QW、MW、SW、SMW、T、C、LW、AC; 数据类型:字	IN:IB; OUT:VB、IB、QB、MB、SB、SMB、LB、AC; 数据类型:字节	IN:VB、IB、QB、MB、SB、SMB、LB、AC、常量; OUT:QB; 数据类型:字节	—
指令功能		使能输入 EN 有效时,将输入字 IN 的高字节与低字节交换,结果仍放在 IN 中	使能输入 EN 有效时,读取实际输入端 IN 给出的 1 个字节的数值,并将结果写入 OUT 所指定的存储单元,但输入映像寄存器未更新	使能输入 EN 有效时,从输入 IN 所指定的存储单元中读取 1 个字节的数值并写入实际输出端的物理输出点,同时刷新对应的输出映像寄存器	使能输入 EN 有效时,将输入数据填充到 OUT 开始的 N 个字存储单元

(1) 指令说明

① 影响使能输出 ENO 正常工作的出错条件是：SM4.3（运行时间），0006（间接寻址）。

② 字节立即读写指令无法存取扩展模块。

(2) 指令使用实例

如图 5-3(a) 所示的梯形图中，假定变量存储器 VW4 单元中存放一数据 0A06。当 I0.0 由“0”变“1”后，SWAP 指令将使 VW4 中内容的高字节与低字节交换，其结果使 VW4 中的内容变为 060A，其执行结果如图 5-3(b) 所示。注意，SWAP 指令使用时，若不使用正跳变指令，则在 I0.0 闭合的每一个扫描周期执行一次高低字节交换，不能保证结果正确。

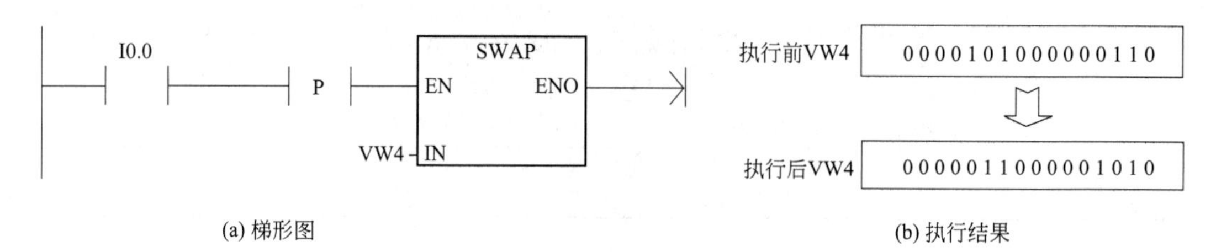

(a) 梯形图　　(b) 执行结果

图 5-3　字节交换指令用法举例

如图 5-4 所示的梯形图中，可将从 VB30 开始的连续 40 个字的存储单元清零。

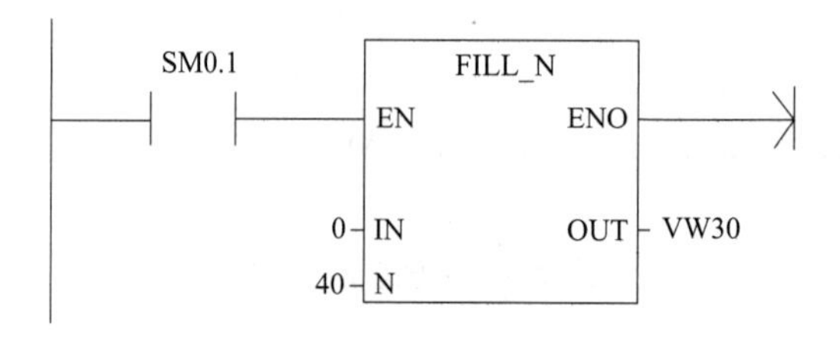

图 5-4　填充指令用法举例

(二) 数据移位指令应用

移位指令是比较常用的 PLC 控制指令，分为三大类：左右移位指令；循环左右移位指令；寄存器移位指令。前两种移位指令按操作数的长度可分为字节、字、双字三种。

数据移位指令

1. 左右移位指令

指令格式及功能如表 5-4 所示。

表 5-4　左右移位指令格式及功能

指令	字节左移指令	字左移指令	双字左移指令
LAD	SHL_B EN　ENO ???? - IN　OUT - ???? ???? - N	SHL_W EN　ENO ???? - IN　OUT - ???? ???? - N	SHL_DW EN　ENO ???? - IN　OUT - ???? ???? - N
STL	SLB　OUT,N	SLW　OUT,N	SLD　OUT,N
指令功能	使能输入有效时，即 EN=1 时，把从输入 IN 开始的字节(字、双字)数左移 N 位后，结果输到 OUT 存储单元中，移出位补 0，最后一个移出位保存在溢出标志位存储器 SM1.1 中		

续表

指令		字节左移指令	字左移指令	双字左移指令
LAD		SHR_B EN ENO ????-IN OUT-???? ????-N	SHR_W EN ENO ????-IN OUT-???? ????-N	SHR_DW EN ENO ????-IN OUT-???? ????-N
STL		SRB OUT,N	SRW OUT,N	SRD OUT,N
指令功能		使能输入有效时，即 EN=1 时，把从输入 IN 开始的字节(字、双字)数右移 N 位后，结果输到 OUT 存储单元中，移出位补 0，最后一个移出位保存在溢出标志位存储器 SM1.1 中		
操作数	IN	VB,QB,IB,MB,SB,SMB,LB,AC,常数,*VD,*AC,*LD	VW,IW,QW,MW,SW,SMW,LW,T,C,AIW,AC,常数,*VD,*AC,*LD	VD,ID,QD,MD,SD,SMD,LD,HC,AC,常数,*VD,*AC,*LD
	OUT	VB,QB,IB,MB,SB,SMB,LB,AC,*VD,*AC,*LD	VW,IW,QW,MW,SW,SMW,LW,T,C,AIW,AC,*VD,*AC,*LD	VD,ID,QD,MD,SD,SMD,LD,HC,AC,*VD,*AC,*LD
	N	VB,QB,IB,MB,SB,SMB,LB,AC,常数,*VD,*AC,*LD		

(1) 指令说明

① 最后一个移出位保存在溢出标志位存储器 SM1.1 中，如果移出位结果为 0，则零标志位 SM1.0 置 1。

② 移位位数 N 和移位数据的长度有关，一般 N≤数据类型对应的位数。如果 N 小于实际的数据长度，则执行 N 位移位；如 N 大于实际的数据长度，则执行移位的位数等于实际数据长度的位数。

③ 被移位的数据是无符号的。

④ 移位位数 N 为字节型数据（0～255）。

⑤ 影响始能输出 ENO 正常工作的出错条件是 SM4.3（运行时间）、0006（间接寻址）。

⑥ IN 和 OUT 可使用相同的存储单元，否则语句表指令中将多一条传送指令。

⑦ 使能输入端尽量使用边沿触发指令，否则 EN 有效的每个扫描周期都将移位一次。

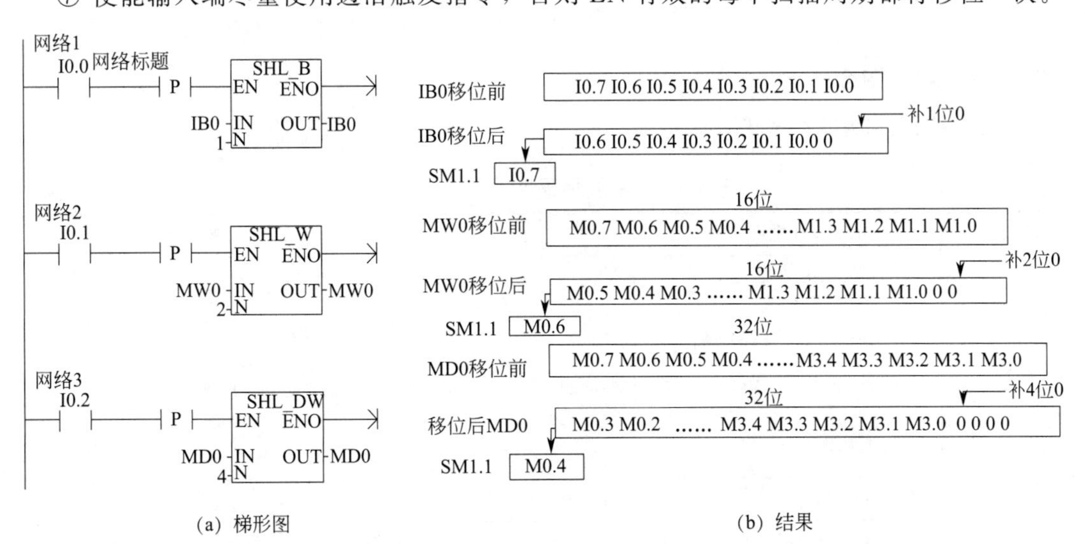

(a) 梯形图　　(b) 结果

图 5-5 左移位指令用法举例

（2）指令使用实例

图 5-5(a) 所示为左移位指令应用实例，图 5-5(b) 所示为移位结果。假定 MW0 中存有 16 进制数 E2AD，现将其左移 2 位，I0.1 为移位控制信号，对应的移位过程如图 5-6 所示。

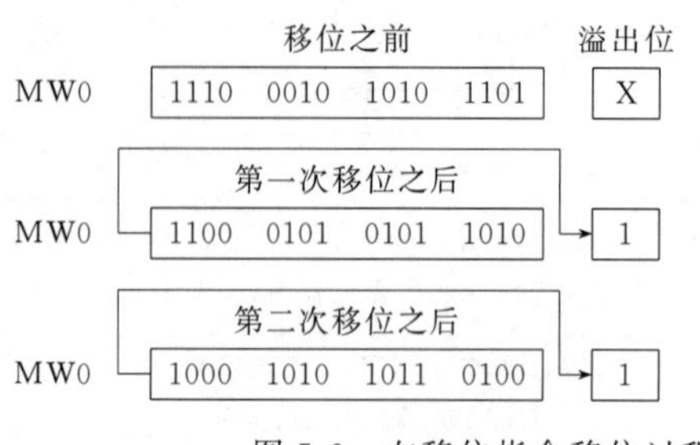

图 5-6　左移位指令移位过程

数据循环移位指令

图 5-7(a) 所示为右移位指令对应的梯形图程序，图 5-7(b) 为移位结果。

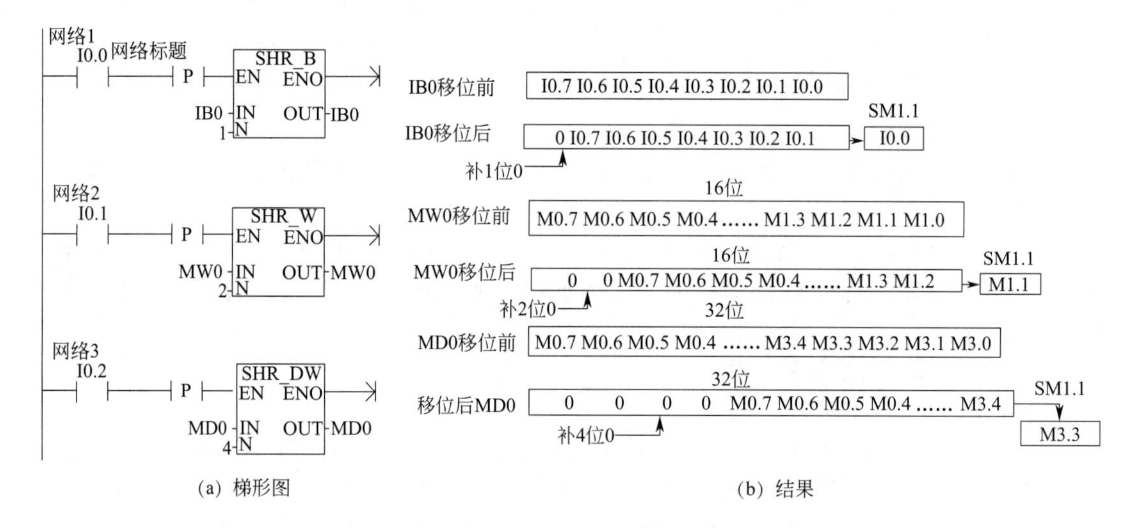

(a) 梯形图　　　(b) 结果

图 5-7　右移位指令用法举例

2. 左右循环移位指令

其指令格式及功能如表 5-5 所示。

表 5-5　左右循环移位指令格式及功能

指令	字节循环左移指令	字循环左移指令	双字循环左移指令
LAD	ROL_B EN ENO IN OUT N	ROL_W EN ENO IN OUT N	ROL_DW EN ENO IN OUT N
STL	RLB OUT,N	RLW　OUT,N	RLD　OUT,N
指令功能	使能输入有效时，即 EN=1 时，将字节（字、双字）型数输入数据 IN 循环左移 N 位后，结果输到 OUT 存储单元中		

续表

指令		字节循环右移指令	字循环右移指令	双字循环右移指令
LAD		ROR_B EN ENO IN OUT N	ROR_W EN ENO IN OUT N	ROR_DW EN ENO IN OUT N
STL		RRB OUT,N	RRW OUT,N	RRD OUT,N
指令功能		使能输入有效时,即 EN=1 时,将字节(字、双字)型数输入数据 IN 循环右移 N 位后,结果输出 OUT 存储单元中		
操作数	IN	VB,QB,IB,MB,SB,SMB,LB,AC,常数,* VD,* AC,* LD	VW,IW,QW,MW,SW,SMW,LW,T,C,AIW,AC,* VD,* AC,* LD,常数	VD,ID,QD,MD,SD,SMD,LD,HC,AC,常数,* VD,* AC,* LD
	OUT	VB,QB,IB,MB,SB,SMB,LB,AC,* VD,* AC,* LD	VW,IW,QW,MW,SW,SMW,LW,T,C,AIW,AC,* VD,* AC,* LD	VD,ID,QD,MD,SD,SMD,LD,AC,* VD,* AC,* LD
	N	VB,QB,IB,MB,SB,SMB,LB,AC,常数,* VD,* AC,* LD		

(1) 指令说明

在移位时，存放移位数据的存储单元的移出端既与另一端相连，又与特殊标志位寄存器SM1.1相连，移出位在被移到另一端的同时，最后一个移出位保存在溢出标志位存储器SM1.1中，当移出位结果为0，零标志位SM1.0置1。

移位位数N和移位数据的长度有关，一般N≤数据类型对应的位数。如果N小于实际的数据长度，则执行N位移位；如N大于实际的数据长度，则执行移位的位数等于N除以实际数据长度所得的余数。

(2) 指令使用实例

图5-8(a) 所示为循环左移位指令对应的梯形图程序，图5-5(b) 为移位结果。

图5-9(a) 所示为循环右移位指令对应的梯形图程序，图5-9(b) 为移位结果。假定MW0中存有16进制数4001，循环右移2位，对应的运行结果如图5-10所示。

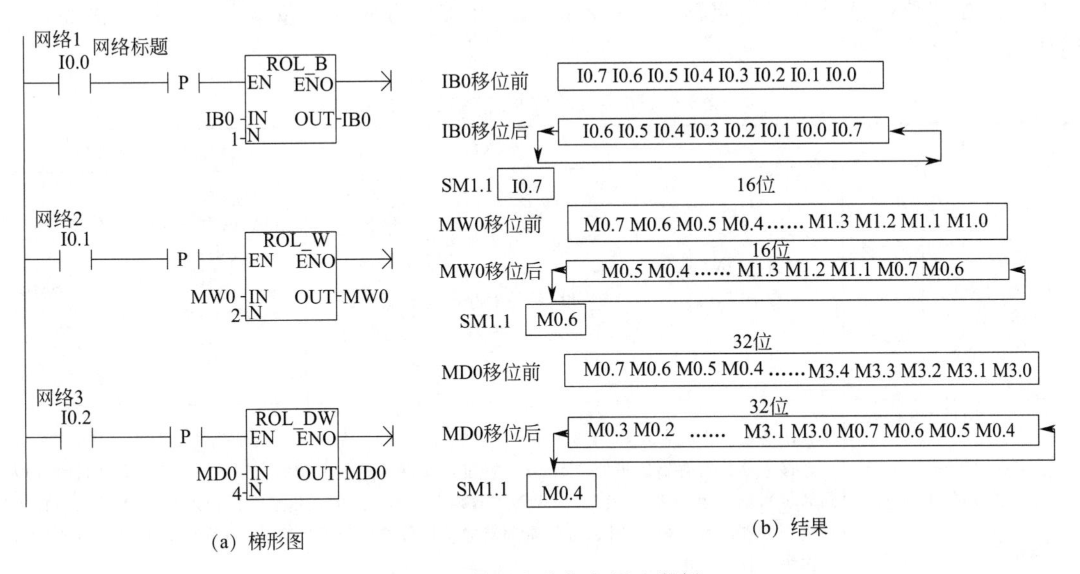

(a) 梯形图

(b) 结果

图5-8 循环左移指令用法举例

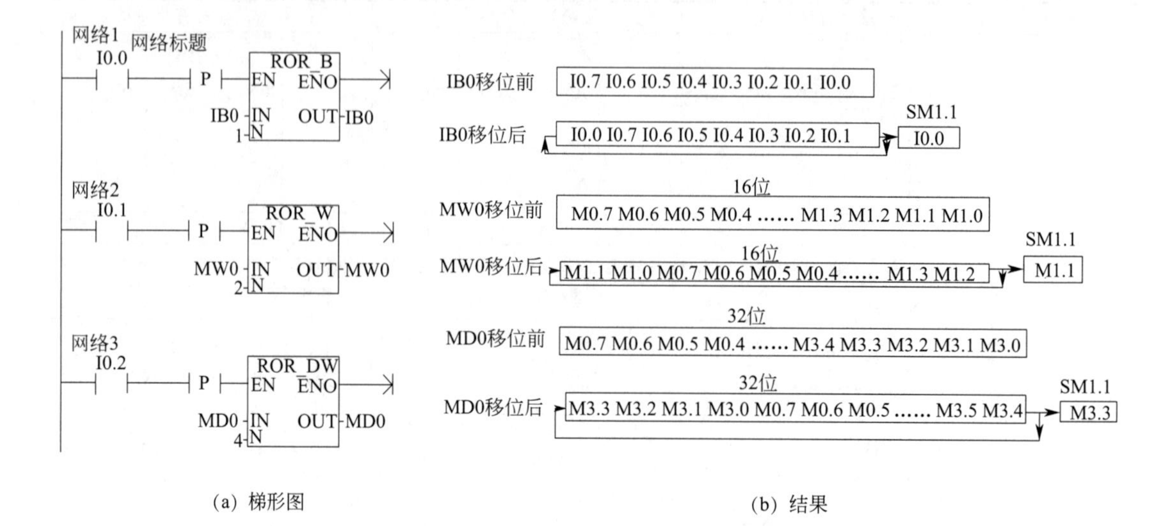

(a) 梯形图　　(b) 结果

图 5-9　循环右移位指令用法举例

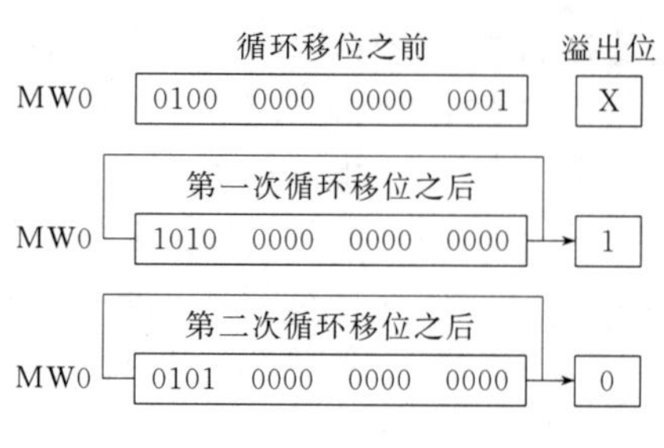

图 5-10　运行结果

3. 寄存器移位指令

寄存器移位指令是可以指定移位寄存器的长度和移位方向的移位指令，其指令格式及功能如表 5-6 所示。

表 5-6　寄存器移位指令格式及功能

LAD	STL	指令盒说明	操作数及数据类型
SHRB EN ENO ??.? DATA ??.? S_BIT ???? N	SHTB DATA，S_BIT，N	DATA：移位寄存器的数据输入端； S_BIT：移位寄存器的最低位； N：指定移位寄存器的长度和方向	DATA 和 S_BIT：I、Q、M、SM、T、C、V、S、L； N：VB、IB、QB、MB、SB、SMB、LB、AC，常量； 数据类型为字节
指令功能	当使能输入 EN 有效(即 EN＝1)时，如果 N>0，则在每个 EN 的前沿将数据输入 DATA 的状态移入移位寄存器的最低位 S_BIT，移位寄存器的其他位按照指定的方向(左移)(即由低位到高位)，依次串行移位一次。如果 N<0，则在每个 EN 的前沿将数据输入 DATA 的状态移入移位寄存器的最高位 S_BIT；移位寄存器的其他位按照指定的方向(右移)(即由高位到低位)，依次串行移位一次		

（1）指令说明

① 移位寄存器的数据类型无字节、字、双字之分，移位寄存器的长度N由程序指定。

比较指令

② 移位寄存器的移出端与SM1.1（溢出）相连接，移出数据进入SM1.1。

③ 影响始能输出ENO正常工作的出错条件是SM4.3（运行时间）、0006（间接寻址）。

④ 使能输入端尽量使用边沿触发指令，否则EN有效的每个扫描周期都将移位一次。

（2）指令使用实例

图5-11所示为移位寄存器指令用于机械手控制程序的一段梯形图程序，M10.0～M11.0用于记录机械手原点、下降、上升等一个周期内的各状态，利用移位寄存器指令可简化程序步。

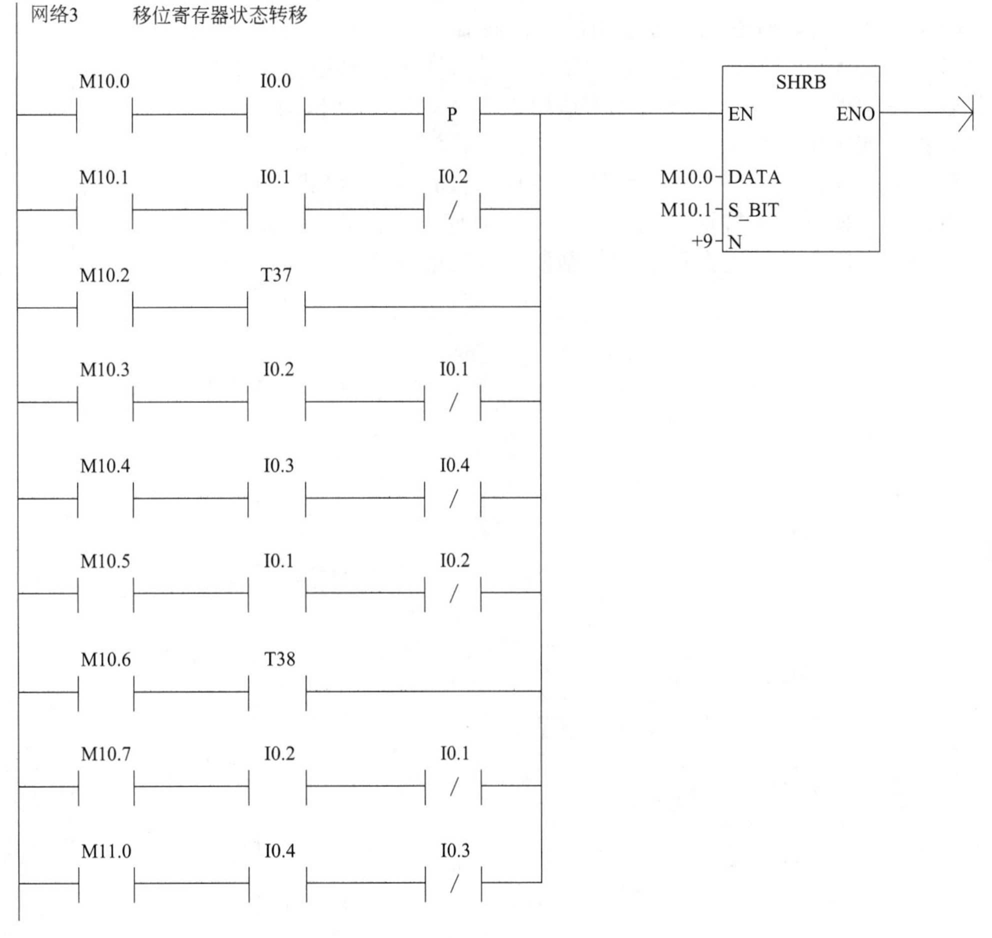

图5-11 移位寄存器指令用于机械手控制程序（片段）

(三) 数据比较指令应用

数据比较指令用于比较两个数据的大小，并根据比较的结果使触头闭合，进而实现某种控制要求。它包括字节比较、字整数比较、双字整数比较及实数比较指令四种。指令格式及功能见表5-7所示。

表 5-7　数据比较指令格式及功能

LAD	STL	指令功能
IN1 ─┤FX├─ IN2	LDXF　IN1，IN2 AXF　IN1，IN2 OXF　IN1，IN2	比较两个数 IN1 和 IN2 的大小，若比较式为真，则该触头闭合

（1）指令说明

STL 中的操作码中的 F 代表比较符号，可分为“= =”“<>”“>=”“<=”“>”及“<”六种。

STL 中的操作码中的 X 代表数据类型，分为字节（B）、字整数（I）、双字整数（D）、实数（R）和字符串（S）五种。

STL 中的操作数的寻址范围要与指令码中的 X 一致。其中字节比较、实数比较指令不能寻址专用的字及双字存储器，如 T、C 及 HC 等；字整数比较时不能寻址专用的双字存储器 HC；双字整数比较时不能寻址专用的字存储器 T、C 等。

字节指令是无符号的，字整数、双字整数及实数比较都是有符号的。

比较指令中的<>、<、>指令不适用于 CPU21X 系列机型。

（2）指令使用实例

如图 5-12 所示，输送带的 3 台电动机顺序启动，同时停止，定时器与比较指令配合启动 3 台电动机，按下停止按钮，三台电动机同时停止。图 5-13 所示梯形图程序可满足 4 级输送带电动机顺序启动、逆向停止的控制要求，请读者自己分析。

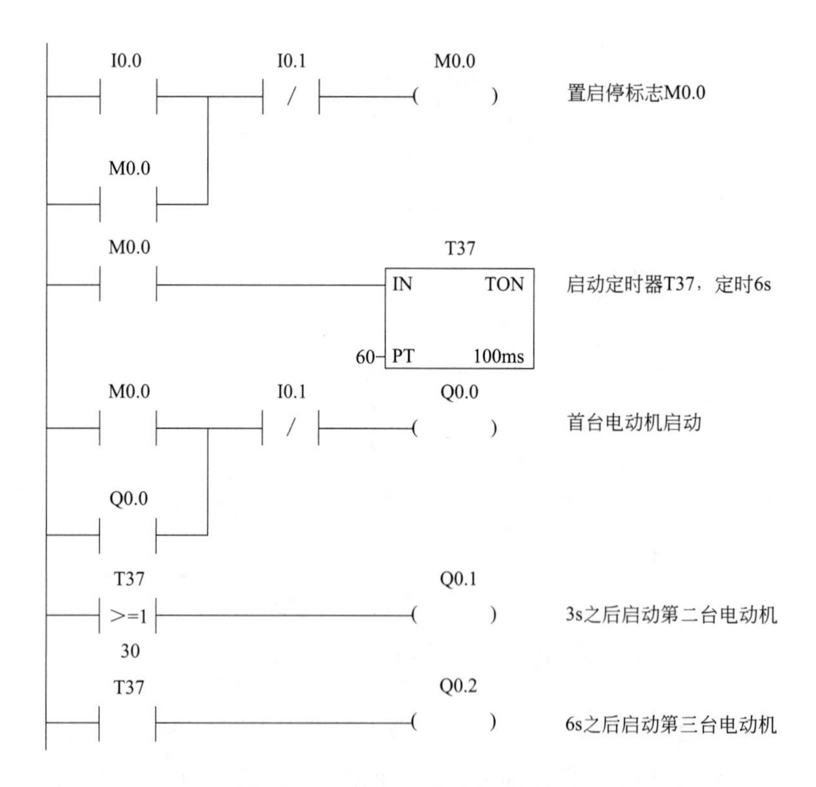

图 5-12　三台电机分时启动梯形图

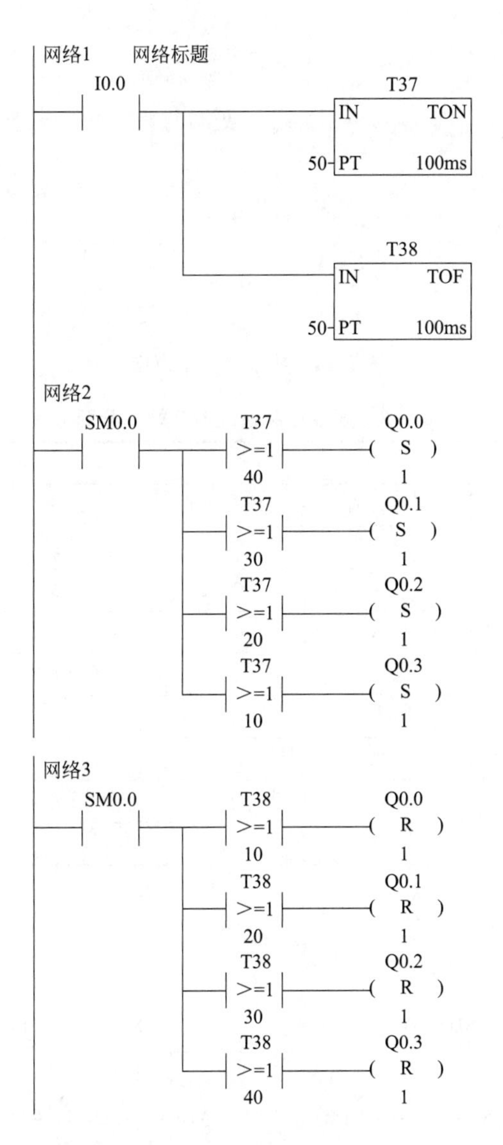

图 5-13　四台电机顺序启动、逆向停止梯形图

三、任务实施

(一) 任务要求

图 5-14 为喷泉模块面板示意图，当置位启动开关 SD 为 ON 时，LED 指示灯依次循环显示 1→2→3…→8→1、2→3、4→5、6→7、8→1、2、3→4、5、6→7、8→1→2→3…，模拟喷泉水流状态。置位启动开关 SD 为 OFF 时，LED 指示灯停止显示，系统停止工作。

(二) I/O 端口分配

见表 5-8。

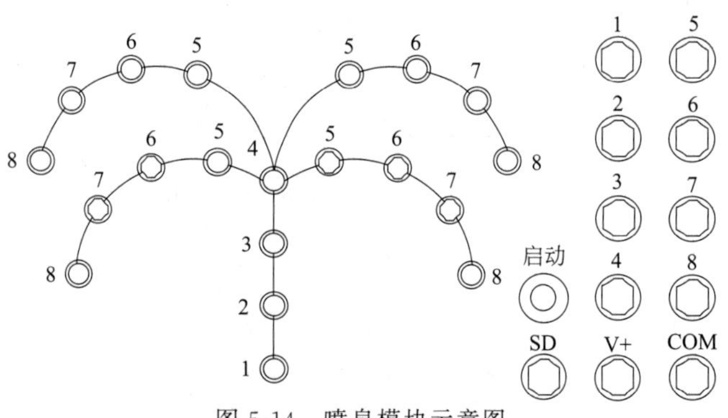

图 5-14　喷泉模块示意图

表 5-8　喷泉控制系统 I/O 端口分配

输入信号			输出信号		
PLC 地址	电气符号	功能说明	PLC 地址	电气符号	功能说明
I0.0	SD	启动	Q0.0	1	喷泉 1 模拟指示灯
			Q0.1	2	喷泉 2 模拟指示灯
			Q0.2	3	喷泉 3 模拟指示灯
			Q0.3	4	喷泉 4 模拟指示灯
			Q0.4	5	喷泉 5 模拟指示灯
			Q0.5	6	喷泉 6 模拟指示灯
			Q0.6	7	喷泉 7 模拟指示灯
			Q0.7	8	喷泉 8 模拟指示灯

(三) PLC 控制接线图

见图 5-15。

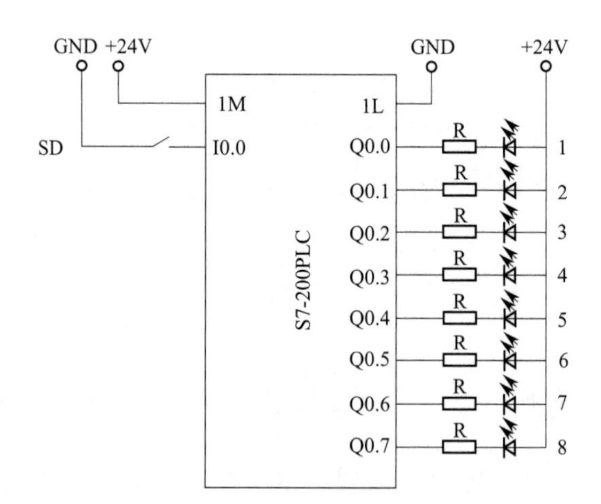

图 5-15　喷泉控制系统 PLC 外部接线图

(四) 程序说明

本任务中要求的 LED 指示灯循环闪亮较复杂，如果仅使用基本指令，程序会比较“繁琐”，所以要考虑使用数据处理功能指令完成控制要求。参考程序见图 5-16。

音乐喷泉模拟控制

网络1　初始化

复位

SM0.1

I0.0

MOV_W
EN　ENO
0 - IN　OUT - VW0

MOV_W
EN　ENO
0 - IN　OUT - QW0

网络2　脉冲

循环时间控制

I0.0

T37
<=I
21

T37
IN　TON
20 - PT　100ms

网络3

初始置位

I0.0　P

V1.0　N

MOV_W
EN　ENO
16384 - IN　OUT - VW0

网络4

循环

T37　P

SHR_W
EN　ENO
VW0 - IN　OUT - VW0
1 - N

网络5

输出

I0.0

V0.6

MOV_B
EN　ENO
1 - IN　OUT - QB0

V0.5

MOV_B
EN　ENO
2 - IN　OUT - QB0

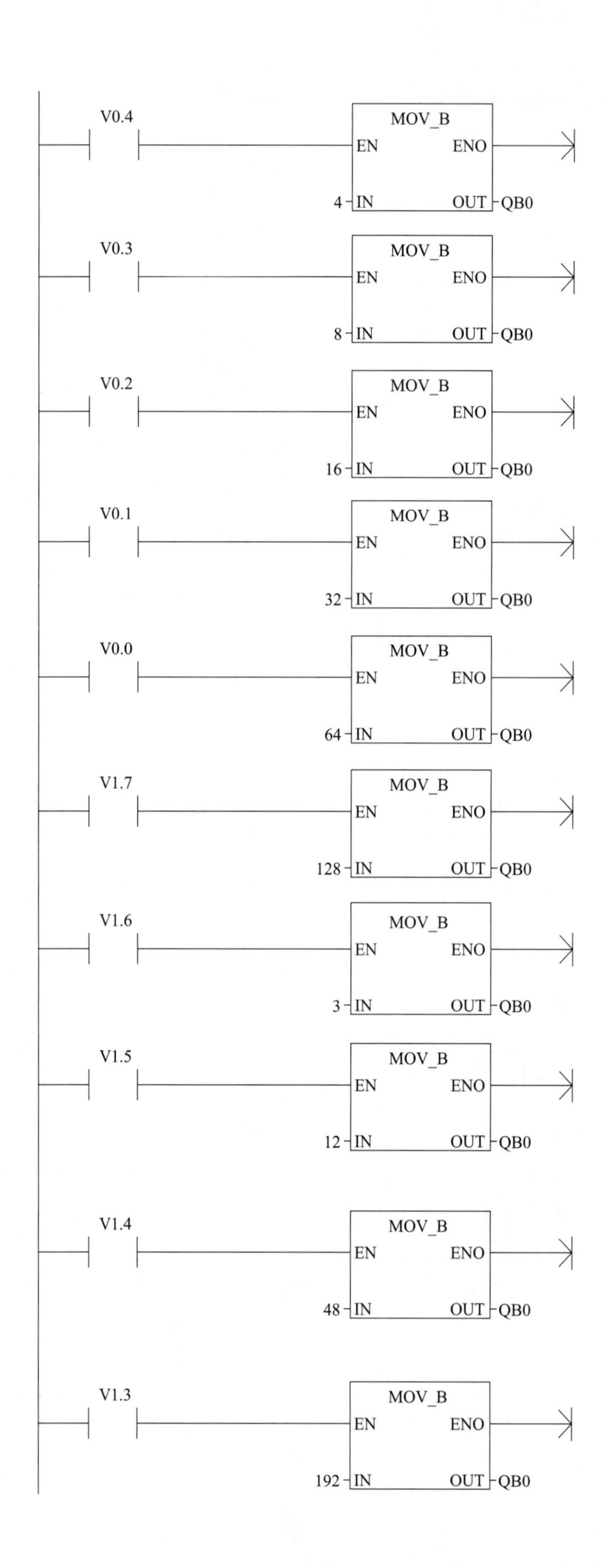
V0.4
MOV_B
EN
ENO
4
IN
OUT
QB0
V0.3
MOV_B
EN
ENO
8
IN
OUT
QB0
V0.2
MOV_B
EN
ENO
16
IN
OUT
QB0
V0.1
MOV_B
EN
ENO
32
IN
OUT
QB0
V0.0
MOV_B
EN
ENO
64
IN
OUT
QB0
V1.7
MOV_B
EN
ENO
128
IN
OUT
QB0
V1.6
MOV_B
EN
ENO
3
IN
OUT
QB0
V1.5
MOV_B
EN
ENO
12
IN
OUT
QB0
V1.4
MOV_B
EN
ENO
48
IN
OUT
QB0
V1.3
MOV_B
EN
ENO
192
IN
OUT
QB0

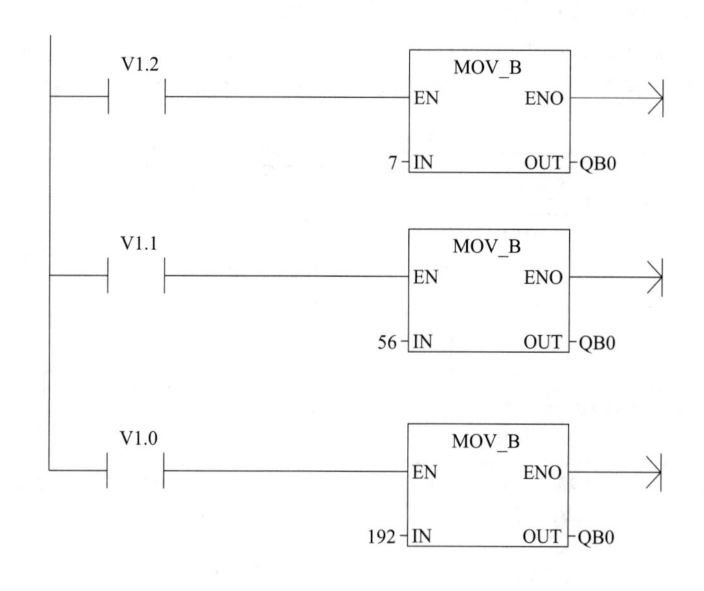

图 5-16 喷泉控制系统参考程序

参考程序中使用到数据传送指令、比较指令、移位指令等数据类功能指令。功能指令实质上就是一些功能不同的子程序，合理、正确地应用功能指令，对于优化程序结构、提高应用系统功能、简化复杂问题的处理有重要的作用。

(五) 实施步骤

(1) 布线安装

按照布线工艺要求，根据控制接线图进行布线安装。

(2) 电路断电检查

在断电的情况下，从电源端开始，逐段核对接线及接线端子处是否正确，有无漏接、错接之处。并用万用表检查电路的通断情况。

(3) 在 STEP 7-Micro/WIN 编程软件中输入程序。

(4) 在遵守安全规程的前提及指导教师现场监护下，通电试车。

四、任务扩展

(一) 数据运算指令应用

PLC 的数据运算类指令主要用于完成数据的处理、单位换算及数值计算等任务。S7-200PLC 的算术运算指令包括加、减、乘、除运算指令，增 1/减 1 指令和数学函数变换指令，逻辑运算包括逻辑与、或、非等指令（由于篇幅所限，这里不介绍逻辑运算指令）。

1. 加/减运算指令

加/减运算指令可以完成两个有符号数的加、减运算，分为整数、双整数、实数加减法指令。加/减运算指令格式及功能如表 5-9 所示。

整数加法（ADD _ I）和减法（SUB _ I）指令：使能输入有效时，将两个 16 位符号整数相加或相减，并产生一个 16 位的结果，从 OUT 指定的存储单元输出。

双整数加法（ADD _ D）和减法（SUB _ D）指令：使能输入有效时，将两个 32 位符号整数相加或相减，并产生一个 32 位结果，从 OUT 指定的存储单元输出。

实数加法（ADD _ R）和减法（SUB _ R）指令：当使能输入有效时，将两个 32 位实数相加或相减，并产生一个 32 位结果，从 OUT 指定的存储单元输出。

表 5-9　加/减运算指令格式及功能

<table>
<tr><th colspan="2">指令</th><th>整数加法指令</th><th>双整数加法指令</th><th>实数加法指令</th></tr>
<tr><td colspan="2">LAD</td><td>ADD_I
EN ENO
IN1 OUT
IN2</td><td>ADD_DI
EN ENO
IN1 OUT
IN2</td><td>ADD_R
EN ENO
IN1 OUT
IN2</td></tr>
<tr><td colspan="2">STL</td><td>MOVW IN1,OUT
+I　IN2,OUT</td><td>MOVD IN1,OUT
+D　IN2,OUT</td><td>MOVD IN1,OUT
+R　IN2,OUT</td></tr>
<tr><td colspan="2">指令功能</td><td colspan="3">当使能输入 EN 有效(即 EN=1)时，实现数据输入端两个数据的加法运算，即 IN1+IN2=OUT</td></tr>
<tr><td colspan="2"></td><td>整数减法指令</td><td>双整数减法指令</td><td>实数减法指令</td></tr>
<tr><td colspan="2">LAD</td><td>SUB_I
EN ENO
IN1 OUT
IN2</td><td>SUB_DI
EN ENO
IN1 OUT
IN2</td><td>SUB_R
EN ENO
IN1 OUT
IN2</td></tr>
<tr><td colspan="2">STL</td><td>MOVW IN1,OUT
-I　IN2,OUT</td><td>MOVD IN1,OUT
-D　IN2,OUT</td><td>MOVD IN1,OUT
-R　IN2,OUT</td></tr>
<tr><td colspan="2">指令功能</td><td colspan="3">当使能输入 EN 有效(即 EN=1)时，实现数据输入端两个数据的减法运算，即 IN1-IN2=OUT</td></tr>
<tr><td rowspan="2">操作数</td><td>IN1/IN2</td><td>VW、IW、QW、MW、SW、SMW、LW、AIW、T、C、AC、常量、* VD、* LD、* AC</td><td>VD、ID、QD、MD、SD、SMD、LD、AC、HC、常量、* VD、* LD、* AC</td><td>VD、ID、QD、MD、SD、SMD、LD、AC、常量、* VD、* LD、* AC</td></tr>
<tr><td>OUT</td><td>VW、IW、QW、MW、SW、SMW、LW、T、C、AC、* VD、* LD、* AC</td><td>VD、ID、QD、MD、SD、SMD、LD、AC、* VD、* LD、* AC</td><td>VD、ID、QD、MD、SD、SMD、LD、AC、* VD、* LD、* AC</td></tr>
</table>

（1）指令说明

加法指令和减法指令将影响内部特殊标志位寄存器 SM1.0（零）、SM1.1（溢出）、SM1.2（负）。

影响使能输出 ENO 正常工作的出错条件是 SM1.1（溢出）、SM4.3（运行时间）、0006（间接寻址）。

当 IN1、IN2 和 OUT 操作数的地址不同时，在 STL 指令中，首先用数据传送指令将 IN1 中的数值送入 OUT，然后再执行加、减运算，即 OUT+IN2=OUT，OUT-IN2=OUT。为了节省内存，在整数加法的 LAD 指令中，可以指定 IN1 或 IN2=OUT，这样可以不用数据传送指令。如指定 IN1=OUT，则语句表指令为+I　IN2，OUT；如指定 IN2=OUT，则语句表指令为+I IN1，OUT。在整数减法的梯形图指令中，可指定 IN1=OUT，则语句表指令为-I IN2，OUT。这个原则适用于所有的算术运算指令，且乘法和加法对应，减法和除法对应。

（2）指令使用实例

如图 5-17 所示，对常数 5 和常数 3 进行加法运算。如果采用语句表指令编程，则必须先将其中一个常数存入存储器或累加器中，然后再将另一个常数与存储器或累加器中内的数据进行加法运算，若采用梯形图指令编程，可直接将两数进行相加运算。

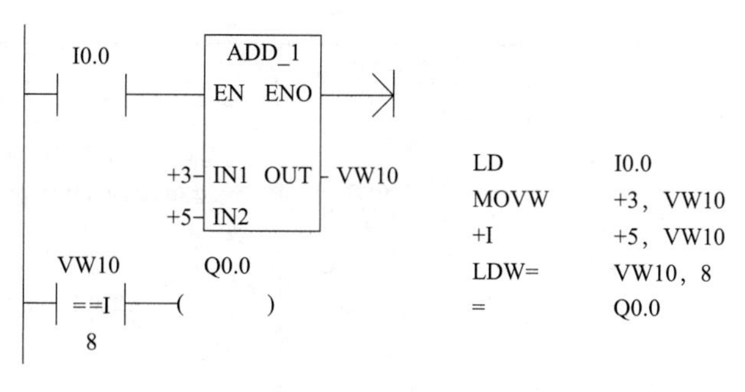

(a) 梯形图程序　　(b) 语句表程序

图 5-17　整数加法指令举例

2. 乘/除运算指令

乘/除运算指令格式及功能如表 5-10 所示。

表 5-10　乘/除运算指令格式及功能

指令名称	LAD	STL	指令功能
整数与双整数相乘	MUL EN ENO IN1 OUT IN2	MOVW IN1,OUT MUL IN2,OUT	使能输入有效时,将两个 16 位符号整数相乘,并产生一个 32 位积,从 OUT 指定的存储单元输出
整数相乘	MUL_I EN ENO IN1 OUT IN2	MOVW IN1,OUT *I　IN2,OUT	使能输入有效时,将两个 16 位符号整数相乘,并产生一个 16 位积,从 OUT 指定的存储单元输出
双整数相乘	MUL_DI EN ENO IN1 OUT IN2	MOVD IN1,OUT *D　IN2,OUT	使能输入有效时,将两个 32 位符号整数相乘,并产生一个 32 位积,从 OUT 指定的存储单元输出
实数相乘	MUL_R EN ENO IN1 OUT IN2	MOVD IN1,OUT *R　IN2,OUT	使能输入有效时,将两个 32 位实数相乘,并产生一个 32 位的积,从 OUT 指定的存储单元输出
整数与双整数相除	DIV EN ENO IN1 OUT IN2	MOVW IN1,OUT DIV IN2,OUT	使能输入有效时,将两个 16 位整数相除,得出 32 位结果,从 OUT 指定的存储单元输出。其中,高 16 位放余数,低 16 位放商
整数相除	DIV_I EN ENO IN1 OUT IN2	MOVW IN1, OUT/I　IN2,OUT	使能输入有效时,将两个 16 位符号整数相除,并产生一个 16 位商,从 OUT 指定的存储单元输出,不保留余数。如果输出结果大于一个字,则溢出位 SM1.1 置位为 1

续表

指令名称	LAD	STL	指令功能
双整数相除	DIV_DI EN ENO IN1 OUT IN2	MOVD IN1，OUT/D IN2，OUT	使能输入有效时，将两个 32 位整数相除，并产生一个 32 位商，从 OUT 指定的存储单元输出，不保留余数
实数相除	DIV_R EN ENO IN1 OUT IN2	MOVD IN1，OUT/R IN2，OUT	使能输入有效时，将两个 32 位实数相除，并产生一个 32 位的商，从 OUT 指定的存储单元输出

（1）指令说明

① 乘/除运算指令将影响内部特殊标志位寄存器 SM1.0（零）、SM1.1（溢出）、SM1.2（负）、SM1.3（除数为零）。

② 影响 ENO 正常工作的出错条件有：SM1.1（溢出）、SM4.3（运行时间）、0006（间接寻址）。

③ 乘法指令中 IN1、IN2 可有一个和 OUT 使用同一存储单元。例如，整数乘法指令中，若 IN2 与 OUT 使用同一存储单元，则语句表程序为：* I IN1，OUT。

④ 除法指令中，IN1（被除数）可与 OUT 使用同一存储单元。例如，整数除法指令中，IN1 与 OUT 使用同一存储单元，则语句表程序为：/I IN2，OUT。

⑤ 为确保运算结果的正确性，尽量使用边沿触发指令激活。

（2）指令使用实例

如图 5-18 所示，假定 I0.0 得电时，执行 VW10 乘以 VW20、VD40 除以 VD50 操作，并分别将结果存入 VW30 和 VD60 中。

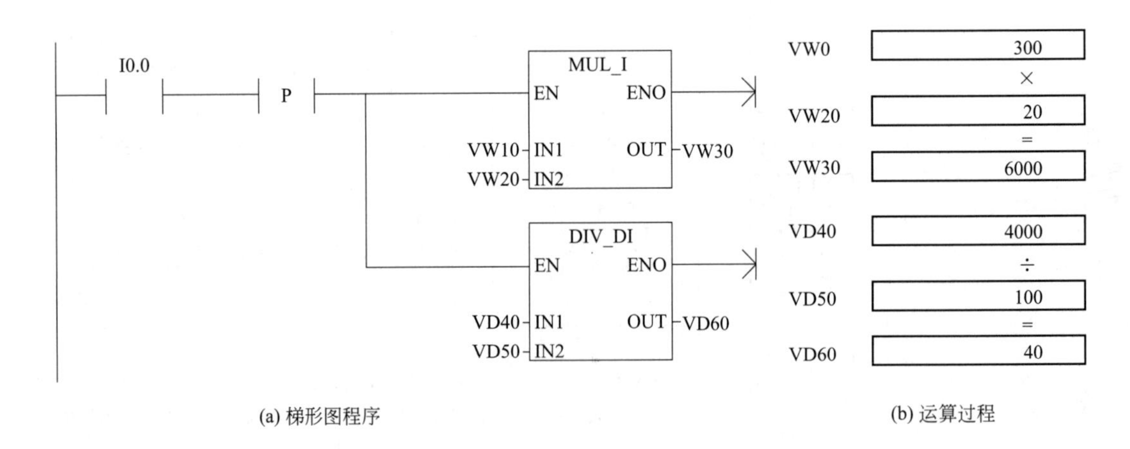

图 5-18 整数乘除指令编程举例

3. 递增/递减指令

递增字节（字、双字）和递减字节（字、双字）指令在输入字节（字、双字）上加 1 或减 1，并将结果置入 OUT 指定的变量中。指令格式及功能如表 5-11 所示。

表 5-11　递增/递减指令格式及功能

指令	字节增 1 指令	字增 1 指令	双字增 1 指令
LAD	INC_B EN　ENO IN　OUT	INC_W EN　ENO IN　OUT	INC_DW EN　ENO IN　OUT
STL	INCB OUT	INCW OUT	INCD OUT
指令功能	当使能输入 EN 有效(即 EN=1)时,将 IN 端数据自动加 1,结果存入 OUT 指定的存储单元,即 OUT+1=OUT		
指令	字节减 1 指令	字减 1 指令	双字减 1 指令
LAD	DEC_B EN　ENO IN　OUT	DEC_W EN　ENO IN　OUT	DEC_DW EN　ENO IN　OUT
STL	DECB OUT	DECW OUT	DECD OUT
指令功能	当使能输入 EN 有效(即 EN=1)时,将 IN 端数据自动减 1,结果存入 OUT 指定的存储单元,即 OUT−1=OUT		
操作数	VB、IB、QB、MB、SB、SMB、LB、AC、* VD、* LD、* AC、常量(常量仅限于输入寻址)	VW、IW、QW、MW、SW、SMW、LW、T、C、AIW、AC、* AC、* VD、* LD、常量(常量仅限于输入寻址)	VD、ID、QD、MD、SD、SMD、LD、AC、* VD、* LD、* AC、常量(常量仅限于输入寻址)

(1) 指令说明

① EN 采用一个机器扫描周期的短脉冲触发。

② 影响使能输出 ENO 正常工作的出错条件是：SM1.1（溢出）、SM4.3（运行时间）、0006（间接寻址）。

③ 影响标志位：SM1.0（零），SM1.1（溢出），SM1.2（负数）。

④ 在梯形图指令中，IN 和 OUT 可以指定为同一存储单元，这样可以节省内存，在语句表指令中也不需使用数据传送指令。

(2) 指令使用实例

如图 5-19 所示，I0.2 每接通一次，AC0 的内容自动加 1，VW100 的内容自动减 1。

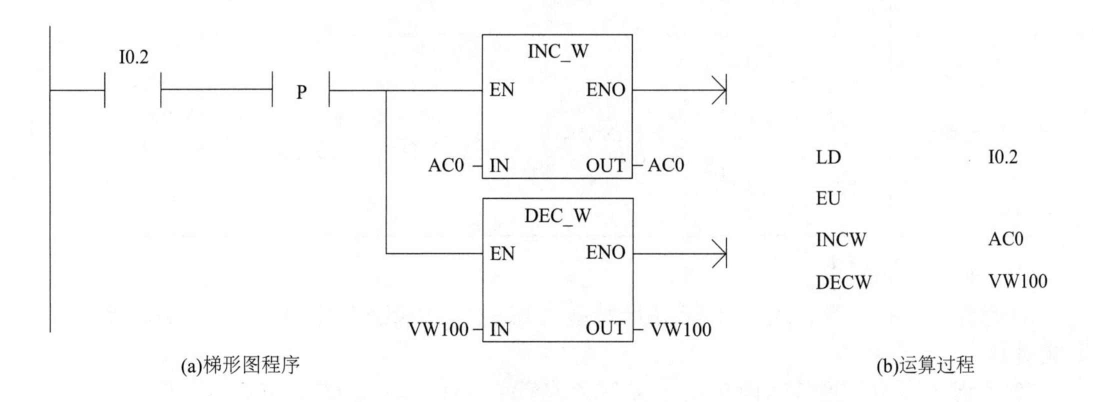

图 5-19　增 1 减 1 指令编程举例

4. 数学函数变换指令

数学函数变换指令包括平方根、自然对数、指数、三角函数等，除平方根（SQRT）指令，其他数学函数需要 CPU2241.0 以上版本支持。指令格式及功能如表 5-12 所示。

表 5-12 数学函数指令格式及功能

指令名称	LAD	STL	指令功能
平方根（SQRT）指令	SQRT EN ENO IN OUT	SQRT IN,OUT	对 32 位实数(IN)取平方根，并产生一个 32 位实数结果，从 OUT 指定的存储单元输出
自然对数(LN)指令	LN EN ENO IN OUT	LN IN,OUT	将一个双字长(32 位)的实数 IN 取自然对数，得到 32 位的结果 OUT，求以 10 为底数的对数时，用自然对数除以 2.302585(约等于 10 的自然对数)
自然指数（EXP）指令	EXP EN ENO IN OUT	EXP IN,OUT	将一个双字长(32 位)的实数 IN 取以 e 为底的指数，得到 32 位的实数结果 OUT
正弦(SIN)指令	SIN EN ENO IN OUT	SIN IN,OUT	求 1 个双字长(32 位)的实数弧度值 IN 的正弦值，得到 32 位的实数结果 OUT
余弦(COS)指令	COS EN ENO IN OUT	COS IN,OUT	求 1 个双字长(32 位)的实数弧度值 IN 的余弦值，得到 32 位的实数结果 OUT
正切(TAN)指令	TAN EN ENO IN OUT	TAN IN,OUT	求 1 个双字长(32 位)的实数弧度值 IN 的正切值，得到 32 位的实数结果 OUT

（1）指令说明

① 操作数要按双字寻址，不能寻址某些专用的字及双字存储器 T、C、HC 等，OUT 不能对常数寻址。

② 此指令影响下列特殊内存位：SM1.0（零）；SM1.1（溢出）；SM1.2（负）。

③ 参与运算的数据均为双字长（32 位）的实数，在三角函数指令中，若数据 IN 是实数角度值，要先将角度值化成实数弧度值。方法：应用实数乘法指令 * R 或 MUL _ R，用

角度值乘以 π/180 即可。

（2）指令使用实例

求角度 63.5°的正弦值，并将其结果存储在 VD22 存储单元中。63.5°是角度值，要先将角度值转换成实数弧度制。方法是用角度值乘以 π/180 即可。对应的梯形图程序及运行结果如图 5-20 所示。

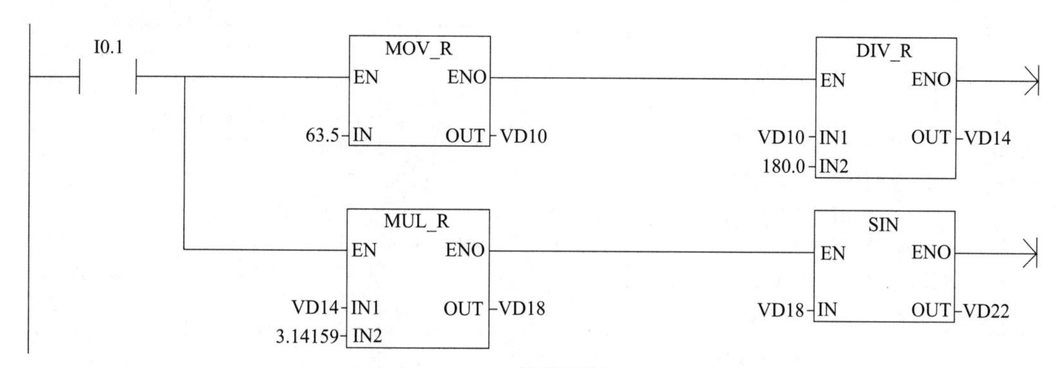

(a)梯形图程序

序号	地址	格式	当前值
1	VD10	浮点	63.5
2	VD14	浮点	0.35277
3	VD18	浮点	1.10828
4	VD22	浮点	0.89493

(b)执行结果

图 5-20　求取角度正弦值的梯形图程序及运行结果

(二) 表功能指令应用

表功能指令用来建立和存取字型的数据表。

数据表是用来存放字型数据的表格，表格的第一个字地址即首地址，为表地址，首地址中的数据是表格的最大长度（TL），即最大填表数。表格的第二个字地址中的数值是表的实际长度（EC），指定表格中的实际填表数。每次向表格中增加新数据后，EC 值自动加 1，从第三个字地址开始，存放数据（字），表格最多可存放 100 个数据（字），不包括指定最大填表数（TL）和实际填表数（EC）的参数。数据表中数据的存储格式如表 5-13 所示。

表 5-13　表中数据的存储格式

单元地址	单元内容	说明
VW200	0005	VW200 为表格的首地址，TL=5 为最大填表数
VW202	0004	VW202 为表的实际长度，EC=4(EC≤100)为该表实际填表数
VW204	2345	数据 0
VW206	5678	数据 1
VW208	9243	数据 2
VW210	3412	数据 3
VW212	****	无效数据

要建立表格，首先要确定表的最大填表数，确定了表格的最大填表数后，可用表功能指令在表中存取字型数据。表功能指令包括填表指令、表中取数指令、查表指令。相关指令格式及功能如表 5-14 所示。

表 5-14 表功能指令格式及功能

指令名称	LAD	STL	指令功能
填表指令	AD_T_TBL EN ENO ????-DATA ????-TBL	ATT DATA,TBL	当使能位 EN 有效时，向表 TBL 中增加一个字型数据 DATA 到表格中最后一个数据的后面
表中取数指令	FIFO EN ENO ????-TBL DATA-????	FIFO TBL,DATA	当使能位 EN 有效时，从 TBL 指明的表中移出第一个字型数据，并将该数据输出到 DATA，剩余数据依次上移一个位置，即先进先出
	LIFO EN ENO ????-TBL DATA-????	LIFO TBL,DATA	当使能位 EN 有效时，从 TBL 指明的表中移出最后一个字型数据，数据输出到 DATA，剩余数据位置不变，即后进先出
查表指令	TBL_FIND EN ENO ????-TBL ????-PIN ????-INDX ????-CMD	FND=TBL,PTN,INDX FND<>TBL,PTN,INDX FND< TBL,PTN,INDX FND> TBL,PTN,INDX	当使能位 EN 有效时，从表 TBL 中的第一个数据开始搜索符合参考数据 PTN 和条件 CMD 的数据。如果发现一个符合条件的数据，则将该数据的位置号存入 INDX 中，如果没有发现符合条件的数据，则将 EC 的值放入 INDX 中

（1）指令说明

① 所有的表功能指令，必须用边沿触发指令激活。

② 语句表 STL 中的操作数 DATA 指定被填入表格中的数据；TBL 指定表格的起始字节地址。两操作数均按字寻址，其中对 DATA 的寻址还包括 AIW 寄存器、AC 累加器和常数。

③ 使用填表指令之前，必须首先初始化表格，即通过初始化程序将表格的最大填表数置入表中。

④ 不要从一个空表中取数据，否则 SM1.5=ON。

⑤ 执行查表指令前，先对 INDX 地址中的内容清零，查表时才能从数据表的顶端开始。

⑥ 操作数 TBL 指定表的起始地址，直接指向表中的实际填表数；PTN 指定要查找的参考数据；INDX 存放所查数据的所在位置；CMD 指定被查数据与参考数据之间的关系：1 为=，2 为＜＞，3 为＜，4 为＞。

⑦ 每一次查找结束后，如果想继续查找符合条件的数据，必须先对 INDX 中的内容进行加 1，以重新激活查表指令。如果没有发现符合条件的数据，那么 INDX 等于最大填表数 TL，如果再次查表，需将 INDX 置 0。

⑧ 影响始能输出 ENO 正常工作的出错条件是：SM4.3（运行时间）、0006（间接寻址错误）、0091（操作数出界）。

（2）指令使用实例

图 5-21 为将 VW100 中的数据（假设为 1234）填入表 5-13 中的梯形图指令。

ATT 填表指令执行后，表 5-13 中 VW212 中就填入数据 1234。如果需要将该数据取出，可以使用后进先出表中取数据指令，其梯形图指令如图 5-22 所示（FIFO、LIFO 指令从表 5-13 中取数，将数据分别输出到 VW400、VW300）。指令执行后的结果情况见表 5-15。

Network1　Network Title
Network Comment
SM0.1
MOV_W
EN　ENO
5-IN　OUT-VW200
Network2
I0.0
P
AD_T_TBL
EN　ENO
VW100-DATA
VW200-TBL

图 5-21　填表指令举例

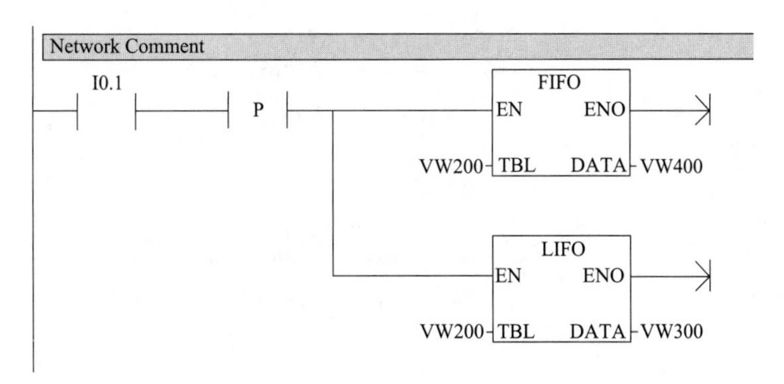

图 5-22　表中取数据指令举例

表 5-15　ATT、FIFO、LIFO 指令执行结果

操作数	单元地址	填表前内容	填表后内容	FIFO 执行后内容	LIFO 执行后内容
DATA	VW100	1234	1234	1234	1234
	VW400	空	空	2345	2345
	VW300	空	空	空	1234
TBL	VW200	0005	0005	0005	0005
	VW202	0004	0005	0004	0003
	VW204	2345	2345	5678	5678
	VW206	5678	5678	9243	9243
	VW208	9243	9243	3412	3412
	VW210	3412	3412	1234	****
	VW212	****	1234	****	****

如果从表 5-13 中查找大于 5000（假设将 5000 存入 VW60 中）的数据，并将查表的结果存放到从 VW100 开始的字型存储单元中。其梯形图指令如图 5-23 所示。

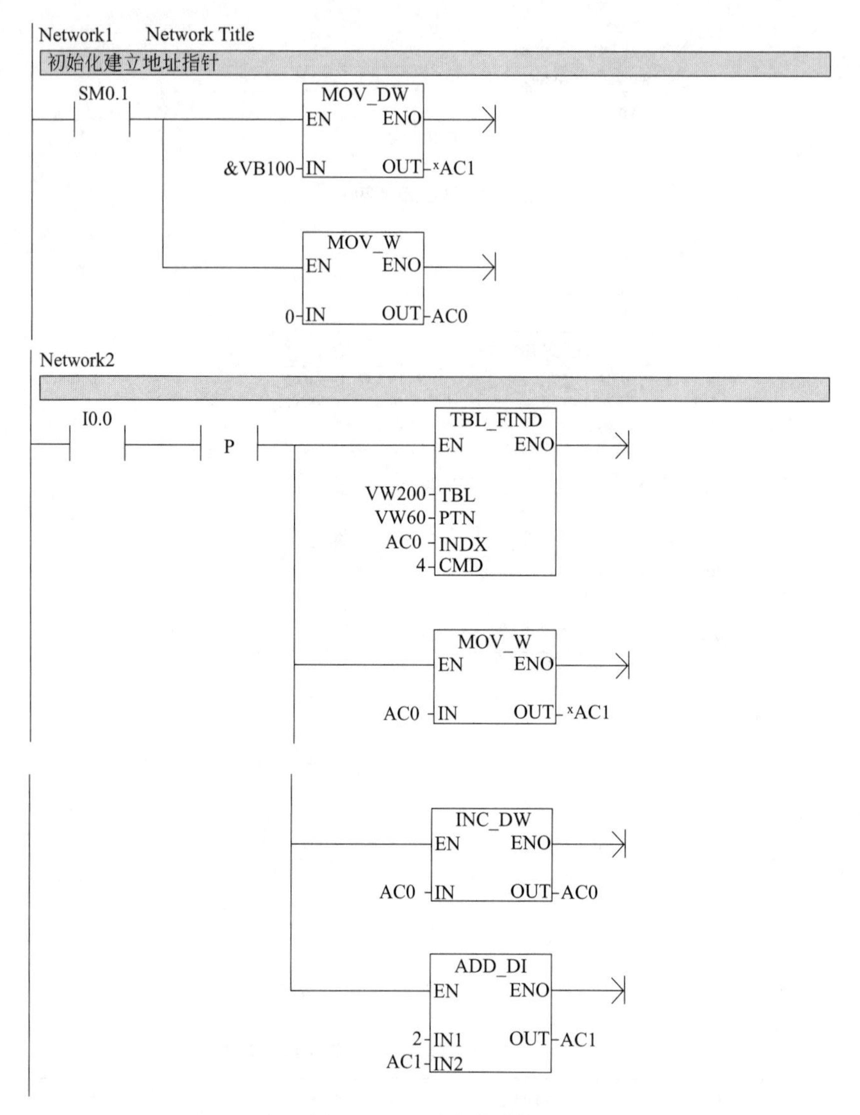

图 5-23 查表指令举例

(三) 数据转换指令应用

数据转换指令的功能是对操作数的类型进行转换，转换指令包括数据类型转换指令、数据的编码和译码指令以及字符串类型转换指令。不同性质的指令对操作数的类型要求不同，不同类型的两个数据不能直接进行数学运算操作，因此在使用之前要将操作数转化成相应的数据类型。PLC 的数据类型包括字节、整数、双整数和实数。主要的码制有 BCD 码、ASCII 码、十进制数和十六进制数等。这里由于篇幅所限，仅对部分数据转换指令做介绍。

1. 字节与字整数、字整数与双字整数之间的转换

字节与字整数、字整数与双字整数之间的转换指令格式及功能如表 5-16 所示。

(1) 指令说明

① 执行 BTI 指令，IN 不能寻址 T、C、HC、AIW；OUT 不能寻址 HC 等存储器。执行 ITB 指令，IN 不能寻址 HC 存储器；OUT 不能寻址 T、C、HC。

表 5-16 字节与字整数、字整数与双字整数转换指令格式及功能

指令名称	LAD	STL	指令功能
字节与整数转换指令	B_I EN ENO ????-IN OUT-????	BTI IN,OUT	当使能位 EN 有效时,BTI 指令将字节数值(IN)转换成整数值,并将结果置入 OUT 指定的存储单元。因为字节不带符号,所以无符号扩展
整数与字节转换指令	I_B EN ENO ????-IN OUT-????	ITB IN,OUT	当使能位 EN 有效时,ITB 指令将字整数(IN)转换成字节,并将结果置入 OUT 指定的存储单元。输入的字整数 0 至 255 被转换,超出部分导致溢出,SM1.1=1,输出不受影响
整数与双整数转换指令	I_DI EN ENO ????-IN OUT-????	ITD IN,OUT	当使能位 EN 有效时,ITD 指令将整数值(IN)转换成双整数值,并将结果置入 OUT 指定的存储单元。符号被扩展
双整数与整数转换指令	DI_I EN ENO ????-IN OUT-????	DTI IN,OUT	当使能位 EN 有效时,DTI 指令将双整数值(IN)转换成整数值,并将结果置入 OUT 指定的存储单元。如果转换的数值过大,则无法在输出中表示,产生溢出 SM1.1=1,输出不受影响

② 执行 ITD 指令，IN 不能寻址 HC；OUT 不能寻址 T、C、HC 等存储器。执行 DTI 指令，IN 不能寻址 T、C 存储器；OUT 不能寻址 HC。

③ 影响始能输出 ENO 正常工作的出错条件是：SM4.3（运行时间）、0006（间接寻址错误）、SM1.1（溢出）。

（2）指令使用实例

假定在 I0.0 闭合时将 VW20 中的整数转换为双字整数，存入 VD40 中，对应的梯形图程序及转换结果如图 5-24 所示。

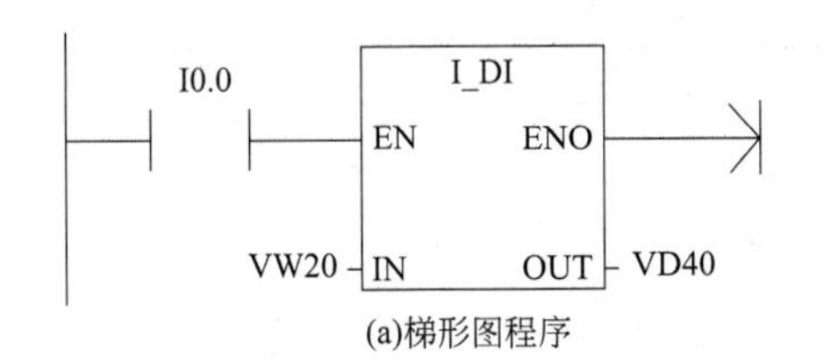

(a)梯形图程序

序号	地址	格式	当前值
1	VW20	十六进制	16#0246
2	VD40	十六进制	16#00000246

(b)执行结果

图 5-24 ITD 指令编程实例

2. 双整数与实数转换指令

双整数与实数转换指令可实现双整数与实数之间的相互转换。其指令格式及功能如表 5-17 所示。

（1）指令说明

① 操作数不能寻址一些专用的字及双字存储器，如 T、C、HC 等；OUT 不能寻址常数。

表 5-17　双整数与实数转换指令格式及功能

指令名称	实数与双整数转换指令（小数部分四舍五入）	实数与双整数转换指令（小数部分舍去）	双整数与实数转换指令
LAD	ROUND EN ENO IN OUT	TRUNC EN ENO IN OUT	DI_R EN ENO IN OUT
STL	ROUND　IN,OUT	TRUNC　IN,OUT	DTR　IN,OUT
指令功能	指令按小数部分四舍五入的原则，将实数(IN)转换成双整数值，并将结果置入 OUT 指定的存储单元	指令按小数部分直接舍去的原则，将 32 位实数(IN)转换成 32 位双整数，并将结果置入 OUT 指定的存储单元	指令将 32 位带符号整数 IN 转换成 32 位实数，并将结果置入 OUT 指定的存储单元

② 影响始能输出 ENO 正常工作的出错条件是：SM4.3（运行时间）、0006（间接寻址错误）、SM1.1（溢出）。

（2）指令使用实例

求直径为 9876mm 圆的周长，并将求得结果转换为整数，程序见图 5-25 所示。当 I0.0 接通时将圆的周长 9876 转换为双字整数装入 AC1，再将双字整数转换为实数 9876.0，将 9876.0 乘以 π 得 31026.34 存 AC1，再转换为双整数 31026（小数部分四舍五入）。

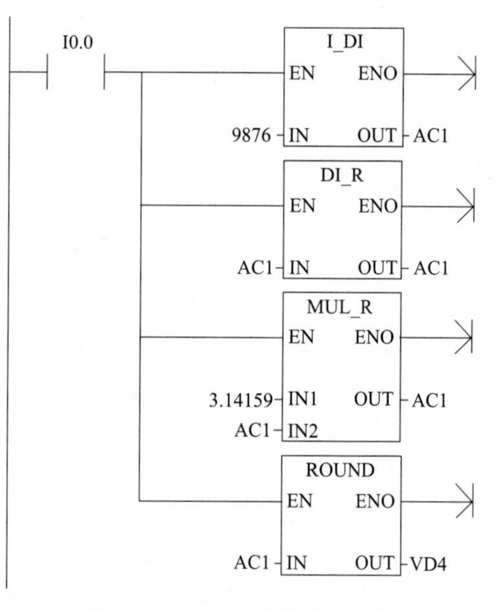

图 5-25　求圆周长梯形图程序

3. BCD 码与整数的转换指令

PLC 主要是通过外部 BCD 码拨码开关设定 PLC 的相关数据，或通过外部的 BCD 码显示器显示 PLC 的内部数据。BCD 码与整数的转换指令可实现整数与 BCD 码之间的相互转换。其指令格式及功能如表 5-18 所示。

表 5-18　BCD 码与整数的转换指令格式及功能

指令名称	BCD 码到整数的转换指令	整数到 BCD 码的转换指令
LAD	BCD_I EN ENO ????-IN OUT-????	I_BCD EN ENO ????-IN OUT-????
STL	BCDI　OUT	IBCD　OUT
指令功能	指令将二进制编码的十进制数 IN 转换成整数，并将结果送入 OUT 指定的存储单元	指令将输入整数 IN 转换成二进制编码的十进制数，并将结果送入 OUT 指定的存储单元
操作数	IN：VW、IW、QW、MW、SW、SMW、LW、T、C、AIW、AC、常量。数据类型：字； OUT：VW、IW、QW、MW、SW、SMW、LW、T、C、AC。数据类型：字	

（1）指令说明

① 操作数要按字寻址，其中 OUT 不能寻址 AIW 及常数。

② 影响始能输出 ENO 正常工作的出错条件是：SM4.3（运行时间）、0006（间接寻址错误）、SM1.1（溢出）。

③ 数据长度为字的 BCD 格式的有效范围为：0～9999（十进制），0000～9999（十六进制）0000 0000 0000 0000～1001 1001 1001 1001（BCD 码）。

（2）指令使用实例

如图 5-26 所示梯形图程序，设 VW10 中存有数据 256，VW30 中存有 BCD 码数据 100，分别执行 IBCD、BCDI 指令。

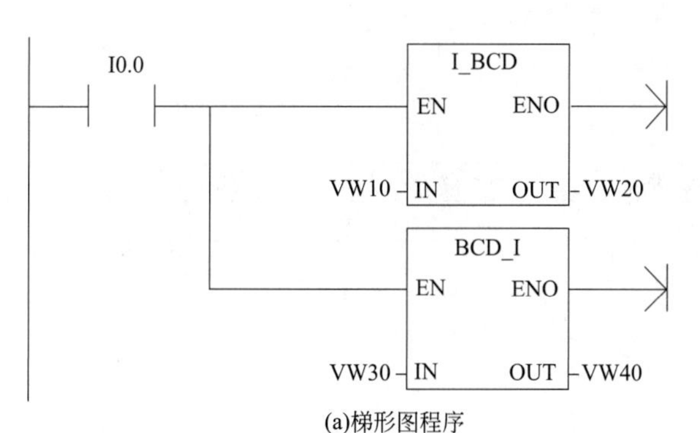

(a)梯形图程序

序号	地址	格式	当前值
1	VW10	不带符号	256
2	VW20	十六进制	16#0256
3	—	带符号	—
4	VW30	十六进制	16#0100
5	VW40	不带符号	100

(b)转换结果

图 5-26　IBCD、BCDI 指令编程举例

4. 译码和编码指令

编码指令和译码指令的格式及功能如表 5-19 所示。

表 5-19　编码和译码指令的格式及功能

指令名称	编码指令	译码指令
LAD	ENCO EN ENO IN OUT	DECO EN ENO IN OUT
STL	ENCO IN，OUT	DECO IN，OUT
指令功能	编码指令将输入字(IN)最低有效位(其值为 1)的位号(00～15)进行编码，写入输出字节(OUT)的低 4 位中	译码指令根据输入字节(IN)的低 4 位表示的输出字的位号(00～15)，将输出字的相对应的位置位为 1，输出字的其他位均置位为 0
操作数	IN：VB、IB、QB、MB、SMB、LB、SB、AC、常量。数据类型：字节； OUT：VW、IW、QW、MW、SMW、LW、SW、AQW、T、C、AC。数据类型：字	IN：VW、IW、QW、MW、SMW、LW、SW、AIW、T、C、AC、常量。数据类型：字； OUT：VB、IB、QB、MB、SMB、LB、SB、AC。数据类型：字节

如图 5-27(a) 所示梯形图程序，如果 MW3 中有一个数据的最低有效位是第 2 位（从第 0 位算起），则执行编码指令后，VB3 中的数据为 16＃02（其低字节为 MW3 中最低有效位的位号值）。

如图 5-28(a) 所示梯形图程序，如果 VB2 中存有一数据为 16＃08，即低 8 位数据为 8，则执行 DECO 译码指令，将使 MW2 中的第 8 位数据位置 1，而其它数据位置 0。

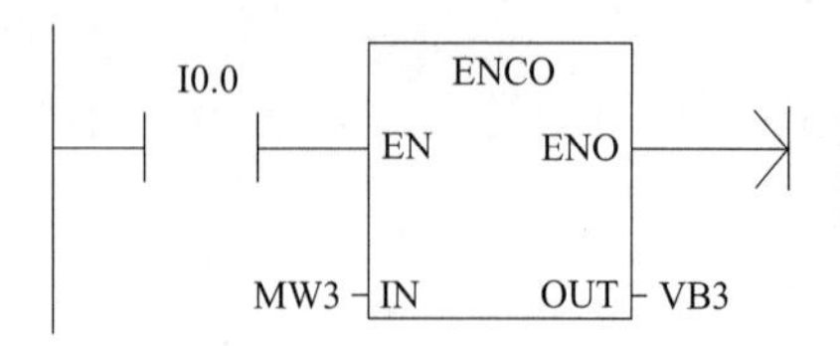

(a)梯形图程序

	地址	格式	当前值
1	MW3	二进制	2#0000_0000_0000_1100
2	VB3	十六进制	16#02

(b)转换结果

图 5-27 编码指令编程举例

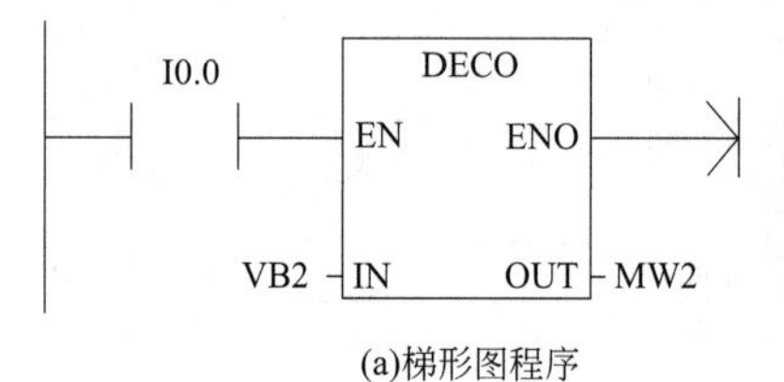

(a)梯形图程序

	地址	格式	当前值
1	VB2	十六进制	16#08
2	MW2	二进制	2#0000_0001_0000_0000

(b)转换结果

图 5-28 译码指令编程举例

5. 七段显示译码指令

七段显示译码指令的指令格式及功能如表 5-20 所示。

表 5-20 七段显示译码指令格式及功能

LAD	STL	指令功能
SEG EN ENO IN OUT	SEG IN,OUT	当使能位 EN 为 1 时，将输入字节 IN 的低四位有效数字值(0～F)，转换为七段显示码，并输出到 OUT 指定的字节型存储单元

(1) 指令说明

① 7 段显示器的“abcdefg”段分别对应于字节的第 0 位至第 6 位，输出字节的某位为 1 时，其对应的段亮；输出字节的某位为 0 时，其对应的段暗。将字节的第 7 位补 0，则构成与 7 段显示器相对应的 8 位编码，称为 7 段显示码。

② STL 中的操作数 IN、OUT 寻址范围不包括专用的字及双字存储器，如 T、C、HC 等，其中 OUT 不能寻址常数。

③ 影响始能输出 ENO 正常工作的出错条件是 SM4.3（运行时间）、0006（间接寻址）。

7 段显示码的编码规则如图 5-29 所示。

IN	OUT . gfe dcba	段码显示	IN	OUT . gfe dcba
0	0011 1111	a, b, c, d, e, f, g	8	0111 1111
1	0000 0110		9	0110 0111
2	0101 1011		A	0111 0111
3	0100 1111		B	0111 1100
4	0110 0110		C	0011 1001
5	0110 1101		D	0101 1110
6	0111 1101		E	0111 1001
7	0000 0111		F	0111 0001

图 5-29 7 段显示码的编码规则

（2）指令使用实例

如图5-30所示，按下启动按钮，用数码管显示以秒为单位的时间值，当累计达到9s时自动清零，重新开始从零显示。若按下停止按钮，停止显示。可使用计数器指令累计秒脉冲的个数，并不断地将计数器的当前值转换成7段数码管的段代码。并由7段数码管（普通的7段数码管）显示出来。图中使用了普通数码管，有7个输入端，所以要占用PLC的7个输出端子，有时为了节省PLC的输出端子，还可使用带译码驱动的数码管（有4个输入端子的BCD码）显示。

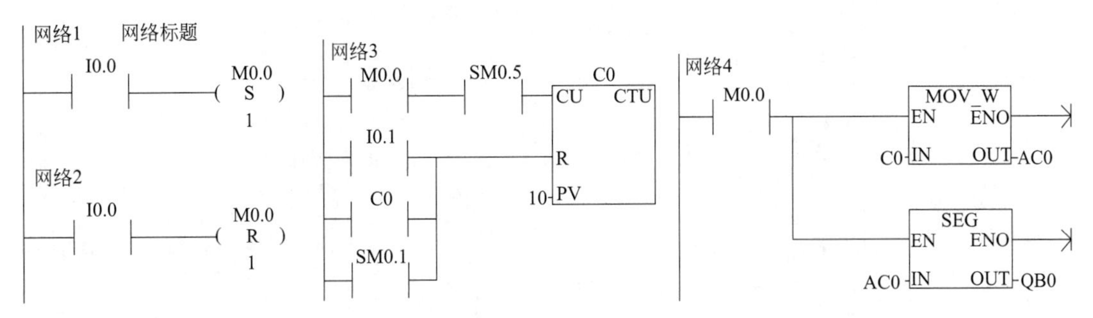

图5-30　7段显示译码指令使用实例

五、任务评价

通过对本任务相关知识的学习和应用操作实施，对任务实施过程和任务完成情况进行评价。包括对知识、技能、素养、职业态度等多个方面，主要由小组对成员的评价和教师对小组整体的评价两部分组成。学生和教师评价的占比分别为40%和60%。教师评价标准见表1，小组评价标准见表2。

表1　教师评价表

子任务编号及名称			班级					
序号	评价项目	评价标准	评价等级					
			A组	B组	C组	D组	E组	F组
1	职业素养40%（成员参与度、团队协助）	优：能进行合理分工，在实施过程中能相互协商、讨论，所有成员全部参与； 良：能进行分工，在实施过程中相互协商、帮助不够，多少成员参与； 中：分工不合理，相互协调差，成员参与度低； 差：相互间不协调、讨论，成员参与度低						
2	专业知识30%（程序设计）	优：正确完成全部程序设计，并能说出程序设计思路； 良：正确完成全部程序，但无法解释程序； 中：完成部分动作程序，能解释程序作用； 差：未进行程序设计						
3	专业技能30%（系统调试）	优：控制系统完全按照控制要求工作； 良：经调试后，控制系统基本按照控制要求动作； 中：系统能完成部分动作； 差：系统不工作						
其他	扩展任务完成情况	完成基本任务的情况下，完成扩展任务，小组成绩加5分，否则不加分						
教师评价合计（百分制）								

表 2　小组评价表

子任务编号及名称			班级				组别	
序号	评价项目	评价标准	评价等级					
			组长	B 同学	C 同学	D 同学	E 同学	F 同学
1	守时守约 30%	优:能完全遵守实训室管理制度和作息制度; 良:能遵守实训室管理制度,无缺勤; 中:能遵守实训室管理制度,迟到、早退 2 次以内; 差:违反实训室管理制度,有 1 次旷课或迟到、早退 3 次	□ 优 □ 良 □ 中 □ 差	□ 优 □ 良 □ 中 □ 差	□ 优 □ 良 □ 中 □ 差	□ 优 □ 良 □ 中 □ 差	□ 优 □ 良 □ 中 □ 差	□ 优 □ 良 □ 中 □ 差
2	学习态度 30%	优:积极主动查阅资料,并解决老师布置的问题; 良:能积极查阅资料,寻求解决问题的方法,但效果不佳; 中:不能主动寻求解决问题的方法,效果差距较大; 差:碰到问题观望、等待、不能解决任何问题	□ 优 □ 良 □ 中 □ 差	□ 优 □ 良 □ 中 □ 差	□ 优 □ 良 □ 中 □ 差	□ 优 □ 良 □ 中 □ 差	□ 优 □ 良 □ 中 □ 差	□ 优 □ 良 □ 中 □ 差
3	团队协作 30%	优:积极配合组长安排,能完成安排的任务; 良:能配合组长安排,完成安排的任务; 中:能基本配合组长安排,基本完成任务; 差:不配合组长安排,也不完成任务	□ 优 □ 良 □ 中 □ 差	□ 优 □ 良 □ 中 □ 差	□ 优 □ 良 □ 中 □ 差	□ 优 □ 良 □ 中 □ 差	□ 优 □ 良 □ 中 □ 差	□ 优 □ 良 □ 中 □ 差
4	劳动态度 10%	优:主动积极完成实训室卫生清理和工具整理工作; 良:积极配合组长安排,完成实训设备清理和工具整理工作; 中:能基本配合组长安排,完成实训设备的清理工作; 差:不劳动,不配合	□ 优 □ 良 □ 中 □ 差	□ 优 □ 良 □ 中 □ 差	□ 优 □ 良 □ 中 □ 差	□ 优 □ 良 □ 中 □ 差	□ 优 □ 良 □ 中 □ 差	□ 优 □ 良 □ 中 □ 差
学生评价合计(百分制)								

注:各等级优=95,良=85,中=75,差=50,选择即可。

思考与练习

8 盏彩灯循环点亮控制

1. 用 I0.0 控制接在 Q0.0～Q0.7 上的 8 个彩灯循环移位,从右到左以 0.5s 的速度依次点亮,保持任意时刻只有一个指示灯亮,到达最左端后,再从右到左依次点亮。

2. 图 5-31 所示为天塔之光模拟控制系统,可以用 PLC 控制灯光间隔 0.5s 闪耀移位及时序的变化等。控制如下:L12→L11→L10→L8→L1→L1、L2、L9→L1、L5、L8→L1、L4、L7→L1、L3、L6→L1→L2、L3、L4、L5→L6、L7、L8、L9→L1、L2、L6→L1、L3、L7→L1、L4、L8→L1、L5、L9→L1→L2、L3、L4、L5→L6、L7、L8、L9→L12→L11→L10……循环下去,直至按下停止按钮。

3. 设计一个密码锁程序,密码是 352,其控制要求为:当开锁密码正确和有开锁信号(代表有钥匙)时,发出开锁信号(Q0.0);当开锁密码错误和有开锁信号或按错键时,发出报警信号（Q0.1）。同时还设有专用的报警键；操作结束应复位，报警时可以复位；设密码锁有六个按键（开锁键I0.0，1＃密码键I0.1，2＃密码键I0.2，3＃密码键I0.3，复位键I0.4，报警键I0.5）。

4.设某厂生产的三种型号产品所需加热时间分别为30min、20min、10min。为方便操作，设置一个选择手柄来设定定时器的预置值，选择手柄分三个挡位，每一挡位对应一个预置值；另设一个启动开关，用于启动加热炉；加热炉由接触器通断。设计PLC接线图及梯形图程序。

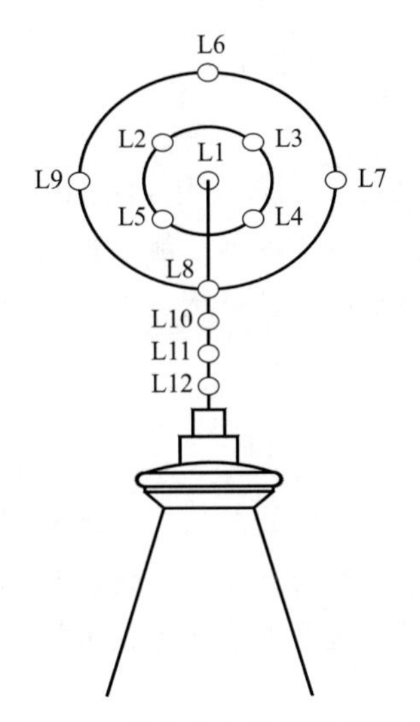

图5-31 天塔之光模拟控制系统

任务二
八台空压机轮换控制系统的设计分析

一、任务要求

熟悉 S7-200PLC 程序控制类的指令功能，包括结束及暂停指令、看门狗复位指令、跳转和跳转标号指令、循环指令、子程序指令等。能根据实际控制要求综合应用各类功能指令设计编写梯形图程序，包括空压机轮换控制系统、运料小车多种工作方式控制系统等，并运行调试。

二、相关知识

程序控制指令主要用于程序执行流程的控制，合理使用可以优化程序结构，增强程序功能。该类指令主要包括结束、暂停、看门狗复位、跳转与标号、循环、子程序和顺序控制等指令。顺序控制指令前面已经介绍，这里主要介绍其他程序控制类指令。

(一) 跳转等指令应用

1. 结束指令及暂停指令

结束指令（END）和暂停指令（STOP）通常在程序中用来对突发紧急事件进行处理，以避免实际生产中的重大损失。指令格式及功能如表 5-21 所示。

表 5-21　结束指令及暂停指令的格式及功能

指令名称	LAD	STL	指令功能
结束指令	—(END)	END	结束指令直接连在左侧逻辑母线上，为无条件结束，西门子可编程系列编程软件自动在主程序结束时加上一个无条件结束(MEND)指令，用户程序必须以无条件结束指令结束主程序； 有条件结束(END)指令通过触头或指令盒连接在逻辑母线上，就是执行条件成立时结束主程序，返回主程序起点。条件结束指令用在无条件结束指令之前，指令不能在子程序或中断程序中使用
暂停指令	—(STOP)	STOP	输入有效时，能够引起 CPU 的工作方式发生变化，从运行方式进入停止方式，立即终止程序执行。如果 STOP 指令在中断程序中执行，那么该中断程序立即终止，并且忽略所有挂起的中断，继续扫描主程序的剩余部分。在本次扫描的最后，完成 CPU 从 RUN 到 STOP 方式的转换

如图 5-32 所示，当 I0.1 动作时，Q0.0 有输出，当前扫描周期结束，终止用户程序，但是 Q0.0 仍保持接通，下面的程序不会执行，返回主程序起点；当 I0.0 动作时，CPU 进入 STOP 模式，立即停止程序，Q0.0 复位。

2. 看门狗复位指令

PLC内部设置了系统监视计时器WDT，用于监视扫描周期是否超时，每当扫描到WDT计时器时，WDT计时器将复位。WDT计时器有一个设定值（100～300ms）。系统正常工作时，所需扫描时间小于WDT的设定值，WDT计时器被计时复位；系统故障情况下，扫描周期大于WDT计时器设定值，该计时器不能及时复位，则报警并停止CPU运行，同时复位输入、输出。这种故障称为WDT故障，以防止因系统故障或程序进入死循环而引起扫描周期过长。

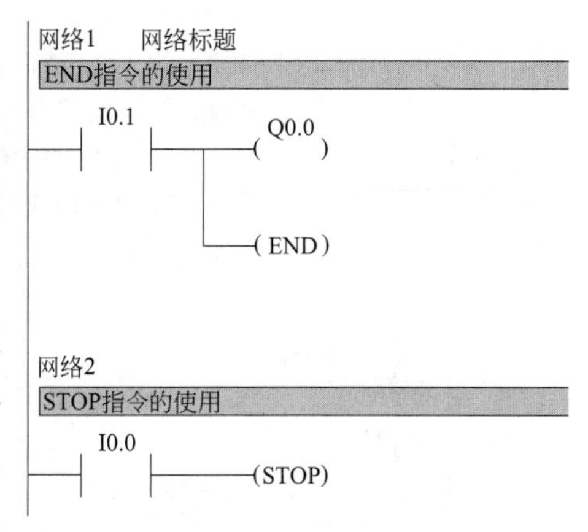

图5-32 结束指令和暂停指令在程序中的使用

系统正常工作时，有时会因为用户程序过长或使用中断指令、循环指令使扫描时间过长而超过WDT计时器的设定值，为防止这种情况下监视计时器动作，可使用看门狗复位指令，也称为监视计时器复位指令，使WDT计时器复位。使用WDR计时器复位，在终止本次扫描之前，下列操作过程将被禁止：通信（自由端口方式除外）、I/O（立即I/O除外）、强制更新、SM位更新（SM0，SM5～SM29不能被更新）、运行时间诊断、在中断程序中的STOP指令。指令格式及功能如表5-22所示。

表5-22 监视计时器复位指令格式及功能

指令名称	LAD	STL	指令功能
监视计时器复位指令	—(WDR)	WDR	输入有效时，可以把警戒时钟刷新，即延长扫描周期，从而有效地避免看门狗超时错误

3. 跳转和跳转标号指令

使用跳转指令和标号指令，可以使PLC编程的灵活性大大提高，使主机可根据对不同条件的判断，选择不同的程序段执行。跳转指令和相应标号指令必须在同一程序段中配合使用。指令的格式及功能见表5-23。

表5-23 跳转和跳转标号指令格式及功能

指令名称	LAD	STL	指令功能
跳转指令	n —(JMP)	JMP n	输入有效时，可使程序流程转到同一程序中的具体标号(n)处
跳转标号指令	n LBL	LBL n	标记跳转目的地的位置(n)，n为常数，通常为0～255

（1）指令说明

执行跳转后，被跳过程序段中的各器件状态为：

① Q、M、S、C等元器件的位保持跳转前的状态。

② 计数器C停止计数，当前值存储器保持跳转前的计数值。

③ 对定时器来说，因刷新方式的不同而工作状态不同。在跳转期间，1ms时基和10ms时基的定时器会一直保持跳转前的工作状态，当前值到达设定值后，其状态位也会改变，输出触头动作，当前值会一直累计到最大32767才停止。对时基为100ms的定时器来说，跳转期间停止工作，但不会复位，当前值为跳转时的值，跳转结束后，若输入允许，可继续计时，但已失去了准确计时的意义，所以跳转段中的定时器要慎用。

（2）指令使用实例

如图 5-33 所示，当 I0.3 为 ON 时，I0.3 的常开触头接通，JMP1 条件满足，程序跳转到标号指令 LBL1 以后的指令，而在 JMP1 和 LBL1 之间的指令一概不执行；当 I0.3 为 OFF 时，I0.3 的常闭触头接通，JMP1 条件不满足，JMP2 条件满足，则程序跳转到标号指令 LBL2 以后的指令，而在 JMP2 和 LBL2 之间的指令一概不执行。如果把 I0.3 作为点动/连续控制选择信号，该程序可作为电动机的点动与连续运转控制程序。

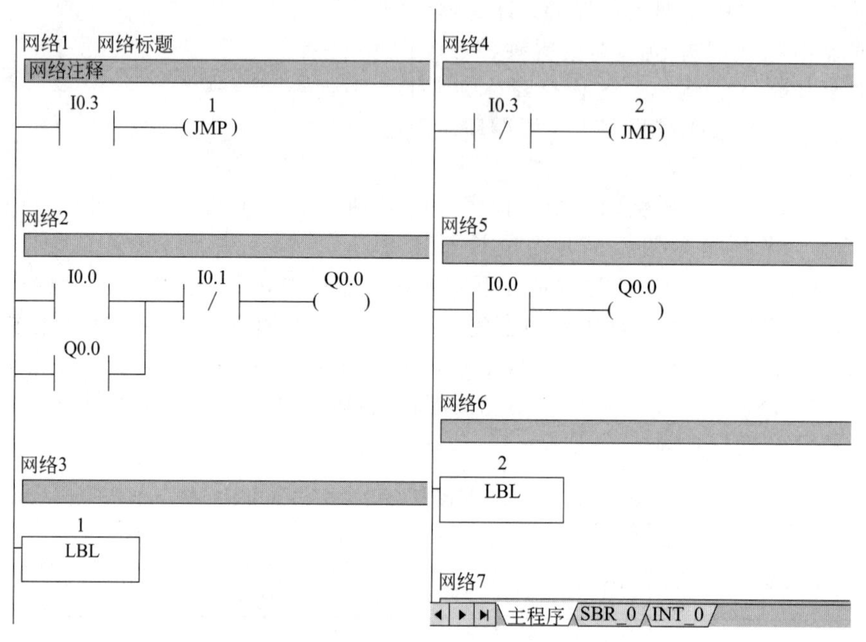

图 5-33 跳转指令和标号指令的用法举例

JMP 和 LBL 指令在工业现场控制中常用于工作方式的选择。例如有 3 台电动机 M1、M2、M3，具有两种启停工作方式：①手动操作方式：分别用每台电动机各自的启停按钮控制电动机的启停状态；②自动操作方式：按下启动按钮，M1、M2、M3 每隔 5s 依次启动，按下停止按钮，3 台电动机同时停止。本例 PLC 控制的外部接线图和程序可参考图 5-34、图 5-35。

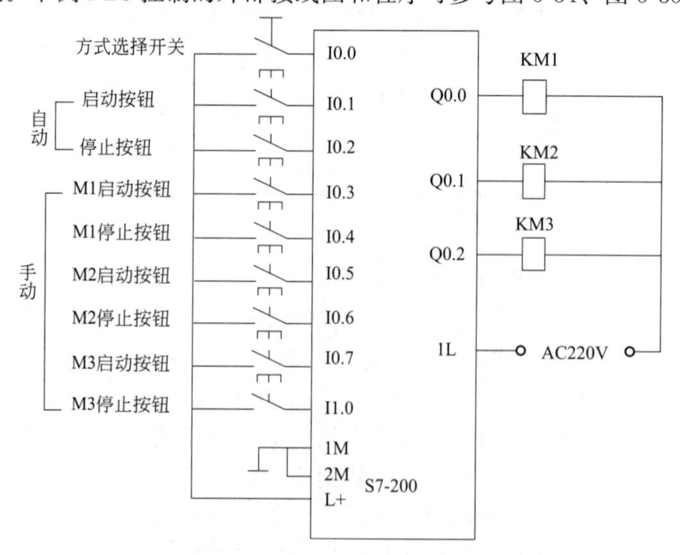

图 5-34 PLC 控制外部接线图

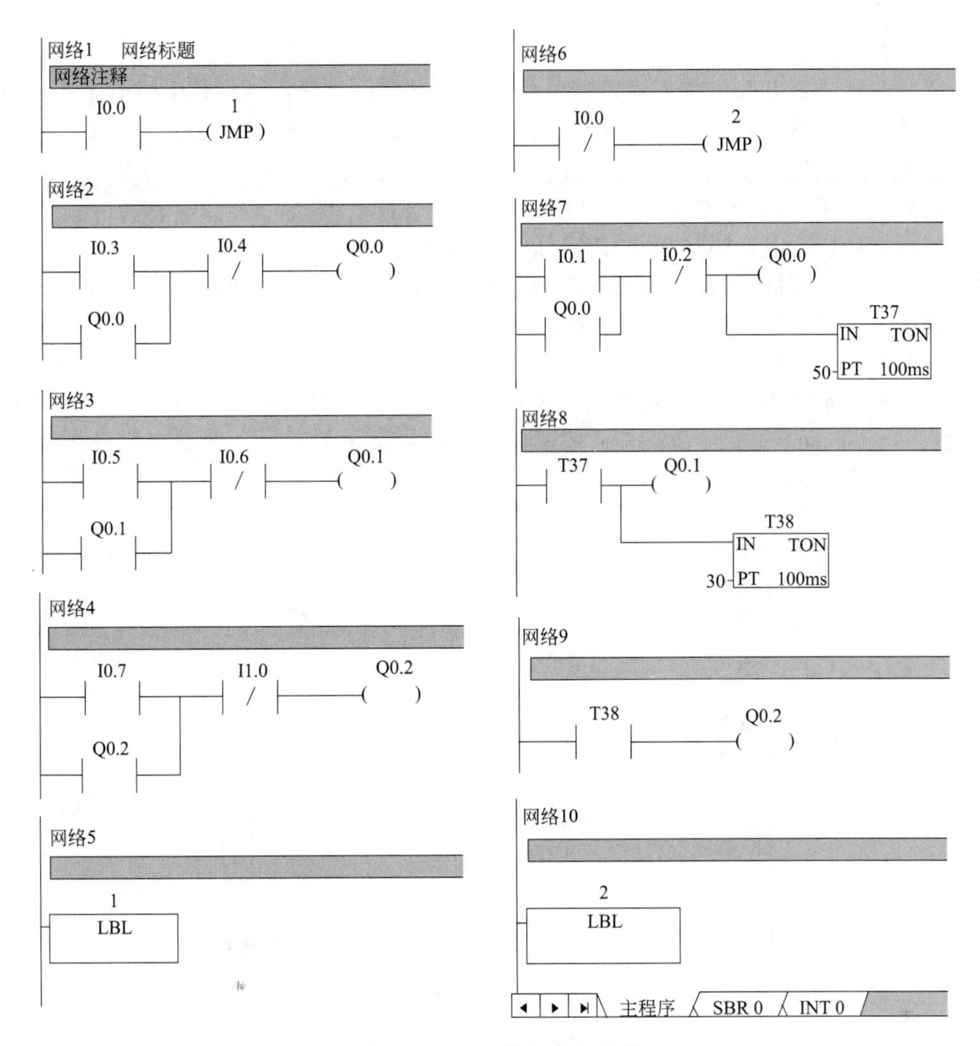

图 5-35　PLC控制参考程序

(二)循环指令应用

该指令有两个，分别为循环开始指令（FOR）和循环结束指令（NEXT）。循环指令为解决重复执行相同功能的程序段提供了极大的方便，特别是在进行大量相同功能的计算和逻辑处理时，循环指令非常有用。指令的格式及功能见表5-24。

表5-24　循环指令的格式及功能

指令名称	LAD	STL	指令功能
循环开始指令	FOR EN　ENO INDX INIT FINAL	FOR INDX,INIT,FINAL	FOR和NEXT之间的程序段称为循环体，输入EN有效时，开始执行循环体，每执行一次循环体，当前循环计数值增1，并且将其结果同循环终值比较，如果大于终值则结束循环。循环结束指令的功能是结束循环体。 INDX：当前循环计数 INIT：循环初值 FINAL：循环终值
循环结束指令	(NEXT)	NEXT	

(1) 指令说明

① 循环开始指令有 3 个数据输入端，输入数据类型均为整数型。其中当前循环计数 INDX，其操作数为 VW、IW、QW、MW、SW、SMW、LW、T、C、AC、*VD、*AC 和 *CD；循环初值 INIT、循环终值 FINAL 的操作数为：VW、IW、QW、MW、SW、SMW、LW、T、C、AC、常数、*VD、*AC 和 *CD。

② 执行循环指令时，FOR 和 NEXT 指令必须配合使用。

③ 循环指令可以嵌套使用，但最多不能超过 8 层，且循环体之间不可有交叉。

④ 使能有效时，循环指令各参数将自动复位。

(2) 指令使用实例

如图 5-36 所示，当 I0.0 的状态为 ON 时，①所示的外循环执行 3 次，由 VW200 累计循环次数；当 I0.1 的状态为 ON 时，外循环每执行一次，②所示的内循环执行 3 次，且由 VW210 累计循环次数。

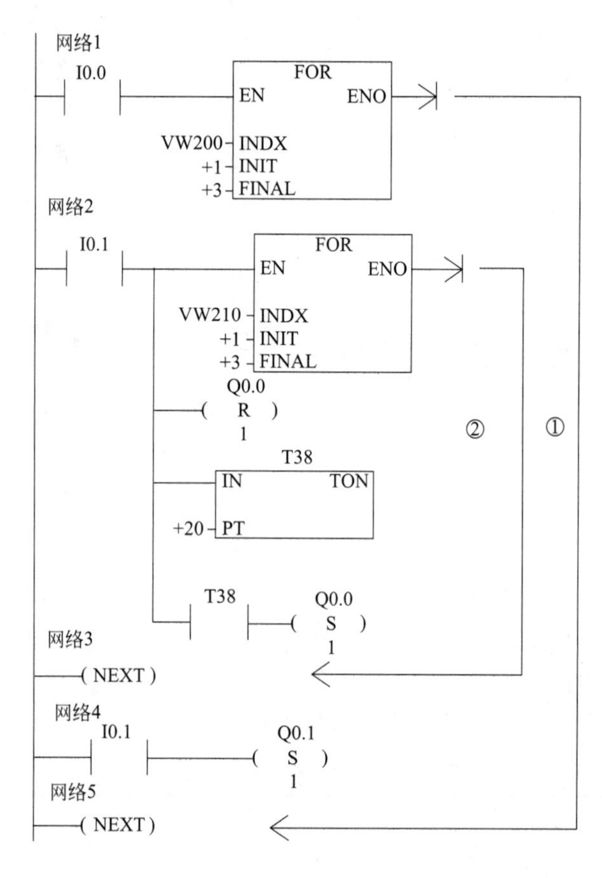

图 5-36 循环指令的用法举例

(三) 子程序调用指令应用

S7-200CPU 的控制程序由主程序，子程序和中断程序组成。程序编辑器窗口里为每个 POU (Program organizational Unit 程序组织单元) 提供一个独立的页，主程序总是第 1 页，后面是子程序或中断程序。

通常将具有特定功能并被多次使用的程序段设置为子程序。子程序只需要写一次，其他的程序在需要的时候调用它。主程序中一般设置有子程序调用指令，由子程序调用指令来决定子程序是否被执行。当满足调用条件时，程序的执行将转移到指定编号的子程序处，执行完子程序，系统返回到主程序中的子程序调用处，继续扫描主程序，因此使用子程序可以减少扫描时间。

在程序中使用子程序，必须进行下列3项任务：建立子程序；在子程序局部变量表中定义参数（带参数的子程序调用中有该项）；在主程序或另一个子程序中设置子程序调用指令。

可采用3种方法创建子程序：①在“编辑”菜单中执行命令“插入（Insert）”“子程序（Subroutine）”；②在程序编辑器视窗中右击并从弹出的菜单中执行命令“插入（Insert）”“子程序（Subroutine）”，程序编辑器将从原来的POU显示进入新的子程序；③在“指令树”中，用鼠标右键单击“程序块”图标，并从弹出的快捷菜单中选择“插入（Insert）”“子程序（Subroutine）”命令。右击指令树中的子程序或中断程序的图标，在弹出的菜单中选择“重命名”，可修改子程序或中断程序的名称。

主程序可以用子程序调用指令来调用一个子程序，子程序有子程序返回指令，子程序返回又分为条件返回和无条件返回。STESTEP7-Micro/WIN编程软件为每个子程序自动加入无条件返回（RET）指令。指令格式及功能见表5-25。

表5-25　子程序调用指令及子程序返回指令格式及功能

指令名称	LAD	STL	指令功能
子程序调用指令	SBR_n —EN	CALL　SBR_n	控制条件有效时，子程序调用与标号指令(CALL)把程序的控制权交给子程序(SBR_n)，可以带参数或不带参数调用子程序； n为常数，通常为0～63
子程序返回指令	——(RET)	CRET	有条件子程序返回指令(CRET)根据该指令前面的逻辑关系，决定是否终止子程序(SBR_n)，在控制条件有效时，终止子程序； 无条件子程序返回指令(RET)立即终止子程序的执行； 子程序结束后，必须返回到原调用处

一个项目中最多可以创建64个子程序，CPU226型PLC支持128个子程序。

在中断程序、子程序中也可调用子程序，但在子程序中不能调用自己，子程序的嵌套深度最多为8层。

子程序被调用时，系统会保存当前的逻辑堆栈。保存后再置栈顶值为1，堆栈的其他值为零，把控制权交给被调用的子程序。子程序执行完毕，通过返回指令自动恢复逻辑堆栈原调用点的值，把控制权交还给调用程序。主程序和子程序共用累加器。调用子程序时无须对累加器作存储及重装操作。

三、任务实施

(一)任务要求

八台空压机轮换控制动画

某单位有八台空气压缩机，根据用气量和空压机运行时间自动调节空压机运行台数。八台空气压缩机给同一个储气罐供气，储气罐上有两个压力开关：低压力开关和高压力开关。按下启动按钮时，每隔30s启动一台空压机，直到储气罐低压力开关闭合。当低压力开关断开时，说明储气罐压力低，PLC从所有关闭的空气压缩机中挑选运行时间最短的空压机启动。当高压力开关闭合时，说明储气罐中压力高，PLC 从所有运行的空气压缩机中挑选运行时间最长的空压机停止。

当空气压缩机有故障时，自动停止相应的空压机。当按下停止按钮时，所有空气压缩机停止运行。

(二) I/O 端口分配

本任务中需要 12 个数字量输入点、10 个数字量输出点，如表 5-26 所示。

表 5-26　I/O 端口分配表

输入设备		I/O 地址	输出设备		I/O 地址
符号	说明		符号	说明	
KH1	空压机 1 故障反馈继电器	I0.0	KM1	空压机 1 启动接触器	Q0.0
KH2	空压机 2 故障反馈继电器	I0.1	KM2	空压机 2 启动接触器	Q0.1
KH3	空压机 3 故障反馈继电器	I0.2	KM3	空压机 3 启动接触器	Q0.2
KH4	空压机 4 故障反馈继电器	I0.3	KM4	空压机 4 启动接触器	Q0.3
KH5	空压机 5 故障反馈继电器	I0.4	KM5	空压机 5 启动接触器	Q0.4
KH6	空压机 6 故障反馈继电器	I0.5	KM6	空压机 6 启动接触器	Q0.5
KH7	空压机 7 故障反馈继电器	I0.6	KM7	空压机 7 启动接触器	Q0.6
KH8	空压机 8 故障反馈继电器	I0.7	KM8	空压机 8 启动接触器	Q0.7
SB1	启动按钮	I1.0	HL1	运行指示灯	Q1.0
SB2	停止按钮	I1.1	HL2	声光报警灯	Q1.1
SP1	低压力开关(低压力时为 ON)	I1.2	—	—	—
SP2	高压力开关(高压力时为 ON)	I1.3	—	—	—

(三) PLC 控制接线图

采用 CPU 224 AC/DC/继电器一个基本模块即可，PLC 端子接线如图 5-37 所示。

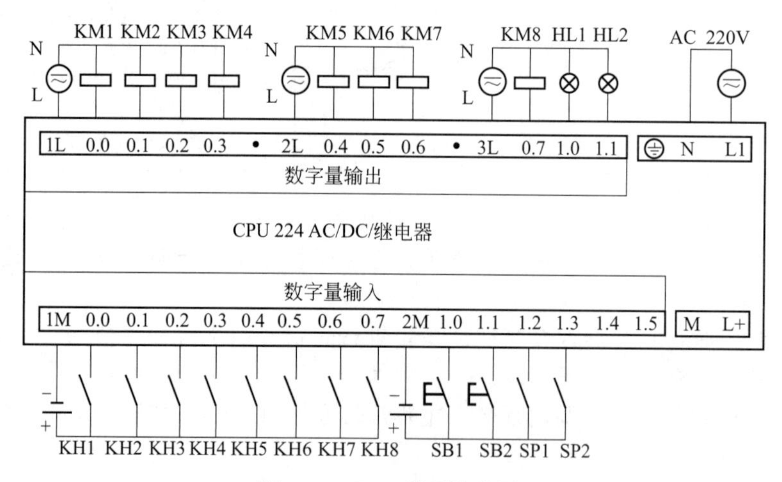

图 5-37　PLC 端子接线图

(四)程序设计说明

本项任务需要综合应用数据处理指令、程序类指令，使用到的编程元件较多，建立程序全局变量表可以帮助编程及设备调试人员快速理解程序。如图 5-38 所示，全局变量表可以从编程软件界面的主菜单栏——窗口下拉菜单中，或者从浏览条窗口中选择调出。I/O 地址必须与 I/O 端口分配表一致，其中 I0.0～I0.7（空压机故障）、Q0.0～Q0.7（空压机启动）和 VD4～VD32（空压机运行时间）在程序中被指针隐含访问，所以在变量表中显示符号未使用“ ”。VD4～VD32 存储八台空气压缩机的运行时间，以秒（s）为单，最大可存储

2 147 483 647s，相当于 68 年的时间。启动延时定时器 T38 计算空压机启动的间隔时间。当储气罐压力达到高压力时，停止延时定时器 T39 计算空压机停止的间隔时间。

	符号	地址	注释
1	空压机1故障	I0.0	空压机1故障反馈
2	空压机2故障	I0.1	空压机2故障反馈
3	空压机3故障	I0.2	空压机3故障反馈
4	空压机4故障	I0.3	空压机4故障反馈
5	空压机5故障	I0.4	空压机5故障反馈
6	空压机6故障	I0.5	空压机6故障反馈
7	空压机7故障	I0.6	空压机7故障反馈
8	空压机8故障	I0.7	空压机8故障反馈
9	启动按钮	I1.0	启动空压机
10	停止按钮	I1.1	停止空压机
11	低压力开关	I1.2	储气罐达到低压力时为ON
12	高压力开关	I1.3	储气罐达到高压力时为ON
13	空压机1启动	Q0.0	启动空压机1
14	空压机2启动	Q0.1	启动空压机2
15	空压机3启动	Q0.2	启动空压机3
16	空压机4启动	Q0.3	启动空压机4
17	空压机5启动	Q0.4	启动空压机5
18	空压机6启动	Q0.5	启动空压机6
19	空压机7启动	Q0.6	启动空压机7
20	空压机8启动	Q0.7	启动空压机8
21	运行指示灯	Q1.0	指示空压机运行状态
22	声光报警	Q1.1	指示空压机报警状态
23	运行时间1	VD4	空压机1运行时间
24	运行时间2	VD8	空压机2运行时间
25	运行时间3	VD12	空压机3运行时间
26	运行时间4	VD16	空压机4运行时间
27	运行时间5	VD20	空压机5运行时间
28	运行时间6	VD24	空压机6运行时间
29	运行时间7	VD28	空压机7运行时间
30	运行时间8	VD32	空压机8运行时间
31	启动延时	T38	空压机启动的间隔时间
32	停止延时	T39	达到高压力时，空压机停止的间隔时间

图 5-38 全局变量表

根据控制要求，启动空气压缩机的程序段网络 1 如图 5-39 所示。当按下启动按钮后，将 8 台空气压缩机的运行时间清零，启动第一台空气压缩机，点亮运行指示灯。在程序中，使用存储器填充指令 FILL_N，输入值（IN）是 0，输出值（OUT）是 VW4，从 VW4 开始的 16 个字是 VW4～VW34，也就是 VD4～VD32。

如图 5-40 所示的网络 2 到网络 4 程序段，用来每秒钟依次累计 8 台空压机运行时间。假设 8 台空压机中 1 和 5 运行，那么通过计算 VD4 和 VD20 中的数据每秒加 1，表 5-27 说明了 FOR-NEXT 循环的执行过程。

在网络 2 中，每当 PLC 检测到 SM0.5 的上升沿时，将 VB0 的地址赋值给累加器 AC1，并启动 FOR-NEXT 循环。FOR-NEXT 循环的当前循环计数值（INDX）存储在累加器 AC0 中，起始值（INIT）为 1，结束值（FINAL）为 8。网络 3 是 FOR-NEXT 的循环体程序，要执行 8 次。在网络 3 中，将 AC1 的值加 4（一个 DINT 的长度），使 AC1 指向存储下一个空压机运行时间的地址。同时将 QB0 向右移动 AC0（INDX）的位数，此时 SM1.1 中存储的是最后一次移出的值，也就是空压机的运行状态。如果空压机处于运行状态，则通过指针 AC1 将相应空压机的运行时间加 1。网络 4 中是与 FOR 指令对应的 NEXT 指令。

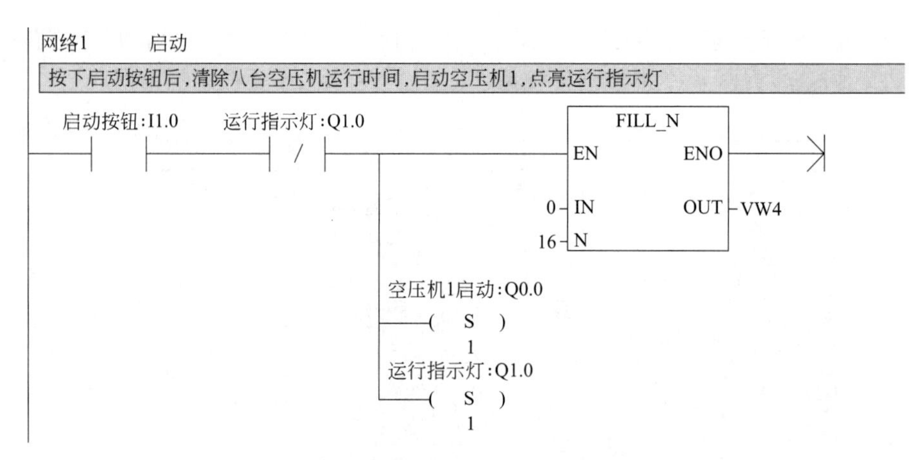

图 5-39 启动空气压缩机的程序网络 1

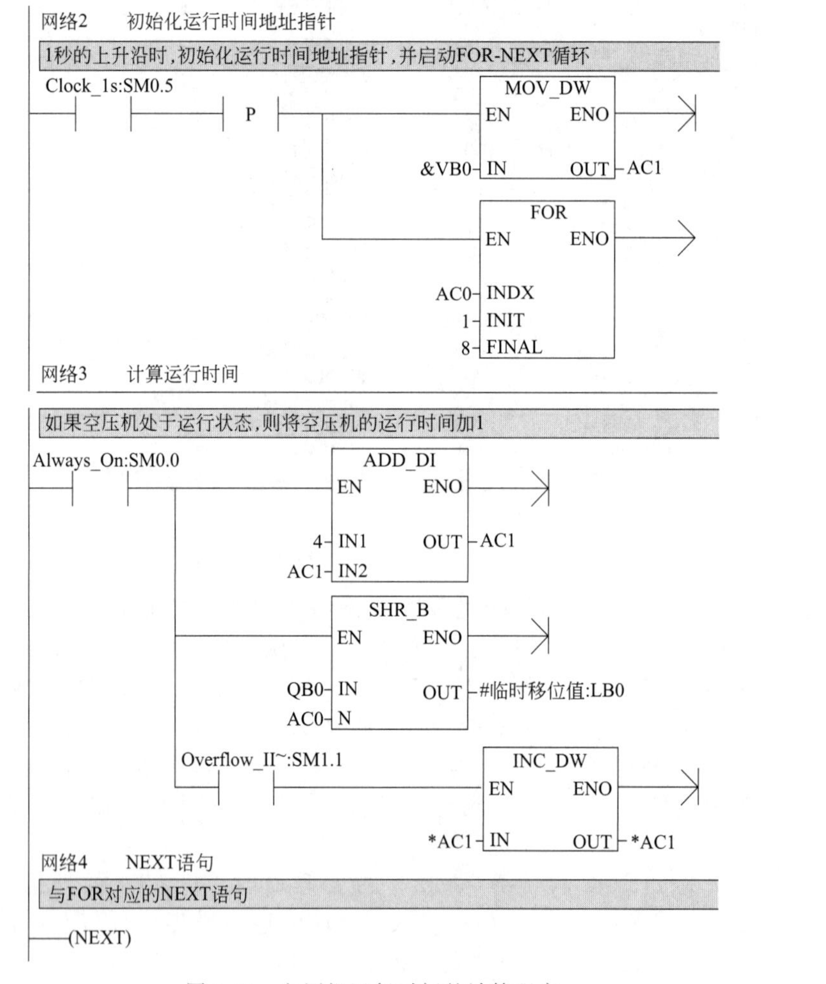

图 5-40 空压机运行时间的计算程序

表 5-27 空压机运行时间计算 FOR-NEXT 程序循环的执行过程

AC0	＊AC1(公式)	QB0	SM1.1
1	VD4(AC1＝&VB0＋4)	2＃0001 0001	ON
2	VD8(AC1＝AC1＋4)	2＃0001 0001	OFF

续表

AC0	* AC1(公式)	QB0	SM1.1
3	VD12(AC1=AC1+4)	2#0001 0001	OFF
4	VD16(AC1=AC1+4)	2#0001 0001	OFF
5	VD20(AC1=AC1+4)	2#0001 0001	ON
6	VD12(AC1=AC1+4)	2#0001 0001	OFF
7	VD16(AC1=AC1+4)	2#0001 0001	OFF
8	VD20(AC1=AC1+4)	2#0001 0001	OFF

如图 5-41 所示程序段，条件满足时为每隔 30 秒延时启动一台运行时间最短的空压机做准备。在网络 5 中，当储气罐压力低于低压力时，激活启动延时定时器 T38。定时器 T38 与自身形成互锁回路，只要压力一直低于低压力，则定时器 T38 每隔 30s 接通一次。在网络 6 中，将 VB0 的地址赋值给累加器 AC1，将十六进制数 16#7FFFFFFF 赋值给累加器 AC2，将 0 赋值给累加器 AC3，并启动 FOR-NEXT 循环。将十六进制数 16#7FFFFFFF（最大的双整数）赋值给累加器 AC2（存储空气压缩机运行时间的临时存储区）是为了查找运行时间最短的空压机。累加器 AC3 存储的是运行时间最短的空气压缩机的序号。FOR-NEXT 循环的当前循环计数值（INDX）存储在累加器 AC0 中，起始值（INIT）为 1，结束值（FINAL）为 8。

如图 5-42 所示，网络 7 到网络 9 程序段查找运行时间最短的空压机。在网络 7 中，将 AC1 的值加 4，使 AC1 指向存储下一个空压机运行时间的地址。同时将 IB0 向右移动 AC0

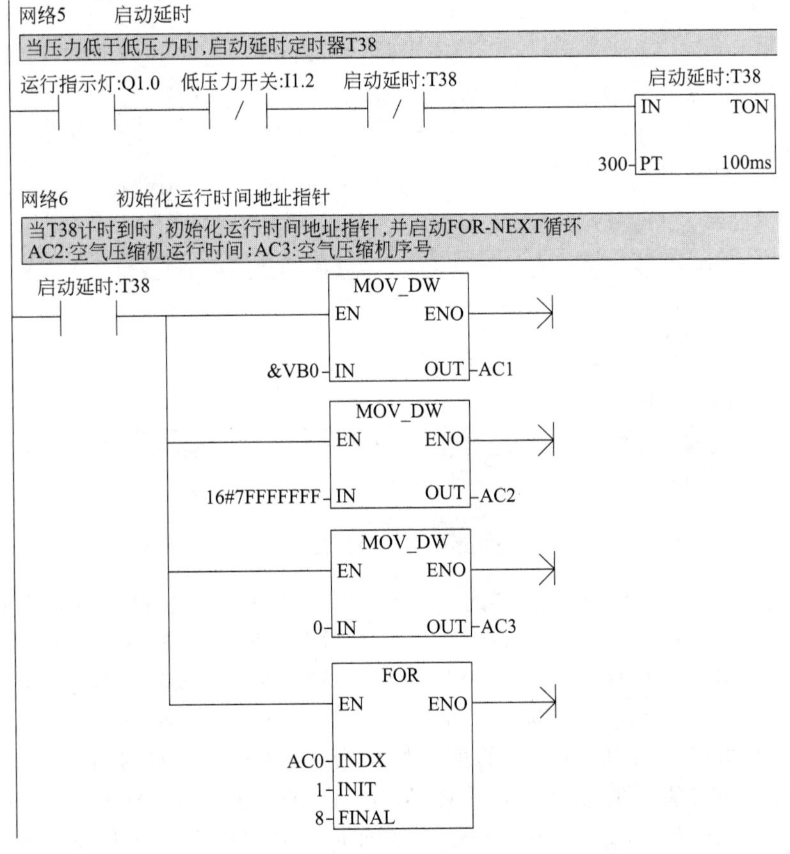

图 5-41　延时启动空压机准备程序

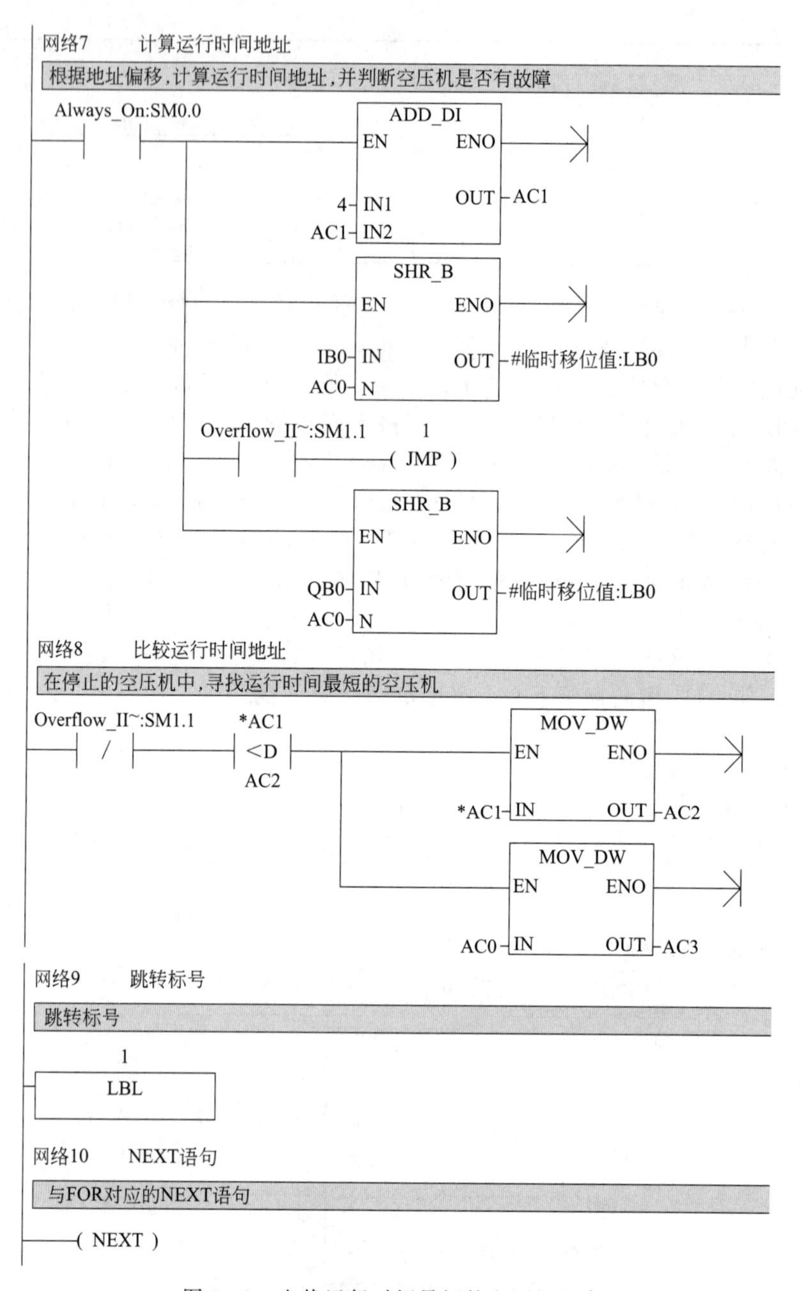

图 5-42 查找运行时间最短的空压机程序

（INDX）的位数，此时 SM1.1 中存储的是最后一次移出的值，也就是空压机的故障状态。如果空压机处于故障状态，则跳转至标号 1 处，不必判断空压机的运行时间。如果空机没有故障，则将 QB0 向右移动 AC0（INDX）的位数，此时 SM1.1 中存储的是最后一次移出的值，也就是空压机的运行状态。在网络 8 中，如果空气压缩机处于停止状态，则比较指针 AC1 所指向的值和 AC2 中的值。如果指针 AC1 所指向的值小于 AC2 中的值，将指针 AC1 所指向的值赋值给 AC2，并将 AC0（INDX）赋值给 AC3（空压机序号）。网络 9 是 JMP 指令对应的标号。网络 10 是与 FOR 指令对应的 NEXT 指令。表 5-28 说明了 FOR-NEXT 循环的执行过程（假设空压机 1 和空压机 5 运行，空压机 4 故障）。

表 5-28 查找运行时间最短空压机 FOR-NEXT 程序循环的执行过程

AC0	* AC1(运行时间)	IB0	SM1.1	QB0	SM1.1	AC2	AC3
1	VD4 (6000s)	2#0000 1000	OFF	2#0001 0001	ON	16#7FFF FFFF	0
2	VD8 (7500s)	2#0000 1000	OFF	2#0001 0001	OFF	7500	2
3	VD12 (5000s)	2#0000 1000	OFF	2#0001 0001	OFF	5000	3
4	VD16 (4000s)	2#0000 1000	ON	跳转至标号 1		5000	3
5	VD20 (8500s)	2#0000 1000	OFF	2#0001 0001	ON	5000	3
6	VD24 (7000s)	2#0000 1000	OFF	2#0001 0001	OFF	5000	3
7	VD28 (8000s)	2#0000 1000	OFF	2#0001 0001	OFF	5000	3
8	VD32 (9000s)	2#0000 1000	OFF	2#0001 0001	OFF	5000	3

如图 5-43 所示，网络 11 程序段为启动运行时间最短的空压机程序。如果空压机序号 AC3 的值大于 0，则将 AC3 中的值减 1 并存在 AC3 中。然后根据 AC3 中的值，将数字 1 由左移指令向左移动相应的位数，并存储在 AC3 中，最后将 AC3 中的值与 QB0 执行逻辑或操作，将结果存储在 QB0 中。网络 5 到网络 11 完成了当储气罐压力低于低压力时，每隔 30 秒延时启动一台运行时间最短的空压机。表 5-29 说明 AC3 为 3 时如何启动相应的空压机。

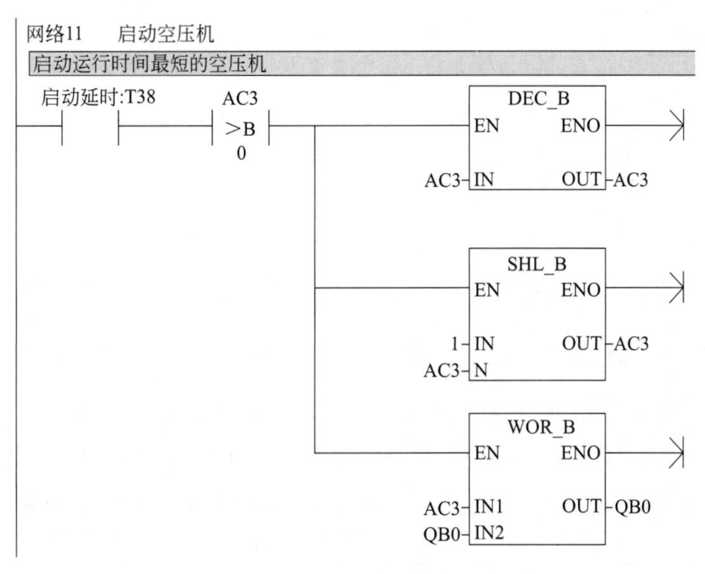

图 5-43 启动运行时间最短的空压机程序

表 5-29 AC3 为 3 时启动空压机

AC3	QB0	AC3-1	左移后 AC3	逻辑或后 QB0
3	2#0001 0001	2	2#0000 0100	2#0001 0101

如图 5-44 所示，网络 12 到网络 17 程序段为当储气罐压力高于高压力时延时停止运行时间最长的空压机程序。这段程序与前面的程序类似，所以只对不同的指令进行说明。

网络 12 中，当储气罐压力高于高压力时，激活停止定时器 T39。网络 13 中，将 0 赋值给累加器 AC2 是为了查找运行时间最长的空压机。网络 17 中，如果空压机序号 AC3 中的值大于 0，则将 AC3 中的值减 1 并存在 AC3 中。然后根据 AC3 中的值，将值 2＃11111110 由循环左移指令向左移动相应的位数，并存储在 AC3 中，最后将 AC3 中的值与 QB0 执行逻辑与操作，将结果存储在 QB0 中。

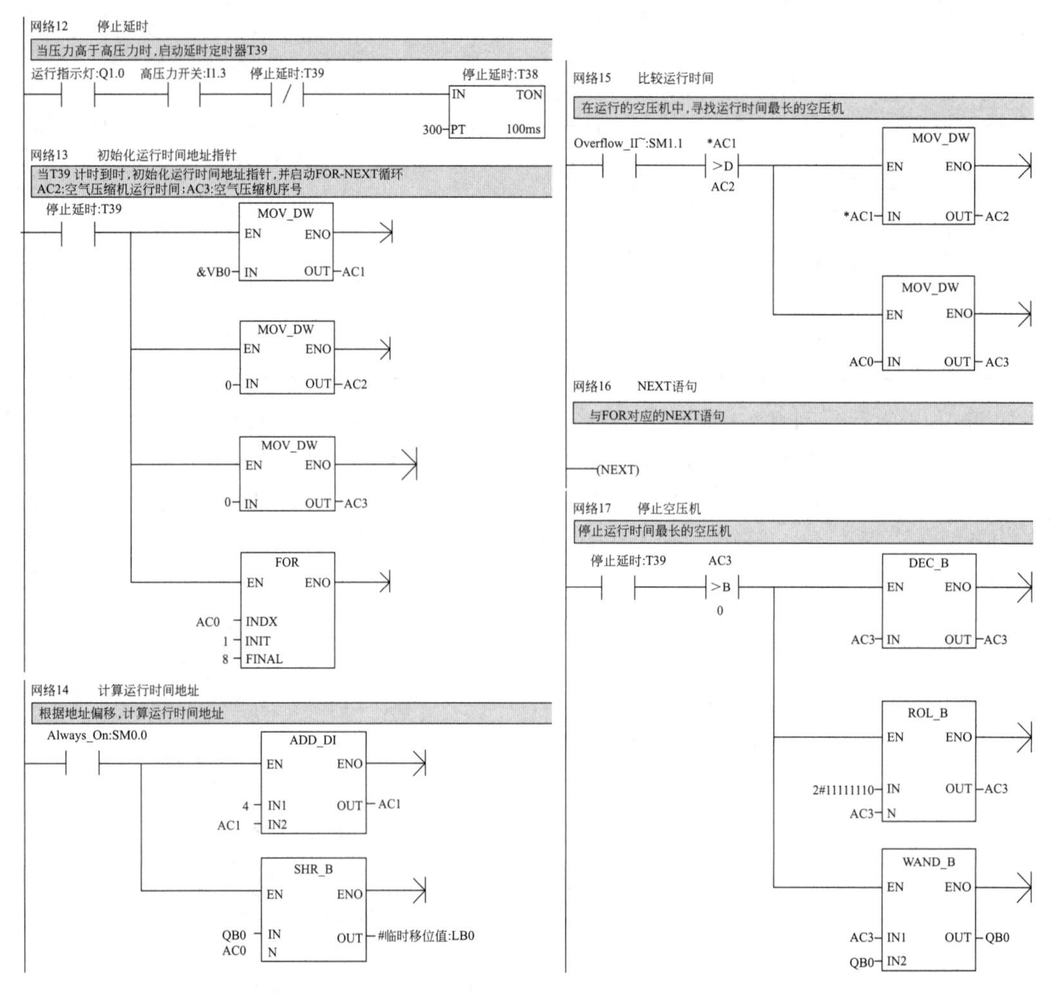

图 5-44 储气罐压力高于高压力时延时停止运行时间最长的空压机程序

表 5-30 说明了计算运行时间最长的空压机 FOR-NEXT 程序循环的执行过程（空压机 1、3、5 运行）。表 5-31 和表 5-31 说明 AC3 为 5 时，如何停止相应的空压机。

表 5-30 查找运行时间最长空压机 FOR-NEXT 程序循环的执行过程

AC0	*AC1(运行时间)	QB0	SM1.1	AC2	AC3
1	VD4(16000s)	2＃0001 0101	ON	16000	1
2	VD8(7500s)	2＃0001 0101	OFF	16000	1
3	VD12(5000s)	2＃0001 0101	ON	16000	1
4	VD16(4000s)	2＃0001 0101	OFF	16000	1
5	VD20(18500s)	2＃0001 0101	ON	18500	5
6	VD24(7000s)	2＃0001 0101	OFF	18500	5
7	VD28(8000s)	2＃0001 0101	OFF	18500	5
8	VD32(9000s)	2＃0001 0101	OFF	18500	5

表 5-31　AC3 为 5 时停止空压机

AC3	QB0	AC3-1	循环左移后 AC3	逻辑与后 QB0
5	2#0001 0101	4	2#1110 1111	2#0000 0101

如图 5-45 所示，网络 18 为故障指示程序段。若空气压缩机有故障（IB0 不等于 0），则将 IB0 取反，并将结果存储在临时移位值 LB0 中，然后将临时移位值 LB0 与 QB0 执行逻辑与操作，将结果存储在 QB0 中，同时输出声光报警。表 5-32 说明当空压机 3 有故障时，如何停止相应的空压机。

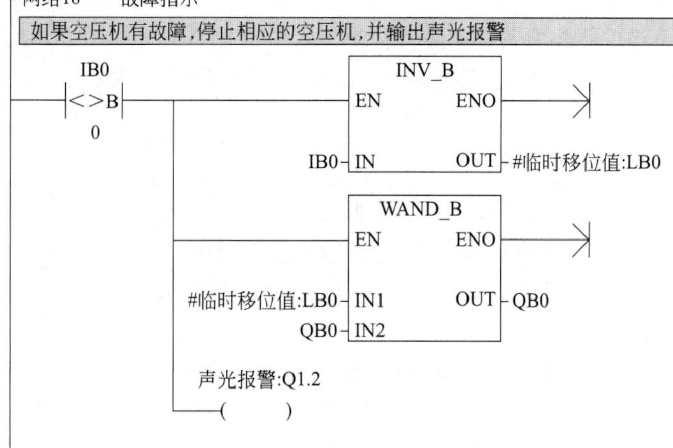

图 5-45　故障指示程序

表 5-32　空压机 3 有故障时停止空压机

IB0	QB0	临时移位值 LB0	逻辑与后 QB0
2#0000 0100	2#0000 0101	2#1111 1011	2#0000 0001

如图 5-46 所示，网络 19 为停止程序。当按下停止按钮时，I1.1 置位，复位指令停止所有的空气压缩机并熄灭运行指示灯。

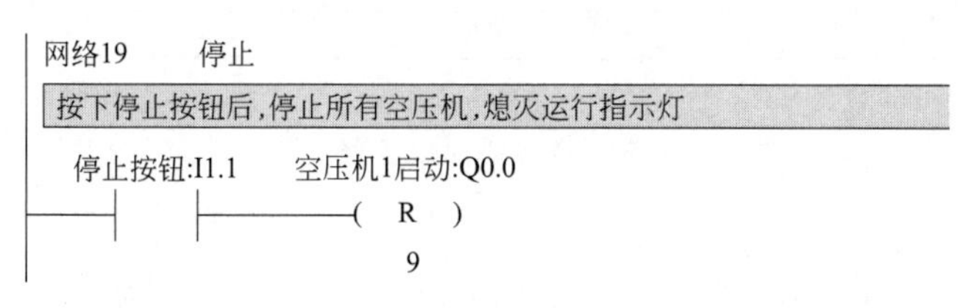

图 5-46　停止程序

(五) 实施步骤

（1）布线安装

按照布线工艺要求，根据控制接线图进行布线安装。

（2）电路断电检查

在断电的情况下，从电源端开始，逐段核对接线及接线端子处是否正确，有无漏接、错接之处。并用万用表检查电路的通断情况。

（3）在 STEP 7-Micro/WIN 编程软件中输入、调试程序。

（4）在遵守安全规程的前提及指导教师现场监护下，通电试车。

四、任务扩展

使用子程序可以将程序分成容易管理的小块，使程序结构简单清晰，易于查错和维护。如果子程序中只使用局部变量，因为与其他 POU 没有地址冲突，可以将子程序移植到其他项目。为了移植子程序，应避免使用全局符号和变量（I、Q、M、SM、AI、AQ、V、T、C、S、AC 内存中的绝对地址）。

在 SIMATIC 符号表或 IEC 的全局变量表中定义的变量为全局变量。程序中的每个程序 POU 均有自己的由 64 字节存储器组成的局部变量表。它们用来定义有范围限制的变量，局部变量只在它被创建的 POU 中有效。与之相反，全局符号在各 POU 中均有效，只能在符号表/全局变量表中定义。全局符号与局部变量名称相同时，在定义局部变量的 POU 中，该局部变量的定义优先，该全局定义则在其他 POU 中使用。

1. 局部变量表

（1）局部变量与全局变量

在子程序中只用局部变量，不用绝对地址或全局符号，子程序可以移植到别的项目去。局部变量还用来在子程序和调用它的程序之间传递输入参数和输出参数。在编程软件中，将水平分裂条拉至程序编辑器视窗的顶部，则不再显示局部变量表，但它仍然存在；将分裂条下拉，将再次显示局部变量表。

带参数调用子程序时需要设置调用的参数，参数由地址、参数名称（最多 8 个字符）、变量类型和数据类型描述。子程序最多可以传递 16 个参数，传递的参数在子程序局部变量表中定义，如图 5-47 所示。

	符号	变量类型	数据类型	注释
	EN	IN	BOOL	
L0.0	IN1	IN	BOOL	
LB1	IN2	IN	BYTE	
L2.0	IN3	IN	BOOL	
LD3	IN4	IN	DWORD	
		IN		
LD7	INOUT	IN_OUT	REAL	
LD11	OUT	OUT	REAL	
		IN		
		IN_OUT		

图 5-47 局部变量表

（2）局部变量的类型

局部变量表中的变量有 IN、IN _ OUT、OUT 和 TEMP 等 4 种类型。

① IN（输入）型：将指定位置的参数传入子程序。如果参数是直接寻址（如 VB10），在指定位置的数值被传入子程序。如果参数是间接寻址（如 * AC1），地址指针指定地址的数值被传入子程序。如果参数是数据常量（16＃1234）或地址（&VB100），常量或地址数值被传入子程序。

② IN _ OUT（输入-输出）型：将指定参数位置的数值传入子程序，并将子程序的执行结果的数值返回至相同的位置。输入/输出型的参数不允许使用常量（如 16＃1234）和地址（如 &VB100）。

③ OUT（输出）型：将子程序的结果数值返回至指定的参数位置。常量（如 16＃1234）和地址（如 &VB100）不允许用作输出参数。

④ TEMP 型：是局部存储变量，只能用于子程序内部暂时存储中间运算结果，不能用

来传递参数。

（3）数据类型

局部变量表中的数据类型包括能流、布尔（位）、字节、字、双字、整数、双整数和实数型。

① 能流：能流仅用于位（布尔）输入，能流输入必须用在局部变量表中其他类型输入之前，只有输入参数允许使用。在梯形图中表达形式为用触头（位输入）将左侧母线和子程序的指令盒连接起来。

② 布尔：该数据类型用于位输入和输出。

③ 字节、字、双字：这些数据类型分别用于 1、2 或 4 个字节不带符号的输入或输出参数。

④ 整数、双整数：这些数据类型分别用于 2 或 4 个字节带符号的输入或输出参数。

⑤ 实数：该数据类型用于单精度（4 个字节）IEEE 浮点数值。

（4）建立带参数子程序的局部变量表

局部变量表隐藏在程序显示区，将梯形图显示区向下拖动，可以露出局部变量表，在局部变量表输入变量名称、变量类型、数据类型等参数以后，双击指令树中子程序（或选择单击方框快捷按钮 F9，在弹出的菜单中选择子程序项），在梯形图显示区显示出带参数的子程序调用指令盒。

局部变量表使用局部变量存储器，在局部变量表中加入一个参数时，系统自动给该参数分配局部变量存储空间。当给子程序传递值时，参数放在子程序的局部变量存储器中。在局部变量表中赋值时，只需指定局部变量的类型和数据类型，不用指定存储器地址（局部变量表最左列是系统指定的每个被传递参数的局部存储器地址），程序编辑器按照子程序指令的调用顺序将参数值分配给局部变量存储器，起始地址是 L0.0，8 个连续位的参数值分配一个字节，从 LX.0 到 LX.7。字节、字和双字值按照字节顺序分配在局部变量存储器中。

局部变量表变量类型的修改方法：用光标选中变量类型区，单击鼠标右键弹出快捷菜单，选中的相应类型，在变量类型区光标所在处可以得到选中的类型。

2. 带参数的子程序调用

对于梯形图程序，在子程序局部变量表中为该子程序定义参数后，将生成客户化的调用指令块，指令块中自动包含子程序的输入参数和输出参数。

如图 5-48 所示名为“模拟量计算”的子程序，在该子程序的局部变量表中定义了名为“转换值”“系数 1”“系数 2”的输入（IN）变量，名为“模拟值”的输出（OUT）变量，和名为“暂存”的临时（TEMP）变量。局部变量表最左边的一列是每个参数在局部存储器（L）中的地址。

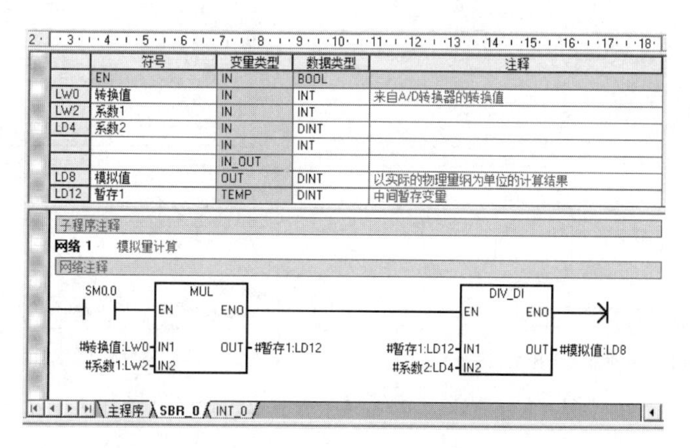

	符号	变量类型	数据类型	注释
	EN	IN	BOOL	
LW0	转换值	IN	INT	来自A/D转换器的转换值
LW2	系数1	IN	INT	
LD4	系数2	IN	DINT	
		IN	INT	
		IN_OUT		
LD8	模拟值	OUT	DINT	以实际的物理量纲为单位的计算结果
LD12	暂存1	TEMP	DINT	中间暂存变量

图 5-48　模拟量计算子程序与局部变量表

建立子程序后，STEP7-Micro/WIN 在指令树最下面的“调用子程序”文件夹下面自动生成刚创建的子程序“模拟量计算”对应的图标，在子程序局部变量表中为该子程序定义参数后，将生成客户化调用指令块（图 5-49），指令块中自动包含了子程序的输入参数和输出参数。

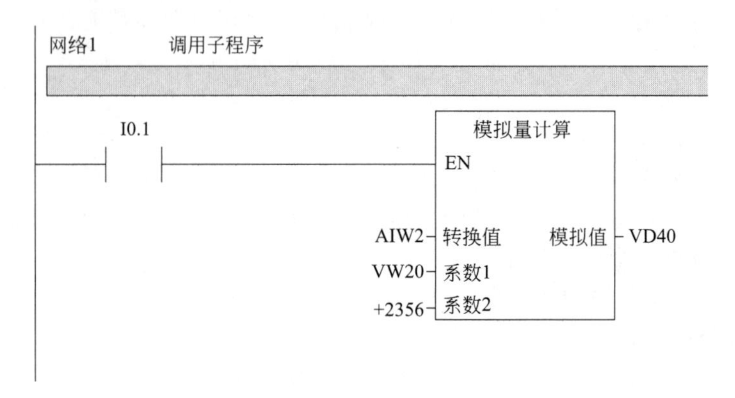

图 5-49　调用指令块

在梯形图程序中插入子程序调用指令时，首先打开程序编辑器视窗中需要调用子程序的 POU，找到需要调用子程序的地方。双击打开指令树最下面的子程序文件夹，将需要调用的子程序图标从指令树“拖”到程序编辑器中的正确位置，放开左键，子程序块便被放置在该位置。也可以将矩形光标置于程序编辑器视窗中需要放置该子程序的地方，然后双击指令树中要调用的子程序，子程序图标会自动出现在光标所在的位置。

（1）注意事项

① 如果在使用子程序调用指令后，又修改了该子程序的局部变量表，则调用指令无效。必须删除无效调用，并用反映正确参数的最新调用指令代替该调用。

② 子程序和调用程序共用累加器，不会因使用子程序对累加器执行保存或恢复操作。

③ 编程软件使用局部变量存储器 L 内存的 4 个字节 LB60～LB63，保存调用参数数据。在编程时只能使用 LB60～LB63 中的一些位（如 LB60.0）作为能流输入参数，才能实现在参数的子程序的程序格式之间的转换。

④ 如果用语句表编程，参数必须与子程序局部变量表中定义的变量完全匹配。子程序调用指令的格式为：CALL 子程序号，参数 1，参数 2，…，参数 n（参数 n＝0～16）如图 5-50 所示。

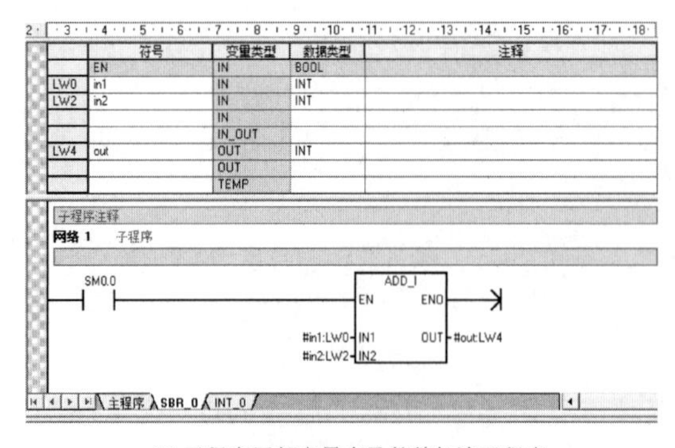

(a) 子程序局部变量表及整数加法子程序

程序注释

网络 1　网络标题

网络注释

```
LD      SM0.0
CALL    SBR_0:SBR0, VW0, VW2, VW100
```

符号	地址	注释
SBR_0	SBR0	子程序注释

网络 2

网络 3

主程序　SBR_0　INT_0

(b) 整数加法主程序语句表

图 5-50　整数加法子程序及对应主程序语句表

⑤ 调用带参数子程序使 ENO＝0 的错误条件是 0008（子程序嵌套超界）、SM4.3（运

行时间）。

（2）使用实例

要求编制一个带参数的子程序，完成任意两个整数的加法，具体步骤为：

① 建立一个子程序，并在该子程序局部变量表中输入局部变量，如图5-50(a)所示。

② 用局部变量表中定义的局部变量编写两个整数加法的子程序，如图5-50(b)所示。

③ 在主程序中调用该子程序，如图5-51所示。

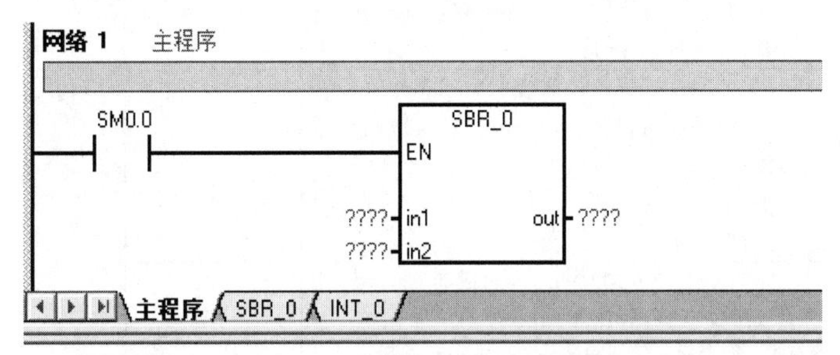

图5-51　主程序中调用子程序

④ 在主程序中根据子程序局部变量表中变量的数据类型（INT）指定输入、输出变量的地址（对于整数型的变量应按字编址），输入变量也可以为常量。如图5-52所示，便可实现VW0＋VW2＝VW100的运算。

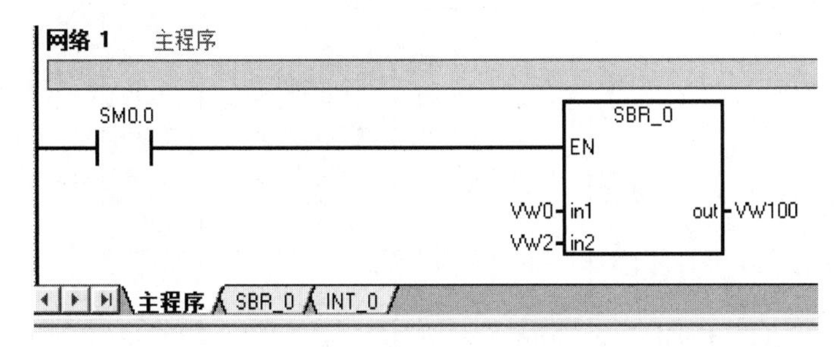

图5-52　整数加法主程序

运料小车多种模式控制PLC程序设计微课

五、任务评价

通过对本任务相关知识的学习和应用操作实施，对任务实施过程和任务完成情况进行评价。包括对知识、技能、素养、职业态度等多个方面，主要由小组对成员的评价和教师对小组整体的评价两部分组成。学生和教师评价的占比分别为40％和60％。教师评价标准见表1，小组评价标准见表2。

表1　教师评价表

子任务编号及名称			班级					
序号	评价项目	评价标准	评价等级					
			A组	B组	C组	D组	E组	F组
1	职业素养40％（成员参与度、团队协助）	优：能进行合理分工，在实施过程中能相互协商、讨论，所有成员全部参与 良：能进行分工，在实施过程中相互协商、帮助不够，多少成员参与 中：分工不合理，相互协调差，成员参与度低 差：相互间不协调、讨论，成员参与度低						

续表

子任务编号及名称			班级					
序号	评价项目	评价标准	评价等级					
			A组	B组	C组	D组	E组	F组
2	专业知识 30% （程序设计）	优：正确完成全部程序设计，并能说出程序设计思路； 良：正确完成全部程序，但无法解释程序； 中：完成部分动作程序，能解释程序作用； 差：未进行程序设计						
3	专业技能 30% （系统调试）	优：控制系统完全按照控制要求工作； 良：经调试后，控制系统基本按照控制要求动作； 中：系统能完成部分动作； 差：系统不工作						
其他	扩展任务 完成情况	完成基本任务的情况下，完成扩展任务，小组成绩加 5 分，否则不加分						
教师评价合计（百分制）								

表 2　小组评价表

子任务编号及名称			班级				组别	
序号	评价项目	评价标准	评价等级					
			组长	B同学	C同学	D同学	E同学	F同学
1	守时守约 30%	优：能完全遵守实训室管理制度和作息制度； 良：能遵守实训室管理制度，无缺勤； 中：能遵守实训室管理制度，迟到、早退 2 次以内； 差：违反实训室管理制度，有 1 次旷课或迟到、早退 3 次	□ 优 □ 良 □ 中 □ 差	□ 优 □ 良 □ 中 □ 差	□ 优 □ 良 □ 中 □ 差	□ 优 □ 良 □ 中 □ 差	□ 优 □ 良 □ 中 □ 差	□ 优 □ 良 □ 中 □ 差
2	学习态度 30%	优：积极主动查阅资料，并解决老师布置的问题； 良：能积极查阅资料，寻求解决问题的方法，但效果不佳； 中：不能主动寻求解决问题的方法，效果差距较大； 差：碰到问题观望、等待、不能解决任何问题	□ 优 □ 良 □ 中 □ 差	□ 优 □ 良 □ 中 □ 差	□ 优 □ 良 □ 中 □ 差	□ 优 □ 良 □ 中 □ 差	□ 优 □ 良 □ 中 □ 差	□ 优 □ 良 □ 中 □ 差
3	团队协作 30%	优：积极配合组长安排，能完成安排的任务； 良：能配合组长安排，完成安排的任务； 中：能基本配合组长安排，基本完成任务； 差：不配合组长安排，也不完成任务	□ 优 □ 良 □ 中 □ 差	□ 优 □ 良 □ 中 □ 差	□ 优 □ 良 □ 中 □ 差	□ 优 □ 良 □ 中 □ 差	□ 优 □ 良 □ 中 □ 差	□ 优 □ 良 □ 中 □ 差
4	劳动态度 10%	优：主动积极完成实训室卫生清理和工具整理工作； 良：积极配合组长安排，完成实训设备清理和工具整理工作； 中：能基本配合组长安排，完成实训设备的清理工作； 差：不劳动，不配合	□ 优 □ 良 □ 中 □ 差	□ 优 □ 良 □ 中 □ 差	□ 优 □ 良 □ 中 □ 差	□ 优 □ 良 □ 中 □ 差	□ 优 □ 良 □ 中 □ 差	□ 优 □ 良 □ 中 □ 差
学生评价合计（百分制）								

注：各等级优＝95，良＝85，中＝75，差＝50，选择即可。

思考与练习

1. 图5-53是运料小车的工作示意图，控制要求为：

(1) 小车的初始位置在最右端A处，小车能在任意位置启动和停止。

(2) 按下启动按钮，漏斗打开，小车装料，装料10s后，漏斗关闭，小车开始前进。到达卸料B处，小车自动停止，打开底门，卸料，经过卸料所需设定时间15s延时后，小车自动返回装料A处。然后再装料，如此自动循环。

(3) 要求手动及自动两种工作模式。

手动工作方式下有以下两点要求：

(1) 单一操作，即可用相应按钮来接通或断开各负载。在这种工作方式下，选择开关置于手动挡。

(2) 返回原位。按下返回原位按钮，小车自动返回初始位置。在这种工作方式下，选择开关置于返回原位挡。

自动工作方式下的控制要求如下：

(1) 连续。小车处于原位，按下启动按钮，小车按前述工作过程连续循环工作。按下停止按钮，小车返回原位后，停止工作。在这种工作方式下，选择开关置于连续操作工作挡。

(2) 单周期。小车处于原位，按下启动按钮后，小车系统开始工作，工作一个周期后，小车回到初始位置停止。

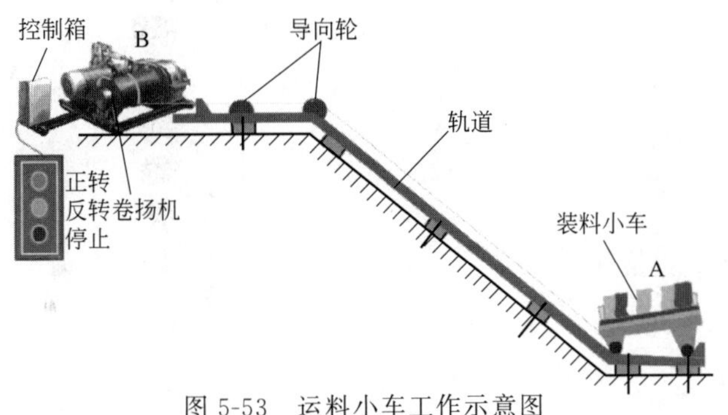

图5-53　运料小车工作示意图

要求设计I/O端口分配表，编写相应的程序。

2. 图5-54是机械手的工作示意图，控制要求为：

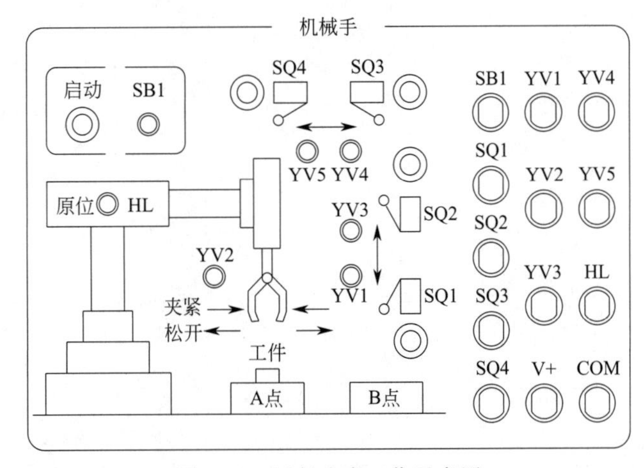

图5-54　运料小车工作示意图

（1）总体控制要求：如面板图所示，工件在 A 处被机械手抓取并放到 B 处。

（2）机械手回到初始状态，SQ4＝SQ2＝1，SQ3＝SQ1＝0，原位指示灯 HL 点亮，按下“SB1”启动开关，下降指示灯 YV1 点亮，机械手下降，（SQ2＝0）下降到 A 处后（SQ1＝1）夹紧工件，夹紧指示灯 YV2 点亮。

（3）夹紧工件后，机械手上升（SQ1＝0），上升指示灯 YV3 点亮，上升到位后（SQ2＝1），机械手右移（SQ4＝0），右移指示灯 YV4 点亮。

（4）机械手右移到位后（SQ3＝1）下降指示灯 YV1 点亮，机械手下降。

（5）机械手下降到位后（SQ1＝1）夹紧指示灯 YV2 熄灭，机械手放松。

（6）机械手放松后上升，上升指示灯 YV3 点亮。

（7）机械手上升到位（SQ2＝1）后左移，左移指示灯 YV5 点亮。

（8）机械手回到原点后再次运行。

要求设计 I/O 端口分配表，编写相应的程序（使用子程序调用等指令）。

任务三
PID 控制电炉温度

一、任务要求

熟悉 PLC 对模拟量数据的处理，掌握 PID 指令功能及应用，掌握模拟量控制系统的设计方法，能够使用指令向导生成 PID 子程序，实现模拟量控制。

二、相关知识

过程控制是工业控制领域的一个主要分支，其特点是模拟量参数较多，例如某些输入量速度、压力、流量、温度等，部分执行机构，如变频器、电动调节阀等要求 PLC 输出模拟量信号，这就需要 PLC 通过专用的模拟量输入/输出模块及用户程序来完成控制。S7-200 系列 PLC 模拟量 I/O 模块主要有模拟量输入模块 EM231、模拟量输出模块 EM232、模拟量输入/输出混合模块 EM235。PID 回路指令专为过程控制而设计，学习 PID 回路指令时，要首先理解 PID 的基本概念及其控制算法，理解工业过程控制中对模拟量处理的实质。

(一) S7-200 系列 PLC 模拟量 I/O 模块

S7-200 系列 PLC 模拟量 I/O 模块的规格如表 5-33 所示，除了表中的三种模块，另还有专门用于温度控制的 EM231 模拟量输入热电偶模块和 EM231 模拟量输入热电阻模块。这里仅对模块简单介绍，读者在具体使用某种模拟量模块时可查阅模块使用说明。

表 5-33 S7-200 系列 PLC 模拟量 I/O 模块的规格

型号	输入(I)点	输出(O)点	电压	功率/W	电源要求	
					5V DC	24V DC
EM231	4	0	24V DC	2	20mA	60mA
EM232	0	2	24V DC	2	20mA	70mA
EM235	4	1	24V DC	2	30mA	60mA

1. 模拟量输入模块 EM231

（1）模拟量输入数据的数字量格式及性能

EM231 模块的功能是把模拟量输入信号通过 A/D 电路转换为一个字长（16 位）的数字量信号，转换后的数字量直接送入 PLC 内部的模拟量输入寄存器 AIW 中。储在 AIW 中的数据的有效位为 12 位，格式如图 5-55 所示。对单极性而言，最高位为符号位，最低 3 位是测量精度位，即 A/D 转换是以 8 为单位进行的；对双极性而言，最低 4 位是测量精度位，即 A/D 转换是以 16 为单位进行的。

MSB　LSB

15	14	13	12	11	10	9	8	7	6	5	4	3	2	1	0
0	数字值 12 位												0	0	0

单极性数据格式

图 5-55

MSB 15	14	13	12	11	10	9	8	7	6	5	4	3	2	1	LSB 0
数字值 12 位												0	0	0	0

双极性数据格式

图 5-55　模拟量输入数据的数字量格式

EM231 模块的性能主要有以下几点：

① 数据格式：双极性范围为−32000～32000，单极性范围为 0～32000。

② 输入电压范围：双极性为±5V 或±2.5V，单极性为 0～5V 或 0～10V。

③ 输入电流范围：0～20mA。

④ 最大输入电压：30V DC。

⑤ 最大输入电流：32mA。

(2) 校准与输入信号的整定

使用模拟量模块时，首先对于模拟量输入的电压或者电流信号的选择通过 DIP 开关设定（如图 5-56）。量程的选择也是通过 DIP 开关来设定的，具体操作如表 5-34 所示，开关 SW1、SW2 和 SW3 可选择模拟量输入信号的范围。例如，如果模拟量输入信号为 0～10V 电压，则 DIP 开关应选为 SW1＝ON，SW2＝OFF，SW3＝ON。一个模块可同时作为电流或者电压信号输入模块使用，必须分别按照电流和电压型信号的要求接线。但是 DIP 开关设置对整个模块的所有通道有效，在这种情况下，电流、电压信号的规格必须能设置为相同的 DIP 开关状态。表 5-34 中，0～5V 和 0～20mA 信号具有相同的 DIP 设置状态，可以接入同一个模拟量模块的不同通道。

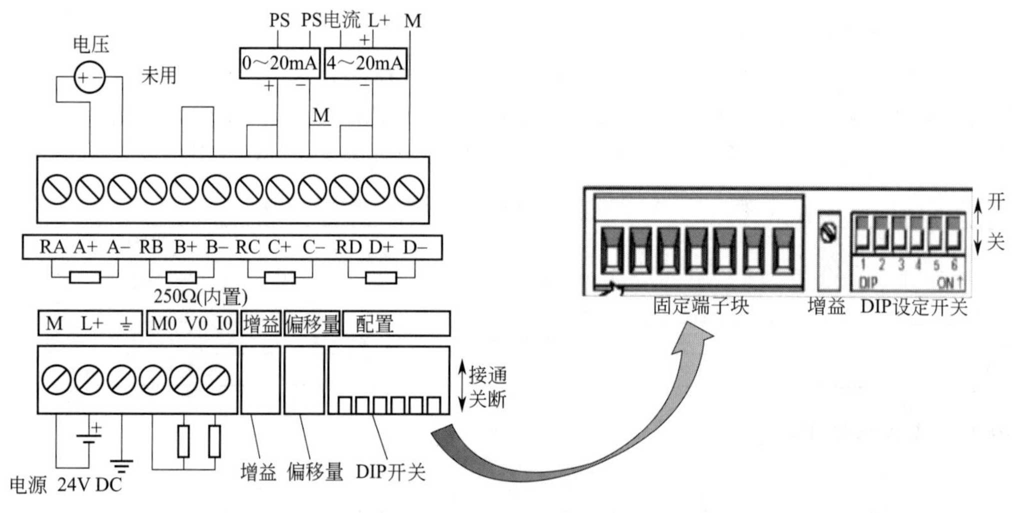

图 5-56　EM231 模拟量输入模块端子及 DIP 开关示意图

表 5-34　EM231 模拟量输入模块模拟量输入范围的开关表

极性	SW1	SW2	SW3	满量程输入	分辨率
单极性	ON	OFF	ON	0～10V	2.5mV
		ON	OFF	0～5V	1.25mV
				0～20mV	5μA
双极性	OFF	OFF	ON	±5V	2.5mV
		ON	OFF	±2.5V	1.25mV

选择好 DIP 开关的设置后，还需对输入信号进行整定，即确定模拟量输入信号与数字

量转换结果的对应关系，通过调节 DIP 设定开关左侧的增益旋钮（如图 5-54）可调整该模块的输入输出关系。其整定步骤如下：

① 切断模块电源，通过 DIP 开关选择需要的输入范围。

② 接通 CPU 及模块电源，并使模块稳定 15min。

③ 用一个传感器、电压源或电流源给模块输入一个零值信号。

④ 读取模拟量输入寄存器 AIW 相应地址中的值，获得偏移误差（输入为 0 时，模拟量模块产生的数字量偏差值），该误差在该模块中无法得到校正。

⑤ 将一个工程量的最大值加到模块输入端，调节增益电位器，直到读数为 32000，或为所需要的数值。

经上述整定后，若模拟量输入电压范围为 0～10V，则对应的数字量结果应为 0～32000 或所需数值。

（3）外部接线

图 5-56 所示输入模块上部有 12 个端子，每 3 个点为一组，共 4 组，每组可作为 1 路模拟量的输入通道（电压信号或电流信号）。输入信号为电压信号时，用 2 个端子（如 A＋、A－）；输入信号为电流信号时，用 3 个端子（如 RC、C＋、C－，其中 RC 与 C＋端子短接）；未用的输入通道应短接（如 B＋、B－）。4 路模拟量地址分别是：AIW0、AIW2、AIW4 和 AIW6。

使用模拟量模块时，要注意以下问题：

① 模拟量模块有专用的扁平电缆（与模块打包出售）与 CPU 通信，并通过此电缆由 CPU 向模拟量模块提供 5V DC 电源。此外，模拟量模块必须外接 24V DC 电源。

② 对于模拟量输入模块，传感器电缆线应尽可能短，而且应使用屏蔽双绞线，导线应避免弯成锐角。靠近信号源屏蔽线的屏蔽层应单端接地。

③ 模拟量输入模块的电源地和传感器的信号地必须连接（工作接地），否则将会产生一个很高的上下振动的共模电压，影响模拟量输入值，测量结果可能是一个变动很大的不稳定的值。

④ 一般电压信号比电流信号容易受干扰，应优先选用电流信号。

2. 模拟量输出模块 EM232

在 16 位数字量到模拟量转换器 AQW 中数据有效位为 12 位，其数据格式是左端对齐的。如图 5-57 所示，最高有效位是符号位，0 表示正值数据字，数据在装载到 D/A 转换器前，最低 4 位在转换为模拟量输出值时，将自动屏蔽，这些位不影响输出信号值。

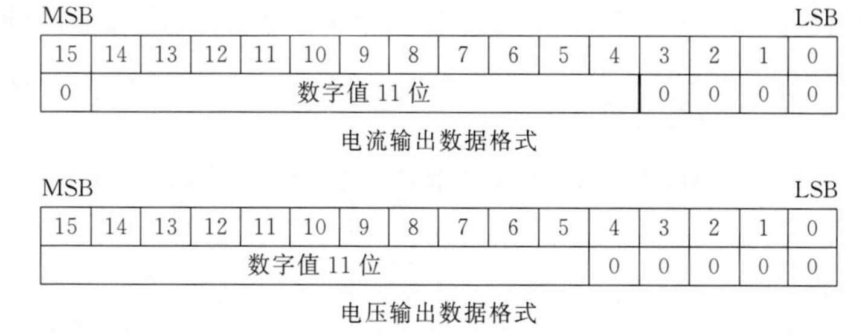

图 5-57　模拟量输出数据之前的数字格式

EM232 模块的性能主要有以下几点：

① 数据格式：双极性范围为－32000～32000，单极性范围为 0～32000。

② 输出电压范围：－10～＋10V。

③ 输出电流范围：0～20mA。

3. 模拟量输入/输出模块 EM235

(1) EM235 的特性

EM235 模拟量输入/输出混合模块如图 5-58 所示。EM235 上部有 12 个端子，每 3 个点为一组，共 4 组，每组可作为 1 路模拟量的输入通道。下部电源右边的 3 个端子是 1 路模拟量输出（电压或电流信号），V0 端接电压负载，I0 端接电流负载，M0 端为公共端。4 路输入模拟量地址分别是 AIW0，AIW2，AIW4 和 AIW6；1 路输出模拟量地址是 AQW0。

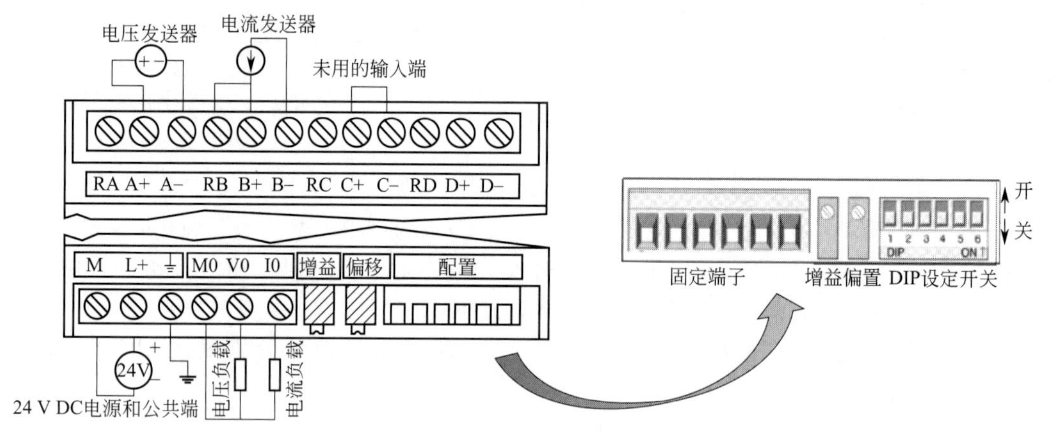

图 5-58 EM235 模拟量输入/输出模块端子及 DIP 开关示意图

EM235 模拟量输入/输出模块的输入回路与 EM231 模拟量输入模块的输入回路稍有不同，它增加了一个偏置电压调整回路，通过调节输出接线端子右侧的偏置电位器可以消除偏置误差，其输入特性对比 EM231 模块的输入特性，不同之处主要表现在可供选择的输入信号范围更加细致，以便适应其更加广泛的场合。EM235 模块的输出特性同 EM232 模块。

(2) EM235 模块的校准与输入信号的整定

① 切断模块电源，通过 DIP 开关选择需要的输入范围，见表 5-35，SW6 是单/双极性选择开关，SW4 和 SW5 是增益开关，SW1、SW2 和 SW3 是衰减开关。

② 接通 CPU 及模块电源，并使模块稳定 15min。

③ 用一个传感器、电压源或电流源给模块输入一个零值信号。

④ 调节（OFFSET）偏置电位器，直到模拟量输入寄存器的读数为零，或为所需要的数值。

⑤ 将一个满刻度值的信号加到模块输入端，调节增益电位器，直到读数为 32000 或所需要的数值。

⑥ 必要时，重复偏置和增益校准过程。

表 5-35 EM235 模拟量输入/输出模块的 DIP 开关设置及分辨率

单极性						满量程输入	分辨率
SW1	SW2	SW3	SW4	SW5	SW6		
ON	OFF	OFF	ON	OFF	ON	0～50mV	12.5μV
OFF	ON	OFF	ON	OFF	ON	0～100mV	25μV
ON	OFF	OFF	OFF	ON	ON	0～500mV	125μV
OFF	ON	OFF	OFF	ON	ON	0～1V	250μV
ON	OFF	OFF	OFF	OFF	ON	0～5V	1.25mV
ON	OFF	OFF	OFF	OFF	ON	0～20mV	5μV
OFF	ON	OFF	OFF	OFF	ON	0～10V	2.5mV

续表

双极性						满量程输入	分辨率
SW1	SW2	SW3	SW4	SW5	SW6		
ON	OFF	OFF	ON	OFF	OFF	±25mV	12.5μV
OFF	ON	OFF	ON	OFF	OFF	±50mV	25μV
OFF	OFF	ON	ON	OFF	OFF	±100mV	50μV
ON	OFF	OFF	OFF	ON	OFF	±250mV	125μV
OFF	ON	OFF	OFF	ON	OFF	±500mV	250μV
OFF	OFF	ON	OFF	ON	OFF	±1V	500μV
ON	OFF	OFF	OFF	OFF	OFF	±2.5V	1.25mV
OFF	ON	OFF	OFF	OFF	OFF	±5V	2.5mV
OFF	OFF	ON	OFF	OFF	OFF	±10V	5mV

(二) 模拟量数据的处理

1. 模拟量输入信号的整定

经模拟量输入模块转换后的数字信号直接存储在模拟量输入寄存器 AIW 中，这种数字量与被转换的过程量之间具有一定的函数对应关系，但数值上并不相等，必须经过某种转换才能使用。模拟量输入信号的整定是指：将模拟量输入对应的数字信号在 PLC 内部按照一定的函数关系进行转换。模拟量输入信号的整定通常需要考虑以下几点：

① 模拟量输入值的数字量表示。首先应清楚模拟量输入模块输入数据的位数是多少，有效数据是否从数据字的第 0 位开始，若不是，应进行移位操作，使有效数据的最低位排列在数据字的第 0 位上，以保证数据的准确性。例如，EM231 模拟量输入模块，处理双极性输入信号时，其模拟量有效值是从第 4 位开始的，因此数据整定的任务首先是把该数据字右移 4 位。

② 模拟量输入值的数字量表示范围。该范围由模拟量输入模块的转换精度位数决定。

③ 系统偏移量的消除：系统偏移量是指在无模拟量输入信号的情况下由测量元件的测量误差及模拟量输入模块的转换死区所引起的具有一定数值的转换结果。消除偏移量的方法是在硬件方面进行必要的调整（EM235 模块可通过调整偏置电位器实现）或使用 PLC 的运算指令去除其影响。

④ 过程量的最大变化范围。过程量的最大变化范围与转换后的数字量最大变化范围应有一一对应关系，这样就可以使转换后的数字量精确地反映过程量的变化。如用 0～0FH 反映 0～10V 的电压与 0～FFH 反映 0～10V 的电压相比较，后者的灵敏度或精确度显然要比前者高得多。

⑤“标准化”问题：从模拟量输入模块采集到的过程量都是实际的工程量，其幅度、范围和测量单位都会不同。在 PLC 内部进行数据运算之前，必须将这些值转换为无量纲的标准化格式，如图 5-59 所示。其步骤如下：将工程实际值由 16 位整数转化为实数，将实数格式的工程实际值转换为［0.0，1.0］内的无量纲相对值（称为标准化格式），公式：$R_S=R_R/S_P+E$，其中 R_S 是工程实际值的标准化值，R_R 是工程实际值的实数形式值，未标准化处理；E 对应单极性值取 0，对于双极性取 0.5，S_P 是最大允许值减去最小允许值，通常取 32000（单极性）或 64000（双极性）。

⑥ 数字量的滤波。电压、电流等模拟量常常会因为现场的瞬时干扰产生较大波动，这种波动经 A/D 转换后亦反映在 PLC 的数字量输入端。若仅用瞬时采样值进行控制计算，将会产生较大误差，有必要进行数字滤波。工程上数字滤波方法有平均值滤波、去极值平均滤波以及惯性滤波法等。算术平均值滤波的效果与采样次数有关，次数越多效果越好。但这种滤波方法对于强干扰的抑制作用不大，而去极值平均滤波则可有效地消除明显的干扰信号，消除的方法是对多次采样值进行累加后，找出最大值和最小值，然后从累加和中减去最大值

和最小值，再进行平均值滤波。惯性滤波的方法是逐次修正，它类似于较大惯性的低通滤波功能。这些方法也可同时使用，效果更好。

2. 模拟量输出信号的整定

程序执行时，把各个标准化实数量用 PID 运算进行处理，产生一个标准化实数运算结果。这一结果同样也要用程序将其转化为相应的 16 位整数，然后周期性地被传送到指定的模拟量输出通道 AQW 输出，用来驱动模拟量负载，实现模拟量控制。所以，所谓模拟量输出信号的整定，就是将 PLC 程序运算结果（标准化实数值）按照一定函数关系转换为 AQW 中的数字值（16 位整数），以备模拟量输出模块转换成工业现场需要的输出电压或电流。这一转换实际上是归一化过程的逆过程。其步骤如下。

① 将 PID 运算结果转换为按工程量标定的实数格式，公式如下：

$$R_S=(R_R-E)S_P$$

式中，R_S 是以按工程量标定的实数格式的 PID 运算结果；R_R 是标准化实数格式的 PID 运算结果；E 对于单极性模拟量，取 0，对于双极性模拟量取 0.5；S_P 是最大允许值减去最小允许值，通常取 32000（单极性）或 64000（双极性）。

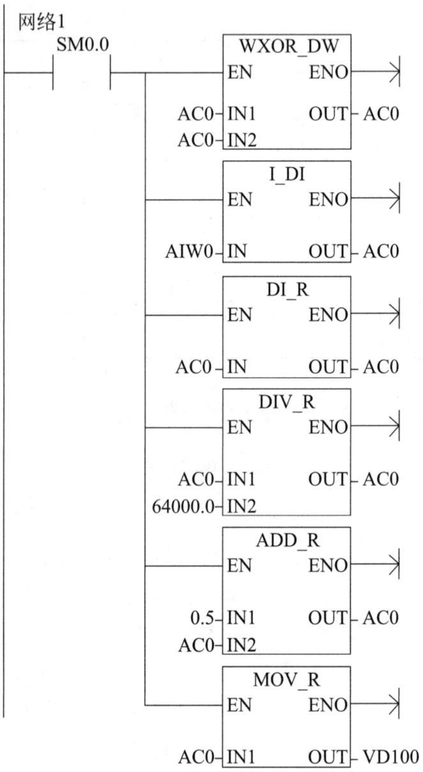

网络1
SM0.0
WXOR_DW
EN
ENO
AC0-IN1
OUT-AC0
AC0-IN2
I_DI
EN
ENO
AIW0-IN
OUT-AC0
DI_R
EN
ENO
AC0-IN
OUT-AC0
DIV_R
EN
ENO
AC0-IN1
OUT-AC0
64000.0-IN2
ADD_R
EN
ENO
0.5-IN1
OUT-AC0
AC0-IN2
MOV_R
EN
ENO
AC0-IN1
OUT-VD100

图 5-59 模拟量输入信号的“标准化”处理

② 将已按工程量标定的实数格式的 PID 运算结果转换成 16 位的整数格式，程序如图 5-60 所示。

网络1
SM0.0
SUB_R
EN
ENO
VD108-IN1
OUT-AC0
0.5-IN2
MUL_R
EN
ENO
64000.0-IN1
OUT-AC0
AC0-IN2
TRUNC
EN
ENO
AC0-IN
OUT-AC0
DI_I
EN
ENO
AC0-IN
OUT-AC0
MOV_W
EN
ENO
AC0-IN
OUT-AQW0

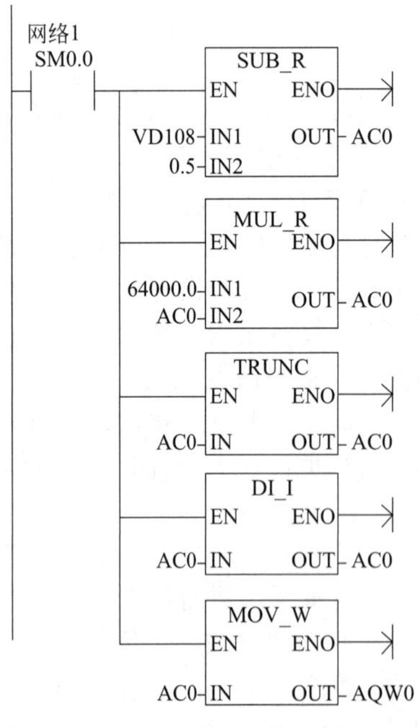

图 5-60 模拟量输出信号的整定

(三) PLC 的 PID 控制

PID 是闭环控制系统的比例-积分-微分控制算法，运算中的积分作用可以消除系统的静态误差，提高精度，加强对系统参数变化的适应能力，而微分作用可以克服惯性滞后，提高抗干扰能力和系统的稳定性，可改善系统动态响应速度。因此，对于速度、位置等快过程及温度、化工合成等慢过程，PID 控制都具有良好的实际效果。PID 控制是负反馈闭环控制，控制器根据给定量与被控对象的实际值（反馈）的差值，按照 PID 算法计算出控制器的输出量，控制执行机构去影响被控对象的变化。

在 S7-200 中，PID 功能是通过 PID 指令功能块实现的。通过定时（按照采样时间）执行 PID 功能块，按照 PID 运算规律，根据当时的给定、反馈、比例-积分-微分数据，计算出控制量。

1. PID 指令及算法

PID 指令的功能是进行 PID 运算。使能有效时，根据回路参数表（TBL）中的输入测量值、控制设定值及 PID

参数进行 PID 计算。指令格式如表 5-36 所示。

表 5-36　PID 指令格式

LAD	STL	指令说明
PID EN ENO ????-TBL ????-LOOP	PID TBL,LOOP	TBL:参数表起始地址 VB,数据类型:字节; LOOP:回路号,常量(0~7),数据类型:字节。 指令功能:PID 回路控制指令利用以 TBL 为起始地址的回路表中提供的回路参数,进行 PID 运算

（1）指令说明

① S7-200 应用程序中可使用 8 个 PID 控制回路，一个回路只能使用一条 PID 指令，编号 0~7，不能重复使用。

② 使 ENO=0 的错误条件：0006（间接地址），SM1.1（溢出，参数表起始地址或指令中指定的 PID 回路指令号码操作数超出范围）。

（2）PID 指令关键步

使用 PID 指令关键有 3 步：建立 PID 回路参数表；对输入采样数据进行归一化处理；对 PID 输出数据进行工程量转换。

PID 控制回路参数表如表 5-37 所示。

表 5-37　PID 控制回路参数表

地址偏移量	参数名	数据格式	I/O 类型	参数说明
0	过程变量当前值 PVn	双字,实数	I	必须在 0.0~1.0 之间
4	给定值 SPn		I	必须在 0.0~1.0 之间
8	输出值 Mn		I/O	必须在 0.0~1.0 之间
12	增益 Kc		I	比例常数,可正可负
16	采样时间 Ts		I	单位 s,必须为正数
20	积分时间 T_I		I	单位 min,必须为正数
24	微分时间 Td		I	单位 min,必须为正数
28	积分项前项 Mx		I/O	必须在 0.0~1.0 之间
32	过程变量前值 PVn-1		I/O	最近一次 PID 运算的过程变量值

说明：

① PLC 可同时对多个生产过程（回路）实行闭环控制。由于每个生产过程的具体情况不同，PID 算法的参数也不同，参数表用于存放控制算法的参数和过程中的其他数据，运算完毕后有关数据结果仍送回参数表。

② 表中反馈量 PVn 和给定值 SPn 为 PID 算法的输入，只可由 PID 指令读取并不可更改。反馈量 PVn 归一化处理：[0~10V] →模拟量输入模块（如 EM231）→模拟量输入寄存器 AIWx→16 位整数→32 位整数→32 位实数→标准化数值 [0.0~1.0] →地址偏移量为 0 的存储区。给定值 SPn 由模拟量输入（或常数）→标准化数值 [0.0~1.0]。

③ 表中回路输出值 Mn 由 PID 指令计算得出，仅当 PID 指令完全执行完毕才予以更新。输出值 Mn 归一化处理：标准化数值 [0.0~1.0] →32 位实数→32 位整数→16 位整数→模拟量输出寄存器 AQWx→模拟量输出模块（如 EM232）→ [0~10V]。

④ 表中增益（Kc）、采样时间（TS）、积分时间（TI）和微分时间（Td）是由用户事先写入的值，通常也可通过人机对话设备（如 TD200、触摸屏、组态软件监控系统）

输入。

⑤ 表中积分项前值（M_X）由 PID 运算结果更新，且此更新值用作下一次 PID 运算的输入值。积分和的调整值必须是 0.0～1.0 之间的实数。

2. PID 算法

PID 算法是闭环模拟量控制中的传统调节算法，它在改善控制系统品质，保证系统偏差 e（e＝给定值 SP-过程变量 PV）达到预定指标，使系统实现稳定状态方面具有良好的效果。该系统的结构简单，容易实现自动控制，在各个领域得到了广泛的应用。

在实际应用中，典型的 PID 算法包括三项：比例项、积分项和微分项。即：输出＝比例项＋积分项＋微分项。

在很多控制系统中，有时只采用一种或两种控制回路。例如，可能只要求比例控制回路或比例和积分控制回路，通过设置常量参数值选择所需的控制回路。

如果不需要积分回路（即在 PID 计算中无“I”），则应将积分时间 Ti 设为无限大。

如果不需要微分运算（即在 PID 计算中无“D”），则应将微分时间 Td 设定为 0.0。

如果不需要比例运算（即在 PID 计算中无“P”），但需要 I 或 ID 控制，则应将增益值 Kc 指定为 0.0。

PID 功能可以使用 S7-200 的 PID 回路指令，也可通过指令向导生成 PID 子程序，利用 PID 子程序实现 PID 功能。使用 PID 回路指令进行 PID 控制比较麻烦，特别是回路表不容易填写，在使用上易出错。为了方便用户使用，STEP 7-Mirco/Win 软件中提供了 PID 指令向导，利用 PID 指令向导可以很容易地编写 PID 控制程序。

三、任务实施

(一) 任务要求

有一台电炉采用电阻丝加热，通过双向晶闸管控制电流的通断，达到控制电炉温度的目的。要求将电炉的温度控制在一定的范围内，当温度过高或过低时，报警指示灯亮。当将温度控制切换到自动状态时，由 PLC 根据温度设定值对电炉温度进行控制；当将温度控制切换至手动状态时，由人工手动调节电阻丝电流大小。电炉的温度传感器采用热电偶，经变送器转换后，将温度信号转换为 0～10V 的电压信号。双向晶闸管由数字量输出控制。

(二) I/O 端口分配

根据任务要求，本任务中需要 2 个数字量输入点、3 个数字量输出点和 1 个模拟量输入点，如表 5-38 所示。

表 5-38 I/O 端口分配表

输入设备		输入继电器编号	输出设备		输出继电器编号
符号	说明		符号	说明	
SA1	手/自动切换开关	I0.0	KA	控制晶闸管通/断	Q0.0
SA2	接通/断开开关	I0.1	HL1	温度低报警指示灯	Q0.1
ST	温度传感器	AIW0	HL2	温度高报警指示灯	Q0.2

(三) PLC 控制接线图

因为要用到模拟量输入，所以选用 224XP AC/DC/继电器 PLC 基本模块，接线图如图

5-61 所示。

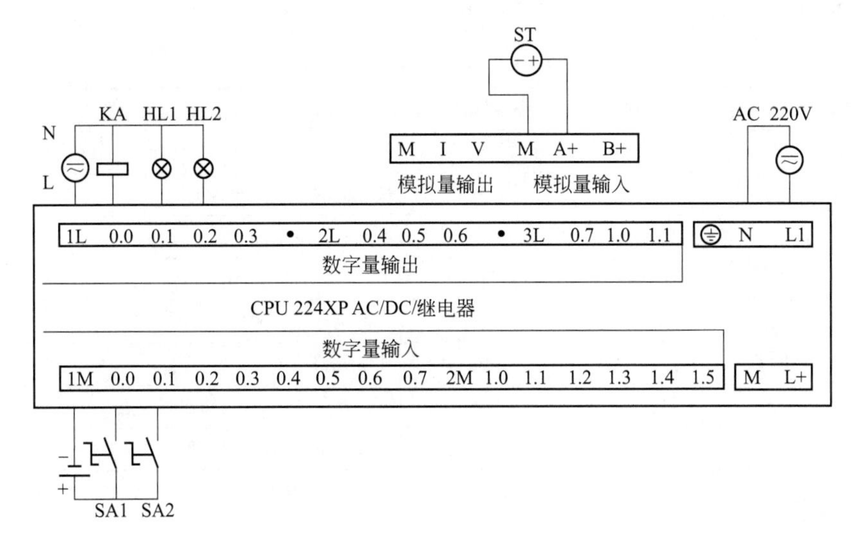

图 5-61　PLC 控制端子接线图

(四)程序设计说明

下面利用 PID 指令向导生成子程序，完成对该任务要求的程序编写。

(1) 使用“PID 指令向导”编写子程序

① 打开 STEP 7-Micro/WIN 软件，单击主菜单“工具”→“指令向导”，打开指令向导。选中“PID”选项，然后单击“下一步”按钮。

② 在“配置 PID 回路”窗口选择 PID 回路号，本任务选择默认回路号“0”，然后单击“下一步”按钮。

③ 在“回路给定值标定、回路参数”窗口设置回路参数。给定值范围的低限和高限分别默认值为 0.0 和 100.0，表示给定值的取值范围占过程反馈量程的百分比。给定值范围也可以用实际的工程单位数值表示，便于设定值的修改。本任务中温度范围为 0.0～1000.0℃，所以给定值范围的低限为 0.0，高限为 1000.0；比例增益为 0.06，积分时间为 20min，微分时间为 0，即不使用微分项，采样时间为 10s。参数设置好后单击“下一步”按钮。

④ 在“回路输入、输出”窗口设置回路输入及输出选项。在本任务中，温度信号为 0～10V，所以选择单极性，过程变量低限为 0，高限为 32000。回路输出类型为数字量，占空比周期为 20s。参数设置好后单击“下一步”按钮。

⑤ 在“回路报警选项”窗口设置回路报警选项。本任务中需要有温度低限和高限报警，所以使能低限报警和高限报警选项，低限报警值为输入温度的 50%，高限报警值为输入温度的 90%。参数设置好后单击“下一步”按钮。

⑥ 在“为配置分配存储区”窗口为 PID 子程序指定存储区。本任务中使用 VB120 至 VB239 的 V 存储区，单击“下一步”按钮。

⑦ 在“初始化子程序名称、中断程序命名”窗口指定 PID 子程序和中断程序名称，此处采用默认名称。本任务中需要用到 PID 手动控制功能，因此勾选“增加 PID 手动控制”复选框，生成 PID 代码。设置完成后单击“完成”按钮，向导自动生成 PID 子程序、中断程序。

通过 PID 指令向导，生成子程序 PID0 _ INIT，参数见表 5-39。子程序 PID0 _ INIT 根据在 PID 向导中设置的输入和输出选项执行 PID 功能，每次扫描均需调用该子程序。中断程序 PID _ EXE 由系统自动调用，不必在主程序中调用。

表 5-39　PTO0 _ INIT 子程序的参数

子程序	输入/输出参数	数据类型	输入/输出参数含义
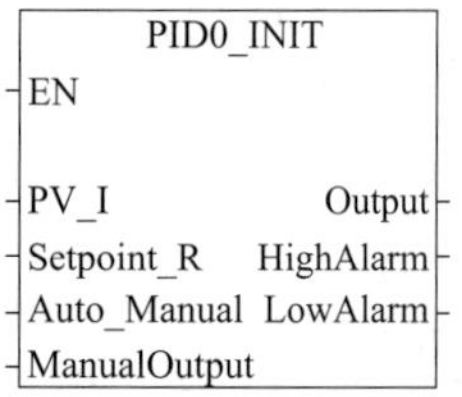 PID0_INIT EN PV_I　Output Setpoint_R　HighAlarm Auto_Manual　LowAlarm ManualOutput	EN	BOOL	使能,必须用 SM0.0 来使能
	PV_I	INT	过程值的模拟量输入地址
	Setpoint_R	REAL	设定值变量地址
	Auto_Manual	BOOL	手/自动切换
	ManualOutput	REAL	手动状态下的输出
	Output	BOOL	控制量的输出地址
	HighAlarm	BOOL	高报警条件满足时,输出置位为 1
	LowAlarm	BOOL	低报警条件满足时,输出置位为 1

（2）使用子程序编程

根据 I/O 配置，建立程序符号表，如图 5-62 所示。MD0 为 PID 的设定值，MD4 为 PID 手动给定值。

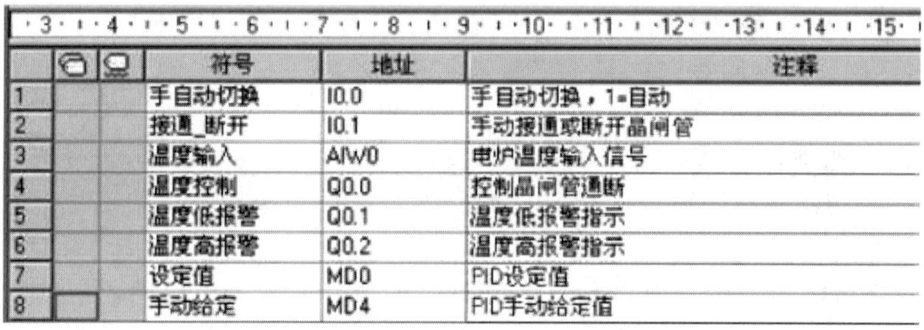

			符号	地址	注释
1			手自动切换	I0.0	手自动切换，1=自动
2			接通_断开	I0.1	手动接通或断开晶闸管
3			温度输入	AIW0	电炉温度输入信号
4			温度控制	Q0.0	控制晶闸管通断
5			温度低报警	Q0.1	温度低报警指示
6			温度高报警	Q0.2	温度高报警指示
7			设定值	MD0	PID设定值
8			手动给定	MD4	PID手动给定值

图 5-62　程序符号表

由 PID 指令向导生成的符号表如图 5-63 所示，可以在状态表中修改 PID 的三个参数回路增益（P）、积分时间（I）和微分时间（D）的值，使 PID 的控制效果更好。

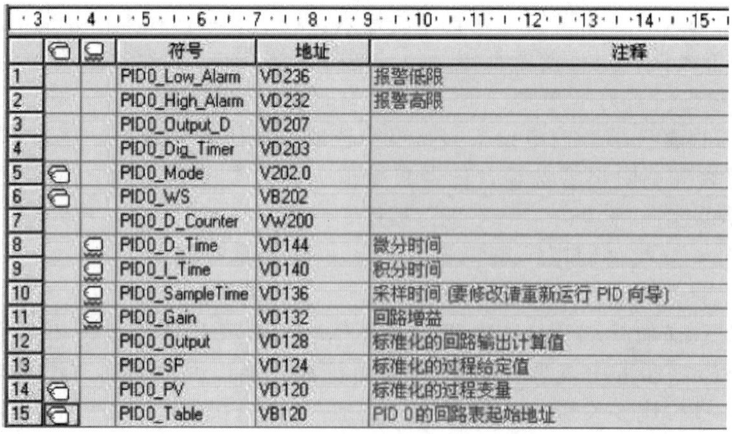

			符号	地址	注释
1			PID0_Low_Alarm	VD236	报警低限
2			PID0_High_Alarm	VD232	报警高限
3			PID0_Output_D	VD207	
4			PID0_Dig_Timer	VD203	
5			PID0_Mode	V202.0	
6			PID0_WS	VB202	
7			PID0_D_Counter	VW200	
8			PID0_D_Time	VD144	微分时间
9			PID0_I_Time	VD140	积分时间
10			PID0_SampleTime	VD136	采样时间 (要修改请重新运行 PID 向导)
11			PID0_Gain	VD132	回路增益
12			PID0_Output	VD128	标准化的回路输出计算值
13			PID0_SP	VD124	标准化的过程给定值
14			PID0_PV	VD120	标准化的过程变量
15			PID0_Table	VB120	PID 0的回路表起始地址

图 5-63　PID 指令向导生成的符号表

该任务主程序编写如图 5-64 所示。在网络 1 中，每个扫描周期都由 SM0.0 调用 PID 子程序 PID0 _ INIT。在网络 2 中，当将切换开关切换至手动接通时（I0.1=1），将 1.0 赋值给手动给定 MD4。在网络 3 中，当将切换开关切换至手动断开时（I0.1=0），将 0.0 赋值给手动给定 MD4。手动给定 MD4 中的值，只有在 PID 切换至手动模式时才有效。

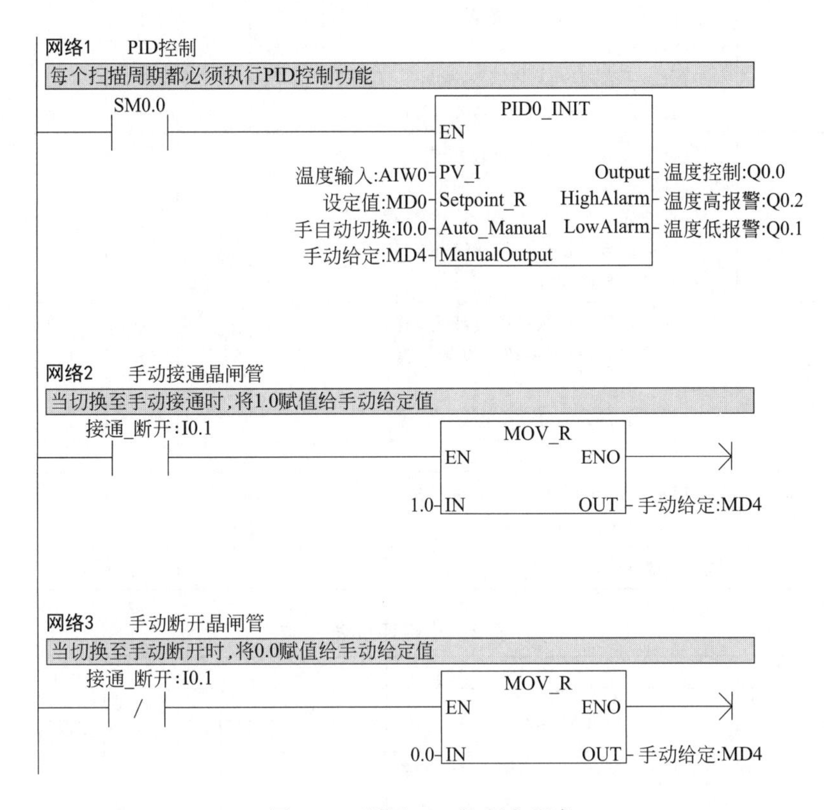

图 5-64　调用 PID 控制主程序

(五) 实施步骤

（1）布线安装

按照布线工艺要求，根据控制接线图进行布线安装。

（2）电路断电检查

在断电的情况下，从电源端开始，逐段核对接线及接线端子处是否正确，有无漏接、错接之处。并用万用表检查电路的通断情况。

（3）在 STEP 7-Micro/WIN 编程软件中输入、调试程序。

（4）在遵守安全规程的前提及指导教师现场监护下，通电试车。

四、任务评价

通过对本任务相关知识的学习和应用操作实施，对任务实施过程和任务完成情况进行评价。包括对知识、技能、素养、职业态度等多个方面，主要由小组对成员的评价和教师对小组整体的评价两部分组成。学生和教师评价的占比分别为 40% 和 60%。教师评价标准见表 1，小组评价标准见表 2。

表 1　教师评价表

<table>
<tr><td colspan="2">子任务编号及名称</td><td></td><td>班级</td><td colspan="5"></td></tr>
<tr><td rowspan="2">序号</td><td rowspan="2">评价项目</td><td rowspan="2">评价标准</td><td colspan="6">评价等级</td></tr>
<tr><td>A 组</td><td>B 组</td><td>C 组</td><td>D 组</td><td>E 组</td><td>F 组</td></tr>
<tr><td>1</td><td>职业素养 40%
（成员参与度、团队协助）</td><td>优：能进行合理分工，在实施过程中能相互协商、讨论，所有成员全部参与；
良：能进行分工，在实施过程中相互协商、帮助不够，多少成员参与；
中：分工不合理，相互协调差，成员参与度低；
差：相互间不协调、讨论，成员参与度低</td><td></td><td></td><td></td><td></td><td></td><td></td></tr>
<tr><td>2</td><td>专业知识 30%
（程序设计）</td><td>优：正确完成全部程序设计，并能说出程序设计思路；
良：正确完成全部程序，但无法解释程序；
中：完成部分动作程序，能解释程序作用；
差：未进行程序设计</td><td></td><td></td><td></td><td></td><td></td><td></td></tr>
<tr><td>3</td><td>专业技能 30%
（系统调试）</td><td>优：控制系统完全按照控制要求工作；
良：经调试后，控制系统基本按照控制要求动作；
中：系统能完成部分动作；
差：系统不工作</td><td></td><td></td><td></td><td></td><td></td><td></td></tr>
<tr><td>其他</td><td>扩展任务
完成情况</td><td>完成基本任务的情况下，完成扩展任务，小组成绩加 5 分，否则不加分</td><td></td><td></td><td></td><td></td><td></td><td></td></tr>
<tr><td colspan="3">教师评价合计（百分制）</td><td></td><td></td><td></td><td></td><td></td><td></td></tr>
</table>

表 2　小组评价表

<table>
<tr><td colspan="2">子任务编号及名称</td><td></td><td>班级</td><td colspan="3"></td><td>组别</td><td></td></tr>
<tr><td rowspan="2">序号</td><td rowspan="2">评价项目</td><td rowspan="2">评价标准</td><td colspan="6">评价等级</td></tr>
<tr><td>组长</td><td>B 同学</td><td>C 同学</td><td>D 同学</td><td>E 同学</td><td>F 同学</td></tr>
<tr><td>1</td><td>守时守约 30%</td><td>优：能完全遵守实训室管理制度和作息制度；
良：能遵守实训室管理制度，无缺勤；
中：能遵守实训室管理制度，迟到、早退 2 次以内；
差：违反实训室管理制度，有 1 次旷课或迟到、早退 3 次</td><td>□ 优
□ 良
□ 中
□ 差</td><td>□ 优
□ 良
□ 中
□ 差</td><td>□ 优
□ 良
□ 中
□ 差</td><td>□ 优
□ 良
□ 中
□ 差</td><td>□ 优
□ 良
□ 中
□ 差</td><td>□ 优
□ 良
□ 中
□ 差</td></tr>
<tr><td>2</td><td>学习态度 30%</td><td>优：积极主动查阅资料，并解决老师布置的问题；
良：能积极查阅资料，寻求解决问题的方法，但效果不佳；
中：不能主动寻求解决问题的方法，效果差距较大；
差：碰到问题观望、等待、不能解决任何问题</td><td>□ 优
□ 良
□ 中
□ 差</td><td>□ 优
□ 良
□ 中
□ 差</td><td>□ 优
□ 良
□ 中
□ 差</td><td>□ 优
□ 良
□ 中
□ 差</td><td>□ 优
□ 良
□ 中
□ 差</td><td>□ 优
□ 良
□ 中
□ 差</td></tr>
<tr><td>3</td><td>团队协作 30%</td><td>优：积极配合组长安排，能完成安排的任务；
良：能配合组长安排，完成安排的任务；
中：能基本配合组长安排，基本完成任务；
差：不配合组长安排，也不完成任务</td><td>□ 优
□ 良
□ 中
□ 差</td><td>□ 优
□ 良
□ 中
□ 差</td><td>□ 优
□ 良
□ 中
□ 差</td><td>□ 优
□ 良
□ 中
□ 差</td><td>□ 优
□ 良
□ 中
□ 差</td><td>□ 优
□ 良
□ 中
□ 差</td></tr>
</table>

续表

子任务编号及名称			班级				组别	
序号	评价项目	评价标准	评价等级					
			组长	B同学	C同学	D同学	E同学	F同学
4	劳动态度10%	优:主动积极完成实训室卫生清理和工具整理工作; 良:积极配合组长安排,完成实训设备清理和工具整理工作; 中:能基本配合组长安排,完成实训设备的清理工作; 差:不劳动,不配合	□优 □良 □中 □差	□优 □良 □中 □差	□优 □良 □中 □差	□优 □良 □中 □差	□优 □良 □中 □差	□优 □良 □中 □差
学生评价合计(百分制)								

注:各等级优=95,良=85,中=75,差=50,选择即可。

思考与练习

有一个通过变频器驱动的水泵供水的恒压供水系统,被控对象为需保持一定压力的供水水箱,维持水位为满水位的75%,要求开机后先由手动控制电机,直到水位上升至75%时,通过输入点I0.0的置位切入PID自动调节。不论水箱出水速度快慢,系统均能自动调节水位,使水位保持给定值不变。

任务四
使用“位控向导设置”控制步进电动机

一、任务要求

掌握中断指令的格式及功能，熟悉高速计数器的计数方式、工作模式、控制字节、状态字节等含义，掌握高速计数器指令的功能及应用，掌握高速脉冲输出指令的功能及应用。能够使用位控向导设置高速输出梯形图程序，控制步进电动机运行。

二、相关知识

在工业生产中，步进电动机和生产机械的连接有很多种，常见的一种是步进电动机和丝杠连接，将步进电动机的旋转运动转变成工作台面的直线运动。当要对工作台面移动距离进行定位控制时，只需控制步进电动机的转速和角位移大小。在非超载的情况下，步进电动机的转速和角位移只取决于脉冲信号的频率和脉冲数，它输出的角位移与输入的脉冲数成正比，转速与脉冲频率成正比。改变绕组通电的相序，则可以实现步进电动机反转。目前PLC均有专门的高速脉冲输出指令，可以很方便地和步进电动机构成运动定位控制系统。

由PLC高速脉冲指令控制步进电动机实现准确定位的实质是：PLC通过高速脉冲输出指令PTO/PWM输出高速脉冲信号，经步进电动机脉冲细分驱动器控制步进电动机的运行，从而推动工作台移动到达指定的位置，实现准确定位。

(一) 中断指令应用

在PLC控制系统中，对于那些不定期产生的急需处理的事件，常常采用中断技术来完成。中断程序不是由程序调用，而是在中断事件发生时由系统调用。当CPU响应中断请求后，会暂时停止当前正在执行的程序，进行现场保护，在将累加器、逻辑堆栈、寄存器及特殊继电器的状态和数据保存起来后，转到相应的中断服务程序中去处理。一旦处理结束，立即恢复现场，将保存起来的现场数据和状态重新装入，返回到原程序继续执行。

中断事件的发生具有随机性，中断处理属于PLC的高级应用技术，在人机联系、实时处理、运动控制、网络通信中非常重要。

1. 中断事件及中断优先级

在PLC中，很多的信息和事件（即中断源）都能够引起中断。其中系统的内部中断是由系统来处理的，如编程器、数据处理器和某些智能单元等，可能随时会向CPU发出中断请求，PLC会自动完成这种中断请求的处理；而由用户引起的分为两大类：一类是来自控制过程的中断（过程中断），另一类是来自PLC内部的定时功能（时基中断）。

（1）过程中断

① 通信口中断：S7-200的串行通信口可以由用户程序来控制。用户可以通过编程的方法来设置波特率、奇偶校验和通信协议等参数。对通信口的这种操作方式，又称为自由通信。利用接收和发送中断可简化程序对通信的控制。

② 外部输入中断：中断信息可以通过 I0.0～I0.3 的上升沿或下降沿输入到 PLC 中，系统将对中断信息进行快速响应。

③ 高速计数器中断：在应用高速计数器的场合下，允许响应高速计数器的当前值等于设定值，或者计数方向发生改变，或者高速计数器外部复位等事件向 CPU 提出的中断请求。

④ 高速脉冲串输出中断：允许 PLC 响应完成输出给定数量的高速脉冲串时引起的中断。

(2) 时基中断

① 定时中断：定时中断响应周期性的事件，按指定的周期时间循环执行。周期时间以 1ms 为计量单位，周期时间可从 1～255ms。定时中断有两种类型：定时中断 0 和定时中断 1，它们分别把周期时间写入特殊寄存器 SMB34 和 SMB35。

② 定时器中断：利用指定的定时器设定的时间产生中断。S7-200 中，指定的定时器为 1ms 的定时器 T32 和定时器 T96。中断允许后，定时器 T32 和 T96 的当前值等于预置值时就发生中断。

S7-200 系列 PLC 最多有 34 个中断事件，每个中断事件分配不同的编号用于识别，称为中断事件号。在中断系统中，将全部中断事件按中断性质和轻重缓急分配不同的优先级，使得当多个中断事件同时发出中断请求时，按照优先级从高到低进行排队。S7-200 规定的中断优先级由高到低依次是通信中断、高速脉冲串输出中断、外部输入中断、高速计数器中断、定时中断、定时器中断。各个中断事件的优先级详细内容请查阅 SIEMENS 公司有关技术手册。

CPU 响应中断的原则是：当不同优先级别的中断事件同时向 CPU 发出中断请求时，CPU 总是按照优先级别由高到低的顺序响应中断。当同一优先级别的多个中断源同时向 CPU 发出中断请求时，CPU 则按照先来先服务的原则处理。在同一时刻，只能有一个中断服务程序被执行。一个中断服务程序一旦处于执行过程中，中途不能被另一个中断服务程序所中断，即便是优先级别更高的中断也不行。在中断服务程序执行期间发生的其他中断需排队等候处理。

2. 中断指令

在 S7-200 中，中断服务程序的调用和处理由中断指令来完成。中断指令包括开中断指令、关中断指令、中断连接指令、中断分离指令、中断返回指令 RETI 和 CRETI、清除中断事件指令，常用中断指令格式及功能见表 5-40。

表 5-40　常用中断指令格式及功能

LAD	STL	指令功能
—(ENI)	ENI	开中断指令，使能有效时，全局允许所有被连接的中断事件中断
—(DISI)	DISI	关中断指令，使能有效时，全局禁止所有被连接的中断事件
ATCH EN ENO INT EVNT	ATCH INT,EVNT	中断连接指令，使能有效时，将一个中断事件(EVNT)和一个中断程序(INT)建立联系，并允许该中断事件
DTCH EN ENO EVNT	DTCH EVNT	中断分离指令，使能有效时，切断一个中断事件(EVNT)和所有程序的联系并禁用该中断事件

指令说明：

① 操作数 INT 指定中断服务程序标号，数据类型为字节型常量，取值范围 0～127。

② EVNT 指定被连接或被分离的中断事件，数据类型为字节型常量，其编号对 22X 系列 PLC 为 0～33。

③ 一个中断事件只能连接一个中断程序，但多个中断事件可以调用一个中断程序。

④ 当系统由其他模式切换到 RUN 模式时，就自动关闭所有的中断。

3. 中断程序

可以采用下列方法创建中断程序：在“编辑”菜单中选择“插入”→“中断”命令，或在程序编辑器视窗中单击鼠标右键，从弹出的菜单中选择“插入”→“中断”命令；或用鼠标右键单击指令树上的“程序块”图标，并从弹出的菜单中选择“插入”→“中断”命令。创建成功后程序编辑器将显示新的中断程序，程序编辑器底部出现标有新的中断程序的标签，可以对新的中断程序编程。

在中断程序中不能改写其他程序使用的存储器，最好使用局部变量。中断程序实现特定的任务，应越短越好，以减少中断程序的执行时间。在中断程序中禁止使用 DISI、ENI、CALL、HDEF、FOR/NEXT、LSCR、SCRE、SCRT、END 等指令。

(二) 高速计数器指令应用

PLC 普通计数器的计数过程与扫描工作方式有关，CPU 通过每一扫描周期读取一次被测信号的方法来捕捉被测信号的上升沿。受扫描周期的影响，被测信号的频率较高时，会丢失计数脉冲，因此普通计数器的工作频率一般仅有几十赫兹。PLC 中，对于比 CPU 扫描频率高的脉冲输入，设计了高速计数器 HSC。

1. S7-200 系列高速计数器

（1）高速计数器的数量及编号

不同型号的 PLC 主机，其高速计数器的数量不同，CPU221 和 CPU222 有 4 个，分别是 HSC0 和 HSC3～HSC5。CPU224、CPU224XP 和 CPU226 有 6 个，分别是 HSC0～HSC5。这些计数器中，HSC3 和 HSC5 只能作为单相计数器，其他计数器既可以作为单相计数器，也可以作为双相计数器使用。

旋转编码器工作原理动画

（2）中断事件类型

高速计数器的计数和动作可采用中断方式进行控制，与 CPU 的扫描周期关系不大，各种型号的 PLC 可用的高速计数器的中断事件大致分为 3 类：当前值等于预置值中断、输入方向改变中断、外部复位中断。所有高速计数器都支持当前值等于预设值中断，但并不是所有高速计数器都支持三种类型中断。每个高速计数器的 3 种中断优先级由高到低，不同高速计数器的优先级又按编号顺序由高到低。高速计数器产生的中断事件有 14 个。

（3）工作模式

S7-200 系列 PLC 高速计数器的输入点和工作模式如表 5-41 所示。

表 5-41 高速计数器的输入点和工作模式

<table>
<tr><td rowspan="7">高速计数器 HSC 的工作模式</td><td colspan="2">功能及说明</td><td colspan="4">占用的输入端子及其功能</td></tr>
<tr><td rowspan="6">高速计数器编号</td><td>HSC0</td><td>I0.0</td><td>I0.1</td><td>I0.2</td><td>×</td></tr>
<tr><td>HSC4</td><td>I0.3</td><td>I0.4</td><td>I0.5</td><td>×</td></tr>
<tr><td>HSC1</td><td>I0.6</td><td>I0.7</td><td>I1.0</td><td>I1.1</td></tr>
<tr><td>HSC2</td><td>I1.2</td><td>I1.3</td><td>I1.4</td><td>I1.5</td></tr>
<tr><td>HSC3</td><td>I0.1</td><td>×</td><td>×</td><td>×</td></tr>
<tr><td>HSC5</td><td>I0.4</td><td>×</td><td>×</td><td>×</td></tr>
<tr><td>0</td><td colspan="2" rowspan="3">单路脉冲输入的内部方向控制加/减计数。控制字节的第 3 位，SM37.3 为 0，减计数；SM37.3 为 1，加计数</td><td rowspan="3">脉冲输入端</td><td>×</td><td>×</td><td>×</td></tr>
<tr><td>1</td><td>×</td><td>复位端</td><td>×</td></tr>
<tr><td>2</td><td>×</td><td>复位端</td><td>启动</td></tr>
<tr><td>3</td><td colspan="2" rowspan="3">单路脉冲输入的外部方向控制加/减计数。方向控制端＝0，减计数；方向控制端＝1，加计数</td><td rowspan="3">脉冲输入端</td><td rowspan="3">方向控制端</td><td>×</td><td>×</td></tr>
<tr><td>4</td><td>复位端</td><td>×</td></tr>
<tr><td>5</td><td>复位端</td><td>启动</td></tr>
</table>

续表

<table>
<tr><td rowspan="7">高速计数器HSC的工作模式</td><td colspan="2">功能及说明</td><td colspan="4">占用的输入端子及其功能</td></tr>
<tr><td rowspan="6">高速计数器编号</td><td>HSC0</td><td>I0.0</td><td>I0.1</td><td>I0.2</td><td>×</td></tr>
<tr><td>HSC4</td><td>I0.3</td><td>I0.4</td><td>I0.5</td><td>×</td></tr>
<tr><td>HSC1</td><td>I0.6</td><td>I0.7</td><td>I1.0</td><td>I1.1</td></tr>
<tr><td>HSC2</td><td>I1.2</td><td>I1.3</td><td>I1.4</td><td>I1.5</td></tr>
<tr><td>HSC3</td><td>I0.1</td><td>×</td><td>×</td><td>×</td></tr>
<tr><td>HSC5</td><td>I0.4</td><td>×</td><td>×</td><td>×</td></tr>
<tr><td>6</td><td colspan="2" rowspan="3">两路脉冲输入的双相加/减计数。加计数端有脉冲输入时，加计数；减计数端有脉冲输入时，减计数。若加/减计数脉冲时间间隔在0.3ms之内，CPU会认为这两个计数脉冲是同时到来的，此时计数器的当前值保持不变</td><td rowspan="3">加计数脉冲输入端</td><td rowspan="3">减计数脉冲输入端</td><td>×</td><td>×</td></tr>
<tr><td>7</td><td>复位端</td><td>×</td></tr>
<tr><td>8</td><td>复位端</td><td>启动</td></tr>
<tr><td>9</td><td colspan="2" rowspan="3">A/B相正交计数。A相超前B相90°时，加计数；B相超前A相90°时，减计数。需要增加测量精度时，可采用4倍频模式</td><td rowspan="3">A相脉冲输入端</td><td rowspan="3">B相脉冲输入端</td><td>×</td><td>×</td></tr>
<tr><td>10</td><td>复位端</td><td>×</td></tr>
<tr><td>11</td><td>复位端</td><td>启动</td></tr>
</table>

2. 高速计数器指令

（1）指令格式及功能（见表5-42）

表5-42　高速计数器指令格式及功能

梯形图LAD	语句表STL	指令功能及说明
HDEF EN ENO ????-HSC ????-MODE	HDEF HSC，MODE	定义高速计数器指令，当使能输入有效时，根据高速计数器特殊存储器位的状态及HDEF指令指定的工作模式，设置高速计数器并控制其工作。操作数HSC指定高速计数器号（0～5），MODE指定高速计数器的工作模式（0～11）。每个高速计数器只能用一条HDEF指令
HSC EN ENO ????-N	HSC N	高速计数器指令，当使能输入有效时，按照HDEF指令指定的工作模式，为高速计数器分配一种工作模式并控制其工作。操作数N指定高速计数器号（0～5）

（2）控制字节

高速计数器的控制字节含义如表5-43所示。

表5-43　高速计数器的控制字节含义

HSC0	HSC1	HSC2	HSC3	HSC4	HSC5	说明
SM37.0	SM47.0	SM57.0	×	SM147.0	×	复位信号有效电平：0=高电平有效；1=低电平有效
×	SM47.1	SM57.1	×	×	×	启动信号有效电平：0=高电平有效；1=低电平有效
SM37.2	SM47.2	SM57.2	×	SM147.2	×	正交计数器的倍率选择：0=4倍率；1=1倍率
SM37.3	SM47.3	SM57.3	SM137.3	SM147.3	SM157.3	计数方向控制位：0=减计数；1=加计数
SM37.4	SM47.4	SM57.4	SM137.4	SM147.4	SM157.4	向HSC写入计数方向：0=不更新；1=更新
SM37.5	SM47.5	SM57.5	SM137.5	SM147.5	SM157.5	向HSC写入新的预设值：0=不更新；1=更新
SM37.6	SM47.6	SM57.6	SM137.6	SM147.6	SM157.6	向HSC写入新的当前值：0=不更新；1=更新
SM37.7	SM47.7	SM57.7	SM137.7	SM147.7	SM157.7	启用HSC：0=关HSC；1=开HSC

（3）状态字节

每个高速计数器都有一个状态字节，状态字节的状态位如表5-44所示，其中0～4位未用。PLC通过监控高速计数器状态位来完成重要的操作。

表5-44　高速计数器状态字节的状态位

HSC0	HSC1	HSC2	HSC3	HSC4	HSC5	含义
SM36.5	SM46.5	SM56.5	SM136.5	SM146.5	SM156.5	当前计数方向状态位：0=减计数；1=加计数
SM36.6	SM46.6	SM56.6	SM136.6	SM146.6	SM156.6	当前值等于预置值状态位：0=不等于；1=相等
SM36.7	SM46.7	SM56.7	SM136.7	SM146.7	SM156.7	当前值大于预置值状态位：0=小于或等于；1=大于

（4）当前值及预置值寄存器

每个高速计数器都有一个 32 位当前值和一个 32 位预置值寄存器，当前值和预设值均为带符号的整数值。高速计数器的值可以通过高速计数器标识符 HC 加计数器号码寻址来读取。当前值和预置值占用的寄存器如表 5-45 所示。

表 5-45　高速计数器当前值和预置值寄存器

寄存器名称	HSC0	HSC1	HSC2	HSC3	HSC4	HSC5
当前值寄存器	SMD38	SMD48	SMD58	SMD138	SMD148	SMD158
预置值寄存器	SMD42	SMD52	SMD62	SMD142	SMD152	SMD162

3. 高速计数器指令的使用

（1）高速计数器指令的初始化

① 选择高速计数器及工作模式。根据使用的主机型号和控制要求，选择高速计数器的工作模式。

② 设置控制字节。高速计数器工作模式选择好后，必须将高速计数器控制字节的位设置成程序需要的状态，否则将采取默认设置：复位和启动输入高电平有效，正交计数速率选择 4 倍率模式。执行 HDEF 指令后，就不能再改变计数器的设置，除非 CPU 进入停止模式。

③ 设定当前值和预置值。要改变高速计数器的当前值和预置值，必须使控制字节的第 5 位和第 6 位为 1，在允许更新预置值和当前值的前提下，新当前值和新预置值才能写入当前值及预置值寄存器（见表 5-47）。然后执行 HSC 指令，将新数值传输到高速计数器。

④ 执行 HDEF 指令时，CPU 检查控制字节和有关的当前值和预置值。

⑤ 设置中断事件并全局开中断。

⑥ 执行 HSC 指令时 S7-200 对高速计数器进行编程。

以上即为高速计数器指令的初始化，该过程可以用主程序中的程序段来实现，也可用子程序来实现。高速计数器在投入运行之前，必须执行一次初始化程序段或初始化子程序操作。高速计数器指令的初始化步骤可简单概括如下：

① 用 SM0.1 去调用一个子程序，完成初始化操作。因为采用了子程序，在随后的扫描中，不必再调用这个子程序，以减少扫描时间，使程序结构更好。

② 在初始化的子程序中，根据需要设置控制字。

③ 执行 HDEF 指令，设置 HSC 的编号（0～5），设置工作模式（0～11）。

④ 用新的当前值写入 32 位当前值寄存器。如写入 0，则清除当前值，用指令 MOVD 0，SMD48 实现；用新的预置值写入 32 位预置值寄存器，如执行指令 MOVD 1000，SMD52，则设置预置值为 1000。若写入预置值为 16#00，则高速计数器处于不工作状态。

⑤ 为了捕捉当前值（CV）等于预置值（PV）的事件，将条件 CV＝PV（事件 13）与一个中断程序相联系。

⑥ 为了捕捉计数方向的改变，将方向改变中断事件（事件 14）与一个中断程序相联系。

⑦ 为了捕捉外部复位，将外部复位中断事件（事件 15）与一个中断程序相联系。

⑧ 执行全局中断允许指令（ENI）允许 HSC 中断。

⑨ 执行 HSC 指令使 S7-200 对高速计数器进行编程。

⑩ 结束子程序。

（2）使用指令向导生成高速计数器应用程序举例

从以上过程可以看出，用户在使用高速计数器时，需要编写初始化程序和中断程序，掌握这些复杂的编程过程对初学者来说比较困难。STEP7-Micro/WIN 编程软件提供的指令向导能简化高速计数器的编程过程。这里通过一个具体的实例说明。

自动化生产线YL-335B分拣单元中使用了A、B两相相位差为90°的旋转编码器作为检测元件，用于计算工件在传送带上的位置。其要求如下：A/B相正交脉冲，Z相脉冲不使用，无复位与启动信号，高电平有效，编码器每转的脉冲数为500，在PLC内部进行4倍频，计数开始值为“0”，编程要求简单，不考虑中断子程序、预设值等。

指令向导编程的步骤如下：

① 打开STEP7-Micro/WIN软件，选择主菜单“工具”→“指令向导”进入向导编程页面。在弹出的对话框中选择“HSC”单击“下一步”。

② 在计数器编号和计数模式选择页面，可以选择计数器的编号和计数模式。本任务中选择“HSC0”和计数模式“9”，选择后单击“下一步”。

③ 在高速计数器初始化设定页面中分别输入高速计数器初始化子程序的符号名（默认为“HSC_INIT_0”）、高速计数器的预置值（本任务不考虑）、计数器当前值的初始值（本任务为默认值“0”）、初始计数方向（本任务选择“向上”）、重设输入（即复位信号）的极性（本任务不需要设定）、起始输入（即启动信号）的极性（本任务不需要设定）、计数器的倍率选择（本任务选择4倍频）。完成后单击“下一步”。

④ 在高速计数器中断设置页面，本任务中不考虑中断子程序，直接单击“下一步”。如果需要，则需要选择相应的中断事件，并为中断程序命名（默认为COUNT_EQ），在“您希望为HC×编程多少个步骤?”栏，输入需要中断的步数，完成后单击“下一步”。在高速计数器中断处理方式设定页面设置相应选项，完成后单击“下一步”。

⑤ 在高速计数器编程确认页面（该页面显示了由向导编程完成的程序及使用说明），选择“完成”，结束编程，退出指令向导。在梯形图程序编辑器窗口或指令树中可以看到新生成的所有程序。分别单击“HSC-INIT”子程序或“COUNT-EQ”中断程序标签，可查看其程序。图5-65(a)所示为增加了子程序和中断程序标签的程序编辑页面，图5-65(b)为本任务生成的“HSC-INIT”子程序。

⑥ 设置主程序，在主程序中使用SM0.1的常开触头调用初始化子程序HSC_INIT，完成初始化操作。

如图5-66所示，主程序中使用SM0.1的常开触头调用初始化子程序HSC_INIT，使用SM0.0的常开触头调用“分拣控制”和“启动控制”子程序。

图5-67所示为YL-335B分拣单元“分拣控制”子程序的部分程序，程序中将HC0中的脉冲数与变量存储器VD10中的数据进行比较，条件满足则驱动相应的状态步，进行不同材料工件的分拣。这里篇幅所限不再详细说明，读者可查阅YL-335B设备手册。

(三)高速脉冲输出指令应用

高速脉冲输出指令功能是指在PLC的某些输出端产生高速脉冲，用来驱动负载，实现精确定位控制、速度控制等，在运动控制中具有广泛应用。S7-200系列PLC高速脉冲输出频率可达20kHz，使用高速脉冲输出功能时，PLC主机应选用晶体管输出型，以满足高速输出的频率要求。

1. 高速脉冲输出方式

S7-200晶体管输出型的PLC（如CPU224 DC/DC/DC）有PTO、PWM两台高速脉冲发生器。一个发生器分配给输出端Q0.0，另一个分配给Q0.1。PTO/PWM输出映像寄存器共同使用Q0.0和Q0.1，当Q0.0或Q0.1设定为PTO或PWM功能时，其他操作均失效。当不使用PTO/PWM发生器时，Q0.0或Q0.1作为普通输出端子使用。通常在启动PTO或PWM操作之前，用复位R指令将Q0.0或Q0.1清0。

（1）脉冲串输出（PTO）

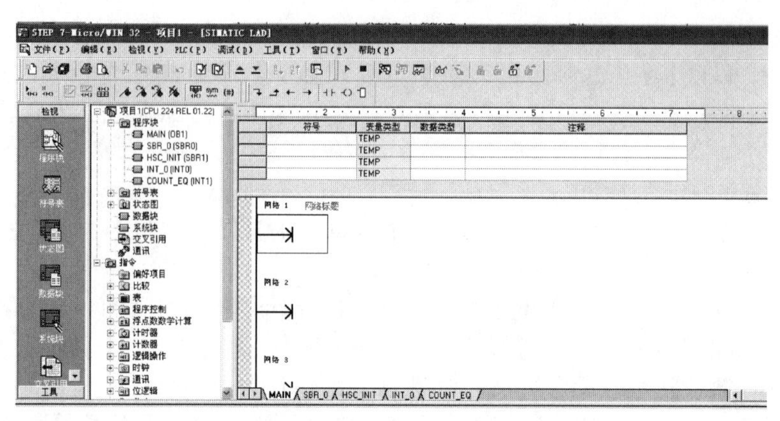

(a) 增加了子程序和中断程序标签的程序编辑页面

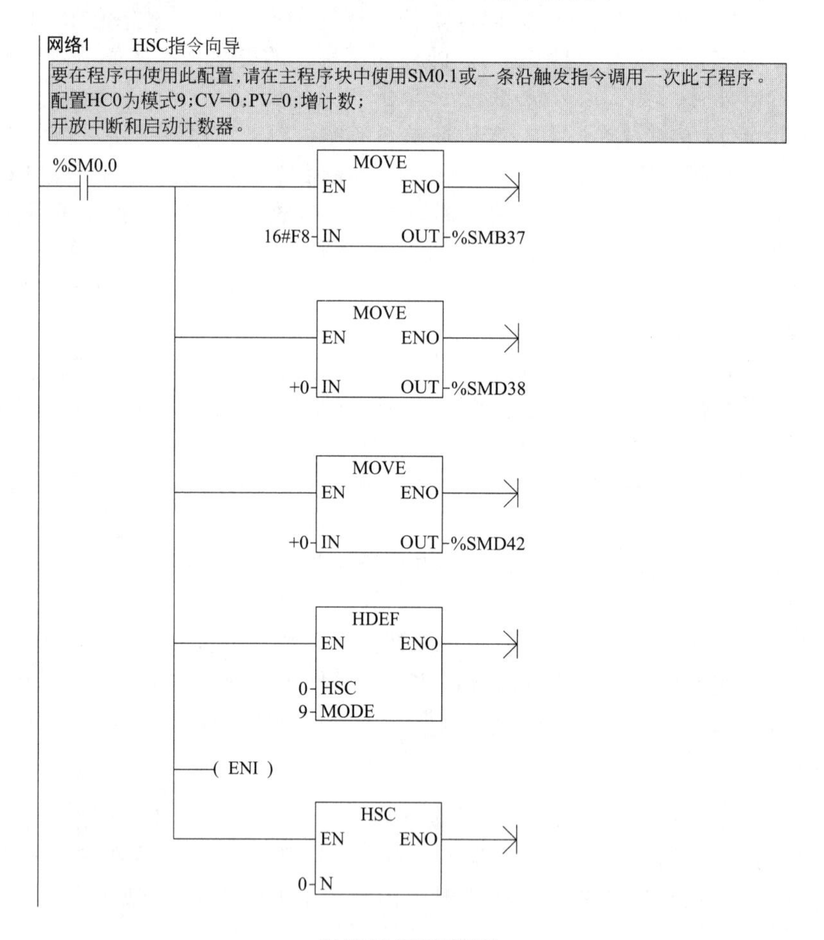

(b) “HSC-INIT”子程序

图 5-65　退出指令向导的梯形图程序编辑器窗口

PTO 功能可输出一定脉冲个数和占空比为 50% 的方波脉冲。输出脉冲的个数在 1～4294967295 范围内可调，输出脉冲的周期以 μs 或 ms 为增量单位，变化范围分别是 10～65535μs 和 2～65535ms。编程时周期一般设置成偶数，如果周期小于两个时间单位，周期被默认为两个时间单位。如果指定的脉冲数为 0，则脉冲数默认为 1。PTO 功能允许多个脉冲串排队输出，从而形成流水线（也称为管线）。流水线分为两种：单段流水线和多段流水线。

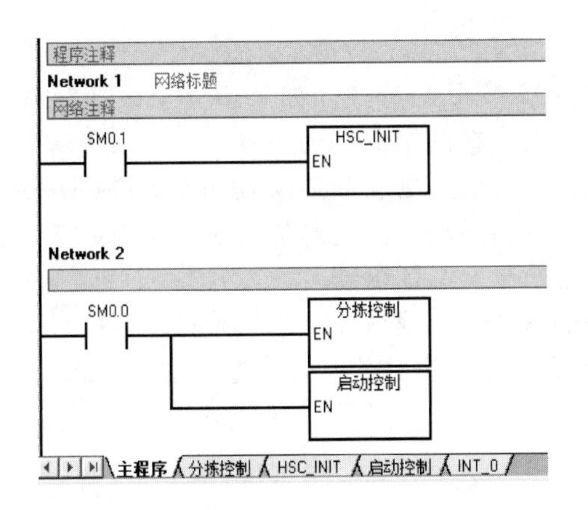

图 5-66　YL-335B 分拣单元主程序

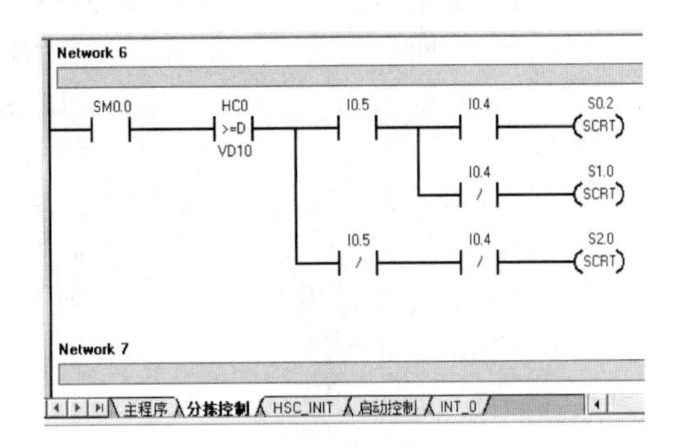

图 5-67　YL-335B 分拣单元“分拣控制”子程序的部分程序

单段流水线是指流水线中每次只能存储一个脉冲串的控制参数，初始 PTO 段一旦启动，必须按照对第二个波形的要求立即刷新特殊存储器，并再次执行 PLS 指令，在第一个脉冲串完成后，第二个脉冲串输出立即开始，重复这一步骤可以实现多个脉冲串的输出。单段流水线中的各段脉冲串可以采用不同的时间基准，但有可能造成脉冲串之间的不平稳过渡。

多段流水线是指在变量存储区 V 建立一个包络表（包络表 Profile 是一个预先定义的以横坐标为位置、纵坐标为速度的曲线，是运动的图形描述），包络表存放每个脉冲串的参数。执行 PLS 指令时，PLC 自动按包络表中的顺序及参数进行脉冲串输出。包络表中每段脉冲串的参数占用 8 个字节，由一个 16 位周期值、一个 16 位周期增量值 Δ（周期增量值为整数微秒或毫秒）和一个 32 位脉冲计数值组成。包络表的格式如表 5-46 所示。

表 5-46　多段流水线的包络表

从包络表起始地址的字节偏移	段	说明
VBn		总段数(1～255)；数值 0 产生非致命错误，无 PTO 输出
VBn+1	段 1	初始周期(2 到 65535 个时基单位)
VBn+3		每个脉冲的周期增量 Δ(符号整数：－32768 到 32767 个时基单位)
VBn+5		脉冲数(1～4294967295)
VBn+9	段 2	初始周期(2 到 65535 个时基单位)
VBn+11		每个脉冲的周期增量 Δ(符号整数：－32768 到 32767 个时基单位)
VBn+13		脉冲数(1～4294967295)
VBn+17	段 3	初始周期(2～65535 个时基单位)
VBn+19		每个脉冲的周期增量 Δ(符号整数：－32768 到 32767 个时基单位)
VBn+21		脉冲数(1～4294967295)

多段流水线的特点是编程简单，能够通过指定脉冲的数量自动增加或减少周期，周期增量值 Δ 为正值会增加周期，周期增量值 Δ 为负值会减少周期，若 Δ 为零，则周期不变。在包络表中的所有的脉冲串必须采用同一时基，在多段流水线执行时，包络表的各段参数不能改变。多段流水线常用于步进电动机的控制。

（2）脉宽调制输出（PWM）

PWM 功能可输出周期一定占空比可调的高速脉冲串，其时间基准可以是 μs 或 ms，周期的变化范围为 10～65535μs 或 2～65535ms，脉宽的变化范围为 0～65535μs 或 0～65535ms。当指定的脉冲宽度大于周期值时，占空比为 100%，输出连续接通。当脉冲宽度为 0 时，占空比为 0%，输出断开。如果指定的周期小于两个时间单位，周期被默认为两个时间单位。

可以用同步更新、异步更新两种办法改变 PWM 波形的特性。如果不要求改变时间基准，即可以进行同步更新，同步更新时波形的变化发生在两个周期的交界处，可以实现平滑过渡。如果需要改变时间基准，则应使用异步更新，异步更新瞬时关闭 PTO/PWM 发生器，与 PWM 的输出波形不同步，可能引起被控设备的抖动，因此通常不使用异步更新，而是选择一个适用于所有周期时间的时间基准，使用同步 PWM 更新。

PWM 输出的更新方式由表 5-48 控制字节中的 SM67.4 或 SM77.4 位来指定，执行高速脉冲输出 PLS 指令使改变生效。如果改变了时间基准，不管 PWM 更新方式位的状态如何，都会产生一个异步更新。

2. 高速脉冲输出指令

（1）指令格式及功能（见表 5-47）

表 5-47　高速脉冲输出指令 PLS 格式及功能

梯形图 LAD	语句表 STL	指令功能及说明
PLS EN ENO ????- Q0.X	PLS　Q0.X	使能有效时，检查用于脉冲输出（Q0.0 或 Q0.1）的特殊存储器位（SM），然后执行特殊存储器位定义的脉冲操作； 操作数 X 指定脉冲输出端子，0 为 Q0.0 输出，1 为 Q0.1 输出；高速脉冲串输出 PTO 和脉宽调制输出 PWM 都由 PLS 指令来激活；高速脉冲串输出 PTO 可采用中断方式进行控制，而脉宽调制输出 PWM 只能由指令 PLS 来激活

（2）相关特殊功能寄存器

Q0.0 和 Q0.1 输出端子的高速输出功能通过对 PTO/PWM 寄存器的不同设置来实现。这些特殊寄存器分为三大类，各寄存器的字节值和位值的意义见表 5-48，PTO/PWM 功能控制位控制字节设置可参考表 5-49。

表 5-48　PTO/PWM 各寄存器的字节值和位值的意义

寄存器分类	Q0.0	Q0.1	状态位意义
PTO/PWM 功能状态位	SM66.4	SM76.4	PTO 包络由于增量计算错误异常终止（0：无错；1：异常终止）
	SM66.5	SM76.5	PTO 包络由于用户命令异常终止（0：无错；1：异常终止）
	SM66.6	SM76.6	PTO 流水线溢出（0：无溢出；1：溢出）
	SM66.7	SM76.7	PTO 空闲位（0：运行中；1：PTO 空闲）
PTO/PWM 功能控制位	SM67.0	SM77.0	PTO/PWM 刷新周期值（0：不刷新；1：刷新）
	SM67.1	SM77.1	PWM 刷新脉冲宽度值（0：不刷新；1：刷新）
	SM67.2	SM77.2	PTO 刷新脉冲计数值（0：不刷新；1：刷新）
	SM67.3	SM77.3	PTO/PWM 时基选择（0：1μs；1：1ms）
	SM67.4	SM77.4	PWM 更新方法（0：异步更新；1：同步更新）
	SM67.5	SM77.5	PTO 操作（0：单段操作；1：多段操作）
	SM67.6	SM77.6	PTO/PWM 模式选择（0：选择 PTO；1：选择 PWM）
	SM67.7	SM77.7	PTO/PWM 允许（0：禁止；1：允许）
PTO/PWM 功能寄存器	SMW68	SMW78	PTO/PWM 周期时间值（2～65535）
	SMW70	SMW80	PWM 脉冲宽度值（0～65535）
	SMD72	SMD82	PTO 脉冲计数值（1～4294967295）
	SMB166	SMB176	多段流水线 PTO 运行中的段的编号（仅用于多段 PTO 操作）
	SMW168	SMW178	包络表起始位置，用从 V0 开始的字节偏移量表示（仅用于多段 PTO 操作）
	SMB170	SMB180	线性包络状态字节
	SMB171	SMB181	线性包络结果寄存器
	SMB172	SMB182	手动模式频率寄存器

表 5-49　PTO/PWM 功能控制字节设置参考

控制字节	启用	执行 PLS 指令的结果				
		模式选择	PTO 段操作/PWM 更新方法	时基	PTO 脉冲数/PWM 脉冲宽度	周期
16＃81	是	PTO	单段	1μs/单位	—	更新
16＃84	是	PTO	单段	1μs/单位	更新脉冲数	—
16＃85	是	PTO	单段	1μs/单位	更新脉冲数	更新
16＃89	是	PTO	单段	1ms/单位	—	更新
16＃8C	是	PTO	单段	1ms/单位	更新脉冲数	—
16＃8D	是	PTO	单段	1ms/单位	更新脉冲数	更新
16＃A0	是	PTO	多段	1μs/单位	—	—
16＃A8	是	PTO	多段	1ms/单位	—	—
16＃D1	是	PWM	同步	1μs/单位	—	更新
16＃D2	是	PWM	同步	1μs/单位	更新脉冲宽度	—
16＃D3	是	PWM	同步	1μs/单位	更新脉冲宽度	更新
16＃D9	是	PWM	同步	1ms/单位	—	—
16＃DA	是	PWM	同步	1ms/单位	更新脉冲宽度	—
16＃DB	是	PWM	同步	1ms/单位	更新脉冲宽度	更新

3. 高速脉冲输出指令应用举例

控制要求如图 5-68 所示，通过 Q0.1 连续输出周期为 10000ms、脉冲宽度为 5000ms 的脉宽调制输出波形，并利用 I0.1 上升沿中断（中断事件号 2）实现脉宽的更新（每中断一次，脉冲宽度增加 10ms）。

该程序中，通过调用子程序 0 设置 PWM 操作，通过中断程序 0 改变脉宽。对应的梯形图主程序如图 5-69 所示：在第一个扫描周期使 Q0.1 置位，同时调用 PWM 初始化子程序。

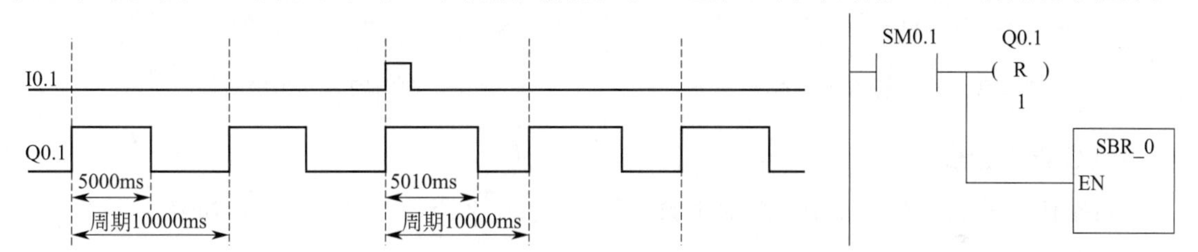

图 5-68　PLC 控制要求图　　　　图 5-69　梯形图主程序

输出初始化子程序 0 如图 5-70 所示：参数 16＃DA 载入控制字节 SMB77，周期值 10000 载入 SMW78，脉冲宽度值 5000 载入 SMW80，脉冲宽度增量 10ms 载入 VW100，执行 PLS，将中断事件 2 与中断子程序 0 连接起来，开中断。

输出中断程序 0 如图 5-71 所示：I0.1 得电，中断事件发生，将脉宽加上 VW100 中的值（10ms）重新设置脉宽，重新启动 PLS。

PTO/PWM 输出功能也可以使用 STEP7-Micro/WIN 中的位控向导设置，使 PTO/PWM 的编程自动实现，减轻用户编程负担。

三、任务实施

(一) 任务要求

自动化生产线 YL-335A 中“输送单元”负责工件在各单元之间的传送，输送单元中步进电动机为两相四线直流步进电动机，驱动电压为 24～40V。要求：按下启动按钮时，步进电动机带动输送单元以低速度将工件从送料站送往加工站，放好工完后再从加工站以高速度回到送料站。为简化程序，不考虑输送单元“抓取工件”等其他过程。使用“位控向导设置”编写程序，控制步进电动机完成这一过程。

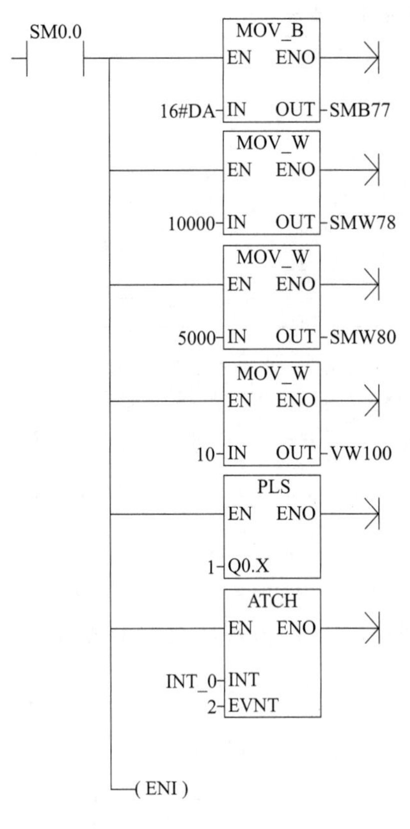

图 5-70　输出初始化子程序

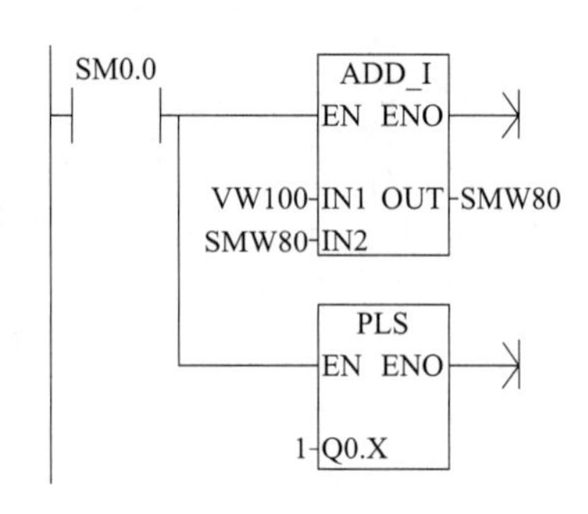

图 5-71　输出中断程序

(二) I/O 端口分配

根据任务要求，本任务中需要 3 个数字量输入点、2 个数字量输出点，如表 5-50 所示。

表 5-50　I/O 端口分配表

输入设备		输入继电器编号	输出设备		输出继电器编号
SB1	启动按钮(常开)	I0.0	CP	脉冲输出	Q0.0
SB2	停止按钮(常开)	I0.1	DIR	方向控制	Q0.2
4B	工件放置到位传感器	I0.3	—	—	—

(三) PLC 控制接线图

选用 224 DC/DC/DC 继电器 PLC 基本模块，接线图如图 5-72 所示。

“输送单元”选择 CPU224 DC/DC/DC PLC，该型号 PLC 的输出直流电压可在 5～30V 内变动，步进驱动器控制信号为+5V。如果 PLC 输出信号为+24V，需要在 PLC 与步进驱动器之间串联一只 2kΩ 的分压电阻，使步进驱动器的输入信号近似等于+5V。图 5-72 采用 PLC 直接输出+5V 的接线方法，直接与步进驱动器相接。步进驱动器的 CP+和 CP-是脉冲接线端子，DIR+和 DIR-是方向控制信号的接线端子。步进驱动器有共阴极和共阳极两种接线方式，这里 PLC 输出信号为+5V 信号，即 PNP 接法，所以采用共阴极接线，将步进驱动器的 CP-和 DIR-与电源的负极短接。

(四) 程序设计说明

(1) 使用“位置控制向导（P）”编写子程序

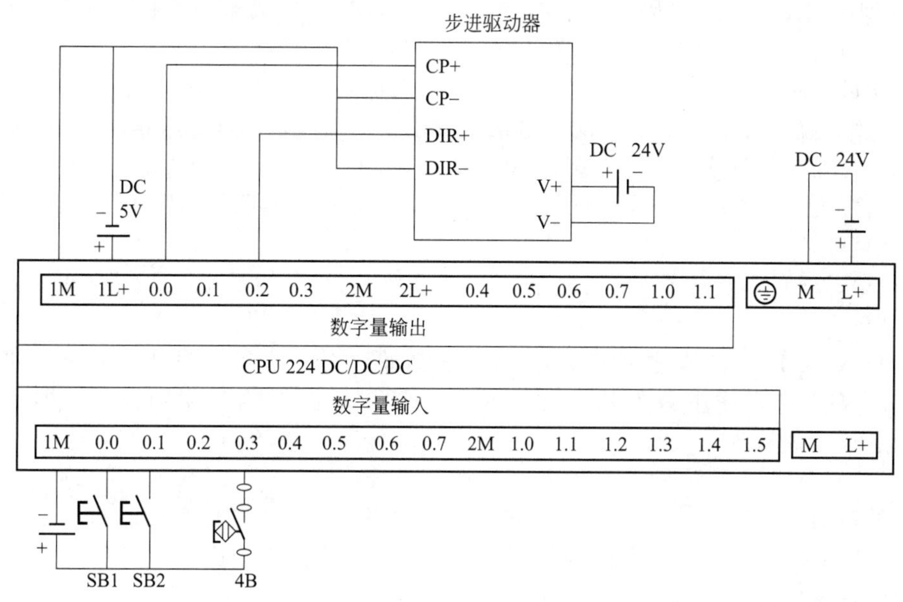

图 5-72 PLC 控制端子接线图

① 打开 STEP7-Micro/WIN 软件，选择主菜单“工具”→“位置控制向导（P）”进入“位置控制向导”选择窗口。在弹出的对话窗口中选择“配置 S7-200PLC 内置 PTO/PWM 操作”单击“下一步”。

② 在弹出的“指定一个脉冲发生器”对话窗口，选择“Q0.0”，单击“下一步”。

③ 弹出“选择 PTO 或 PWM”的对话窗口，选择“线性脉冲输出（PTO）”，如果想监视 PTO 产生的脉冲数目，可以选中复选框“使用高速计数器 HSC0（模式 12）自动计数线性 PTO 生成的脉冲”，再单击“下一步”。

④ 弹出“电机速度”的对话窗口，在对应的编辑框中输入最高电机速度（MAX _ SPEED）和电机启动/停止速度（SS _ SPEED）速度值。输入最高电机速度“90000”，把电机启动/停止速度设定为“600”。这时，如果单击 MIN _ SPEED 值对应的灰色框，可以发现，MIN _ SPEED 值改为 600。注意：MIN _ SPEED 值由计算得出，用户不能在此域中输入其他数值。再单击“下一步”。

⑤ 弹出“加速和减速”的对话窗口，在对应的编辑框中填写电机加速时间（ACCEL-TIME）“1000”和电机减速时间“200”（DECEL-TIME），然后单击“下一步”。

⑥ 弹出“运动包络定义”的对话窗口，该界面要求设定操作模式、1 个步的目标速度、结束位置等步的指标，以及定义这一包络的符号名（从第 0 个包络第 0 步开始）。定义参数前首先单击“新包络”按钮，在“为包络 0 选择操作模式”选项中选择“相对位置”控制，填写包络 0 中数据，目标速度“30000”（低速），结束位置“85600”（供料站与加工站之间的距离设为 470mm，步进电动机脉冲当量为 0.0055mm），点击“绘制包络”，注意：这个包络只有 1 步，包络的符号名按默认定义（为了方便识别也可以自己定义）。这样，第 0 个包络的设置，即从供料站→加工站的运动包络设置就完成了。

⑦ 再单击“新包络”按钮，定义包络 1 的参数，操作模式选择“相对位置”控制，目标速度“60000”（高速），结束位置“85600”，点击“绘制包络”。第 1 个包络的设置，即加工站→供料站的运动包络设置就完成了。单击“确认”按钮。

⑧ 弹出“为配置分配存储区”的对话窗口，向导会要求为运动包络指定 V 存储区地址（建议地址为 VB75～VB300），默认这一建议，单击“下一步”。

⑨ 在弹出的生成程序代码窗口，单击“完成”按钮，生成运动控制子程序。位置控制向导的设置完成。

(2) 项目组件

运动包络组态完成后，向导会为所选的配置生成三个项目组件（子程序），分别是：

PTO0 _ RUN 子程序（运行包络）、PTO0 _ CTRL 子程序（控制）和 PTO0 _ MAN 子程序（手动模式）子程序。一个由向导产生的子程序就可以在程序中调用。三个项目组件的功能分述如下：

① PTOx _ RUN 子程序（运行包络）：命令 PLC 执行存储于配置/包络表的特定包络中的运动操作。

② PTOx _ CTRL 子程序（控制）：启用和初始化与步进电动机或伺服电动机合用的 PTO 输出。在用户程序中只使用一次，并且确定在每次扫描时得到执行，即始终使用 SM0.0 作为 EN 的输入。

③ PTOx _ MAN 子程序（手动模式）：将 PTO 输出置于手动模式。可以使电动机在向导中指定的范围（从启动/停止速度到最高电动机速度）内以不同的速度启动、停止和运行。当 PTOx _ MAN 子程序已启用时，任何其他 PTO 子程序都无法执行。

项目组件参数见表 5-51。

表 5-51 项目组件参数

子程序	输入/输出参数	输入/输出参数含义
PTO0_RUN EN START Profile Done Abort Error C_Profile C_Step C_Pos	EN	启用此子程序的使能位
	START	包络的执行启动信号。对于在 START 参数已开启且 PTO 当前不活动时的每次扫描，此子程序会激活 PTO。为了确保仅发送一个命令，请使用上升沿以脉冲方式开启 START 参数
	Profile	包含为此运动包络指定的编号或符号名
	Abort	开启时位控模块停止当前包络并减速至电动机停止
	Done	当模块完成本子程序时，此参数 ON
	Error	（错误）参数，包含本子程序的结果
	C_Profile	包含位控模块当前执行的包络
	C_Step	包含目前正在执行的包络的步
	C_Pos	如果在向导中已启用 HSC 计数功能，此参数包含用脉冲数目表示的当前位置；否则此参数值始终为 0
PTO0_CTRL EN I_STOP D_STOP Done Error C_Pos	EN	启用此子程序的使能位
	I_STOP	立即停止。当此输入为低时，PTO 功能会正常工作。当此输入变为高时，PTO 立即终止脉冲的发出
	D_STOP	减速停止。当此输入为低时，PTO 功能会正常工作。当此输入变为高时，PTO 会产生将电机减速至停止的脉冲串
	Done	完成。当“完成”位被设置为高时，表明 CPU 已执行完子程序
	Error	错误，包含本子程序的结果。当“完成”位为高时，错误字节会报告无错误或有错误代码表明是否正常完成
PTO0_MAN EN RUN Speed Error C_Pos	EN	启用此子程序的使能位
	RUN	运行/停止。命令 PTO 加速到指定速度（Speed）。可以在电机运行中更改 Speed 参数的数值。低电平时 RUN 参数命令 PTO 减速至电机停止
	Speed	当 RUN 已启用时，Speed 参数确定着速度，被限定在启动/停止速度和最大速度之间。速度是一个用每秒脉冲数计算的 DINT（双整数）值
	Error	参数包含本子程序的结果

(3) 使用子程序编程

根据 I/O 配置及表 5-51 建立程序符号表，见图 5-73。

	符号	地址	注释
1	启动按钮	I0.0	启动步进电动机
2	停止按钮	I0.1	停止步进电动机
3	工件放置到位	I0.3	输送单元将工件放置到加工单元指定位置
4	脉冲输出	Q0.0	高速脉冲控制步进电动机
5	方向控制	Q0.2	控制步进电动机方向
6	定时器	T37	放置工件延时
7	CTRL完成	M0.0	PTO0_CTRL完成标志
8	包络0完成	M0.1	包络0完成标志
9	包络1完成	M0.2	包络1完成标志
10	包络1中止	M0.4	包络1中止标志
11	包络1使能	M0.5	包络1使能标志
12	包络0中止	M0.6	包络0中止标志
13	包络0使能	M0.7	包络0使能标志
14	CTRL错误	MB1	PTO0L_CTRL错误代码
15	包络0错误	MB2	包络0错误代码
16	当前包络0	MB3	当前正在执行的包络
17	当前步0	MB4	当前正在执行的包络的步
18	包络1错误	MB5	包络1错误代码
19	当前包络1	MB6	当前正在执行的包络
20	当前步1	MB7	当前正在执行的包络的步
21	CTRL脉冲	MD10	PTO0L_CTRL脉冲数
22	包络0脉冲	MD14	包络0脉冲数
23	包络1脉冲	MD18	包络1脉冲数

用户定义1　POU 符号　PTO0_SYM

图 5-73　程序符号表

在主程序窗口中编写电动机控制程序，调用各项目组件。图 5-74 所示为调用 PTO0 _ CTRL 包络控制程序段。

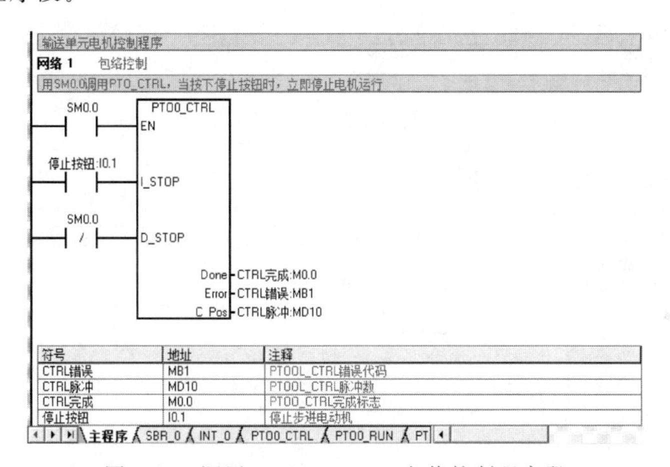

图 5-74　调用 PTO0 _ CTRL 包络控制程序段

图 5-75 所示为启用包络 0 程序段。

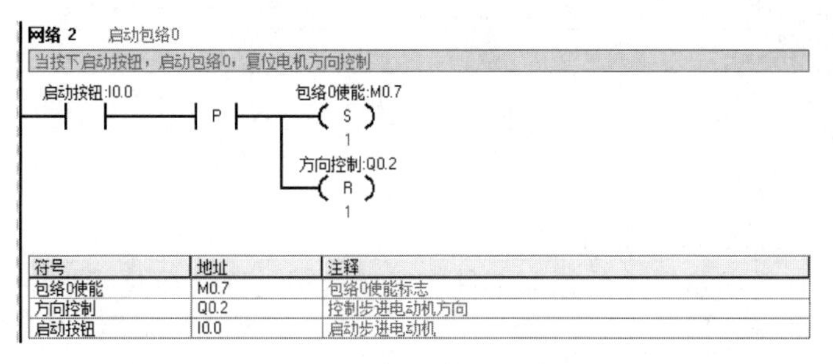

图 5-75　启用包络 0 程序段

图 5-76 所示为运行包络 0 程序段。

图 5-77 所示为复位包络 0 程序段。

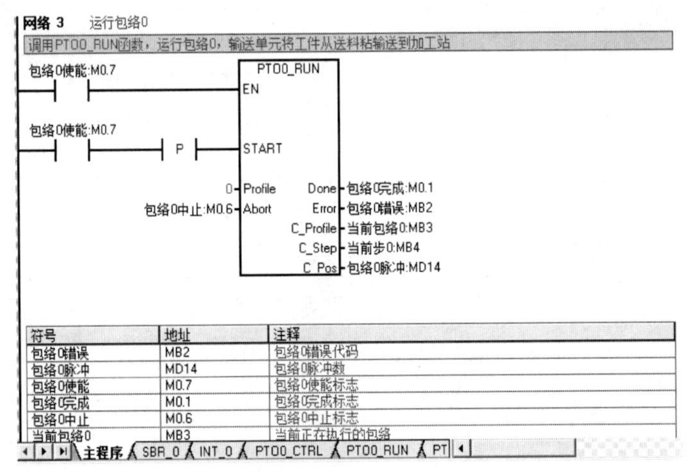

图 5-76 运行包络 0 程序段

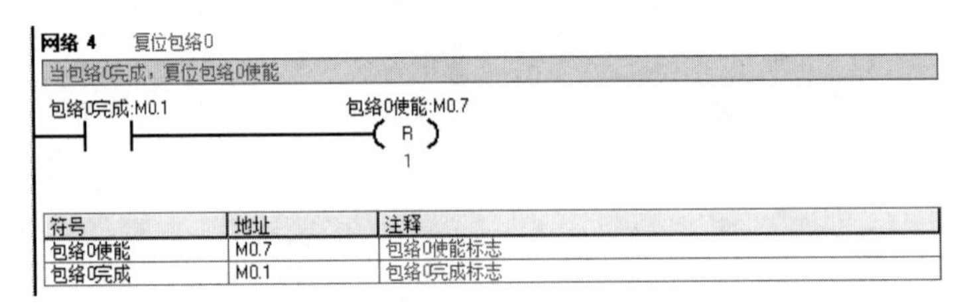

图 5-77 复位包络 0 程序段

图 5-78 所示为启用包络 1 程序段。

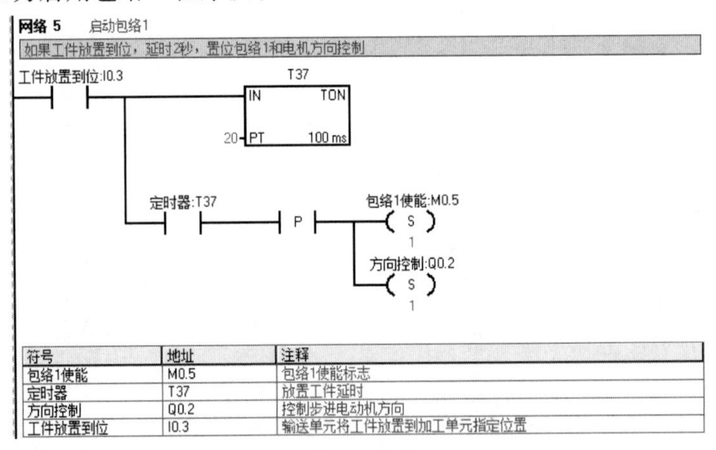

图 5-78 启用包络 1 程序段

图 5-79 所示为运行包络 1 程序段。

图 5-80 所示为复位包络 1 程序段。

该参考程序没有考虑输送单元抓取工件装置的运动过程，简化了程序，在实训室实施时可在此程序基础上进行扩展。

(五) 实施步骤

(1) 布线安装

按照布线工艺要求，根据控制接线图进行布线安装。

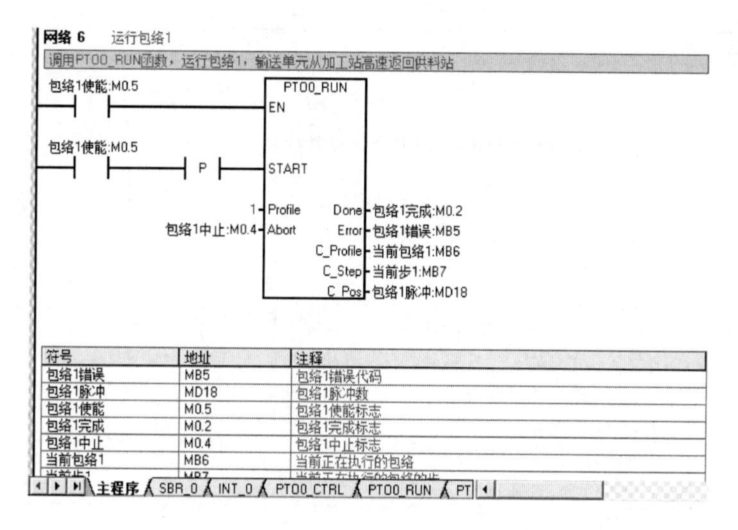

图 5-79　运行包络 1 程序

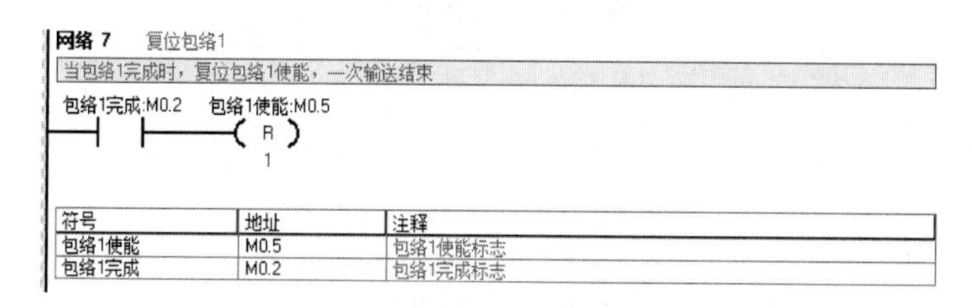

图 5-80　复位包络 1 程序段

（2）电路断电检查

在断电的情况下，从电源端开始，逐段核对接线及接线端子处是否正确，有无漏接、错接之处。并用万用表检查电路的通断情况。

（3）在 STEP 7-Micro/WIN 编程软件中输入、调试程序。

（4）在遵守安全规程的前提及指导教师现场监护下，通电试车。

四、任务评价

通过对本任务相关知识的学习和应用操作实施，对任务实施过程和任务完成情况进行评价。包括对知识、技能、素养、职业态度等多个方面，主要由小组对成员的评价和教师对小组整体的评价两部分组成。学生和教师评价的占比分别为 40% 和 60%。教师评价标准见表 1，小组评价标准见表 2。

表 1　教师评价表

子任务编号及名称			班级					
序号	评价项目	评价标准	评价等级					
			A 组	B 组	C 组	D 组	E 组	F 组
1	职业素养 40% （成员参与度、团队协助）	优：能进行合理分工，在实施过程中能相互协商、讨论，所有成员全部参与 良：能进行分工，在实施过程中相互协商、帮助不够，多少成员参与 中：分工不合理，相互协调差，成员参与度低 差：相互间不协调、讨论，成员参与度低						

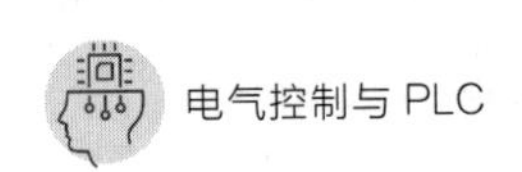

续表

子任务编号及名称			班级					
序号	评价项目	评价标准	评价等级					
			A 组	B 组	C 组	D 组	E 组	F 组
2	专业知识 30% (程序设计)	优:正确完成全部程序设计,并能说出程序设计思路; 良:正确完成全部程序,但无法解释程序; 中:完成部分动作程序,能解释程序作用; 差:未进行程序设计						
3	专业技能 30% (系统调试)	优:控制系统完全按照控制要求工作; 良:经调试后,控制系统基本按照控制要求动作; 中:系统能完成部分动作; 差:系统不工作						
其他	扩展任务 完成情况	完成基本任务的情况下,完成扩展任务,小组成绩加 5 分,否则不加分						
教师评价合计(百分制)								

表 2　小组评价表

子任务编号及名称			班级				组别	
序号	评价项目	评价标准	评价等级					
			组长	B 同学	C 同学	D 同学	E 同学	F 同学
1	守时守约 30%	优:能完全遵守实训室管理制度和作息制度; 良:能遵守实训室管理制度,无缺勤; 中:能遵守实训室管理制度,迟到、早退 2 次以内; 差:违反实训室管理制度,有 1 次旷课或迟到、早退 3 次	□ 优 □ 良 □ 中 □ 差	□ 优 □ 良 □ 中 □ 差	□ 优 □ 良 □ 中 □ 差	□ 优 □ 良 □ 中 □ 差	□ 优 □ 良 □ 中 □ 差	□ 优 □ 良 □ 中 □ 差
2	学习态度 30%	优:积极主动查阅资料,并解决老师布置的问题; 良:能积极查阅资料,寻求解决问题的方法,但效果不佳; 中:不能主动寻求解决问题的方法,效果差距较大; 差:碰到问题观望、等待、不能解决任何问题	□ 优 □ 良 □ 中 □ 差	□ 优 □ 良 □ 中 □ 差	□ 优 □ 良 □ 中 □ 差	□ 优 □ 良 □ 中 □ 差	□ 优 □ 良 □ 中 □ 差	□ 优 □ 良 □ 中 □ 差
3	团队协作 30%	优:积极配合组长安排,能完成安排的任务; 良:能配合组长安排,完成安排的任务; 中:能基本配合组长安排,基本完成任务; 差:不配合组长安排,也不完成任务	□ 优 □ 良 □ 中 □ 差	□ 优 □ 良 □ 中 □ 差	□ 优 □ 良 □ 中 □ 差	□ 优 □ 良 □ 中 □ 差	□ 优 □ 良 □ 中 □ 差	□ 优 □ 良 □ 中 □ 差
4	劳动态度 10%	优:主动积极完成实训室卫生清理和工具整理工作; 良:积极配合组长安排,完成实训设备清理和工具整理工作; 中:能基本配合组长安排,完成实训设备的清理工作; 差:不劳动,不配合	□ 优 □ 良 □ 中 □ 差	□ 优 □ 良 □ 中 □ 差	□ 优 □ 良 □ 中 □ 差	□ 优 □ 良 □ 中 □ 差	□ 优 □ 良 □ 中 □ 差	□ 优 □ 良 □ 中 □ 差
学生评价合计(百分制)								

注：各等级优=95，良=85，中=75，差=50，选择即可。

思考与练习

1. 表 5-52 所示为 YL-335A 上实现步进电动机运行所需的运动包络，请设计 I/O 端口分配、PLC 控制接线图，使用位控向导编程并安装、接线、调试运行。

表 5-52　步进电机运行所需的运动包络

运动包络	移动站点		脉冲量	移动方向
1	供料站→加工站	470mm	85600	—
2	加工站→装配站	286mm	52000	—
3	装配站→分拣站	235mm	42700	—
4	分拣站→高速回零前	925mm	168000	DIR
5	低速回零		单速返回	DIR

2. 对模拟量信号运算控制时，利用定时中断可以设定采样周期，实现对模拟量的数据采样。例如，有一水管，流速在 2L/s 左右，需要对流量进行累积，当累积量达到 5000L 时，指示灯亮（流量传感器采用 0～5L/s 的量程，信号 0～10V）。请设计 I/O 端口分配、PLC 控制接线图，编程。

视野拓展

从维修工到“智造”师——刘云清

大国工匠刘云清，是中车戚墅堰机车车辆工艺研究所有限公司首席技能专家。他凭着“执着专注、作风严谨、精益求精、敬业守信、推陈出新”的精神，从一名普通的机械设备维修工成为智能设备制造专家。如今，他带领团队研制的数控珩磨机已经升级到了第 9 代，不仅满足了本公司的生产，还实现了对外销售，得到国内外同行的认可。

1996 年，刘云清被分配到了设备维修班从事机械设备的维修工作。当时的他就认识到只有踏实做好本职工作才能得到认可，就这样，即使工作再苦再累他也主动去干，平时遇到问题积极向师傅和同事们请教，空余时间就认真学习各种设备的说明书和相关资料，一年多以后刘云清成了单位的维修骨干。

后来，随着公司数控机床的逐渐应用，刘云清意识到未来将需要大量的数控机床维修人才，于是他通过两年多的努力掌握了数控设备维修方面机械、电气、液压以及控制参数等的维修知识。他几乎把所有的和金属加工相关的设备都修了个遍，后来慢慢在公司里只要数控设备出现故障，领导和同事第一个想到解决的人都是他。2002 年以后，他开始在维修进口数控设备的时候尝试改造。这些年经过刘云清改造的各类数控机床大概有六七百台，他成了公认的“技改大王”。正是这些丰富的一线工作经验奠定了刘云清向智能设备制造专家进步的基础。

会的东西越来越多，刘云清就越迫切地想把关键技术牢牢掌握在自己手中。数控珩磨机是涡轮增压器等零部件高精密加工的关键磨削设备，一度只能靠进口，价格昂贵、维修成本高。经过数千次反复试验后，2010 年，刘云清成功研发出国内第一台新型龙门式全浮动数控珩磨机，成本仅为进口设备的四分之一，精度却从 3 微米提高到了 1 微米，相当于一根头发丝直径的 1/60，达到国际领先水平，填补了国内空白。

目前，数控珩磨机升级到了第九代，全面实现系列化和定制化，不仅公司自用，也走向了市场。从引进、消化、吸收再创新到自主创新，刘云清带领团队自主研发设备 200 多套，直接创造经济效益超过 1.5 亿元。

从一名中专学历的钳工成长为智能装备研发专家，刘云清认为，工作中就应该不怕困难、不怕挑战，不断地超越前人、超越自己。他希望以自身的经历鼓励更多产业工人走上创新、转型道路。

项目六

构建 PLC 通信网络

在计算机控制与网络技术快速普及的今天，工业现场参与控制的设备一般均满足相互连接、构成网络及远程通信的要求。 PLC 各生产厂商均开发了各自的 PLC 通信技术和通信网络，增强了 PLC 的网络通信能力。电气动力设备的启停在传统控制中一般使用机械开关或按钮来实现通断，器件的老化和磨损以及机械故障常会导致控制失败和错误。在现代工业自动化生产中，大量的电气动力设备按照设定的程序执行启停工作流程，其可靠性与寿命周期要求更高，传统的控制操作已不能满足要求，使用触摸屏组态 PLC 开关量控制可以很好地解决这类问题。因此，学会 PLC 通信与触摸屏及上位组态的知识，才能在从事设备调试，设备的自动化设计等工作中得心应手。本项目主要通过 2 个任务使读者简单了解 S7-200 PLC 间的通信以及触摸屏的接线与组态。

学习目标

- 熟悉 S7-200PLC 的通信方式、支持的通信协议及其特点；
- 熟悉 S7-200PLC 与计算机通信的连接方法和参数设置；
- 熟悉网络读/写指令、发送与接收指令的功能及应用；
- 掌握使用指令向导编写两台以上 S7-200PLC 的通信程序的方法；
- 掌握安装一个触摸屏（Smart 700 IE）与小型 PLC 控制硬件系统的方法；
- 能够应用组态软件创建一幅简单画面，模拟运行并传送至触摸屏中；
- 能够进行开关类器件功能组态；
- 了解智能制造的发展趋势，立志为民族科技发展争光。

爱岗敬业，争创一流

任务一
三台 S7-200PLC 间的主从通信

一、任务要求

了解 S7-200PLC 的通信方式、支持的通信协议及其特点，熟悉 S7-200PLC 与计算机通信的连接方法和参数设置。掌握网络读/写指令、发送与接收指令的指令功能及应用。能根据实际要求编写 PPI 通信程序，能通过使用指令向导编写两台以上 S7-200PLC 的通信程序，进行网络通信。

二、相关知识

(一) S7-200 的网络通信

1. 通信设备

（1）通信端口

S7-200 系列 PLC 内部集成的 PPI 接口的物理特性为 RS-485 串行接口，9 针 D 型，该端口也符合欧洲标准 EN50170 中 PROFIBUS 标准。S7-200CPU 上的通信口外形如图 6-1 所示，CPU221、CPU222 和 CPU224 有 1 个 RS-485 串行通信端口，CPU226 有 2 个 RS-485 端口。在进行调试时将 S7-200 接入网络，该端口一般是作为端口 1 出现的，作为端口 1 时端口各个引脚的名称及其表示的意义见表 6-1。端口 0 为所连接的调试设备的端口。

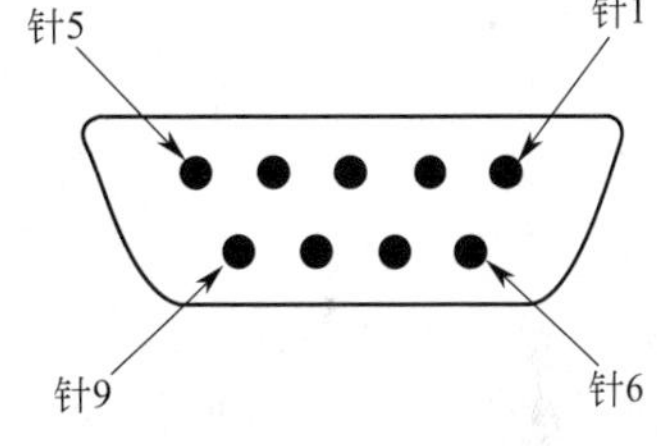

图 6-1　RS-485 引脚排列

表 6-1　通信端口引脚与 Profibus 的名称对应关系

引脚号	端口 0/端口 1	Profibus 的名称
①	逻辑地	屏蔽
②	逻辑地	24V 地
③	RS-485 信号 B	RS-485 信号 B
④	RTS(TTL)	发送申请
⑤	逻辑地	5V 地
⑥	+5V、100Ω 串联电阻	+5V
⑦	+24V	+24V
⑧	RS-485 信号 A	RS-485 信号 A
⑨	10 位信号选择	不用
外壳	机壳接地	屏蔽

（2）通信电缆

用计算机编程时，一般用 PC/PPI（个人计算机/点对点接口）电缆连接计算机与可编程序控制器。PLC 主机侧是 RS-485 接口，计算机侧是 RS-232 接口，当数据从 RS-232 传送到 RS-485 时，PC/PPI 电缆是发送模式，但数据从 RS-485 传送到 RS-232 时，PC/PPI 电缆是接收模式。电缆的中部是 RS-485/RS-232 适配器，在适配器上有 4 个或者 5 个 DIP 开关，用于设置波特率、字符数据格式及设备模式，PC/PPI 电缆上的 DIP 开关选择的波特率应与编程软件中设置的波特率一致，初学者可选通信速率的默认值 9600bps。

当通信设备相距较远时，可使用 PROFIBUS 电缆进行连接。PROFIBUS 网络的最大长度有赖于波特率和所用电缆的类型，根据波特率不同，网络段的最大长度可达到 1200m。

（3）网络连接器

西门子公司提供的两种网络连接器可以把多个设备连到网络中。两种连接器都有两组端子，可以连接网络的输入和输出。通过网络连接器上的选择开关可以对网络进行偏置和终端匹配。两个连接器中的一个连接器仅提供连接到 CPU 的接口，而另一个连接器增加了一个编程接口。带有编程接口的连接器可以把 SIMATIC 编程器或操作面板增加到网络中，而不用改动现有的网络连接。编程口连接器把 CPU 的信号传到编程口（包括电源引线）。这个连接器对于连接从 CPU 取电源的设备（例如文本显示器 TD2003）很有用。两种网络连接器还有网络偏置和终端偏置的选择开关，接在网络端部的连接器上的开关放在 ON 位置时，有接偏置电阻和终端电阻，在 OFF 位置时末接偏置电阻和终端电阻，如图 6-2 所示。

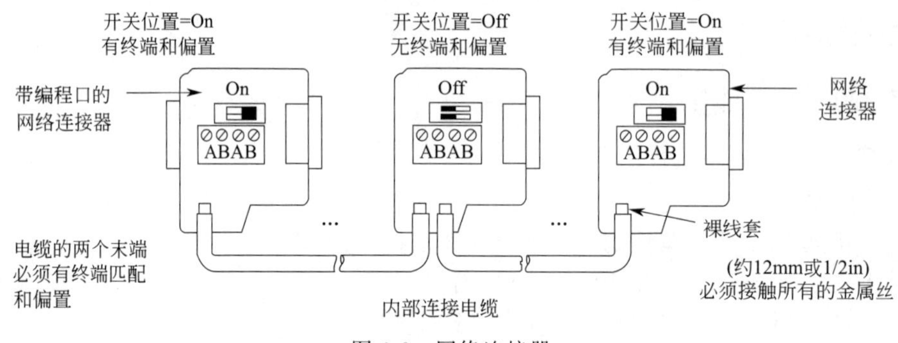

图 6-2 网络连接器

（4）网络中继器

利用西门子公司提供的网络中继器可以延长网络通信距离，允许在网络中加入设备，并且提供了一个隔离不同网络环的方法。在波特率是 9600 时，PROFIBUS 允许在一个网络环上最多有 32 个设备，这时通信的最长距离是 1200m。每个中继器允许加入另外 32 个设备，而且可以把网络再延长 1200m，在网络中最多可以使用 9 个中继器，每个中继器为网络环提供偏置和终端匹配。

2. S7-200 网络连接

（1）S7-200 网络层次结构

S7-200 网络层次从高到低为：公司管理级，工厂及过程管理级，过程监控级，过程测量及控制级。通过 3 级工业控制总线（工业以太网 Ethernet，现场总线 Profibus，执行器级总线 AS-I）将网络连接起来。

（2）通信连接

在通信网络中，各种设备一般有主站和从站两种角色。

① 主站：可以主动发起数据通信，读/写其他站点的数据。

② 从站：从站只能响应主站的访问，提供或接收数据，不能主动发起通信，不能访问其他从站。

主站与从站之间有单主站和多主站两种连接方式。只有一个主站，连接一个或多个从站的网络连接称为单主站网络；有两个以上的主站，连接多个从站的网络连接称为多主站网络。

设备在通信网络中究竟是作主站还是作从站，是由通信协议决定的。用户在编制通信协议时，各自定义每个设备在通信中的角色。安装 STEP7-Micro/WIN 的 PC 一定是通信主站，所有的人机界面 HMI 也是通信主站，与 S7-200 通信的 S7-300/400 也往往是主站，某 S7-200 在读/写其他 S7-200（使用 PPI 协议）时就作为主站。多数情况下 S7-200 的 PLC 在网络通信中是作为从站出现的。S7-200 使用自由口通信模式时，既可以作主站也可以作从站。

3. 通信协议

（1）PPI 协议

PPI（Point-to-point-Interface，点对点接口）协议是 SIEMENS 公司专门为 S7-200 系列 PLC 开发的通信协议，是主/从协议。利用 PC/PPI 电缆，将 S7-200 系列的 PLC 与装有 STEP7-Micro/WIN32 编程软件的计算机连接起来，组成 PC/PPI（单主站）的主/从网络连接。

S7-200 系列 CPU 上集成的编程口同时也是 PPI 通信接口。网络中的所有 S7-200 CPU 都默认为从站；对于任何一个从站，有多少个主站与它通信，PPI 协议没有限制，但在 PPI 网络中最多只能有 32 个主站。如果在用户程序中指定某个 S7-200 为 PPI 主站模式，则在 RUN 工作方式下可以作为主站，可使用相关的通信指令，如网络读（NERT）指令或网络写（NETW）指令，对其他的 PLC 主机进行读/写操作；与此同时，它还可以作为从站响应主站的请求或查询。

（2）MPI 协议

MPI（Multi-Point Interface，多点接口）协议可以是主/主协议或主/从协议。通过在计算机或编程设备中插入一块多点接口卡（MPI 卡，如 CP5611），可组成多主站网络。如果网络中的 PLC 都是 S7-300，由于 S7-300 都默认为网络主站，则可建立主/主网络连接；如果有 S7-200，则可建立主/从网络连接。MPI 协议总是在两个相互通信的设备之间建立连接，主站根据需要可以在短时间内建立一个连接，也可以无限期地保持连接断开。运行时，另一个主站不能干涉两个设备已经建立的连接。

（3）Profibus 协议

Profibus（Process Field Bus）协议是由 EN50170 和 IEC61158 定义的一种远程 I/O 通信协议，用于分布式 I/O（远程 I/O）的高速通信。S7-200 系列 PLC 的 CPU22X 都可以通过增加 EM277 PROFIBUS-DP 扩展模块支持 Profibus DP 网络协议。最高传输速率可达 12Mbit/s。Profibus Dp 网络通常有一个主站和几个 I/O 从站，主站初始化网络，核对网络上的从站设备和组态情况。

（4）TCP/IP 协议

S7-200 配备了以太网模块 CP-243-1IT 通信处理器，支持 TCP/IP 以太网协议。通过工业以太网（IE），一台 S7-200 可以与其他 S7-200、S7-300/400 进行通信，还可与 OPC 服务器及 PC 进行通信。

（5）用户定义的协议

自由口模式通信是 S7-200 独特的一种通信方式。在自由口模式下，由用户自定义通信协议。当处于自由口模式时，通信协议完全由梯形图程序控制。

4. 通信的实现

进行 S7-200 系列 PLC 通信时，需要建立通信方案、进行参数组态。

（1）建立通信方案

通信前要根据实际需要建立通信方案，主要考虑的是主站与从站之间的连接形式以及站号。站号是网络中各个站的编号，网络中的每个设备（PC、PLC、HMI 等）都要分配唯一的编号（站地址）。站号 0 是安装编程软件 STEP7-Micro/WIN32 的计算机或编程器的默认站地址，操作面板（如 TD200、OP3 和 OP7）的默认站号为 1，与站号 0 相连的第一台 PLC 默认为站号 2。一个网络中最多可以有 127 个站地址（站号 0 到站号 126）。

（2）进行参数组态

在编程软件 STEP7-Micro/WIN32 中，对通信硬件参数进行设置，即通信参数组态，涉及通信设置、通信器件的安装/删除、PC/PPI（MPI、MODEM）参数设置。下面以 PC/PPI 电缆为例，介绍参数组态方法。其他通信器件的参数组态方法与 PC/PPI 电缆组态方法基本相同。

① 通信设置。在 STEP7-Micro/WIN32 中，使用菜单命令“查看”→“通信”，或者在指令树窗口中单击“通信”按钮，进入“通信设置状态”对话框，显示参数配置：

本地设备地址（Local Address）：0。

远程设备地址（Remote Address）：2。

通信模式（Module）：PC/PPI 电缆（计算机通信端口为 COM1）。

通信协议（Protocol）：PPI。

传输字符数据模式（Mode）：11 位。

传输速率（Transmission Rate）：9.6kbit/s。

② 安装/删除通信器件。在“通信设置状态”对话框中，双击“PC/PPI”电缆图标，弹出“通信器件设置（Set PG/PC Interface）”对话框。在“Add/Remove”区域单击“Select”按钮，弹出“Install/Remore Interface（安装/删除接口）”对话框。

在左边“Selection”列表框中选择要安装的通信器件（如 PC Adapter），单击“Install”按钮后，按照安装向导逐步安装通信器件。安装完成后，在右边的“Installed”列表框中将出现已经安装的通信器件。

在右边“Installed”列表框中选择要删除的通信器件，单击“Uninstall”按钮后，按照删除向导逐步删除通信器件。删除完成后，该器件将从“Installed”列表框中消失。

（3）通信器件参数设置

如果在“通信器件设置（Set PG/PC Interface）”对话框中单击“Properties”按钮，将弹出参数设置对话框，可设置 PPI 通信参数及本机的连接属性。

① 进入“PPI”选项卡，设置 PPI 通信参数，系统默认值：

站号（Address）：0。

超时时间（Time Out）：1s。

传输速率：9.6kbit/s。

最高站地址：31。

② 进入“Local Connection”选项卡，设置本机的连接属性，包括选择串行通信口 COM1 或 COM2，是否选择调制解调器。默认选择是 COM1，不选择调制解调器。

（二）S7-200 PLC 的通信指令

1. S7-200 系列 PLC 的自由口通信模式

S7-200 系列 PLC 的串行通信口可以由用户程序来控制，这种由用户程序控制的通信方式称为自由口通信模式。利用自由口模式，可以实现用户定义的通信协议，可以同多种智能设备（如打印机、条形码阅读器、显示器等）进行通信。当选择自由口通信模式时，用户程序可通过发送/接收中断、发送/接收指令来控制串行通信口的操作。通信所使用的波特率、奇偶校验以及数据位数等由特殊存储器位 SMB30（对应端口 0）和 SMBl30（对应端口 1）来设定。SMB30 和 SMB130 的具体内容如表 6-2 所示。

表 6-2　存储器位 SMB30 和 SMB130 具体内容

端口 0	端口 1	说明
SMB30	SMB130	p p d b b b m m
格式		自由端口模式控制字
SM30.7 SM30.6	SM130.7 SM130.6	pp:奇偶校验选择 00:无校验;01:偶校验;10:无校验;11:奇校验
SM30.5	SM130.5	d:每个字符的有效数据位数 0:每个字符 8 位有效数据;1:每个字符有 7 位有效数据
SM30.4 SM30.3 SM30.2	SM130.4 SM130.3 SM130.2	bbb:波特率 000:38400bit/s;001:19200bit/s;010:9600bit/s;011:4800bit/s;100:2400bit/s;101:1200bit/s;110:600bit/s;111:300bit/s
SM30.1 SM30.0	SM130.1 SM130.0	mm:通信协议选择 00:PPI 协议(PPI 从机模式);01:自由口协议;10:PPI 协议(PPI 主机模式);11:保留(默认为 PPI 从机模式)

在对 SMB30 赋值之后，通信模式就被确定。发送数据使用 XMT 指令；要接收数据，则可在相应的中断程序中直接从特殊存储区中的 SMB2（自由口通信模式的接收寄存器）读取。若是采用有奇偶校验的自由口通信模式，还需在接收数据之前检查特殊存储区中的 SMB3.0（自由口通信模式奇偶校验错误标志位，置位时表示出错）。在 PPI 模式下，控制字节的 2 到 7 位是忽略掉的（只设置其低 2 位）。SMB30 中协议选择缺省值是 00＝PPI 从站，因此，从站侧不需要初始化。只要将 SMB30（SMB130）的低 2 位设置为 2＃10，就允许该 PLC 主机为 PPI 主站模式，可以执行网络读/写指令。

注意：只有 PLC 处于 RUN 模式时，才能进行自由口通信。处于自由口通信模式时，不能与可编程设备通信，比如编程器、计算机等。若要修改 PLC 程序，则需将 PLC 置于 STOP 方式，此时所有的自由口通信被禁止，通信协议自动切换到 PPI 通信模式。

2. S7-200 的发送和接收指令

（1）发送和接收指令格式及功能

自由口通信发送、接收指令格式及功能如表 6-3 所示。

表 6-3　发送和接收指令格式及功能

LAB	STL	指令功能描述
XMT EN　ENO TBL PORT	XMT TBL,PORT	使能端有效时,激活发送的数据缓冲区(TBL)中的数据。通过通信端口(PORT)将缓冲区(TBL)的数据发送出去
RCV EN　ENO TBL PORT	RCV TBL,PORT	使能端有效时,激活初始化或结束接收信息服务。通过指定端口(PORT)接收从远程设备上传送来的数据,并放到缓冲区(TBL)

指令说明：

① TBL 指定接收/发送数据缓冲区的首地址。可寻址的寄存器地址为 VB、IB、QB、MB、SMB、SB、* VD、* AC。

② TBL 数据缓冲区中的第一个字节用于设定应发送/接收的字节数，缓冲区的大小在 255 个字符以内。

③ PORT 指定通信端口，可取 0 或 1。

（2）XMT 指令发送数据

XMT 指令可以方便地发送一个或多个字节缓冲区的内容（最多为 255 个字节）。用 XMT 指令发送数据应注意以下几点：

① 在缓冲区内的最后一个字符发送后会产生中断事件 9（通信端口 0）或中断事件 26（通信端口 1），利用这一事件可进行相应的操作。

② SM4.5（通信端口 0）或 SM4.6（通信端口 1）用于监视通信端口的发送空闲状态，当发送空闲时，SM4.5 或 SM4.6 将置 1。利用该位，可在通信端口处空闲状态时发送数据。

（3）RCV 指令接收数据

用 RCV 指令可以方便地接收一个或多个字节缓冲区的内容（最多为 255B）。这些字符存储在接收缓冲区中。使用 RCV 指令接收数据应注意以下几点：

① 可利用字符中断控制接收数据。每接收完成 1 个字符，通信端口就产生一个中断事件 8（或通信端口 1 产生一个中断事件 25）。接收到的字符会自动存放在特殊存储器 SMB2 中。利用接收字符完成中断事件 8（或 25），可方便地将存储在 SMB2 中的字符及时取出。

② 可利用接收结束中断控制接收数据。当由 TBL 指定的多个字符接收完成时，将产生接收结束中断事件 23（通信端口 0）或接收结束中断事件 24（通信端口 1），利用这个中断事件，可在接收到最后一个字符后，通过中断子程序迅速处理接收到缓冲区的字符。

③ S7-200 在接收信息字符时要用到一些特殊存储器：SMB86～SMB94（SMB186～SMB194）。通过 SMB87（或 SMB187）来控制接收信息，通过 SMB86（或 SMB186）来监控接收信息。

3. S7-200 的网络读/写指令

（1）网络读/写指令格式及功能

在 S7-200 的 PPI 主站模式下，网络读/写指令分别是 NETR 和 NETW，指令格式及功能如表 6-4 所示。

表 6-4　网络读/写指令格式及功能

LAB	STL	指令功能描述
NETR EN ENO TBL PORT	NETR TBL,PORT	网络读指令 NETR,使能端有效时,指令初始化通信操作,通过端口(PORT)接收从远程设备上传送来的数据,并放到指定的缓冲区表(TBL)中,形成数据表
NETW EN ENO TBL PORT	NETW TBL,PORT	网络写指令 NETW,使能端有效时,指令初始化通信操作,通过端口(PORT)将缓冲区表(TBL)中的数据发送到远程设备

指令说明：

① TBL 指定被读/写的网络通信数据表，可寻址的寄存器为 VB、MB、* VD、* AC。

② PORT：常数，指定通信端口 0 或 1。

③ 在程序中可以使用任意条网络读/写指令，但在同一时间，最多只能同时执行 8 条 NETR 或 NETW 指令、4 条 NETR 和 4 条 NETW 指令、2 条 NETR 和 6 条 NETW 指令。

④ 执行网络读/写指令前，必须用程序将 S7-200PLC 设置成 PPI 主站模式。

⑤ 可借助 STEP7-Micro/WIN 软件中的指令向导生成网络读/写程序。

（2）主站与从站传输数据表的格式

在执行网络读/写指令时，PPI 主站与从站间传输数据的数据表（TBL）的格式如表 6-5 所示。

表 6-5　PPI 主站与从站间传输数据的数据表（TBL）格式

字节偏移地址	字节名称	描述
0	状态字节	D | A | E | 0 | F3 | F2 | F1 | F0 D:操作完成位。D=0:未完成;D=1:完成。 A:激活操作排队有效位。A=0:未激活;A=0:已激活。 E:错误标志位。E=0:无错误;E=1:有错误。 F0～F3:错误码。如果执行指令后,E=1,则 F0～F3 返回一个错误码
1	远程设备地址	被访问的 PLC 从站地址
2	远程设备的数据指针	被访问远程 PLC 存储器中数据的间接指针,占 4 字节,指针可以指向 I、Q、M 和 V 数据区
3		
4		
5		
6	数据长度	远程站点上被访问数据的字节数(1～16)
7	数据字节 0	接收或发送数据区:对 NETR,执行 NETR 后,从远程站点读到的数据存放在这个数据区中;对 NETW,执行 NETW 前,要发送到远程站点的数据存放在这个数据区
8	数据字节 1	
⋮	⋮	
22	数据字节 15	

三、任务实施

(一)任务要求

某设备上有 3 台 PLC，均为 S7-224XP CPU，组成 PPI 网络。有两台电动机，分别接在两台 CPU 上，第 3 台 CPU 接了启动按钮和停止按钮。当按下启动按钮时，接在两台 CPU 上的电动机启动，当按下停止按钮时，接在两台 CPU 上的电动机停止。

(二)任务分析

S7-200PLC 多机 PPI 通信

首先需在 3 台 S7-224XP CPU 中确定一台 CPU 作为主站。我们将接有电动机的一台 CPU 作为主站，称为甲机，并将站地址设为 2；将接有启动和停止按钮的 CPU 设为从站，称为乙机，将站地址设为 3；将另一台接有电动机的 CPU 也设为从站，称为丙机，将站地址设为 4。S7-200 CPU 之间的 PPI 通信只需在主站侧编写通信程序，从站侧不需要编写通信程序。其实，在 PPI 网络中，主站和从站并不是绝对的，3 台 CPU 中，编写了通信程序的 CPU 都可以做主站。对编程计算机来说，3 台 CPU 都是从站。

(三)网络结构设计

S7-200 PLC 间的 PPI 通信可通过 Profibus 电缆直接连到各 CPU 的端口 0 或端口 1，本任务中用到 3 台 S7-224XP CPU，每个 CPU 有两个端口。将 3 台 CPU 的端口 0 用 Profibus 电缆连接，组成一个使用 PPI 协议的单主站网络，网络结构如图 6-3 所示。

(四)程序说明

使用网络读/写指令进行 S7-200 CPU 间的通信比较复杂，为了方便用户使用，STEP 7-Mirco/WIN 软件中提供了网络读/写指令向导，利用网络读/写指令向导可以很容易地编写 S7-200 CPU 间的通信。下面利用网络读/写指令向导生成网络读/写子程序，完成对该任务要求的程序编写。

（1）使用“网络读/写指令向导”编写子程序

① 激活网络读/写指令向导。打开 STEP 7-Micro/WIN 软件，单击主菜单“工具”→“指令向导”，打开指令向导。选中“NETR/NETW”选项，然后单击“下一步”按钮。

② 指定需要的网络操作数。在“您希望配置多少项网络读/写操作?”选择框中选择或输入需要进行多少项网络读/写操作。本例需要从乙机读取按钮状态，并将按钮状态发送给丙机，所以需要两次网络读/写操作，因此设为“2”，然后单击“下一步”按钮。

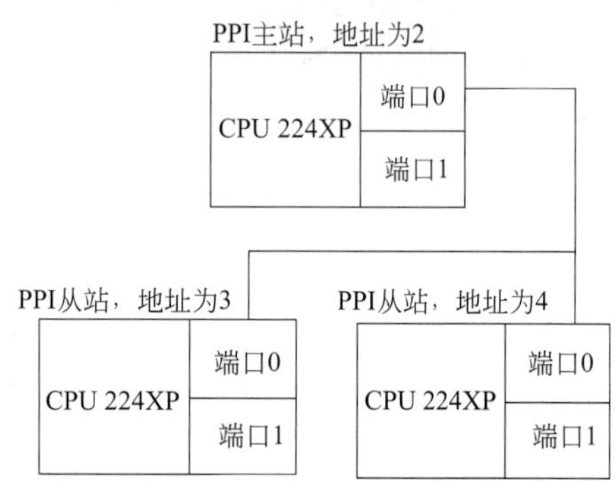

图 6-3　3 台 S7-224XP PLC 网络结构图

③ 指定端口号和子程序名称。本例中用端口 0 进行 PPI 通信，选择 PLC 通信端口为 0，子程序名称可以使用默认名称，然后单击“下一步”按钮。

④ 配置网络读/写操作。本例中要从乙机中读取按钮状态，所以选择 NETR 指令。只有两个开关量的状态，读取的字节数为 1 字节。乙机的 PLC 端口地址为 3，所以将远程 PLC 地址设为 3。数据存储在本地的地址为 VB0，从远程 PLC 读取数据的地址也为 VB0。配置完乙机的网络读操作后，单击“下一项操作”按钮，开始配置对丙机的网络写操作。本例中要将按钮状态写入丙机中，所以选择 NETW 指令。只有两个开关量的状态，所以写入的字节数为 1 字节。丙机的 PLC 端口地址为 4，所以将远程 PLC 地址设为 4。数据存储在本地的地址为 VB0，写入远程 PLC 数据的地址也为 VB0。

⑤ 为网络读/写子程序分配存储区。可以使用建议地址，本任务中使用 VB62 至 VB80 的 V 存储区。

⑥ 生成网络读/写子程序代码。最后单击“完成”按钮，生成网络读/写子程序代码。

通过网络读/写指令向导，生成子程序 NET _ EXE，根据在网络读/写指令向导中设置的参数执行通信功能，每次扫描均需调用该子程序，其参数见表 6-6。

表 6-6　NET_EXE 子程序的参数表

网络读/写子程序	输入/输出参数	数据类型	参数含义
NET_EXE EN Timeout　Cycle Error	EN	BOOL	使能端，需要 SM0.0 来使能
	Timeout	INT	超时延时，Timeout＝0，不启动延时检测；Timeout＝1～36767，以秒为单位的超时延时时间。如果通信有问题的时间超出此延时时间，则报错
	Cycle	BOOL	在每次所有网络操作完成时切换状态
	Error	BOOL	错误参数，Error＝0，无错误；Error＝1，错误

（2）使用子程序编程

根据控制要求，编写 PLC 程序。乙机的 PLC 程序如图 6-4 所示。在网络 1 中，当按启动按钮时，利用正向转换指令，置位启动标志位，复位停止标志位。在网络 2 中，当按停止按钮时，利用正向转换指令，置位停止标志位，复位启动标志位。

甲机的 PLC 程序如图 6-5 所示。在网络 1 中，每个循环周期调用网络读/写子程序，启动通信的延时检测功能。在网络 2 中，当启动标志 V0.0 为 ON、停止标志 V0.1 为 OFF

时，启动电动机。启动标志 V0.0 和停止标志 V0.1 是从乙机读取的按钮状态。在网络 3 中，停止标志 V0.1 为 ON、启动标志 V0.0 为 OFF 时，停止电动机。

丙机的 PLC 程序如图 6-6 所示。在网络 1 中，当启动标志 V0.0 为 ON、停止标志 1 为 OFF 时，启动电动机。启动标志 V0.0 和停止标志 V0.1 是从甲机发送的按钮状态。网络 2 中，当停止标志 V0.1 为 ON、启动标志 V0.0 为 OFF 时，停止电动机。

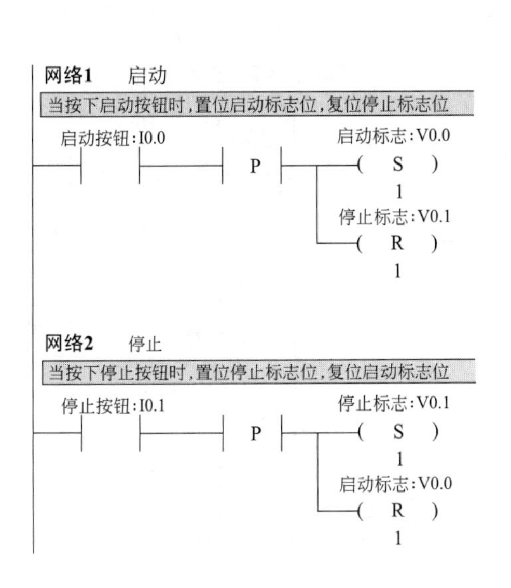

图 6-4　乙机 PLC 程序

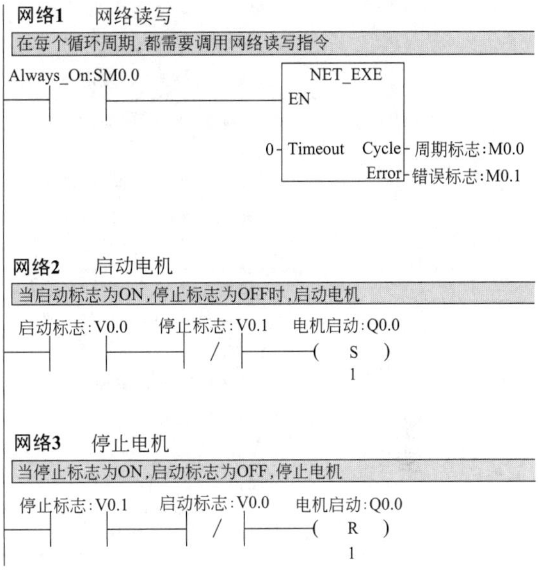

图 6-5　甲机 PLC 程序

(五)实施步骤

(1) 布线安装

按照布线工艺要求，根据控制接线图进行布线安装。

(2) 电路断电检查

在断电的情况下，从电源端开始，逐段核对接线及接线端子处有无漏接、错接之处。并用万用表检查电路的通断情况。

(3) 在 STEP 7-Micro/WIN 编程软件中输入、调试程序。

(4) 在遵守安全规程及指导教师现场监护的前提下，通电试车。

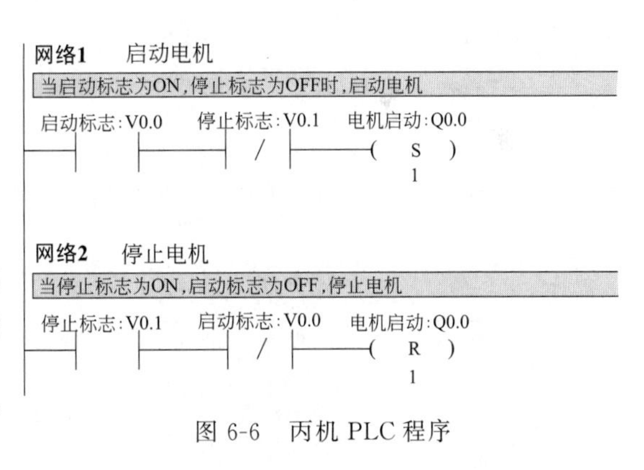

图 6-6　丙机 PLC 程序

四、任务评价

通过对本任务相关知识的学习和应用操作实施，对任务实施过程和任务完成情况进行评价。包括对知识、技能、素养、职业态度等多个方面，主要由小组对成员的评价和教师对小组整体的评价两部分组成。学生和教师评价的占比分别为 40％和 60％。教师评价标准见表 1，小组评价标准见表 2。

表 1　教师评价表

子任务编号及名称			班级					
序号	评价项目	评价标准	评价等级					
			A 组	B 组	C 组	D 组	E 组	F 组
1	职业素养 40% (成员参与度、团队协助)	优:能进行合理分工,在实施过程中能相互协商、讨论,所有成员全部参与; 良:能进行分工,在实施过程中相互协商、帮助不够,多少成员参与; 中:分工不合理,相互协调差,成员参与度低; 差:相互间不协调、讨论,成员参与度低						
2	专业知识 30% (程序设计)	优:正确完成全部程序设计,并能说出程序设计思路; 良:正确完成全部程序,但无法解释程序; 中:完成部分动作程序,能解释程序作用; 差:未进行程序设计						
3	专业技能 30% (系统调试)	优:控制系统完全按照控制要求工作; 良:经调试后,控制系统基本按照控制要求动作; 中:系统能完成部分动作; 差:系统不工作						
其他	扩展任务 完成情况	完成基本任务的情况下,完成扩展任务,小组成绩加 5 分,否则不加分						
教师评价合计(百分制)								

表 2　小组评价表

子任务编号及名称			班级				组别	
序号	评价项目	评价标准	评价等级					
			组长	B 同学	C 同学	D 同学	E 同学	F 同学
1	守时守约 30%	优:能完全遵守实训室管理制度和作息制度; 良:能遵守实训室管理制度,无缺勤; 中:能遵守实训室管理制度,迟到、早退 2 次以内; 差:违反实训室管理制度,有 1 次旷课或迟到、早退 3 次	□ 优 □ 良 □ 中 □ 差	□ 优 □ 良 □ 中 □ 差	□ 优 □ 良 □ 中 □ 差	□ 优 □ 良 □ 中 □ 差	□ 优 □ 良 □ 中 □ 差	□ 优 □ 良 □ 中 □ 差
2	学习态度 30%	优:积极主动查阅资料,并解决老师布置的问题; 良:能积极查阅资料,寻求解决问题的方法,但效果不佳; 中:不能主动寻求解决问题的方法,效果差距较大; 差:碰到问题观望、等待、不能解决任何问题	□ 优 □ 良 □ 中 □ 差	□ 优 □ 良 □ 中 □ 差	□ 优 □ 良 □ 中 □ 差	□ 优 □ 良 □ 中 □ 差	□ 优 □ 良 □ 中 □ 差	□ 优 □ 良 □ 中 □ 差
3	团队协作 30%	优:积极配合组长安排,能完成安排的任务; 良:能配合组长安排,完成安排的任务; 中:能基本配合组长安排,基本完成任务; 差:不配合组长安排,也不完成任务	□ 优 □ 良 □ 中 □ 差	□ 优 □ 良 □ 中 □ 差	□ 优 □ 良 □ 中 □ 差	□ 优 □ 良 □ 中 □ 差	□ 优 □ 良 □ 中 □ 差	□ 优 □ 良 □ 中 □ 差

续表

子任务编号及名称			班级				组别	
序号	评价项目	评价标准	评价等级					
			组长	B 同学	C 同学	D 同学	E 同学	F 同学
4	劳动态度 10%	优:主动积极完成实训室卫生清理和工具整理工作; 良:积极配合组长安排,完成实训设备清理和工具整理工作; 中:能基本配合组长安排,完成实训设备的清理工作; 差:不劳动,不配合	□ 优 □ 良 □ 中 □ 差	□ 优 □ 良 □ 中 □ 差	□ 优 □ 良 □ 中 □ 差	□ 优 □ 良 □ 中 □ 差	□ 优 □ 良 □ 中 □ 差	□ 优 □ 良 □ 中 □ 差
学生评价合计(百分制)								

注:各等级优=95,良=85,中=75,差=50,选择即可。

思考与练习

用网络读/写指令实现 3 台 PLC 的网络通信。3 台 PLC(甲、乙、丙)与计算机通过 RS-485 通信接口和网络连接器组成一个使用 PPI 协议的单主站通信网络。甲作为主站,乙与丙作为从站。要求一开机,甲 PLC 的 Q0.0～Q0.7 控制的 8 盏灯每隔 1s 依次亮,接着乙 PLC 的 Q0.0～Q0.7 控制的 8 盏灯每隔 1s 依次亮,然后丙 PLC 的 Q0.0～Q0.7 控制的 8 盏灯每隔 1s 依次亮。然后再从甲 PLC 开始,24 盏灯不断循环依次点亮。

任务二

触摸屏组态 PLC 开关量控制

一、任务要求

通过 PLC 组态触摸屏控制电动机运行，来学习工业领域人机一体化的组态控制技术，熟悉人机界面（HMI），掌握人机界面与 PLC 的电气安装，掌握人机界面的功能属性与应用设置。

二、相关知识

（一）PLC 与 Smart 700 IE 电气连接安装

1. 触摸屏认知

触摸屏由控制器和检测装置组成，控制器用于接收从触摸检测装置发来的触摸信息，并将它转换成触点坐标，再送给触摸屏的 CPU；触摸屏控制器能同时接收 CPU 发来的命令，并加以执行；检测装置用于检测用户触摸位置，接收到触摸信号后，将信号发送到触摸屏控制器。触摸屏根据其工作原理和传输信息介质的不同，分为电阻式、电容式、红外线式和表面声波式。图 6-7 所示为触摸屏的组成。

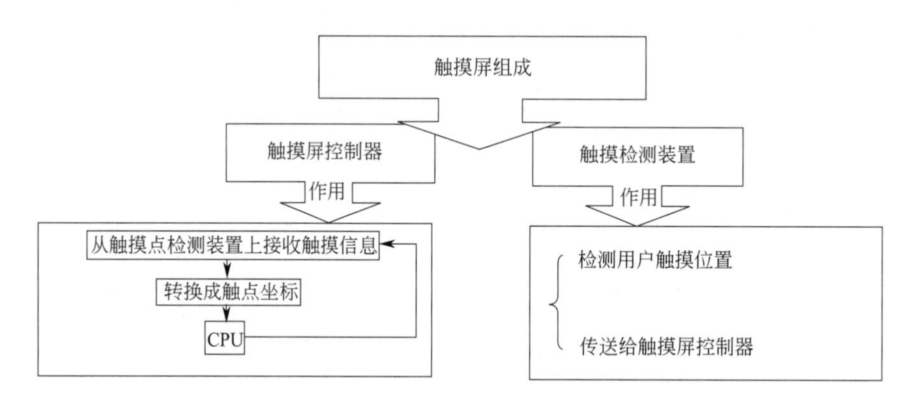

图 6-7　触摸屏的组成

为了通过触摸屏设备操作机器或系统，必须对触摸屏设备进行系统组态，系统组态就是通过 PLC 以“变量”方式进行操作单元与机械设备或过程之间的通信。变量值写入 PLC 上的存储区域（地址），由操作单元从该区域读取。

组态软件的应用领域很广，多应用于电力、给水、石油化工等领域的数据采集与监视控制以及过程控制。在工控领域，典型的组态软件有 MCGS、WinCC 等。

西门子的人机界面类型丰富，目前的 HMI 产品各类型面板如图 6-8 所示（从左到右依次为低档到高档产品）。

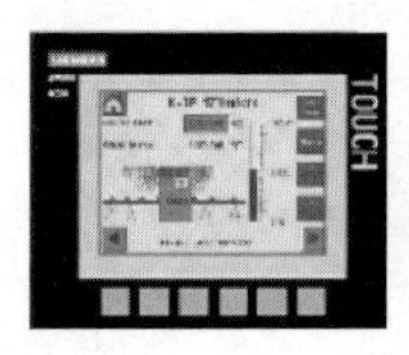
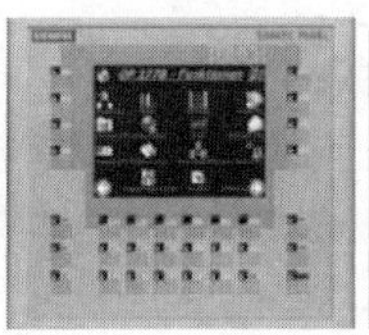
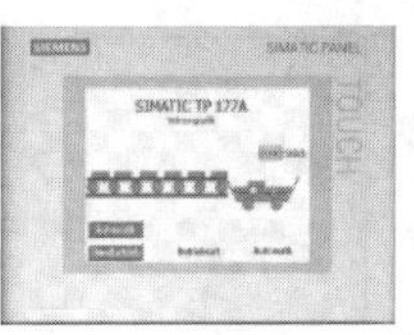
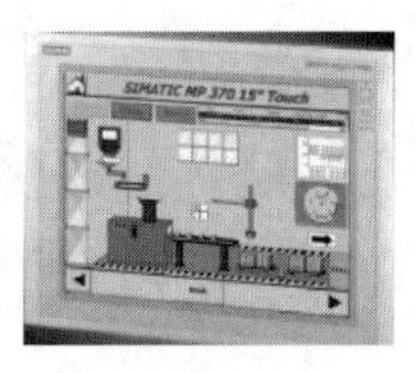

图 6-8　西门子 HMI 产品面板

2. Smart 700 的安装和连接

触摸屏安装主要指控制机柜上的电气安装以及与组态 PC 机和 PLC 控制器的通信连接，这里以 Smart line 700 IE 的安装和连接为例讲解，图 6-9 所示为其外观结构。

（1）控制柜上的安装

首先在安装机柜上将 HMI 设备插入到开孔中，再将所有卡钉插入 HMI 设备背面的卡钉安装槽，然后使用 2 号一字螺丝刀来安装 4 个卡钉。

（2）连接 HMI 设备

一般按照连接等电位电路、连接电源、连接组态 PC、连接 PLC 的顺序来连接 HMI 设备。

① 等电位电路的连接。如图 6-10 所示，使用横截面为 $4mm^2$ 的接地电缆连接 HMI 设备的功能接地端。将 HMI 设备的接地电缆连接到等电位导轨。注意等电位连接导线的横截面不得小于 $16mm^2$。

② 连接电源。使用最大导线横截面积为 $1.5mm^2$ 的电源电缆，将两根电源电缆线剥去外皮（剥除长度为 6mm），再将电缆轴套套在已剥皮的电缆端，并使用卡簧钳将电缆轴套卡紧，如图 6-11(a) 所示。

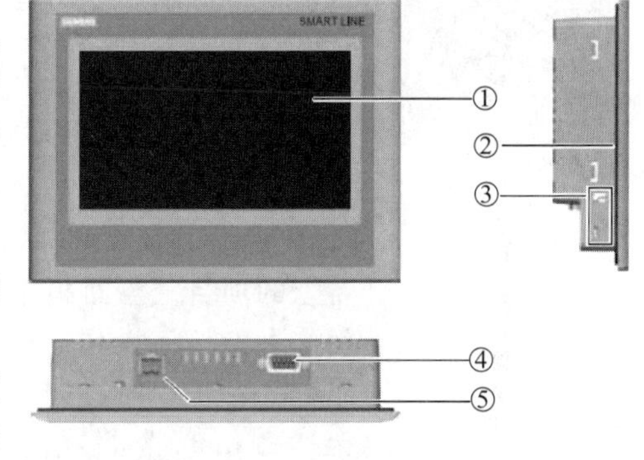

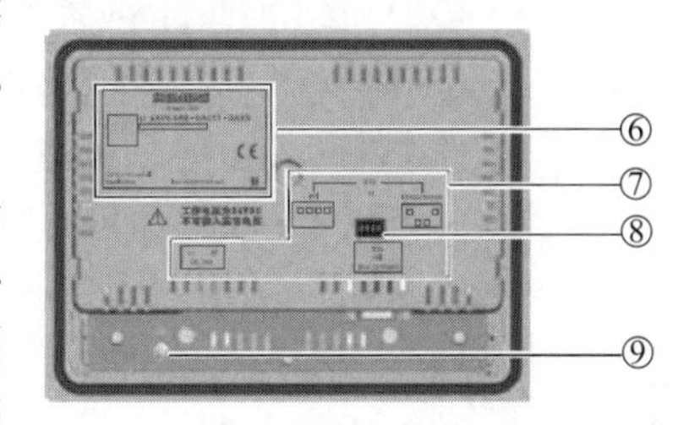

图 6-9　Smart700 外观结构

①显示器/触摸屏；②安装密封垫；③安装卡钉的凹槽；④RS422/RS485 接口；⑤电源连接器；⑥铭牌；⑦接口名称；⑧DIP 开关；⑨功能接地连接

将两根电源电缆的一端插入到电源连接器中，并使用一字螺丝刀加以固定。将 HMI 设备连接到电源连接器上。关闭电源，将两根电源电缆的另一端插入到电源端子中，并使用一字螺钉旋具加以固定（请确保使用 24V DC 电源，并且极性连接正确），如图 6-11(b) 所示。

③ 连接组态 PC。组态 PC 能够为 HMI 传送设备映像、将 HMI 设备恢复至工厂默认设置、备份、恢复项目数据。连接前先关闭 HMI 设备，将 PC/PPI 电缆的 RS485 接头与 HMI 设备连接。将 PC/PPI 电缆的 RS232 接头与组态 PC 连接。也可以使用 USB/PPI 电缆来代替 PC/PPI 电缆。用户如果使用 PC/PPI 电缆来连接 HMI 设备和组态 PC，则需要使用 DIP 开关来对传送速度进行配置。

④ 连接 PLC。如果某 PLC 中含有操作系统以及可执行的程序，则可以将 HMI 设备与该 PLC 连接。可以通过 RS422/RS485 接口来将 Smart Panel 与 SIMATIC PLC 连接起来，如图 6-12 所示。用于配置 RS422/RS485 接口的 DIP 开关安装在 HMI 设备的背面。该 DIP 开关在出厂时默认通过 RS485 接口来与 SIMATIC PLC 建立通信。

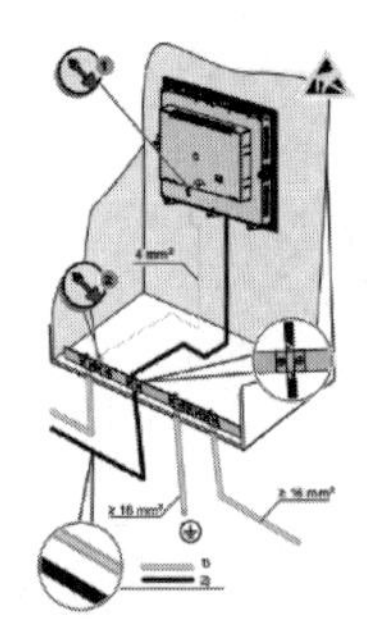

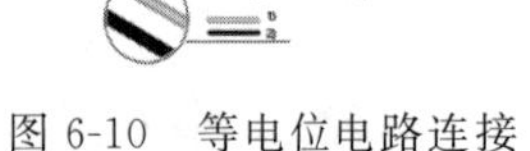

图 6-10　等电位电路连接

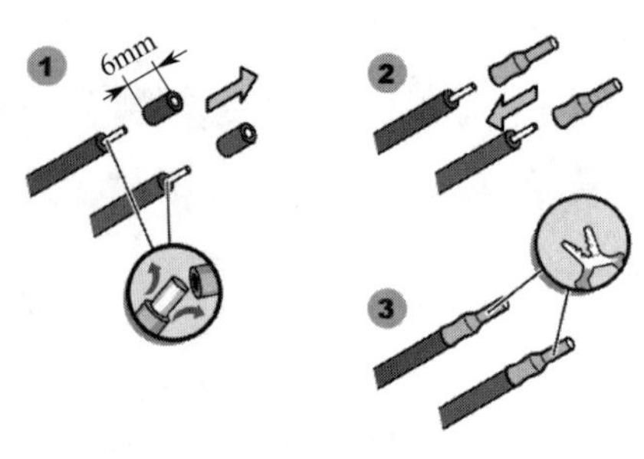

(a) 准备电源电缆

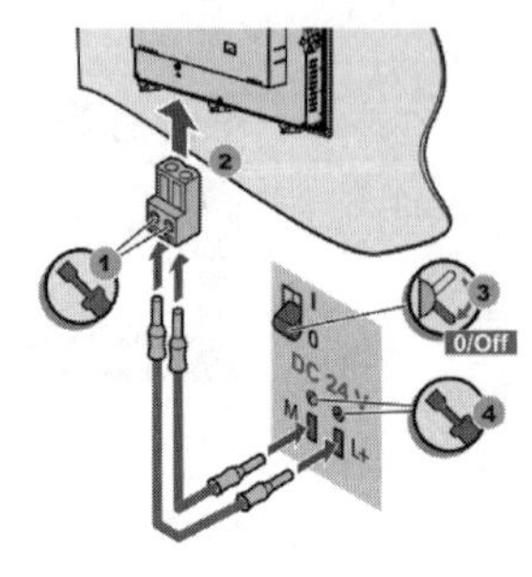

(b) 连接电源

图 6-11　连接电源步骤

RS422/RS485

RS485

SIMATIC S7-200

图 6-12　连接 PLC

接通电源，在电源接通之后屏幕会亮起。如果 HMI 设备无法启动，可能是电源端子上的电线接反了，请检查所连接的电线。

(二) 调试触摸屏

1. 接通并测试 HMI 设备

操作系统启动后界面如图 6-13(a) 所示。按“Transfer”按钮，将 HMI 设备设置为“Transfer”模式。单击“Start”按钮，启动 HMI 设备上的项目。当面板带有 WinCC flflexible 项目时，如果用户在延迟时间内未做任何操作，则该项目会自动启动；当面板上并未带有 WinCC flflexible 项目时，如果在延迟时间内未做任何操作，则面板会自动切换至“Transfer”模式。按“Control Panel”按钮打开 HMI 设备的控制面板，如图 6-13(b) 所示，可以在控制面板中进行各种设置。例如：选 OP 项可以更改监视器设置、显示关于 HMI 设备的信息、校准触摸屏；选 Password 可以更改密码设置；选 Transfer 启用数据通道；选 Screen Saver 设置屏幕保护程序；选 Volume Settings 设置声音反馈信号。

2. 启用数据通道

用户必须启用数据通道将项目传送至 HMI 设备。完成项目传送后，可以通过锁定所有数据通道来保护 HMI 设备，以免无意中覆盖项目数据及 HMI 设备映像。启用一个数据通道的步骤如图 6-14 所示。按“Transfer”按钮打开“Transfer Settings”对话框。如果 HMI 设备通过 PC/PPI 电缆与组态 PC 互连，则在“Channel 1”域中激活“Enable Channel”复选框。

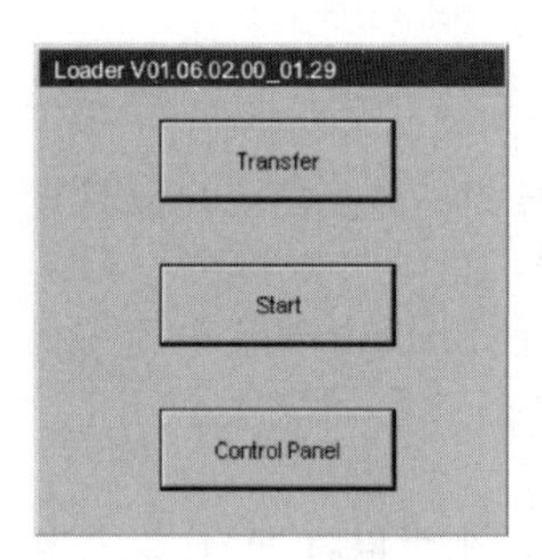

(a) 操作系统启动界面

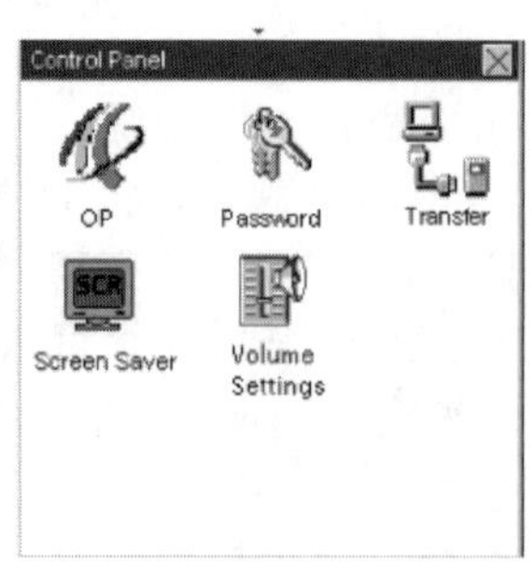

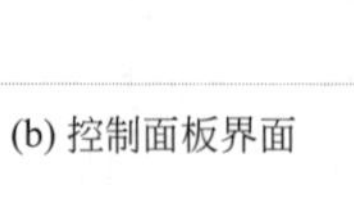

(b) 控制面板界面

图 6-13　操作系统启动界面及控制面板界面

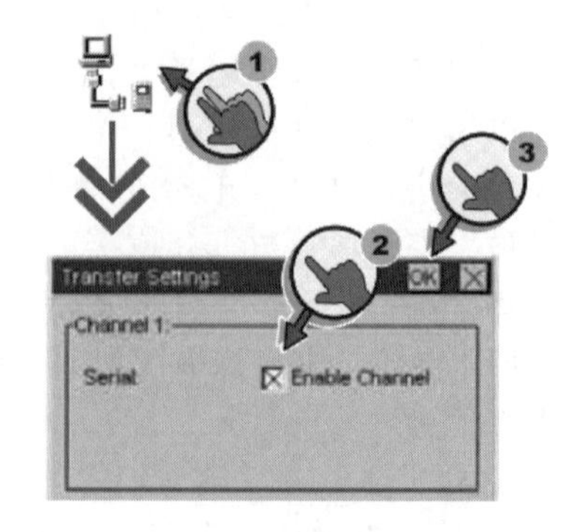

图 6-14　启用数据通道

(三)创建项目

先安装 WinCC flexible 2008，然后装 WinCC flexible 2008_SP2，最后装 Smart panelH-SP_20100910。安装好 WinCC flexible 2008 后，在［开始］/［程序］/［WinCC flexible 2008］下找到相应的可执行程序，打开触摸屏软件，界面如图 6-15 所示。

编辑界面如图 6-16 所示。

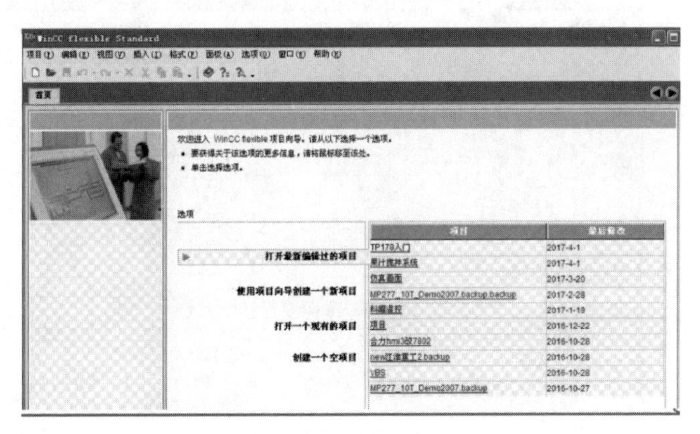

图 6-15　WinCC flexible 项目向导

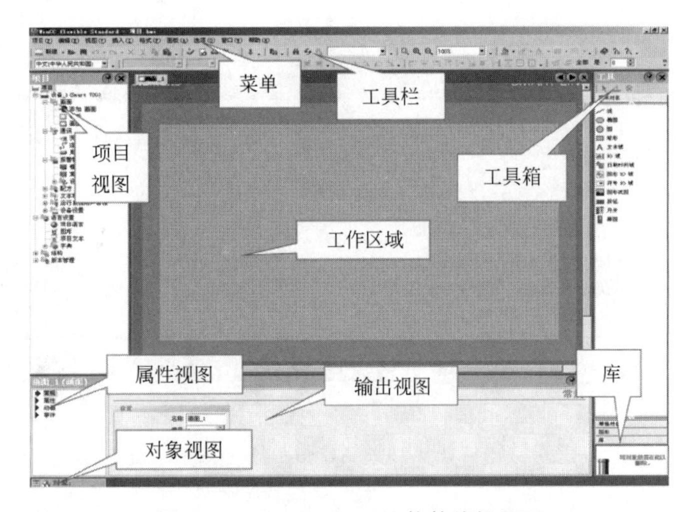

图 6-16　WinCC flexible 软件编辑界面

在 WinCC flexible 软件界面中，双击左侧菜单选择“通讯”下的“连接”，选择通信驱动程序（Mitsubishi FX）；设置完成后再双击左侧菜单选择“通讯”下的“变量”，建立变量表，如图 6-17 所示。

变量建立完成，双击左侧菜单“画面”下的“添加画面”，增加画面的数量，如图 6-18 所示。

制作指示灯，用于监控 PLC 输入输出端口状态，如图 6-19 所示。

制作按钮，用于对 PLC 程序进行控制，见图 6-20。

制作完成的画面如图 6-21 所示。组态完的画面项目文件在传送至触摸屏之前需进行编译模拟运行，只有编译运行无误的项目工程才可传送到触摸屏存储器中。

通过 PC/PPI 通信电缆连接触摸屏 PPI/RS422/RS485 接口与 PC 机串口。触摸屏需开启数据通道，选择“Control Panel”，在弹出窗口激活“Enable Channel”复选框，选择

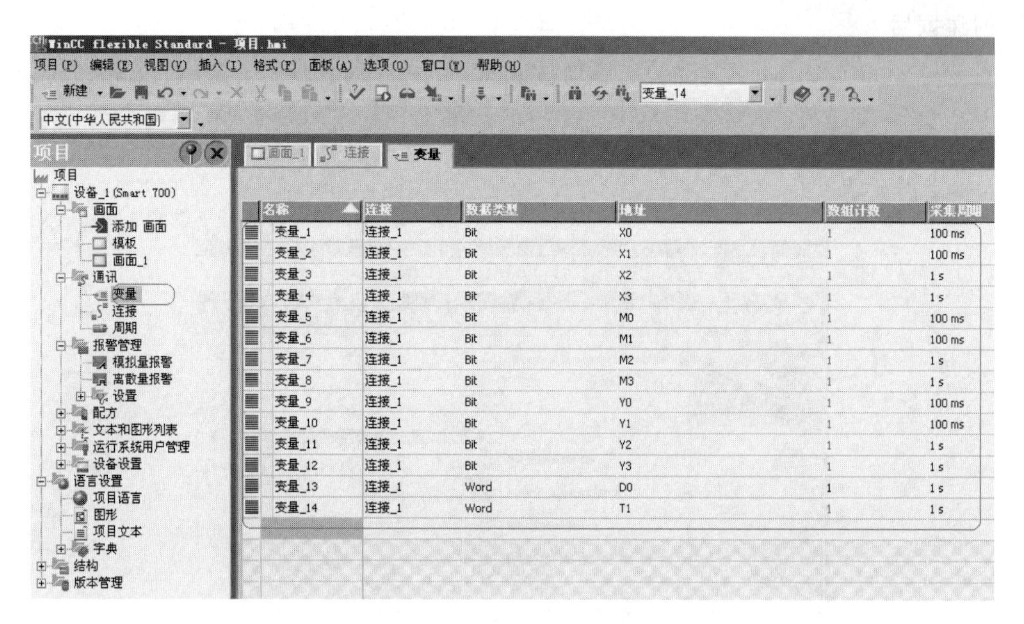

图 6-17　建立变量表界面

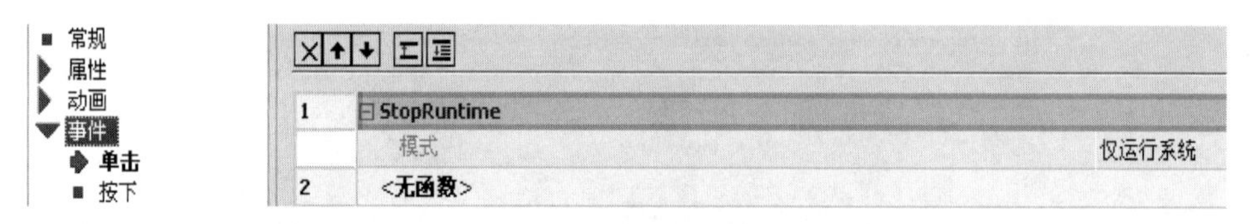

图 6-18　增加画面的数量

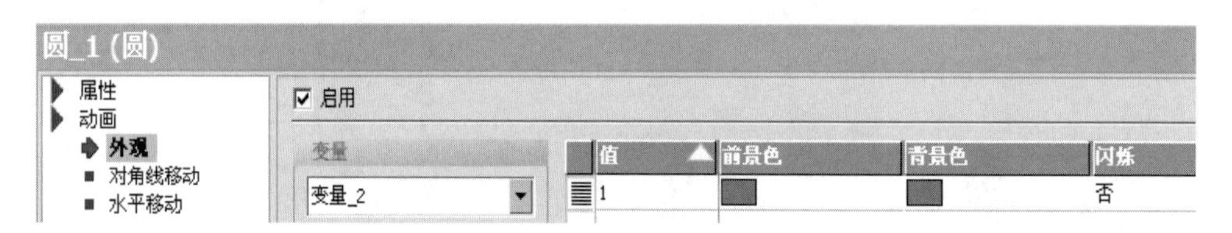

图 6-19　制作指示灯

图 6-20　制作按钮

“Transfer”启动下载。单击下载工程按钮下载工程。见图 6-22。

下载完成，用专用连接电缆连接 PLC 与触摸屏，就可以实现所设定的控制。

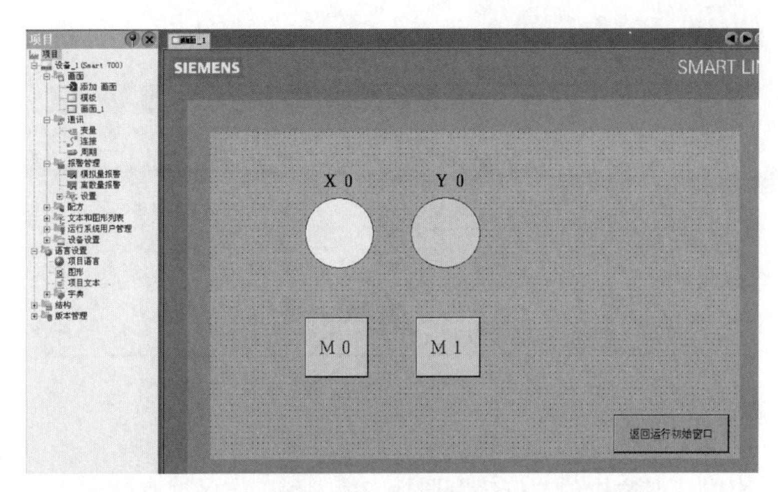

图 6-21 项目画面

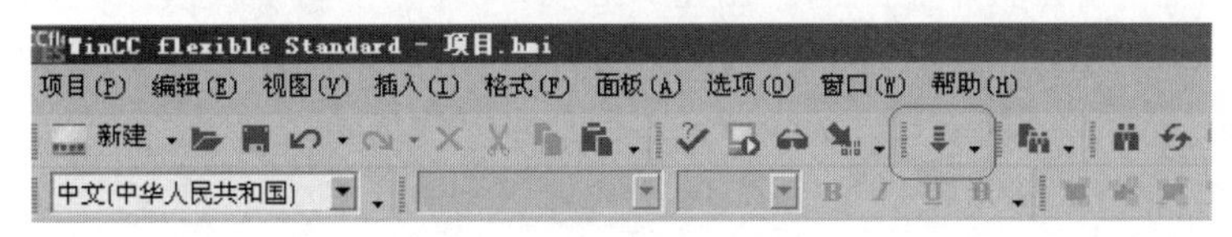

图 6-22 下载工程按钮

三、任务实施

触摸屏控制指示灯演示视频

1. 画出控制接线图

控制接线图如图 6-23 所示。

2. 连接 PLC 通信组态

双击项目视图中“通讯”下的“连接”，打开“连接”组态视图窗口，此时会自动生成“连接_1”，在通信驱动程序行下右侧单击，弹出 PLC 设备类型选择列表，选择“S7-200”，“在线”栏目选择“开”；在连接参数视图窗口中确定通信类型。

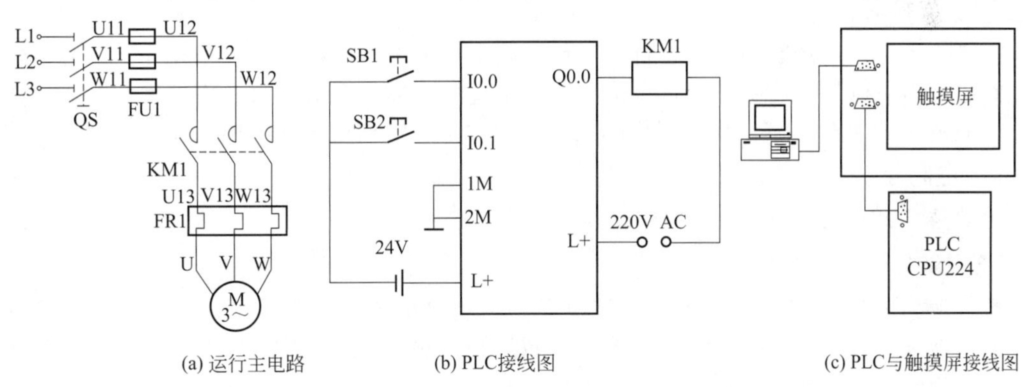

图 6-23 控制接线图

3. 开关量“变量”组态

要实现触摸屏组态 PLC 开关量控制，必须为开关量信号配置“变量”组态。双击项目视图中“通讯”下的“变量”，在弹出的变量列表中给所有的变量建立“连接”。如图 6-24 中名称为“启动”的连接为“连接_1”，数据类型为“Bool”，地址为 M0.0，采集周期可选为 100ms；“停止”的连接为“连接_1”，数据类型为“Bool”，地址为 M0.1，采集周期可选为100ms。一个控制系统只能有一个连接。

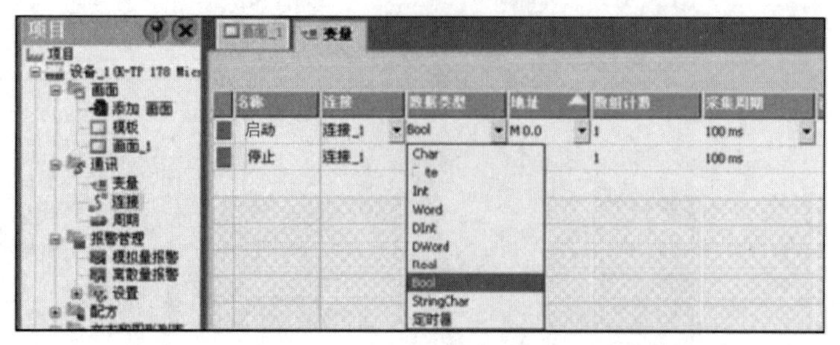

图6-24　启动、停止变量组态

4. 按钮创建

单击左键，按住工具栏中的“按钮”图标，拖入到工作区，如图6-25所示，在属性视图中编辑按钮功能、按钮大小、颜色，创建“启动”“停止”两个按钮。

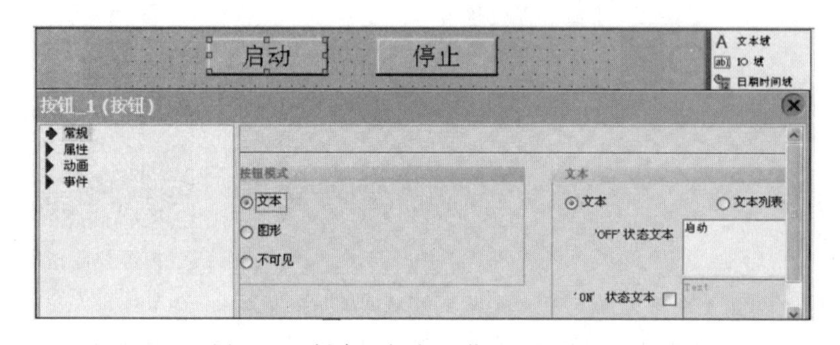

图6-25　创建“启动”“停止”两个按钮

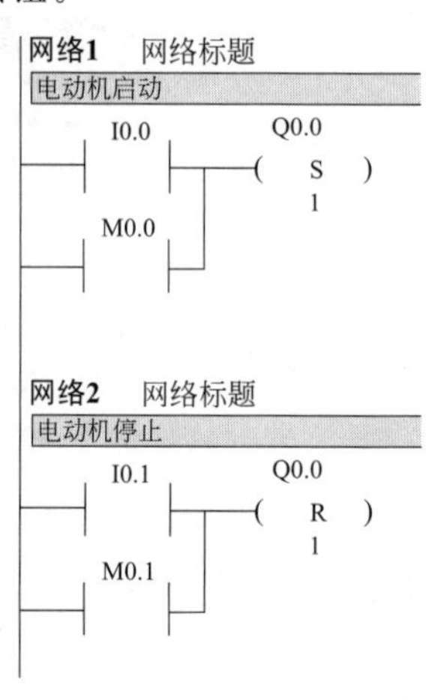

图6-26　参考程序

5. 按钮功能组态

选择文本为“启动”的按钮，打开属性视图的“事件”类的“按下”或者“单击”对话框，然后单击右侧最上面一行，再单击它右侧出现的图标，在出现的系统函数中选择“位编辑”树型链中的“SetBit”；采用同样的操作，对“停止”按钮选择“ResetBit”。

6. PLC控制程序设计

PLC参考程序设计如图6-26所示。

7. 系统调试

检查触摸屏与PLC之间的通信连接电缆是否连接牢靠，并核对WinCC flexible组态中控制变量地址是否与梯形图中编程的地址一致，检查触摸屏与PLC各自的通信参数设置是否一致，检查完毕下载运行调试。

四、任务评价

通过对本任务相关知识的学习和应用操作实施，对任务实施过程和任务完成情况进行评价。包括对知识、技能、素养、职业态度等多个方面，主要由小组对成员的评价和教师对小组整体的评价两部分组成。学生和教师评价的占比分别为40%和60%。教师评价标准见表1，小组评价标准见表2。

表 1　教师评价表

子任务编号及名称			班级					
序号	评价项目	评价标准	评价等级					
			A 组	B 组	C 组	D 组	E 组	F 组
1	职业素养 40%（成员参与度、团队协助）	优：能进行合理分工，在实施过程中能相互协商、讨论，所有成员全部参与； 良：能进行分工，在实施过程中相互协商、帮助不够，多少成员参与； 中：分工不合理，相互协调差，成员参与度低； 差：相互间不协调、讨论，成员参与度低						
2	专业知识 30%（程序设计）	优：正确完成全部程序设计，并能说出程序设计思路； 良：正确完成全部程序，但无法解释程序； 中：完成部分动作程序，能解释程序作用； 差：未进行程序设计						
3	专业技能 30%（系统调试）	优：控制系统完全按照控制要求工作； 良：经调试后，控制系统基本按照控制要求动作； 中：系统能完成部分动作； 差：系统不工作						
其他	扩展任务完成情况	完成基本任务的情况下，完成扩展任务，小组成绩加 5 分，否则不加分						
教师评价合计（百分制）								

表 2　小组评价表

子任务编号及名称			班级				组别	
序号	评价项目	评价标准	评价等级					
			组长	B 同学	C 同学	D 同学	E 同学	F 同学
1	守时守约 30%	优：能完全遵守实训室管理制度和作息制度； 良：能遵守实训室管理制度，无缺勤； 中：能遵守实训室管理制度，迟到、早退 2 次以内； 差：违反实训室管理制度，有 1 次旷课或迟到、早退 3 次	□ 优 □ 良 □ 中 □ 差	□ 优 □ 良 □ 中 □ 差	□ 优 □ 良 □ 中 □ 差	□ 优 □ 良 □ 中 □ 差	□ 优 □ 良 □ 中 □ 差	□ 优 □ 良 □ 中 □ 差
2	学习态度 30%	优：积极主动查阅资料，并解决老师布置的问题； 良：能积极查阅资料，寻求解决问题的方法，但效果不佳； 中：不能主动寻求解决问题的方法，效果差距较大； 差：碰到问题观望、等待、不能解决任何问题	□ 优 □ 良 □ 中 □ 差	□ 优 □ 良 □ 中 □ 差	□ 优 □ 良 □ 中 □ 差	□ 优 □ 良 □ 中 □ 差	□ 优 □ 良 □ 中 □ 差	□ 优 □ 良 □ 中 □ 差
3	团队协作 30%	优：积极配合组长安排，能完成安排的任务； 良：能配合组长安排，完成安排的任务； 中：能基本配合组长安排，基本完成任务； 差：不配合组长安排，也不完成任务	□ 优 □ 良 □ 中 □ 差	□ 优 □ 良 □ 中 □ 差	□ 优 □ 良 □ 中 □ 差	□ 优 □ 良 □ 中 □ 差	□ 优 □ 良 □ 中 □ 差	□ 优 □ 良 □ 中 □ 差
4	劳动态度 10%	优：主动积极完成实训室卫生清理和工具整理工作； 良：积极配合组长安排，完成实训设备清理和工具整理工作； 中：能基本配合组长安排，完成实训设备的清理工作； 差：不劳动，不配合	□ 优 □ 良 □ 中 □ 差	□ 优 □ 良 □ 中 □ 差	□ 优 □ 良 □ 中 □ 差	□ 优 □ 良 □ 中 □ 差	□ 优 □ 良 □ 中 □ 差	□ 优 □ 良 □ 中 □ 差
学生评价合计（百分制）								

注：各等级优=95，良=85，中=75，差=50，选择即可。

思考与练习

在触摸屏上使用模拟按钮开关和指示灯，完成点动、自锁、定时等控制编程练习。

视野拓展

智能制造发展趋势

趋势一：融合发展的下一代工业网络

随着智能制造对柔性生产要求的提高，以及跨平台、跨行业的应用需求增多，急需构建实时的大型工业通信网络。未来 5G 应用场景的 80%会在工业互联网。5G＋TSN＋OPC UA 三者的结合，将传感器、执行器等工业设备以无线的方式连接，实现不受线缆限制的网络，更好地为工业网络提供更加完整的解决方案，在工业领域的应用发展未来可期。

趋势二：制造工艺的智能化

工艺的智能化将成为新时期智能制造发展的突破口。制造工艺智能化是制造业整体智能化提升的关键。随着工业互联网的快速发展，大数据、人工智能等新一代信息技术将从参数优化、反馈补偿、智能迭代、工艺仿真、数值模型、方案比较、复合工艺、工艺装备等八个方面赋能工艺装备的智能化，开拓制造业智能化转型升级的新方向。

趋势三：AI 从边缘侧赋能制造业

随着越来越多的机器拥有了丰富的传感器，工业数据的数量正呈指数级增长，将如此大量的数据传输到云端将变得即耗费资源，又难以满足工业现场的实时性需求。因此，在工业设备或网管中增加边缘计算模块并植入相关算法软件成为边缘智能赋能工业的一种特色解决方案。

趋势四："自下而上"生长的工业互联网平台

平台作为工业互联网体系的核心，在市场上受到广泛关注，目前全国各类型工业互联网平台数量已达数百家，其中大部分采用"自上而下"模式为企业赋能，即先建平台，再寻找合适产业嵌入平台。通过"自下而上"模式成长起来的工业互联网平台企业，经过长时间在制造业的探索，对工业机理和底层设备具有足够深入的认知，在此基础上生长出来的工业互联网平台基础扎实，更能深入应用到制造业。

趋势五：机理模型驱动工业软件发展

以机理模型为基础的智能工业软件将成为产业创新发展的引擎。我国国产工业软件由于起步晚、产品化进程缓慢，在"十三五"期间仍难以摆脱"底子薄、应用难、创新少"等发展困境。以工业机理模型为基础，辅以人工智能技术的加速赋能，我国工业软件发展有望在"十四五"期间实现换道超车。研发设计软件将以计算机辅助制造（CAM）为重点突破口，在柔性化生产、定制化生产的需求带动下逐渐找到成长壮大的道路；生产控制软件将以生产制造系统（MES）、集散控制系统（DCS）和数据采集与监视控制系统（SCADA）等为重点，借助智能制造发展的东风顺势扩大在国内市场的占有率；信息管理软件将以传统市场格局为基础，以"云化"及"服务化"等新模式逐渐增加用户黏性，在个别垂直行业实现快速发展。

趋势六："工业电商＋工业服务"模式

工业电商平台作为工业互联网平台衍生的新业态，能够完善工业互联网平台功能，以供应链协同为核心，辅以信息资讯、仓储物流、供应链金融等工业服务，实现供应商、制造商、经销商、用户等产业链各环节主体之间数据连通。

项目七 PLC与变频调速控制

随着电力电子技术、微电子技术、计算机控制技术及自动化控制理论的发展，电动机调速已经从继电器控制发展到现在的由变频器控制。在现代工业自动化控制系统中，最为常见的是由PLC控制变频器，实现电动机的调速控制。

学习目标

- 了解变频器基本操作面板（BOP）的功能；
- 掌握用操作面板（BOP）改变变频器参数的步骤；
- 掌握用基本操作面板（BOP）快速调试变频器的方法；
- 了解变频器外部控制端子的功能，掌握外部运行模式下变频器的操作方法；
- 全面提升职业素养，成为一名优秀的电控工程师。

工程能力，源于实践

任务一

变频器功能参数设置与操作

一、任务要求

了解变频器基本操作面板（BOP）的功能。掌握用操作面板（BOP）改变变频器参数的步骤。

二、相关知识

变频器是将交流工频电源转换成电压、频率均可变的适合交流电动机调速的交流电源的电力电子变换装置，英文简称 VVVF（Variable Voltage Variable Frequency），变频器的控制对象是三相交流异步电动机和三相交流同步电动机，标准适配电动机极数是 2/4 极。

图 7-1　变频器的安装与拆卸

(一) 变频器的机械安装

1. 把变频器安装到标准导轨上

① 用导轨的上闩销把变频器固定到导轨的安装位置上；

② 向导轨上按压变频器，直到导轨的下闩销嵌入到位，如图 7-1 所示。

2. 从导轨上拆卸变频器

① 为了松开变频器的释放机构，将螺丝刀插入释放机构中；

② 向下施加压力，导轨的下闩销就会松开；

③ 将变频器从导轨上取下。

(二) 变频器的电气安装

1. 变频器的电气安装要点

① 变频器必须进行可靠接地。

② 必须由经过合格认证的人员进行安装和调试，应完全按照操作说明书进行操作。

③ 不要用高压绝缘测试设备测试与变频器连接的电缆的绝缘性能。

④ 即使变频器不处于运行状态，其电源输入线、直流回路端子和电动机端子上仍可能带有危险电压，因此断开开关以后还必须等待 5min，保证变频器放电完毕，再开始安装工作。

⑤ 变频器的控制电缆、电源电缆和与电动机的连接电缆的走线必须相互隔离，不要把它们放在同一个电缆线槽中/电缆架上。

2. 电源和电动机的连接

① 在连接变频器或改变变频器接线之前，必须断开电源。

② 确保电动机与电源电压的匹配是正确的。

③ 电源电缆和电动机电缆与变频器相应的接线端子连接好以后，在接通电源时必须确保变频器的盖子已经盖好。

3. 电源和电动机端子的接线和拆卸

① 打开变频器的盖子后，可以连接电源和电动机的功率接线端子（如图 7-2 所示）。

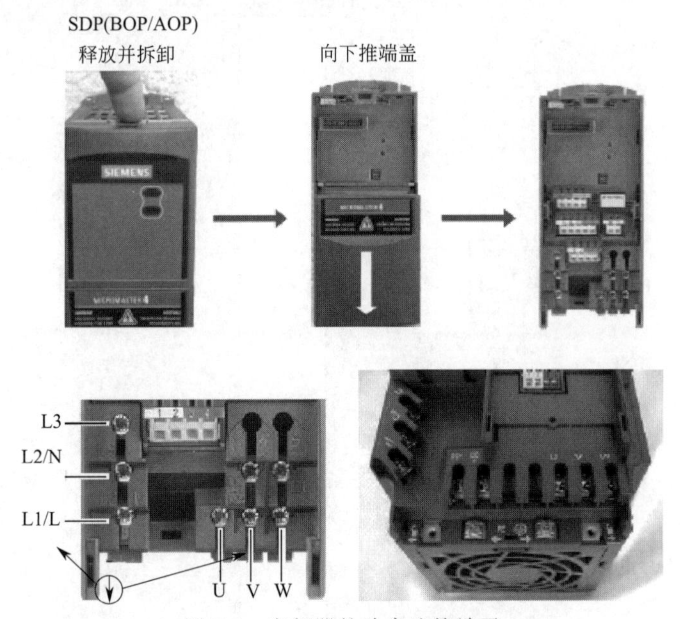

图 7-2　变频器的功率连接端子

② 电源和电动机的接线必须按照图 7-3 所示的方法进行。

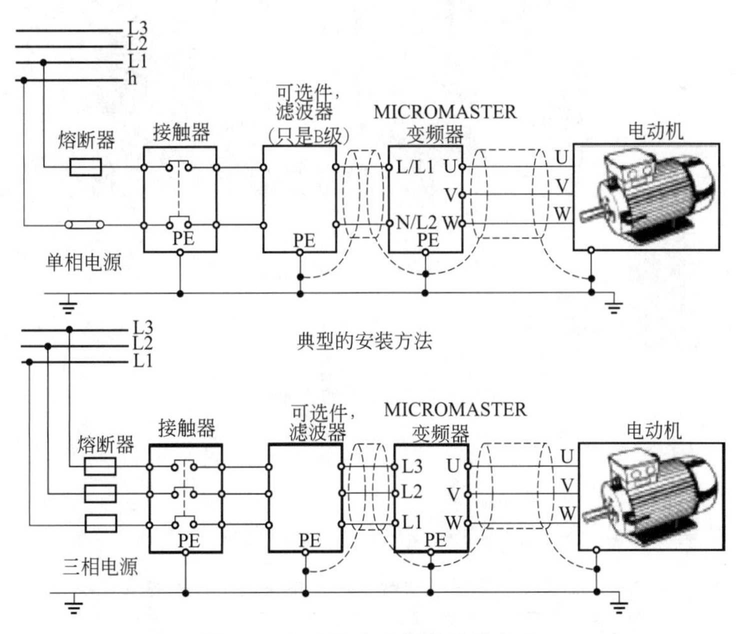

图 7-3　电动机和电源的接线方法

(三) 变频器的方框图

图 7-4 所示为变频器的方框图。

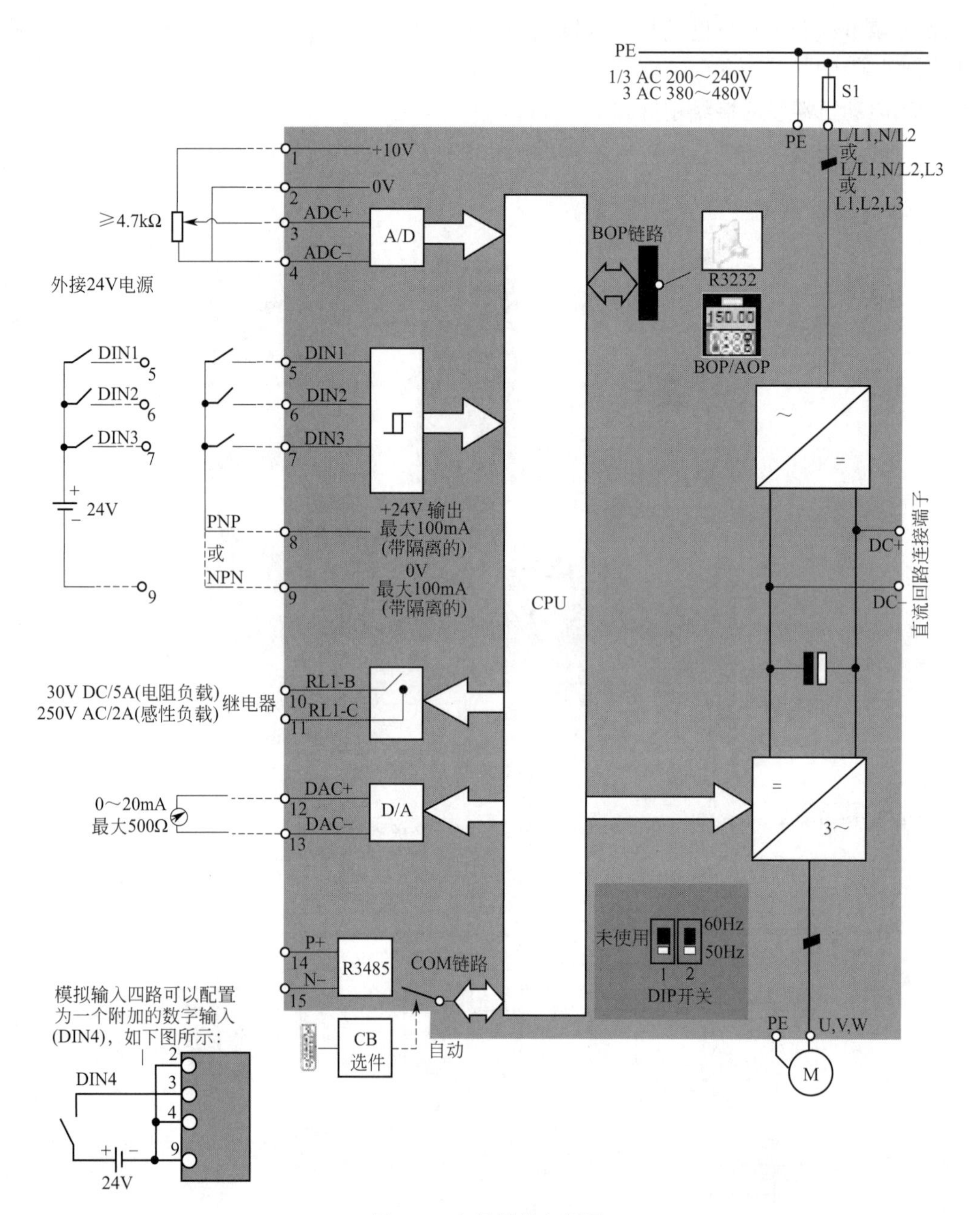

图 7-4　变频器的方框图

图 7-5 为 MICROMASTER 420 变频器接线端子图。缺省电源频率设置值（工厂设置值）可以用 SDP 下的 DIP 开关加以改变。

表 7-1 为控制端子标识和功能说明及相关端子号的对应关系。

表 7-1　控制端子标识和功能说明及相关端子号的对应关系

端子号	标识	功能
1	—	输出＋10V
2	—	输出 0V
3	ADC＋	模拟输入(＋)
4	ADC－	模拟输入(－)

续表

端子号	标识	功能
5	DIN1	数字输入 1
6	DIN2	数字输入 2
7	DIN3	数字输入 3
8	—	带电位隔离的输出＋24V/最大。100mA
9	—	带电位隔离的输出 0V/最大。100mA
10	RL1-B	数字输出/NO(常开)触头
11	RL1-C	数字输出/切换触头
12	DAC＋	模拟输出(＋)
13	DAC－	模拟输出(－)
14	P＋	RS485 串行接口
15	N＋	RS485 串行接口

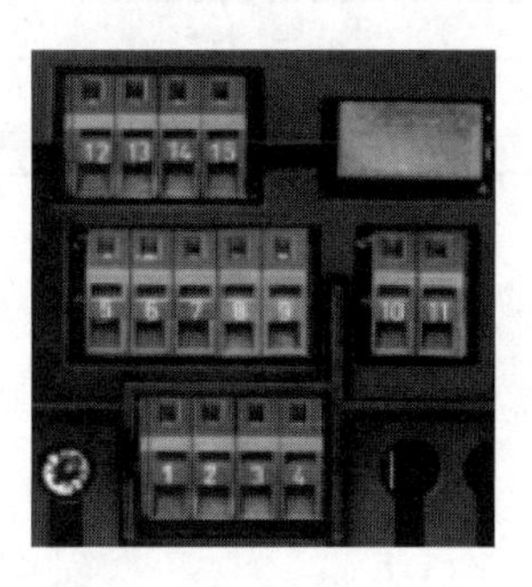

图 7-5　MICROMASTER 420 变频器接线端子图

三、任务实施

(一)设备工具

西门子 MM420 变频器、三相异步电动机及电工工具等。

(二)变频器面板

MICROMASTER 420 变频器配有操作面板，如图 7-6 所示。如果工厂的缺省设置值不适合用户设备情况，可以利用基本操作板（BOP）或高级操作板（AOP）修改参数，使之匹配。也可以用相关工具软件调整工厂的设置值。

状态显示板(SDP)

基本操作板(BOP)

高级操作板(AOP)

图 7-6　MICROMASTER 420 变频器的操作面板

电动机变频调速——电动机基本参数设置

(三)用 BOP 进行调试

利用基本操作面板（BOP）可以改变变频器的各个参数，利用 BOP 设定参数，必须首先拆下 SDP，并装上 BOP。BOP 上具有 7 段显示的五位数字，可以显示参数、报警和故障信息。用 BOP 操作时的参数说明见表 7-2。BOP 上的按钮说明见表 7-3。

表 7-2 用 BOP 操作时的参数说明

参数	说明
P0100	运行方式，欧洲/北美
P0307	功率（电动机额定值）
P0310	电动机的额定功率
P0311	电动机的额定速度
P1082	最大电动机频率

表 7-3 基本操作面板（BOP）上的按钮说明

显示/按钮	功能	功能说明
r0000	状态显示	显示变频器当前的设定值
I	启动变频器	为了使此键的操作有效，应设定 P0700＝1
0	停止变频器	短时按此键一次，变频器将按选定的斜坡下降速率减速停车； 按此键两次（或一次，但时间较长），电动机将在惯性作用下自由停车
	改变电动机的转动方向	为了使此键的操作有效，应设定 P0700＝1
jog	电动机点动	在变频器无输出的情况下按此键，电动机启动并按预设的频率运行；释放此键时变频器停车。如果变频器/电动机正在运行，按此键将不起作用
Fn	功能	此键用于浏览辅助信息。在变频器运行过程中，在显示任何一个参数时按下此键并保持 2 秒钟不动，将显示以下参数值： ①直流回路电压； ②输出电流； ③输出频率； ④输出电压； ⑤由 P0005 选定的数值 连续多次按下此键，将轮流显示以上参数
P	访问参数	按此键即可访问参数
	增加数值	按此键即可增加面板上显示的参数数值
	减少数值	按此键即可减小面板上显示的参数数值

注意：① 在缺省设置时，用BOP控制电动机的功能是被禁止的；如果要用BOP进行控制，参数P0700应设置为1，参数P1000也应设置为1。

② 变频器加上电源时，可以把BOP装到变频器上，也可以从变频器上将BOP拆卸下来。如果BOP已经设置为I/O控制（P0700=1），在拆卸BOP时变频器驱动装置将自动停车。

(四)变频器的常规操作

首先进行以下设置：

P0010=1（为了正确地进行命令的初始化）；

P0700=1（使能BOP操作板上的启动/停止按钮）；

P1000=1（使能电动电位计的设定值）；

以上设置完成后，继续以下操作。

按下按钮，启动电动机。按下按钮，电动机转动速度逐渐增加到50Hz。当变频器的输出频率达到50Hz时，按下按钮，电动机的速度及其显示值逐渐下降，用按钮可以改变电动机的转动方向。按下按钮，电动机停车。

电动机在额定速度以下运行时，安装在电动机轴上的风扇的冷却效果降低。因此，如果要在低频下长时间连续运行，大多数电动机必须降低额定功率使用。为了保护电动机在这种情况下不致过热而损坏，电动机应安装PTC温度传感器，并把它的输出信号连接到变频器的相应控制端，同时使能P0601。电动机过载保护的PTC接线见图7-7。

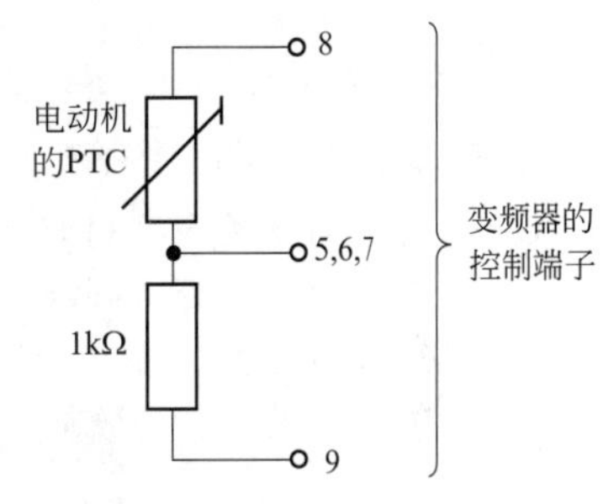

图7-7　电动机过载保护的PTC接线

四、任务扩展

变频器基本操作面板无级调速

交流电动机的同步转速表达式为：

$$n=60f(1-s)/p$$

式中　n——异步电动机的转速；

f——异步电动机的频率；

s——电动机转差率；

p——电动机极对数。

转速n与频率f成正比，只要改变频率f即可改变电动机的转速。当频率f在0～50Hz的范围内变化时，电动机转速调节范围非常宽。变频器就是通过改变电动机电源频率实现速度调节的。变频器参数设定见表7-4。

表7-4　变频器参数设定

序号	变频器参数	出厂值	设定值	功能说明
1	P0304	230	380	电动机的额定电压(380V)
2	P0305	3.25	0.35	电动机的额定电流(0.35A)
3	P0307	0.75	0.06	电动机的额定功率(60W)
4	P0310	50.00	50.00	电动机的额定频率(50Hz)
5	P0311	0	1430	电动机的额定转速(1430r/min)
6	P1000	2	1	用操作面板(BOP)控制频率的升降
7	P1080	0	0	电动机的最小频率(0Hz)
8	P1082	50	50.00	电动机的最大频率(50Hz)
9	P1120	10	10	斜坡上升时间(10s)
10	P1121	10	10	斜坡下降时间(10s)
11	P0700	2	1	BOP(键盘)设置

变频器无级调速外部接线图见图 7-8。

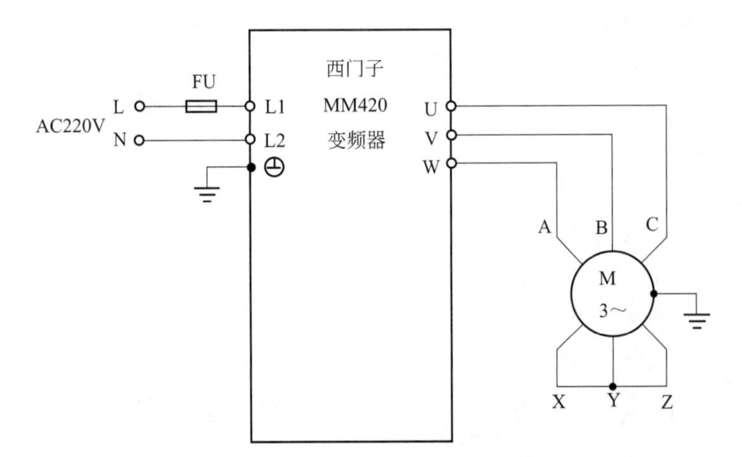

图 7-8　变频器无级调速接线图

变频器无级调速操作步骤如下。

① 检查实训设备中器材是否齐全。

② 按照变频器外部接线图完成变频器的接线，认真检查，确保正确无误。

③ 打开电源开关，按照参数功能表正确设置变频器参数。

④ 按下操作面板按钮，启动变频器。

⑤ 按下操作面板按钮，增加或减小变频器输出频率。

⑥ 按下操作面板按钮，改变电动机的运转方向。

⑦ 按下操作面板按钮，停止变频器。

五、任务评价

通过对本任务相关知识的学习和应用操作实施，对任务实施过程和任务完成情况进行评价。包括对知识、技能、素养、职业态度等多个方面，主要由小组对成员的评价和教师对小组整体的评价两部分组成。学生和教师评价的占比分别为 40% 和 60%。教师评价标准见表 1，小组评价标准见表 2。

表 1　教师评价表

子任务编号及名称			班级					
序号	评价项目	评价标准	评价等级					
			A 组	B 组	C 组	D 组	E 组	F 组
1	职业素养 40%（成员参与度、团队协助）	优：能进行合理分工，在实施过程中能相互协商、讨论，所有成员全部参与； 良：能进行分工，在实施过程中相互协商、帮助不够，多少成员参与； 中：分工不合理，相互协调差，成员参与度低； 差：相互间不协调、讨论，成员参与度低						
2	专业知识 30%（程序设计）	优：正确完成全部程序设计，并能说出程序设计思路； 良：正确完成全部程序，但无法解释程序； 中：完成部分动作程序，能解释程序作用； 差：未进行程序设计						

续表

子任务编号及名称			班级					
序号	评价项目	评价标准	评价等级					
			A组	B组	C组	D组	E组	F组
3	专业技能30% (系统调试)	优:控制系统完全按照控制要求工作; 良:经调试后,控制系统基本按照控制要求动作; 中:系统能完成部分动作; 差:系统不工作						
其他	扩展任务完成情况	完成基本任务的情况下,完成扩展任务,小组成绩加5分,否则不加分						
教师评价合计(百分制)								

表2　小组评价表

子任务编号及名称			班级				组别	
序号	评价项目	评价标准	评价等级					
			组长	B同学	C同学	D同学	E同学	F同学
1	守时守约30%	优:能完全遵守实训室管理制度和作息制度; 良:能遵守实训室管理制度,无缺勤; 中:能遵守实训室管理制度,迟到、早退2次以内; 差:违反实训室管理制度,有1次旷课或迟到、早退3次	□优 □良 □中 □差	□优 □良 □中 □差	□优 □良 □中 □差	□优 □良 □中 □差	□优 □良 □中 □差	□优 □良 □中 □差
2	学习态度30%	优:积极主动查阅资料,并解决老师布置的问题; 良:能积极查阅资料,寻求解决问题的方法,但效果不佳; 中:不能主动寻求解决问题的方法,效果差距较大; 差:碰到问题观望、等待、不能解决任何问题	□优 □良 □中 □差	□优 □良 □中 □差	□优 □良 □中 □差	□优 □良 □中 □差	□优 □良 □中 □差	□优 □良 □中 □差
3	团队协作30%	优:积极配合组长安排,能完成安排的任务; 良:能配合组长安排,完成安排的任务; 中:能基本配合组长安排,基本完成任务; 差:不配合组长安排,也不完成任务	□优 □良 □中 □差	□优 □良 □中 □差	□优 □良 □中 □差	□优 □良 □中 □差	□优 □良 □中 □差	□优 □良 □中 □差
4	劳动态度10%	优:主动积极完成实训室卫生清理和工具整理工作; 良:积极配合组长安排,完成实训设备清理和工具整理工作; 中:能基本配合组长安排,完成实训设备的清理工作; 差:不劳动,不配合	□优 □良 □中 □差	□优 □良 □中 □差	□优 □良 □中 □差	□优 □良 □中 □差	□优 □良 □中 □差	□优 □良 □中 □差
学生评价合计(百分制)								

注:各等级优=95,良=85,中=75,差=50,选择即可。

思考与练习

1. 变频器的电气安装要点有哪些?
2. 一般的通用变频器包含哪几种电路?

任务二 外部模拟量方式的变频调速控制

一、任务要求

通过改变输入电压来控制变频器的频率，了解变频器外部控制端子的功能，掌握外部运行模式下变频器的操作方法。

二、相关知识

(一) 变频器的调速优势

① 平滑软启动，降低启动冲击电流，减少变压器占有量，确保电动机安全。

② 在机械允许的情况下可通过提高变频器的输出频率提高工作速度。

③ 无级调速，调速精度大大提高。

④ 电动机正反向无需通过接触器切换。

⑤ 非常方便地通过通信网络控制，实现生产自动化控制。

(二) 变频器的分类

1. 按变换的环节

按变换的环节可分为交-直-交变频器和交-交变频器。交-直-交变频器是把工频交流通过整流器变成直流，然后再把直流变换成频率、电压可调的交流，又称间接式变频器，是目前广泛应用的通用型变频器。交-交变频器将工频交流直接变换成频率电压可调的交流，又称直接式变频器。

2. 按直流电源性质

按直流电源的性质分为电压型变频器和电流型变频器。

(1) 电压型变频器

电压型变频器特点是中间直流环节的储能元件采用大电容，负载的无功功率由它来缓冲，直流电压比较平稳，直流电源内阻较小，相当于电压源，故称电压型变频器，常用于负载电压变化较大的场合。

(2) 电流型变频器

电流型变频器特点是中间直流环节采用大电感作为储能环节，缓冲无功功率，扼制电流的变化，使电压接近正弦波。由于该直流内阻较大，故称电流源型变频器，简称电流型变频器。电流型变频器能扼制负载电流频繁而急剧的变化，常用于负载电流变化较大的场合。

3. 按主电路工作方式

按主电路工作方式分为电压型和电流型。

4. 按照工作原理分类

按照工作原理分为 U/F 控制变频器（VVVF 控制）、SF 控制变频器（转差频率控制）、

VC控制变频器（矢量控制）。

5. 按照开关方式

按照开关方式分为PAM控制变频器、PWM控制变频器和高载频PWM控制变频器。

6. 按照用途

按照用途分为通用变频器、高性能专用变频器、高频变频器、单相变频器和三相变频器等。

7. 按变频器调压方法

按变频器调压方法分为PAM变频器和PWM变频器。PAM变频器通过改变电压或电流进行输出控制。PWM变频器在变频器输出波形的一个周期产生若干个脉冲，其等值电压为正弦波，波形较平滑。

8. 按电压等级分类

按电压等级分为高压变频器、中压变频器和低压变频器。

三、任务实施

(一) 设备工具

西门子MM420变频器、三相异步电动机及电工工具等。

(二) 设定变频器相关参数

用开关K1控制西门子MM420变频器，实现电动机启动，由模拟量输入端控制电动机转速的大小，DIN1端口设为启动控制端口。

首先进行出厂设置，将变频器参数复位为工厂的缺省设定值。其次设定P0003=2，允许访问扩展参数。然后设定电动机参数，先设定P0010=1（快速调试），再进行参数设定。参数设定值见表7-5。参数设置完成后，再设定P0010=0（准备）。

表7-5　变频器参数设定值

变频器参数	出厂值	设定值	功能说明
P0304	230	380	电动机的额定电压(380V)
P0305	3.25	0.35	电动机的额定电流(0.35A)
P0307	0.75	0.06	电动机的额定功率(60W)
P0310	50.00	50.00	电动机的额定频率(50Hz)
P0311	0	1430	电动机的额定转速(1430r/min)
P1000	2	2	模拟输入
P0700	2	2	选择命令源(由端子排输入)
P0701	1	1	ON/OFF(接通正转/停车命令1)

(三) 变频器模拟量控制接线图

变频器模拟量控制接线图如图7-9所示。

(四) 变频器模拟量控制操作步骤

① 检查实训设备中器材是否齐全。

② 按照变频器外部接线图完成变频器的接线，认真检查，确保正确无误。

③ 打开电源开关，按照参数功能表正确设置变频器参数，闭合开关K1，启动变频器。

④ 调节输入电压，观察并记录电动机的运转情况。

⑤ 断开开关K1，电动机停止运行，断开变频器。

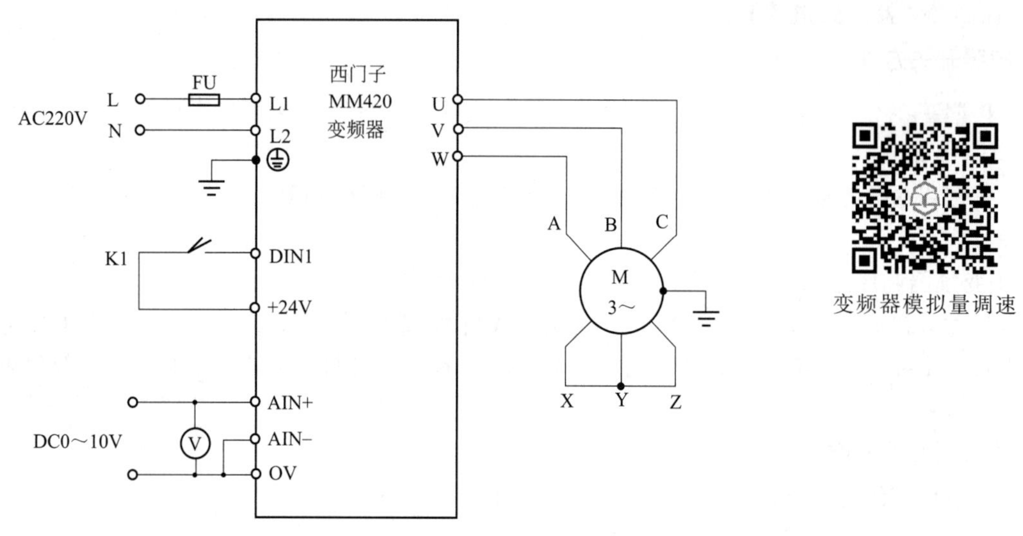

图 7-9　变频器模拟量控制接线图

四、任务扩展

由于工艺上的要求，很多生产机械在不同的阶段需要在不同的转速下运行。大多数变频器均提供了多段速控制功能。将 S7-226 PLC 和 MM420 变频器联机，可实现电动机三段速频率运转控制。闭合拨码开关 K1，电动机启动并运行在第一段，频率为 15Hz；延时 18s 后电动机反向运行在第二段，频率为 30Hz；再延时 20s 后电动机正向运行在第三段，频率为 50Hz。当闭合拨码开关 K2 时，电动机停止运行。

首先进行出厂设置，将变频器参数复位为工厂的缺省设定值。其次设定 P0003＝2，允许访问扩展参数。然后设定电动机参数，先设定 P0010＝1（快速调试），设置完成后再设定 P0010＝0（准备），参数设定值见表 7-6。

表 7-6　变频器参数设定值

变频器参数	出厂值	设定值	功能说明
P0003	1	1	设用户访问级为标准级
P0004	0	7	命令和数字 I/O
P0700	2	2	命令源选择由端子排输入
P0003	1	2	设用户访问级为扩展级
P0004	0	7	命令和数字 I/O
P0701	1	17	选择固定频率
P0702	1	17	选择固定频率
P0703	1	1	ON 接通正转，OFF 停止
P0003	1	1	设用户访问级为标准级
P0004	0	10	设定值通道和斜坡函数发生器
P1000	2	3	选择固定频率设定值
P0003	1	2	设用户访问级为扩展级
P0004	0	10	设定值通道和斜坡函数发生器
P1001	0	15	设置固定频率 1(Hz)
P1002	5	−30	设置固定频率 2(Hz)
P1003	10	50	设置固定频率 3(Hz)

变频器多段速控制接线图如图 7-10 所示。

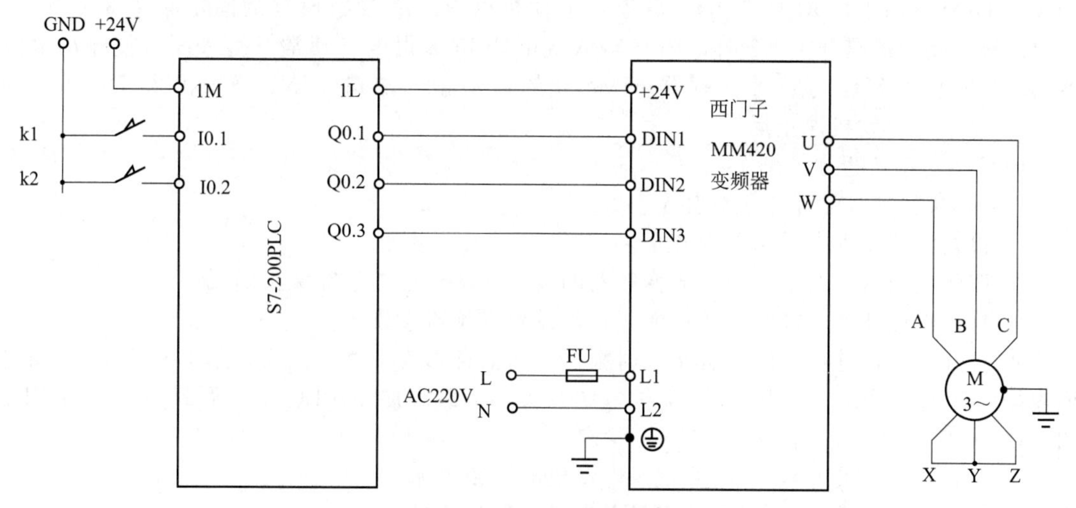

图 7-10　变频器多段速控制接线图

变频器 MM420 数字输入 DIN1、DIN2 端口通过 P0701、P0702 参数设为三段固定频率控制端，每一段的频率可分别由 P1001、P1002 和 P1003 参数设置。变频器数字输入 DIN3 端口设为电动机运行、停止控制端，可由 P0703 参数设置。PLC 输入/输出地址分配见表 7-7。

表 7-7　PLC 输入/输出分配表

输入			输出	
电气符号	地址	功能	地址	功能
K1	I0.1	起动按钮	Q0.1	DIN1
K2	I0.2	停止按钮	Q0.2	DIN2
—	—	—	Q0.3	DIN3

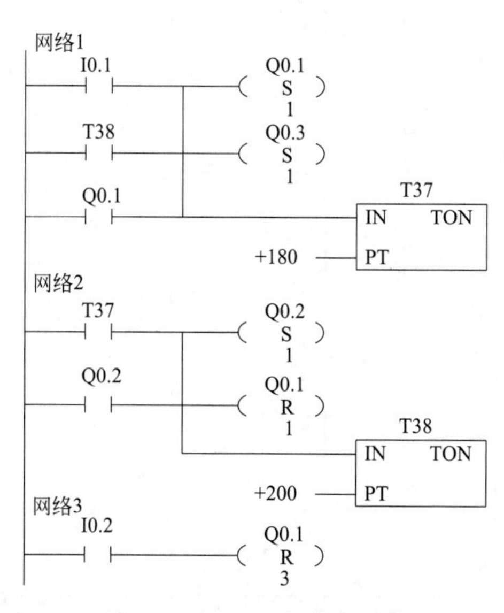

图 7-11　PLC 运行参考程序

程序执行要求如下。

闭合拨码开关 K1 后，输入继电器 I0.1 得电，输出继电器 Q0.1 和 Q0.3 置位，同时定时器 T37 得电计时。Q0.3 输出，变频器 MM420 的数字输入端口 DIN3 为“ON”，得到运转信号，Q0.1 输出，数字输入端口 DIN1 为“ON”状态，得到频率指令，电动机以 P1001 参数设置的固定频率 1（15Hz）正向运转；T37 正转定时到 18s，常开触头闭合，使输出继电器 Q0.2 置位、Q0.1 复位（注意：Q0.3 保持置位），同时定时器 T38 得电计时，变频器 MM420 的数字输入端口 DIN3 仍为“ON”，得到运转信号，Q0.2 输出，数字输入端口 DIN2 为“ON”状态，得到频率指令，电动机以 P1002 参数设置的固定频率 2（－30Hz）反向运转，T38 反转定时 20s，T38 位常开触头闭合，输出继电器 Q0.1 再次置位输出，变频器 MM420 的数字输入端口

DIN1、DIN2 和 DIN3 均为“ON”状态，电动机以 P1003 参数设置的固定频率 3（50Hz）正向运转；闭合拨码开关 K2 时，PLC 输入继电器 I0.2 得电，其常开触头闭合使输出继电器 Q0.1～Q0.3 复位，此时变频器 MM420 的数字输入端口 DIN1、DIN2 和 DIN3 均为“OFF”状态，电动机停止运转。

PLC 运行参考程序如图 7-11 所示。

变频器多段速控制操作步骤如下。

① 检查实训设备中器材是否齐全。

② 按照变频器外部接线图完成变频器的接线，认真检查，确保正确无误。

③ 打开电源开关，按照参数功能表正确设置变频器参数。

④ 打开程序，进行编译，有错误时根据提示信息修改，直至无误，用 USB/PPI 通信电缆连接计算机与 PLC，打开 PLC 主机电源开关，下载程序至 PLC 中，下载完毕后将 PLC 的“RUN/STOP”开关拨至“RUN”状态。

⑤ 闭合拨码开关 K1，观察并记录电动机的运转情况。

⑥ 闭合拨码开关 K2，观察并记录电动机的运转情况。

五、任务评价

通过对本任务相关知识的学习和应用操作实施，对任务实施过程和任务完成情况进行评价。包括对知识、技能、素养、职业态度等多个方面，主要由小组对成员的评价和教师对小组整体的评价两部分组成。学生和教师评价的占比分别为 40% 和 60%。教师评价标准见表 1，小组评价标准见表 2。

表 1　教师评价表

子任务编号及名称			班级					
序号	评价项目	评价标准	评价等级					
			A 组	B 组	C 组	D 组	E 组	F 组
1	职业素养 40%（成员参与度、团队协助）	优：能进行合理分工，在实施过程中能相互协商、讨论，所有成员全部参与； 良：能进行分工，在实施过程中相互协商、帮助不够，多少成员参与； 中：分工不合理，相互协调差，成员参与度低； 差：相互间不协调、讨论，成员参与度低						
2	专业知识 30%（程序设计）	优：正确完成全部程序设计，并能说出程序设计思路； 良：正确完成全部程序，但无法解释程序； 中：完成部分动作程序，能解释程序作用； 差：未进行程序设计						
3	专业技能 30%（系统调试）	优：控制系统完全按照控制要求工作； 良：经调试后，控制系统基本按照控制要求动作； 中：系统能完成部分动作； 差：系统不工作						
其他	扩展任务完成情况	完成基本任务的情况下，完成扩展任务，小组成绩加 5 分，否则不加分						
教师评价合计（百分制）								

表2 小组评价表

<table>
<tr><td colspan="2">子任务编号及名称</td><td></td><td>班级</td><td colspan="3"></td><td>组别</td><td></td></tr>
<tr><td rowspan="2">序号</td><td rowspan="2">评价项目</td><td rowspan="2">评价标准</td><td colspan="6">评价等级</td></tr>
<tr><td>组长</td><td>B同学</td><td>C同学</td><td>D同学</td><td>E同学</td><td>F同学</td></tr>
<tr><td>1</td><td>守时守约30%</td><td>优:能完全遵守实训室管理制度和作息制度;
良:能遵守实训室管理制度,无缺勤;
中:能遵守实训室管理制度,迟到、早退2次以内;
差:违反实训室管理制度,有1次旷课或迟到、早退3次</td><td>□ 优
□ 良
□ 中
□ 差</td><td>□ 优
□ 良
□ 中
□ 差</td><td>□ 优
□ 良
□ 中
□ 差</td><td>□ 优
□ 良
□ 中
□ 差</td><td>□ 优
□ 良
□ 中
□ 差</td><td>□ 优
□ 良
□ 中
□ 差</td></tr>
<tr><td>2</td><td>学习态度30%</td><td>优:积极主动查阅资料,并解决老师布置的问题;
良:能积极查阅资料,寻求解决问题的方法,但效果不佳;
中:不能主动寻求解决问题的方法,效果差距较大;
差:碰到问题观望、等待、不能解决任何问题</td><td>□ 优
□ 良
□ 中
□ 差</td><td>□ 优
□ 良
□ 中
□ 差</td><td>□ 优
□ 良
□ 中
□ 差</td><td>□ 优
□ 良
□ 中
□ 差</td><td>□ 优
□ 良
□ 中
□ 差</td><td>□ 优
□ 良
□ 中
□ 差</td></tr>
<tr><td>3</td><td>团队协作30%</td><td>优:积极配合组长安排,能完成安排的任务;
良:能配合组长安排,完成安排的任务;
中:能基本配合组长安排,基本完成任务;
差:不配合组长安排,也不完成任务</td><td>□ 优
□ 良
□ 中
□ 差</td><td>□ 优
□ 良
□ 中
□ 差</td><td>□ 优
□ 良
□ 中
□ 差</td><td>□ 优
□ 良
□ 中
□ 差</td><td>□ 优
□ 良
□ 中
□ 差</td><td>□ 优
□ 良
□ 中
□ 差</td></tr>
<tr><td>4</td><td>劳动态度10%</td><td>优:主动积极完成实训室卫生清理和工具整理工作;
良:积极配合组长安排,完成实训设备清理和工具整理工作;
中:能基本配合组长安排,完成实训设备的清理工作;
差:不劳动,不配合</td><td>□ 优
□ 良
□ 中
□ 差</td><td>□ 优
□ 良
□ 中
□ 差</td><td>□ 优
□ 良
□ 中
□ 差</td><td>□ 优
□ 良
□ 中
□ 差</td><td>□ 优
□ 良
□ 中
□ 差</td><td>□ 优
□ 良
□ 中
□ 差</td></tr>
<tr><td colspan="3">学生评价合计(百分制)</td><td></td><td></td><td></td><td></td><td></td><td></td></tr>
</table>

注:各等级优=95,良=85,中=75,差=50,选择即可。

思考与练习

1. 简述变频器模拟量控制操作步骤。
2. 简述变频器多段速控制操作步骤。

任务三

基于 PLC 模拟量方式变频开环调速控制

一、任务要求

了解变频器外部控制端子的功能，掌握外部运行模式下变频器的操作方法。通过外部端子控制电动机启动/停止，调节输入电压，电动机转速随电压增加而增大。

二、相关知识

生产过程中，存在大量的物理量，如压力、温度、速度、旋转速度、pH 值等。为了实现自动控制，这些模拟量信号需要被 PLC 处理。

S7-200PLC 模拟量输入扩展模块分为模拟量输入模块、模拟量输入/输出混合模块，可以直接与传感器相连，有很大的灵活性，并且安装方便。

模拟量混合模块 EM235 具有 4 路模拟量输入和 1 路模拟量输出，它的输入信号可以是不同量程的电压或电流，其电压、电流的量程由开关 SW1～SW6 设定。

现场变送器输出标准的电压或电流信号（2～10V，4～20mA），输入到模拟量输入模块，在模拟量输入模块的每一个通道都有一个 A/D 转换器，将现场的电信号转换为 PLC 处理器能够识别的数字量。

S7-200 为模拟量输入端信号开辟有存储区，称为模拟量输入映像区。S7-200 将测得的模拟值（如温度、压力）转换成 1 个字长的（16bit）的数字量，模拟量输入用区域标识符（AI）、数据长度（W）及字节的起始地址表示。如 AIW0、AIW2……，起始地址从零开始，地址按偶数分配，模拟量输入值为只读数据。

由于 S7-200PLC 没有相应的模拟量处理的指令，但在实际自动控制应用中，模拟量的使用很广，如果用以上的模拟量对应关系参与程序控制，会带来很大的麻烦和不便。这里介绍一种基本的模拟量值的变换和处理方法。以现场压力变送器为例，设有一个量程为 0～10MPa 的压力变送器，该变送器输出的电信号为 4～20mA。将该变送器接到模拟输入模块第一个通道，地址为 AIW0。根据模拟量输入值的对应关系，AIW0 中的值为 6400～32000。设 PLC 处理器处理完的实际值为 Y，现场压力变送器输入到模拟量输入通道经过 A/D 转换后的对应值为 X（AIW0 中的值）。线性转换公式：

$$Y/(10-0)=(X-6400)/(32000-6400)$$

其中 10 为该压力变送器的量程，量程不同的变送器只需改变该值即可。上式简化为：

$$Y=(X-6400)/2560$$

三、任务实施

(一) 设备工具

西门子 MM420 变频器、三相异步电动机及电工工具等。

(二)设定PLC模拟量开环调速控制的变频器参数

PLC模拟量开环调速控制的变频器参数设定见表7-8。

表7-8　PLC模拟量开环调速控制的变频器参数

变频器参数	出厂值	设定值	功能说明
P0304	230	380	电动机的额定电压(380V)
P0305	3.25	0.35	电动机的额定电流(0.35A)
P0307	0.75	0.06	电动机的额定功率(60W)
P0310	50.00	50.00	电动机的额定频率(50Hz)
P0311	0	1430	电动机的额定转速(1430r/min)
P1000	2	2	模拟输入
P1080	0	0	电动机的最小频率(0Hz)
P1082	50	50.00	电动机的最大频率(50Hz)
P1120	10	10	斜坡上升时间(10s)
P1121	10	10	斜坡下降时间(10s)
P0700	2	2	选择命令源(由端子排输入)
P0701	1	1	ON/OFF(接通正转/停车命令1)

(三)连接PLC及变频器

PLC与变频器的接线图见图7-12。

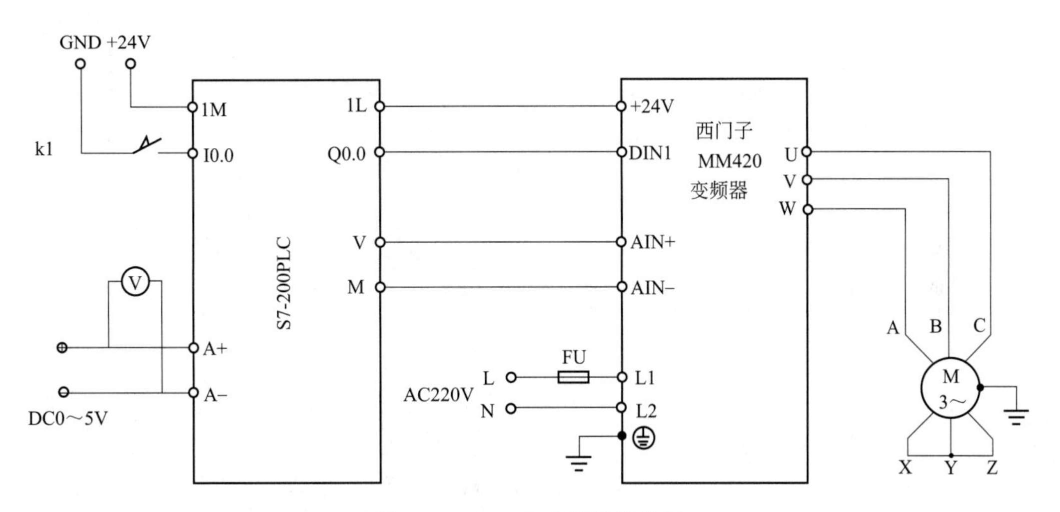

图7-12　PLC与变频器接线图

(四)编写PLC模拟量开环调速控制程序

1. PLC输入/输出地址分配

PLC模拟量输入端A＋和A－由实训设备提供高精度的＋5V直流稳压电源，电压数值大小主要通过调节电位器来实现。

PLC模拟量输出端V和M由程序进行转换后传送给变频器模拟量输入端口。变频器MM420模拟量输入端口AIN＋、AIN－通过P1000参数设为模拟量输入控制端。变频器数字输入端DIN1设为电动机运行、停止控制端，可由P0700参数设置。PLC输入/输出分配见表7-9。

表 7-9　PLC 输入/输出分配表

输　　入			输　　出	
电气符号	地址	功能	地址	功能
K1	I0.0	启停	Q0.0	DIN1
DC+	A+	—	V	AIN+
DC−	A−	—	M	AIN−

2. PLC 程序设计

程序执行要求：闭合拨码开关 K1 后，输入继电器 I0.0 得电，输出继电器 Q0.0 置位。同时，将模拟量输入 AIW0 的数值传送给 VW0。当 VW0 储存器的数值小于 0 时，将 0 传送给模拟量输出 AQW0。如果 VW0 储存器的数值大于 0 小于 32000，将 VW0 的数值传送给模拟量输出 AQW0；VW0 储存器的数值大于 32000 时，将 32000 传送给模拟量输出 AQW0。断开拨码开关 K1 后，PLC 输入继电器 I0.0 失电，输出继电器 Q0.0 复位，电动机停止运转。PLC 运行参考程序如图 7-13 所示。

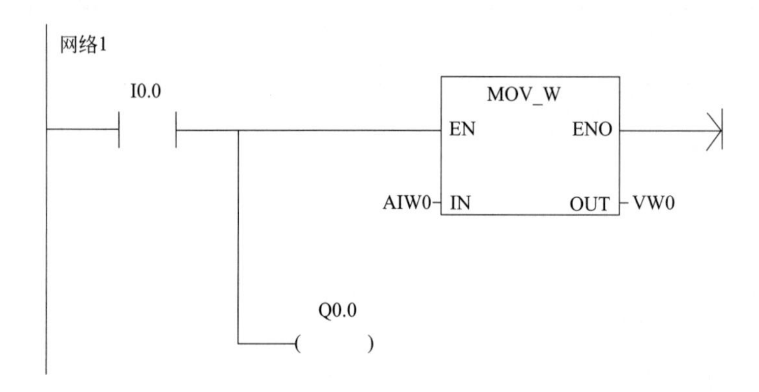

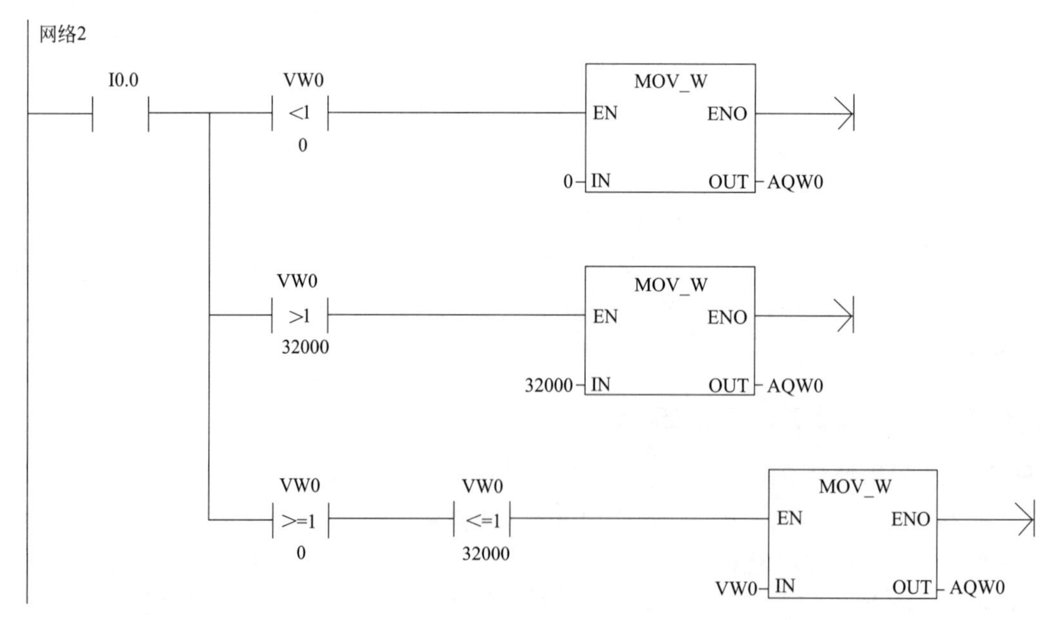

图 7-13　PLC 模拟量开环调速运行参考程序

(五)变频器的操作步骤

① 检查实训设备中器材是否齐全。

② 按照变频器外部接线图完成变频器的接线，认真检查，确保正确无误。

③ 打开电源开关，按照参数功能表正确设置变频器参数。

④ 打开控制程序，进行编译，有错误时根据提示信息修改。用USB/PPI通信电缆连接计算机串口与PLC通信口，打开PLC主机电源开关，下载程序至PLC中，下载完毕后将PLC的“RUN/STOP”开关拨至“RUN”状态。

⑤ 闭合拨码开关K1，调节PLC模拟量模块输入电压，观察并记录电动机的运转情况。

四、任务扩展

近年来，变频调速技术日益成熟，其具有显著的节能效果和可靠稳定的控制方式，在供水系统中得到广泛的应用。图7-14所示为一个变频恒压供水系统。

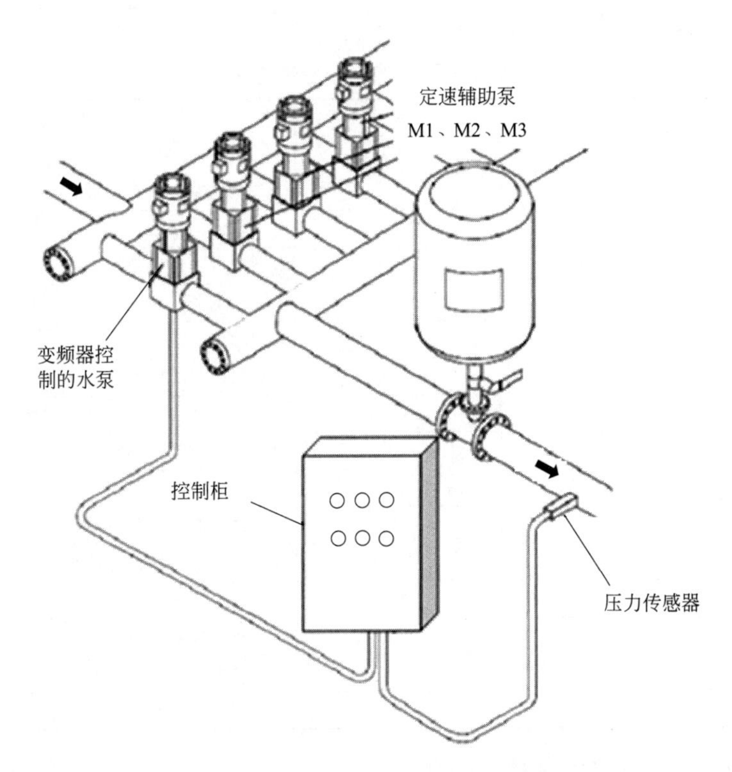

图7-14 变频恒压供水系统示意图

变频恒压供水系统以供水出口管网水压为控制目标，在控制上实现出口总管网的实际供水压力跟随设定的供水压力，在某个特定时段内，使出口总管网的实际供水压力维持在设定的供水压力上。变频恒压供水系统的结构框图如图7-15所示。

压力传感器信号通过外部调节旋钮（电位器）调节给定范围为0～+5V的DC标准信号来模拟，同时用直流电压表监视输入电压的大小。当压力反馈信号在1.25V以下时，由电动机M1、M2、M3给系统供水；当压力反馈信号大于1.25V小于2.5V时，由电动机M1、M2给系统供水；当压力反馈信号大于2.5V小于3.75V时，由电动机M1给系统供水。

通过外部调节旋钮（电位器）来模拟压力传感器传回来的模拟信号，通过PLC的A/D

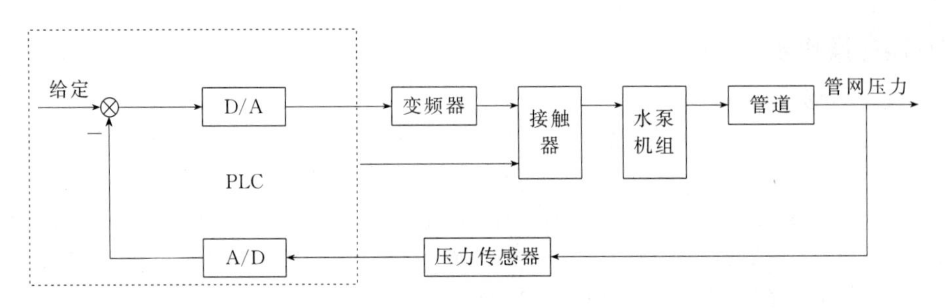

图 7-15 变频恒压供水系统框图

转换模块将读入数值与设定值比较，将比较后的偏差值进行运算，再将运算后的数字信号通过 D/A 转换模块转换成模拟信号，作为变频器的输入信号，控制变频器的输出频率，从而控制电动机的转速，进而控制水泵的供水流量，最终使用户供水管道上的压力恒定，实现变频恒压供水。

变频器的参数设定见表 7-10。

表 7-10 变频器参数设定表

变频器参数	出厂值	设定值	功能说明
P0304	230	380	电动机的额定电压(380V)
P0305	3.25	0.35	电动机的额定电流(0.35A)
P0307	0.75	0.06	电动机的额定功率(60W)
P0310	50.00	50.00	电动机的额定频率(50Hz)
P0311	0	1430	电动机的额定转速(1430r/min)
P1000	2	2	模拟输入
P1080	0	0	电动机的最小频率(0Hz)
P1082	50	50.00	电动机的最大频率(50Hz)
P1120	10	10	斜坡上升时间(10s)
P1121	10	10	斜坡下降时间(10s)
P0700	2	2	选择命令源(由端子排输入)
P0701	1	1	ON/OFF(接通正转/停车命令 1)
P1058	5.00	30	正向点动频率(30Hz)
P1059	5.00	20	反向点动频率(30Hz)
P1060	10.00	10	点动斜坡上升时间(10s)
P1061	10.00	5	点动斜坡下降时间(10s)

变频器及 PLC 接线见图 7-16。

表 7-11 为 PLC 输入/输出分配表。变频恒压供水系统的参考程序如图 7-17 所示。

表 7-11 PLC 输入/输出分配表

输入			输出	
电气符号	地址	功能	地址	功能
K	I0.0	启停	Q0.0	KM1
DC+	A+	—	Q0.1	KM2
DC−	A−	—	Q0.2	KM3
—	—	—	Q0.4	DIN1
—	—	—	V	AIN+
—	—	—	M	AIN−

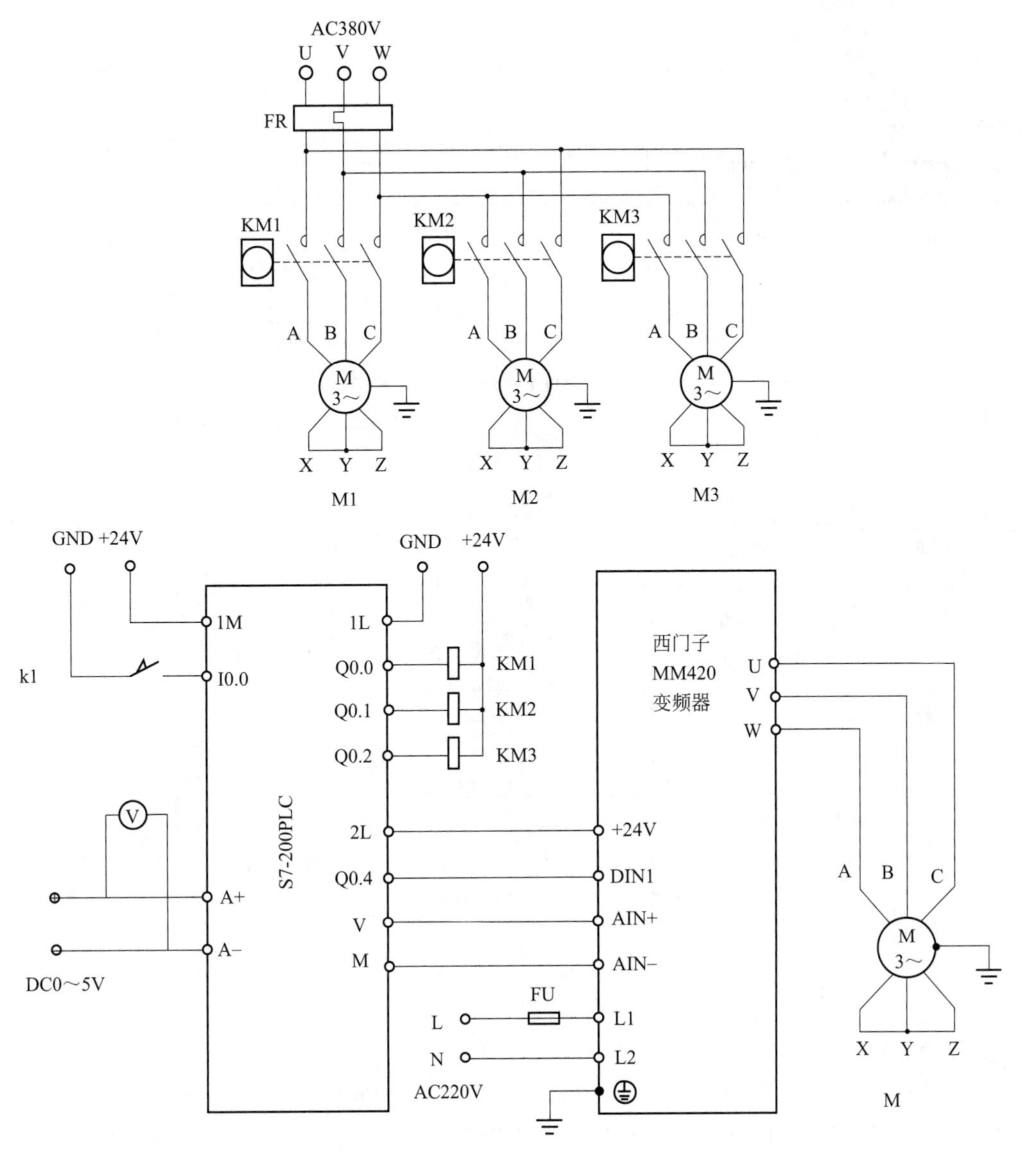

图 7-16　变频器及 PLC 接线图

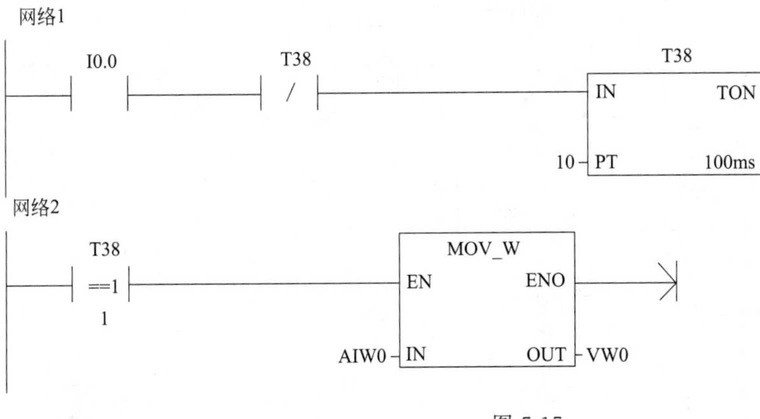

图 7-17

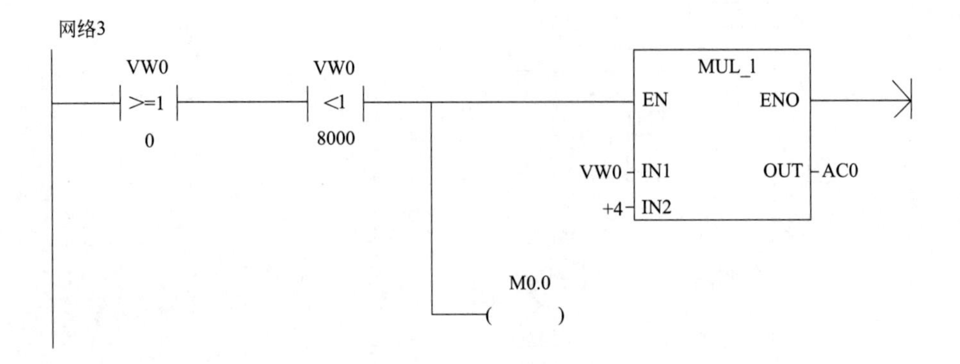

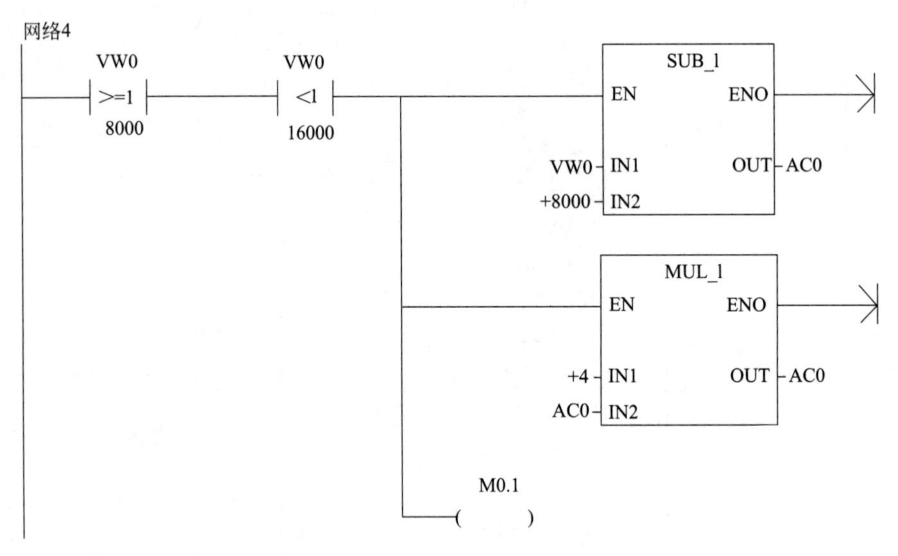

网络5

VW0 >=I 16000

VW0 <I 24000

SUB_I: EN, ENO, VW0 - IN1, OUT - AC0, +16000 - IN2

MUL_I: EN, ENO, +4 - IN1, OUT - AC0, AC0 - IN2

M0.2

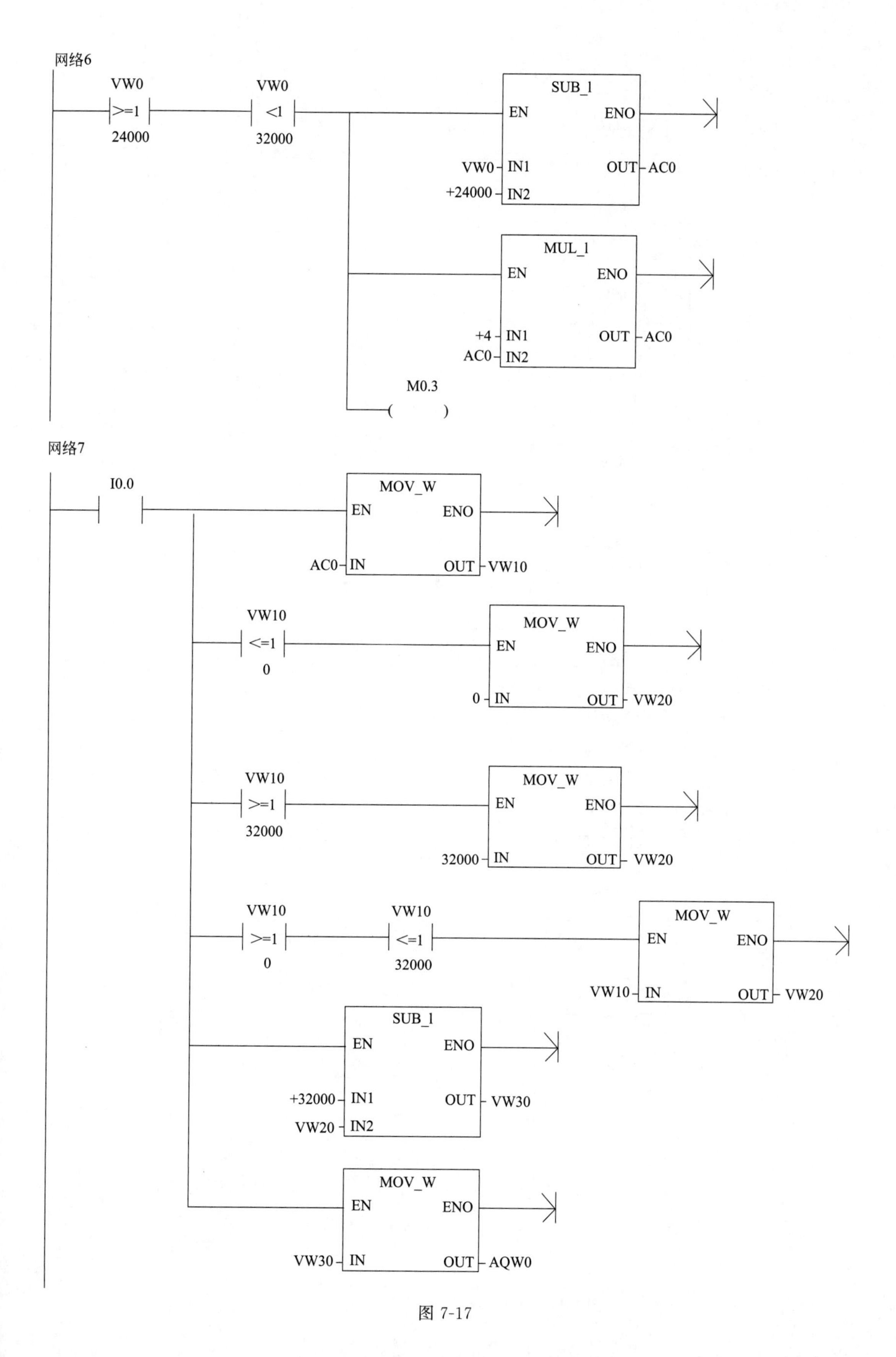
网络6
VW0
>=I
24000
VW0
<I
32000
SUB_I
EN
ENO
VW0
IN1
OUT
AC0
+24000
IN2
MUL_I
EN
ENO
+4
IN1
OUT
AC0
AC0
IN2
M0.3
网络7
I0.0
MOV_W
EN
ENO
AC0
IN
OUT
VW10
VW10
<=I
0
MOV_W
EN
ENO
0
IN
OUT
VW20
VW10
>=I
32000
MOV_W
EN
ENO
32000
IN
OUT
VW20
VW10
>=I
0
VW10
<=I
32000
MOV_W
EN
ENO
VW10
IN
OUT
VW20
SUB_I
EN
ENO
+32000
IN1
OUT
VW30
VW20
IN2
MOV_W
EN
ENO
VW30
IN
OUT
AQW0

图 7-17

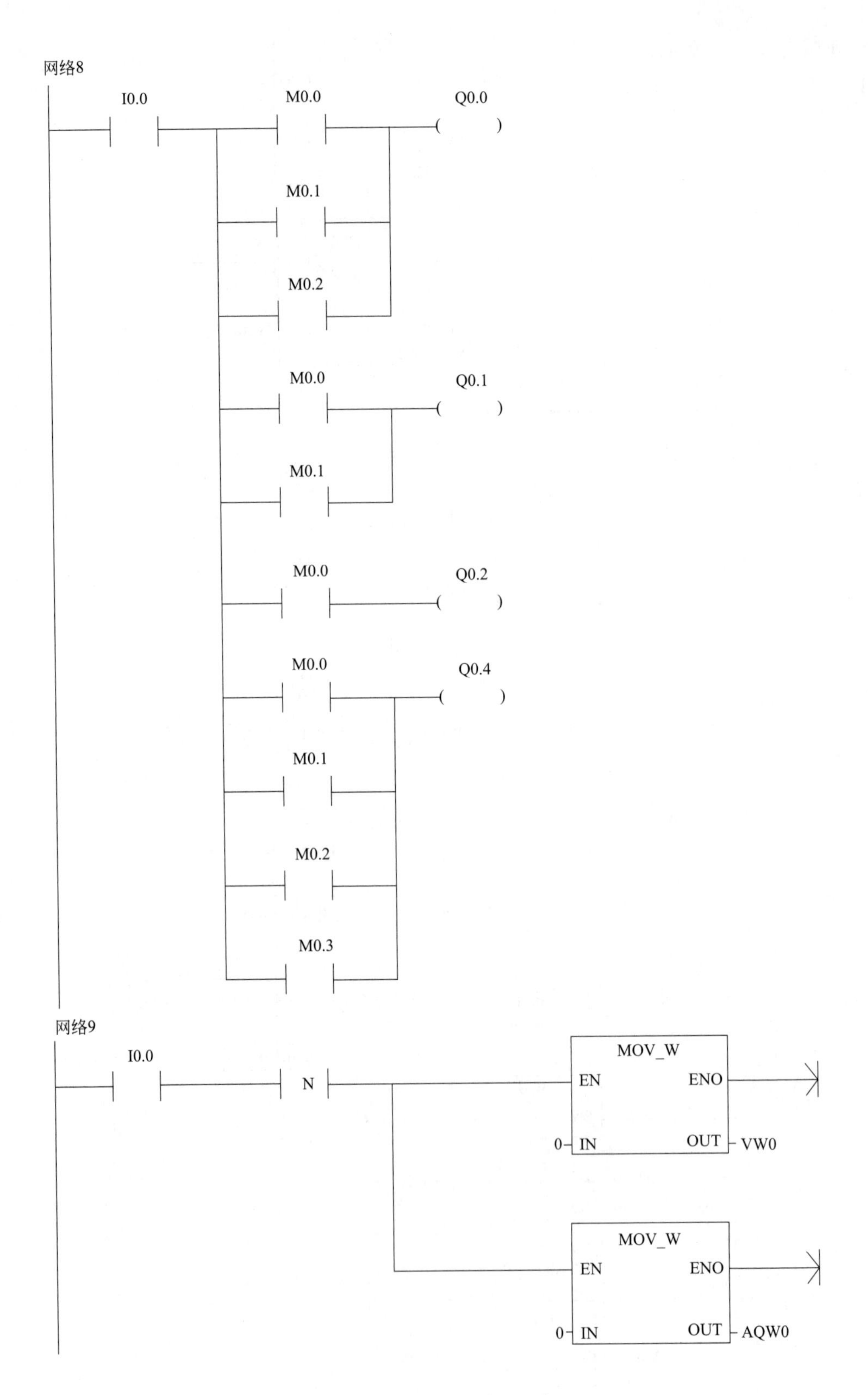

图 7-17　PLC 运行参考程序

最后对变频器进行常规操作。

① 检查实训设备中器材是否齐全。

② 按照变频器外部接线图完成变频器的接线，认真检查，确保正确无误。

③ 打开电源开关，按照参数功能表正确设置变频器参数。

④ 打开编写的控制程序进行编译，有错误时根据提示信息修改。用USB/PPI通信电缆连接计算机串口与PLC通信口，打开PLC主机电源开关，下载程序至PLC中，下载完毕后将PLC的“RUN/STOP”开关拨至“RUN”状态。

⑤ 闭合拨码开关K1，调节PLC输入电压，观察记录电动机运行情况。

五、任务评价

通过对本任务相关知识的学习和应用操作实施，对任务实施过程和任务完成情况进行评价。包括对知识、技能、素养、职业态度等多个方面，主要由小组对成员的评价和教师对小组整体的评价两部分组成。学生和教师评价的占比分别为40%和60%。教师评价标准见表1，小组评价标准见表2。

表1 教师评价表

子任务编号及名称			班级					
序号	评价项目	评价标准	评价等级					
			A组	B组	C组	D组	E组	F组
1	职业素养40%（成员参与度、团队协助）	优：能进行合理分工，在实施过程中能相互协商、讨论，所有成员全部参与； 良：能进行分工，在实施过程中相互协商、帮助不够，多少成员参与； 中：分工不合理，相互协调差，成员参与度低； 差：相互间不协调、讨论，成员参与度低						
2	专业知识30%（程序设计）	优：正确完成全部程序设计，并能说出程序设计思路； 良：正确完成全部程序，但无法解释程序； 中：完成部分动作程序，能解释程序作用； 差：未进行程序设计						
3	专业技能30%（系统调试）	优：控制系统完全按照控制要求工作； 良：经调试后，控制系统基本按照控制要求动作； 中：系统能完成部分动作； 差：系统不工作						
其他	扩展任务完成情况	完成基本任务的情况下，完成扩展任务，小组成绩加5分，否则不加分						
教师评价合计（百分制）								

表2 小组评价表

子任务编号及名称			班级				组别	
序号	评价项目	评价标准	评价等级					
			组长	B同学	C同学	D同学	E同学	F同学
1	守时守约30%	优：能完全遵守实训室管理制度和作息制度； 良：能遵守实训室管理制度，无缺勤； 中：能遵守实训室管理制度，迟到、早退2次以内； 差：违反实训室管理制度，有1次旷课或迟到、早退3次	□优 □良 □中 □差	□优 □良 □中 □差	□优 □良 □中 □差	□优 □良 □中 □差	□优 □良 □中 □差	□优 □良 □中 □差

续表

子任务编号及名称			班级				组别	
序号	评价项目	评价标准	评价等级					
			组长	B同学	C同学	D同学	E同学	F同学
2	学习态度 30%	优：积极主动查阅资料，并解决老师布置的问题； 良：能积极查阅资料，寻求解决问题的方法，但效果不佳； 中：不能主动寻求解决问题的方法，效果差距较大； 差：碰到问题观望、等待、不能解决任何问题	□ 优 □ 良 □ 中 □ 差	□ 优 □ 良 □ 中 □ 差	□ 优 □ 良 □ 中 □ 差	□ 优 □ 良 □ 中 □ 差	□ 优 □ 良 □ 中 □ 差	□ 优 □ 良 □ 中 □ 差
3	团队协作 30%	优：积极配合组长安排，能完成安排的任务； 良：能配合组长安排，完成安排的任务； 中：能基本配合组长安排，基本完成任务； 差：不配合组长安排，也不完成任务	□ 优 □ 良 □ 中 □ 差	□ 优 □ 良 □ 中 □ 差	□ 优 □ 良 □ 中 □ 差	□ 优 □ 良 □ 中 □ 差	□ 优 □ 良 □ 中 □ 差	□ 优 □ 良 □ 中 □ 差
4	劳动态度 10%	优：主动积极完成实训室卫生清理和工具整理工作； 良：积极配合组长安排，完成实训设备清理和工具整理工作； 中：能基本配合组长安排，完成实训设备的清理工作； 差：不劳动，不配合	□ 优 □ 良 □ 中 □ 差	□ 优 □ 良 □ 中 □ 差	□ 优 □ 良 □ 中 □ 差	□ 优 □ 良 □ 中 □ 差	□ 优 □ 良 □ 中 □ 差	□ 优 □ 良 □ 中 □ 差
学生评价合计(百分制)								

注：各等级优=95，良=85，中=75，差=50，选择即可。

思考与练习

用 PLC 和变频器联机实现电动机 7 段频率运行。7 段频率依次为：第 1 段频率 10Hz；第 2 段频率 20Hz；第 3 段频率 40Hz；第 4 段频率 50Hz；第 5 段频率－20Hz；第 6 段频率－40Hz，第 7 段频率 20Hz。设计出电路原理图，写出 PLC 控制程序和相应参数设置。

视野拓展

电控工程师

电控工程师是从事电气控制系统和电气设备的设计、安装、调试、技术开发、实验研究、供电运行、检修、电网调度、用电管理、电力环保、电力自动化、技术管理等工作的电气专业工程技术人员。电控工程师的岗位职责主要包括：

① 负责各类电气元件和电气设备的选型；

② 负责电气控制柜的设计、安装、电气布线、运行维护与调试；

③ 负责发电、供配电系统及自动化控制系统的设计和 PLC 编程；

④ 熟练使用多种品牌 PLC 及上位机组态软件进行系统开发设计；

⑤ 熟练使用变频器、伺服系统、触摸屏、步进电机和各种传感器进行开发设计；

⑥ 解决电气技术问题，参加现场试验并处理电气故障，提出电气控制系统优化改进措施；

⑦ 新项目开发过程中负责电气部分的设计、开发，包括电气原理图、电气接线图、程序流程图、PLC程序、人机界面等。

电控工程师的任职资格通常包括以下几方面要求：

① 电气自动化技术、自动控制、电子电气工程等专业，大专及以上学历，具备电气、自动控制等相关知识；

② 具有2年以上电气控制柜或者自动化控制系统设计经验；

③ 能够使用Protel、CAD等软件；

④ 熟悉电气标准，熟练使用工程设计图纸，能够熟练阅读、绘制电气原理图、安装接线图、电气元件明细表等；

⑤ 熟悉工厂供配电系统，有大型流水线设计经验，有上位机视觉整合经验。

参 考 文 献

[1] 华满香，刘小春．电气控制与PLC应用[M]．北京：人民邮电出版社，2012.
[2] 李道霖．电气控制与PLC原理及应用[M]．北京：电子工业出版社，2011.
[3] 刘建功．机床电气控制与PLC实践[M]．北京：机械工业出版社，2013.
[4] 石秋洁．变频器应用基础[M]．北京：机械工业出版社，2017.
[5] 刘美俊．变频器应用与维护技术[M]．北京：中国电力出版社，2013.
[6] 吴丽．电气控制与PLC应用技术[M]．北京：机械工业出版社，2017.
[7] 李宁．电气控制与PLC应用技术[M]．北京：北京理工大学出版社，2011.
[8] 李海波，徐瑾瑜．PLC应用技术项目化教程[M]．北京：机械工业出版社，2016.
[9] 陈贵银．西门子S7-200系列PLC应用技术[M]．北京：电子工业出社，2015.
[10] 董海棠．电气控制及PLC应用技术[M]．2版．北京：人民邮电出版社，2017.